我的第**1**本
PPT 设计书

一、同步素材文件　　二、同步结果文件

素材文件方便读者学习时同步练习使用，结果文件供读者参考

第2章　第4章　第8章　第9章　第10章　第11章　第12章　第13章　第14章

第15章　第16章　第17章　第18章　第19章　第20章　第21章　第22章

四、同步PPT课件

同步的PPT教学课件，方便教师教学
使用,全程再现PowerPoint功能讲解

一、如何学好用好PowerPoint视频教程

（一）PPT的最佳学习方法

1.PPT都可以在哪些领域应用
2.学好PPT要有积极的心态和正确的方法
3.你需要知道的PPT交流平台
4.你需要了解的PPT相关软件和插件
5.PPT版本那么多，该如何选择

（二）如何让PPT讲故事

1.每个故事的背后都有一个讲述的目的
2.分析听故事的人和背景可以更好地讲故事
3.学会站在受众的角度设计PPT
4.好故事具有的三大特点
5.好线索让你的PPT变得生动

（三）如何让PPT更有逻辑

1.最实用的骨灰级结构——总分总结构
2.下一次比这一次更精彩——递进结构
3.让你的每一个观点都掷地有声——碎片化结构
4.让听众更主动地接收信息——问答式结构

5.幻灯片内容也要逻辑化

（四）如何让PPT高大上

1.放弃窄屏吧，否则你就和高大上的
　PPT擦肩而过了
2.文字要提挈要领，精简再精简
3.重点内容要突出醒目，才会被人关注
4.雕琢素材，才可能有个好效果
5.疏于设计，那就是你自甘平庸
6.动画适量，不要让人感到眩晕

（五）如何避免每次从零开始排版

1.用好PPT主题
2.调整PPT的页面版式
3.快速调整PPT字体
4.更换配色方案
5.学会使用PPT版式
6.喜欢的PPT保存为模板

三、同步视频教学

长达10小时的与书同步视频教程，精心策划了"PPT设计必读篇、PPT技能入门篇、PPT技能进阶篇、PPT设计实战篇"，共4篇22章内容

- ➤ 166个"实战"案例
- ➤ 60个"妙招技法"
- ➤ 6个PPT制作与设计工具应用分享
- ➤ 4个大型的"PPT商务办公实战"案例

Part 1 本书同步资源

PPT 2013
超强学习套餐

Part 2 超值赠送资源

二、500个高效办公模板

1.200个Word 模板
60个行政与文秘应用模板
68个人力资源管理模板
32个财务管理模板
21个市场营销管理模板
19个其他常用模板

2.200个Excel模板
19个行政与文秘应用模板
24个人力资源管理模板
29个财务管理模板
86个市场营销管理模板
42个其他常用模板

3.100个PPT模板
12个商务通用模板
9个品牌宣讲模板
21个教育培训模板
21个计划总结模板
6个婚庆生活模板
14个毕业答辩模板
17个综合案例模板

三、4小时 Windows 7视频教程
第1集 Windows7的安装、升级与卸载
第2集 Windows7的基本操作
第3集 Windows7的文件操作与资源管理
第4集 Windows7的个性化设置
第5集 Windows7的软硬件管理
第6集 Windows7用户账户配置及管理
第7集 Windows7的网络连接与配置
第8集 用Windows7的IE浏览器畅游互联网
第9集 Windows7的多媒体与娱乐功能
第10集 Windows7中相关小程序的使用
第11集 Windows7系统的日常维护与优化
第12集 Windows7系统的安全防护措施
第13集 Windows7虚拟系统的安装与应用

四、9
社

第1课
第2课
第3课
第4课
第5课
第6课
第7课
第8课
第9课
第10
第11

Part 3 职场高效人士必学

一、5分钟教你学会番茄工作法（精华版）
第1节 拖延症反复发作，让番茄拯救你的一天
第2节 你的番茄工作法为什么没效果
第3节 番茄工作法的外挂神器

二、5分钟教你学会番茄工作法（学习版）
第1节 没有谁在追我，而我追的只有时间
第2节 5分钟，让我教你学会番茄工作法
第3节 意外总在不经意中到来
第4节 要放弃了吗？请再坚持一下！
第5节 习惯已在不知不觉中养成
第6节 我已达到目的，你已学会工作

三、10招精通超级时间整理术讲解视频
招数01 零散时间法——合理利用零散碎片时间
招数02 日程表法——有效的番茄工作法
招数03 重点关注法——每天五个重要事件
招数04 转化法——思路转化+焦虑转化
招数05 奖励法——奖励是个神奇的东西
招数06 合作法——团队的力量无穷大
招数07 效率法——效率是永恒的话题
招数08 因人制宜法——了解自己，用好自己
招数09 约束法——不知不觉才是时间真正的杀手
招数10 反问法——常问自己"时间去哪儿啦？"

四、高效办公电子书

小时 Windows 10
视频教程

Windows 10快速入门
系统的个性化设置操作
轻松学会电脑打字
电脑中的文件管理操作
软件的安装与管理
电脑网络的连接与配置
网上冲浪的基本操作
便利的网络生活
影音娱乐
电脑的优化与维护
系统资源的备份与还原

PPT 2013

完全自学教程

凤凰高新教育 编著

北京大学出版社
PEKING UNIVERSITY PRESS

内 容 提 要

熟练使用PowerPoint制作与设计幻灯片，已成为职场人士必备的职业技能。本书以PowerPoint 2013软件为平台，从办公人员的工作需求出发，配合大量典型实例，全面系统地讲解PowerPoint 2013在总结报告、培训教学、宣传推广、项目竞标、职场演说、产品发布等领域的设计与应用。

本书以"完全精通PowerPoint"为出发点，以"用好PowerPoint"为目标来安排内容，全书共4篇，分为22章。第1篇为PPT设计必读篇（第1~6章），主要针对PPT初学者，以及有一定PPT制作基础的用户，系统地讲解如何设计吸引力强的PPT，内容包括新手设计PPT误区，PPT设计流程、思路、方法及相关理念等内容，从而为PPT设计打下坚实的基础。第2篇为PPT技能入门篇（第7~12章），主要介绍PowerPoint 2013软件的入门操作技能，如PPT幻灯片的创建、编辑与美化设置等内容。第3篇为PPT技能进阶篇（第13~18章），介绍PowerPoint 2013幻灯片制作的进阶技能，如母版的应用方法、幻灯片中多媒体的添加与设置、交互式幻灯片的制作、PPT动画的添加，以及PPT的放映输出与共享设置等内容。第4篇为PPT设计实战篇（第19~22章），通过4个综合应用案例，系统并全面地讲解PowerPoint 2013在宣传展示、工作总结报告、教育培训及产品营销推广等相关工作领域中的实战应用。

本书既适合职场中的PPT小白学习，也适合有一定的PPT制作基础，但总苦于无法设计出更吸引人的PPT的中级用户学习，还可以作为广大职业院校、计算机培训班的教学参考用书。

图书在版编目(CIP)数据

PPT 2013完全自学教程 / 凤凰高新教育编著. —北京：北京大学出版社，2017.12
ISBN 978-7-301-28881-8

Ⅰ.①P… Ⅱ.①凤… Ⅲ.①图形软件—教材 Ⅳ.①TP391.412

中国版本图书馆CIP数据核字(2017)第252531号

书　　　名	PPT 2013完全自学教程	
	PPT 2013 WANQUAN ZIXUE JIAOCHENG	
著作责任者	凤凰高新教育　编著	
责 任 编 辑	尹毅	
标 准 书 号	ISBN 978-7-301-28881-8	
出 版 发 行	北京大学出版社	
地　　　址	北京市海淀区成府路205 号　100871	
网　　　址	http://www.pup.cn　　新浪微博: @北京大学出版社	
电 子 信 箱	pup7@pup.cn	
电　　　话	邮购部62752015　发行部62750672　编辑部62580653	
印 刷 者	北京大学印刷厂	
经 销 者	新华书店	

880毫米×1092毫米　16开本　22.75印张　插页2　786千字
2017年12月第1版　2017年12月第1次印刷

印　　　数	1—3000册	
定　　　价	99.00元	

前 言

★★切记★★

以下人员请不要选择《PPT 2013 完全自学教程》这本书！

初入职场或在职场中长期停止不前，又不相信 PPT 能给自己加分、提升竞争力的人员；

经常进行商务演讲，又不相信 PPT 能增加说服力、提升个人魅力的人员；

背着大包资料跑市场、拉业务，又不相信 PPT 能提升销售业绩的人员；

不相信 PPT 能搞定客户，说服老板，为自己升职加薪的人员；

自己的 PPT 仍然停留在文字堆砌、效果单一的初级阶段，在自己演讲时听众睡倒一片的人员。

为什么要学 PPT

下面来告诉你如何成为你所期望的职场达人！

熟练使用 PowerPoint 制作与设计幻灯片，已成为职场人士必备的职业技能。而微软公司推出的 PowerPoint 软件，又是市面上最流行、使用最多的 PPT 制作软件，被广泛地应用在工作总结、会议报告、培训教学、宣传推广、项目竞标、职场演说、产品发布等领域。

无论你是政府公务员，还是企业单位工作者；无论你是职场中的"白骨精"达人，还是职场中的平民菜鸟；无论你是企业中的管理者，还是一线业务销售人员，真的都需要 PPT。这是因为，不管是做总结报告，还是培训教育；不管是做企业宣传，还是业务推广，PPT 是最好的表达方式。

优秀的 PPT，能让人对你刮目相看，说服领导，从激烈的职场竞争中脱颖而出。优秀的 PPT，能让你花最少的时间和成本，搞定客户，抓住业务提升业绩。

数据调查显示，如今大部分的职场人对于 PowerPoint 软件的了解及技能掌握还远远不够，所以在面临工作时，很多人都处于事倍功半的状态。针对这种情况，我们策划并编写了这本《PPT 2013 完全自学教程》，旨在帮助那些有追求、有梦想，但又苦于技能欠缺的刚入职或在职人员。

《PPT 2013 完全自学教程》适合 PowerPoint 初学者，但即便你是一个 PowerPoint 老手，这本书一样能让你大呼开卷有益。这本书将帮助你解决如下问题：

（1）快速掌握 PPT 幻灯片的设计思路、步骤、理念与方法；

（2）快速学会 PPT 设计中素材的搜集方法、模板的搜寻方法及应用；

（3）快速掌握 PPT 的配色技巧、页面布局技巧及 PPT 演讲技巧；

（4）快速掌握 PowerPoint 2013 版本的相关功能及操作；

（5）快速学会如何制作与设计宣传展示、工作总结报告、教育培训、产品营销推广等常见应用领域的幻灯片。

系统地学习本书，可以真正助你从 PPT 小白成长为 PPT 设计高手，成为职场达人。

我们不但告诉你怎样做，还要告诉你怎样操作最快、最好、最规范！要学会与精通 PowerPoint，这本书就够了！

本书特色

（1）讲解内容常用、实用。本书遵循"常用、实用"的原则，以微软 PowerPoint 2013 版本为写作标准，在书中还标识出 PowerPoint 2013 的相关"新功能"及"重点"知识。并且结合日常办公应用的实际需求，全书安排了 166 个"实战"案例＋60 个"妙招技法"＋6 个 PPT 制作与设计工具应用分享＋4 个大型的"PPT 商务办公实战"案例，系统并全面地讲解了 PowerPoint 2013 幻灯片设计与制作的全面技能和实战应用。

（2）图解写作，一看即懂，一学就会。为了让读者更易学习和理解，本书采用"步骤引导＋图解操作"的方式进行讲解。而且，在步骤讲述中以"❶，❷，❸…"的方式分解出操作小步骤，并在图上进行对应标识。只要按照书中讲述的步骤方法去操作练习，就可以做出与书同步的效果。真正达到简单明了、一看即会、易学易懂的效果。另外，为了解决读者在自学过程中可能遇到的问题，书中设置了"技术看板"板块，解释在讲解中出现的或在操作过程中可能会遇到的一些疑难问题；另外，还添设了"技能拓展"板块，目的是教大家通过其他方法来解决同样的问题，通过技能讲解达到举一反三。

（3）PPT 设计理念＋技能操作＋实用技巧＋案例实战＝应用大全。本书充分考虑到读者"学以致用"的原则，在全书内容安排上，精心策划了 4 篇内容，共 22 章，具体如下。

第 1 篇为 PPT 设计必读篇（第 1~6 章）：主要针对 PPT 初学者，以及有一定 PPT 制作基础的用户，系统地讲解如何设计吸引力强的 PPT，内容包括新手设计 PPT 误区，PPT 设计流程、思路、方法及相关理念等内容，从而为 PPT 设计打下坚实的基础。

第 2 篇为 PPT 技能入门篇（第 7~12 章）：主要介绍 PowerPoint 2013 软件的入门操作技能，如 PPT 幻灯片的创建、编辑与美化设置等内容。

第 3 篇为 PPT 技能进阶篇（第 13~18 章）：介绍 PowerPoint 2013 幻灯片制作的进阶技能，如母版的应用方法、幻灯片中多媒体的添加与设置、交互式幻灯片的制作、PPT 动画的添加，以及 PPT 的放映输出与共享设置等内容。

　　第 4 篇为 PPT 设计实战篇（第 19~22 章）：通过 4 个综合应用案例，系统并全面地讲解 PowerPoint 2013 在宣传展示、工作总结报告、教育培训及产品营销推广等相关工作领域中的实战应用。

丰富的教学光盘，让你物超所值，学习更轻松！

　　本书配套光盘内容丰富、实用，全是干货，赠送了实用的办公模板、教学视频，让你花一本书的钱，得到多本书的超值学习内容。光盘内容如下。

　　（1）同步素材文件：指本书中所有章节实例的素材文件。全部收录在光盘中的"素材文件 \ 第 * 章"文件夹中。读者在学习时，可以参考图书讲解内容，打开对应的素材文件进行同步操作练习。

　　（2）同步结果文件：指本书中所有章节实例的最终效果文件。全部收录在光盘中的"结果文件 \ 第 * 章"文件夹中。读者在学习时，可以打开结果文件，查看其实例效果，为自己在学习中的练习操作提供帮助。

　　（3）同步视频教学文件：本书提供了与书同步的视频教程。读者可以通过相关的视频播放软件（如 Windows Media Player、暴风影音等）打开每章中的视频文件进行学习，就像看电视一样轻松学会。

　　（4）赠送"Windows 7 系统操作与应用"和"Windows 10 系统操作与应用"视频教程，让读者完全掌握 Windows 7 系统和 Windows 10 系统的应用。

　　（5）赠送商务办公实用模板：200 个 Word 办公模板、200 个 Excel 办公模板、100 个 PPT 商务办公模板，实战中的典型案例，不必再花时间和心血去搜集，拿来即用。

　　（6）赠送高效办公电子书："微信高手技巧随身查""QQ 高手技巧随身查""手机办公 10 招就够"，教会读者移动办公诀窍。

　　（7）赠送"如何学好用好 PPT"视频教程。分享 PPT 专家学习与应用经验，内容包括：PPT 的最佳学习方法；如何让 PPT 讲故事；如何让 PPT 更有逻辑；如何让 PPT"高大上"；如何避免每次从零开始排版。

　　（8）赠送"5 分钟学会番茄工作法"讲解视频。教会读者在职场之中高效地工作，轻松应对职场"那些事儿"，真正让读者"不加班，只加薪"！

　　（9）赠送"10 招精通超级时间整理术"讲解视频。专家传授 10 招时间整理术，教会读者如何整理时间、有效利用时间。无论是职场，还是生活，都要学会时间整理。这是因为时间是人类最宝贵的财富，只有合理整理时间，充分利用时间，才能让读者的人生价值最大化。

　　（10）PPT 课件：本书还提供了较为方便的 PPT 课件，以便教师教学使用。

　　另外，本书还赠送读者一本"高效人士效率倍增"手册，教读者学会日常办公中的一些管理技巧，让读者真正做到"高效办公，不加班"。

本书不是一本单一讲授 PPT 软件使用与操作技能的图书，而是一本教读者如何构思、设计，并制作出让人震撼的 PPT 的实用书籍。

　　本书可作为需要使用 PowerPoint 软件处理日常办公事务的文秘、人事、财务、销售、市场营销、统计等专业人员的案头参考书，也可以作为大中专职业院校、计算机培训班的相关专业教材参考用书。

创作者说

　　本书由凤凰高新教育策划并组织编写。全书由一线办公专家和多位 MVP（微软全球最有价值专家）教师合作编写，他们具有丰富的 PPT 软件应用和办公实战经验，在此对他们的辛苦付出表示衷心的感谢！同时，由于计算机技术发展非常迅速，书中疏漏和不足之处在所难免，敬请广大读者及专家指正。

　　若读者在学习过程中产生疑问或有任何建议，可以通过 E-mail 或 QQ 群与我们联系。另外，您还可以登录我们的服务网站，获取更多信息。

　　投稿信箱：pup7@pup.cn

　　读者信箱：2751801073@qq.com

　　读者交流 QQ 群：218192911（办公之家）、586527675（职场办公之家群 2）

　　网址：www.elite168.top

编者

目 录

第 1 篇　PPT 设计必读篇

很多人觉得 PowerPoint 就是一款很普通的演示文稿制作软件，只要会软件的操作，就能制作出别具一格的 PPT。其实不然，要想使用 PowerPoint 制作出具有吸引力的 PPT，还需要掌握一些设计知识，如排版、布局和配色等。本篇将对 PowerPoint 的一些设计知识进行讲解。

第 2 篇　PPT 技能入门篇

使用 PowerPoint 制作演示文稿的主要目的是将需要传递的信息有效传递给观众，那么，通过怎样的方式传递给观众呢？则需要根据内容选择使用不同的对象来进行传递，本篇将对 PowerPoint 2013 入门知识及相关操作等通过不同的对象来展示幻灯片。

第3篇　PPT 技能进阶篇

在 PowerPoint 中除了可使用不同的对象来展示内容外，还可通过添加多媒体、链接、动画等效果，使静态的效果变得有声有色，更加生动。本篇将对 PowerPoint 2013 的高级功能进行讲解，本篇内容的学习目的是让读者能制作出有声有色、美观大气的幻灯片。

第 4 篇　PPT 设计实战篇

为了更好地理解和掌握学习到的知识和技巧，应多练习本篇中的这些具体案例。

第 1 篇 PPT 设计必读篇

很多人觉得 PowerPoint 就是一款很普通的演示文稿制作软件，只要会软件的操作，就能制作出别具一格的 PPT。其实不然，要想使用 PowerPoint 制作出具有吸引力的 PPT，还需要掌握一些设计知识，如排版、布局和配色等。本篇将对 PowerPoint 的一些设计知识进行讲解。

第 1 章 制作优秀 PPT 需要知道的那些事

➜ PPT 在日常办公的作用是什么？

➜ 新手设计 PPT 的常见误区有哪些？

➜ 如何才能制作出好的 PPT ？

➜ 什么样的 PPT 能震撼到观众？

➜ 制作好 PPT 需要遵循哪些原则？

很多人刚接触 PowerPoint 软件时，首先考虑的是这个软件应该怎样用。其实，对于初次接触 PowerPoint 的用户来说，首先应该了解一些必备的基础知识，如为什么要用 PPT ？ PPT 能带来什么？本章将对学习 PPT 应该知道的那些事进行讲解，以便后期用户能更好地学习制作 PPT。

1.1 为什么要学 PPT

随着办公自动化的发展，PPT 以其丰富的多媒体形式和便于编辑的特性成为当前主要的电子交流方式，已成为职场人士办公必须掌握的办公软件，也是当下最为流行的幻灯片制作软件。

1.1.1 PPT 的作用

PPT 逐渐成为人们生活、工作中的重要组成部分，尤其在总结报告、培训教学、宣传推广、项目竞标、职场演说、产品发布等领域被广泛使用，受到越来越多用户的青睐。

1. 在总结报告方面的作用

如今，很多企业、公司制作年终工作总结、个人工作总结、述职报告等总结报告时，都会采用 PPT 来制作，因为使用 PPT 制作，不仅能使传递的内容更加形象化、直观化，还能让 PPT 中的内容以动态的形式进行展现，受到很多办公人士的喜爱。图 1-1 所示为制作的年终总结报告 PPT，图 1-2 所示为制作的述职报告。

图 1-1

图 1-2

2. 在培训教学方面的作用

随着多媒体的广泛使用，PPT 在员工培训、学校教学等方面也得到了迅猛发展。通过 PPT 制作的培训、教学课件等，可以将抽象的概念形象化，从而让培训、教学变得更加简单和生动，让员工和学生更高效地吸收所需要的知识。图 1-3 所示为制作的员工礼仪培训 PPT。

图 1-3

3. 在宣传推广方面的作用

任何企业的发展都离不开宣传，无论是企业本身，还是企业生产的产品。随着社会的不断进步，宣传的方式也在逐步增多，而 PowerPoint 由于操作简单、实用性强等特点被广泛应用到企业的宣传推广方面，如企业上市宣传、企业形象宣传、新产品上市宣传等。图 1-4 所示为制作的企业宣传 PPT，图 1-5 所示为产品宣传推广 PPT。

图 1-4

图 1-5

4. 在项目竞标方面的作用

随着 PowerPoint 的发展，现在很多企业和公司制作项目招投标等文档时，都会选择 PowerPoint 来制作，因为 PPT 每页幻灯片中可放置的内容有限，这样可以让文档内容结构更清晰、明了，而且 PowerPoint 在演示方面也有着绝对优势，所以，PowerPoint 在项目竞标方面起着越来越重要的作用。图 1-6 所示为制作的工程招标方案 PPT。

图 1-6

★ 重点 1.1.2 如何学好 PPT

学习 PPT 是一个循序渐进的过程，不可能一蹴而就。对于 PPT 初学者来说，首先需要打好基础，要一步一个脚印，由浅入深地进行学习，切忌好高骛远，而且在学习过程中，还需要不断的思考，要做到举一反三、融会贯通，这样学到的 PPT 知识才能被灵活应用，记忆才更加牢固。

在学习 PPT 的过程中，可以将 PPT 分为 3 个学习阶段，不同学习阶段需要学习的内容会有所不同，用户可结合自身情况或对 PPT 的熟悉程度，来选择不同的阶段学习，从而更好地掌握 PPT。

➡ 初级阶段：对于初次接触 PPT 的初级用户来说，主要是了解和学习 PPT 的一些基础知识和基本操作，如图 1-7 所示。

图 1-7

➡ 中级阶段：对于有一定 PPT 基础，且需要提高 PPT 技能的中级用户来说，在初级的基础上还需要掌握图形对象的操作、幻灯片母版设计、超链接的使用、多媒体文件的插入等知识，如图 1-8 所示。

图 1-8

→ 高级阶段：对于想达到 PPT 高级水平的用户来说，需要掌握切换效果、动画、放映控制和输出等相关知识，以及记忆常用的快捷键，如图 1-9 所示。

图 1-9

1.2　新手设计 PPT 的七大误区

很多用户制作 PPT 时都会有这样的疑问：为什么设计出来的最终效果没有达到预想的效果呢？其实，并不是因为理论知识没有掌握牢固，而大部分原因是因为进入了 PPT 设计的误区。要想设计出满意的 PPT 作品，需要避免一些设计误区。下面将对设计 PPT 的容易进入的一些误区进行讲解。

1.2.1　像个草稿，本就没打算做主角的 PPT

很多人觉得 PPT 制作很简单，找一个漂亮的 PPT 模板，再将 Word 中的内容复制到 PPT 中就可以了，如图 1-10 所示。但是将这样的 PPT 投影到屏幕上，有多少人想看呢？如果 PPT 模板的背景是花哨的底纹，文字都看不清楚，这样的 PPT 还不如 Word 文档看起来舒服。

图 1-10

如果真的要让 PPT 来展示内容，让观众快速阅读和记忆 PPT 中的内容，那么就不能随意地将内容堆砌到 PPT 中，需要对 PPT 中的内容进行整理、包装，这样制作出来的 PPT 才会受到观众的喜欢，如图 1-11 所示。

图 1-11

1.2.2　文字太多，PPT 的天敌

文字虽然是 PPT 传递信息的主要手段，但文字也是 PPT 的天敌。试问：看到满屏的文字，密密麻麻的图表，如图 1-12 所示，谁还有阅读的欲望？更不要说通过幻灯片传递信息了，这样的 PPT 根本就没有存在的必要。

图 1-12

PPT 的本质在于可视化，就是把晦涩难懂的抽象文字转化为图示、图

片、图表、动画等生动的对象，使不易理解的文字变得通俗易懂，让观众轻松记忆，达到高效传递信息的目的。图 1-13 所示的是将图 1-12 转化为图示的效果。

图 1-13

1.2.3　没有逻辑，失魂落魄的 PPT

有时候 PPT 中的内容很多，但认真看完 PPT 内容或听完 PPT 演示后，却不知道主要表现的内容是什么，没有主题思想，这就是因为 PPT 逻辑混乱造成的。所以，要想使制作的 PPT 更具吸引力，就必须要具有清晰的逻辑，只有这样，观众才能了解 PPT 最终要传递的信息是什么，才能理解 PPT 中的内容。逻辑清晰也是一个高质量 PPT 所必须具备的条件，一个没有逻辑的 PPT，就像一个没有灵魂的人，不具备任何吸引力。

1.2.4 缺乏设计，甘于平庸的 PPT

PPT 不同于一般的办公文档，它不仅要求内容丰富，还需要具有非常好的视觉效果，所以，精彩的 PPT 是需要设计的，不仅要对 PPT 的配色、版式、布局等进行设计，还要对 PPT 的内容进行设计，只有这样，才能设计出优秀的 PPT。图 1-14 所示的幻灯片输入了文本内容，没有对幻灯片进行任何设计；而图 1-15 所示为对幻灯片进行设计后的效果。

图 1-14

图 1-15

1.2.5 动画太多，让人眩晕的 PPT

很多人觉得动画越多，PPT 播放时越生动。其实，这种想法是错误的，PPT 是否生动形象并不是通过动画的多少来决定的，而是通过 PPT 内容的表现形式和整体效果来决定的。

适量的动画能增加 PPT 的生动性，但过多的动画效果会在播放时使人有眼花缭乱的感觉，从而分散了观众的注意力，使观众的注意力集中在了动画上，而忽略了幻灯片中的内容，最终达不到传递信息的目的。所以，PPT 中不宜添加太多的动画效果，适量就行。

1.2.6 局限于 SmartArt 图形，易被淘汰的 PPT

在 PPT 中，用户经常会使用到 SmartArt 图形，因为相对于文字，图形更容易说明文字之间的关系，容易让观众理解。但毕竟 PPT 中提供的 SmartArt 图形有限，而且 SmartArt 图形的形式也是固定的，并不能体现所有文字之间的关系，所以，当使用图形来表现文字内容之间的关系时，如果只在 PPT 中提供的 SmartArt 图形中寻找，那么制作的 PPT 就不容易从众多 PPT 中脱颖而出。图 1-16 所示为使用 SmartArt 图形制作的关系图。

图 1-16

现在很多 PPT 网站中都提供了各种关系的图示，不仅种类多，而且图示的效果相对于 SmartArt 图形来说也更美观。所以，很多用户制作 PPT 时，都会从网上下载一些需要的图示，直接进行应用，这样不仅提高了 PPT 的制作效率，还大大提升了 PPT 的质量。图 1-17 所示为从网上下载的图示制作的关系图。

图 1-17

1.2.7 还是窄屏，擦肩高大上的 PPT

从 PPT 2013 版本起，幻灯片就由原来默认的窄屏变成了宽屏，但很多用户制作幻灯片时，还是习惯使用窄屏。其实，要想使制作的 PPT 高大上，就应该放弃窄屏，使用宽屏，因为在同等高度下对比，窄屏（4∶3）的尺寸会显得过于窄小，整个画面的空间比较拥挤，如图 1-18 所示。而宽屏（16∶9）是目前大多数影视设备所支持的比例，也比较符合人类的视觉偏好，而且也改善了窄屏拥挤的画面，如图 1-19 所示。所以，在制作 PPT 时，最好选择宽屏，这样有助于提升观众的视觉感，提高信息的有效传递。

图 1-18

图 1-19

1.3 制作优秀 PPT 需遵循的一些原则

制作 PPT 时盲目添加内容，容易造成主题混乱，让人无法抓住重点。读者在制作 PPT 时必须要遵循一些原则，才可能制作出一个优秀的 PPT。

★ 重点 1.3.1 主题要明确

平常在写文章时，人们都会先确定一个主题，因为主题是文章全部内容所要表达的基本思想，是文章的灵魂。制作 PPT 也一样，主题是整个 PPT 的核心，所以，在制作 PPT 之前需要先确定 PPT 的主题，只有确定好 PPT 主题后，才能确定 PPT 中要添加的内容及讲解 PPT 的形式等。说得更简单一点，就是在制作 PPT 之前要弄明白为什么要制作这个 PPT，制作它的最终目的是什么，如图 1-20 所示。

图 1-20

在确定 PPT 主题时，还需要注意，一个 PPT 只允许拥有一个主题，如果有多个主题，就很难确定 PPT 的中心思想，导致观众不能明白 PPT 所要传递的重点内容，所以，在确定 PPT 主题时，一定要坚持"一个 PPT 一个主题"的原则。

主题确定后，在 PPT 的制作过程中还需要注意以下 3 个方面，才能保证表达的是一个精准无误、鲜明、突出的主题。

➡ 明确中心，切实有料。在填充 PPT 内容时，一定要围绕已经确定好的中心思想进行。内容一定要客观真实，能有效说明问题，引人深思，切忌让 PPT 变得空洞。

➡ 合理选材，材中显旨。在选择 PPT 素材时，一定要考虑所选素材对说明 PPT 主题是否有帮助，尽量选择本身就能体现 PPT 主题的素材，切记"宁缺毋滥"。

➡ 精准表达，凸显中心。这一点主要体现在对素材加工方面，无论是对文字的描述，还是对图片的修饰，又或是动画的使用都要符合主题需要，否则变得华而不实，就完全没有必要了。

★ 重点 1.3.2 逻辑要清晰

一个好的 PPT 必定有一个非常清晰的逻辑。只有逻辑清晰、严密，才能让制作出的 PPT 内容更具吸引力，让观众明白并认可你的 PPT。所以，在制作 PPT 时，要想使制作的 PPT 逻辑清晰，首先围绕确定的主题展开多个节点，然后仔细推敲每一个节点内容是否符合主题，再将符合主题的节点按照 PPT 构思过程中所列的大纲或思维导图罗列为大纲，接着再从多个方面思考节点之间的排列顺序、深浅程度、主次关系等，最后再从这些方面进行反复的检查、确认，以保证每一部分的内容逻辑无误，如图 1-21 所示，先将内容分为两大点，然后再将每个大点分为多个小点进行讲解。

图 1-21

1.3.3 结构要完整

每个故事都有一个完整的故事情节，PPT 也一样，不仅要求 PPT 整体的外在形式结构完整，更重要的还是所包括内容结构的完整。一个完整的 PPT 一般由封面、前言、目录、过渡页、内容页、结束页 6 个组成部分，如图 1-22 所示。其中封面、内容页、结束页是一份 PPT 必不可少的部分；前言、目录、过渡页主要用于内容较多的 PPT，所以，可以根据 PPT 内容的多少来决定。

图 1-22

1.3.4 内容要简明

PPT 虽然和 Word 文档和 PDF 文档有些相似的地方，但是它并不能像这些文档一样，一味地堆放内容。人们之所以会选择用 PPT 来呈现内容，是因为 PPT 的使用可以节省会议时间、提高演讲水平、清楚展示主题。所以，PPT 的制作一定要内容简洁、重点突出，这样才能有效地抓住观众的眼球，提高工作效率。

★ 重点 1.3.5 整体要统一

在制作幻灯片时，不仅要求幻灯片中的内容要完整，还要求整个幻灯片中的布局、色调、主题等都要统一。在设计幻灯片时，PPT 中每张幻灯片的布局，如字体颜色、字体大小等都要统一，而且幻灯片中采用的颜色应尽量使用相近色和相邻色，尤其是在使用版式相同（即布局一致）的幻灯片时，相对应的版块一定要颜色一致，这样整体看起来比较统一、协调，便于观众更好地查看和接受传递的信息，如图 1-23 所示。

图 1-23

1.4 制作优秀 PPT 的 4 个步骤

不同类型、不同场合的 PPT，其制作的方式可能会有所不同，但一个优秀的 PPT，其具备的条件是相同的，要想快速制作出让观众青睐的 PPT，那么只要通过 4 个步骤就能快速实现。

1.4.1 选择好主题

对于 PPT 来说，选好主题很关键，因为主题是整个 PPT 的中心思想，PPT 中的所有内容都是围绕这一主题进行展开的。PPT 要高效地传递出需要传递的信息，那么就必须要有一个鲜明而深刻的主题，主题深刻与否，是衡量 PPT 价值的主要标准。

首先，如果 PPT 主题不明确，构思就无从着手；其次，它对 PPT 素材和内容具有统摄作用，材料的取舍，次序的安排，内容详略的处理，都必须受主题支配；最后，PPT 结构形式也必须根据主题表现的需要来决定，所以，选择一个好主题非常重要。

★ 重点 1.4.2 讲个好故事

每个 PPT 都是一个故事，要想使制作的 PPT 生动，能快速深入人心，那么离不开一个好故事。

1. 明确讲述的目的

每一个故事都有一个存在的意义，也有一个讲述的目的，那就是为什么要讲这个故事，讲这个故事能给观众带来什么启发呢？制作 PPT 也一样，要想使制作的 PPT 像讲故事一样生动，就必须要明确制作这个 PPT 的目的。就以产品介绍 PPT 为例来说，不管是为了让客户了解产品，达成合作，还是为了向上司或公司展示公司的产品，其最终目的都是说服观众同意你的观点，让观众更直观、方便、明了地了解要讲解的内容。所以，制作 PPT 的目的是在演讲者和观众之间架起桥梁，辅助两者更好地相互传递所需要的信息，真正实现有效沟通。

2. 站在受众的角度讲故事

故事动不动听，不在于故事的内容有多感人，而在于讲故事的人是不是讲解得生动、形象，制作 PPT 也一样，制作的 PPT 好不好，不在于制作的 PPT 有多好，而在于有没有实现有效地沟通，因为制作 PPT 的目的不是炫耀技术，而是更好地讲述内容、传递信息。那么，如何才能制作好 PPT 呢？关键是取决于受众。

制作 PPT 时，要学会站在受众的角度，去考虑他们是什么样的人，有哪些特征，用什么样的语言去跟他们沟通才更有效，制作出的 PPT 能给他们带来哪些价值等。只有这样，才能感受到受众的需求，制作的 PPT 才能符合受众的要求，也能最大程度地吸引受众的注意力，并得到他们的认可，从而将自己需要传递的内容传递给受众。

3. 为故事选个好线索

线索的作用主要是把故事按一定顺序连起来，就像珍珠项链里面的绳子一样。线索是贯穿整个 PPT 内容的核心，所以，面对有限的时间、复杂的问题、众多的内容和枯燥的话题时，只有好的线索才能让你从 PPT 中解脱出来，提高制作 PPT 的效率。

虽然线索对于制作 PPT 来说有很多好处，但不是所有的线索都是好线索。那么，什么样的线索才是一个好线索呢？根据多年制作 PPT 的经验来说，好的线索需要满足以下 3 点。

（1）主线容易理解，且这种理解是大家默认的共识

在选择 PPT 主线时，主线的特征要非常突出，而且要被大家所熟知，这样，这条主线的存在才有必

要，因为不需要做过多的解释，大家都知道。如果选择的主线需要解释半天受众才能明白，那么，就不能引起受众的注意，达不到 PPT 想要实现的目的。所以，在选择 PPT 主线时，要根据受众的知识面、年龄、职业和文化差异等来进行选择，不能仅根据自己的想法和意愿来选择。

（2）线索给 PPT 足够的拓展空间

线索是一个足够大的舞台，可以承载整个 PPT 的内容。所以，在选择主线时，也要想一想它是不是能够让制作的 PPT 内容结构更合理，表达更充分，不能将 PPT 内容的主次、轻重位置颠倒了。

（3）线索要能表现出自己的特色

制作 PPT 时，选择的线索必须能够体现出公司或制作者的风格，如公司的主题色、LOGO 及 LOGO 的变形等。图 1-24 所示为公司的 LOGO 图案，图 1-25 所示的幻灯片主题色是根据公司 LOGO 图案中的颜色制作而成的。

图 1-24

公司简介

01 公司描述　　03 服务宗旨

02 创业理论　　04 竞争战略

图 1-25

1.4.3　写个好文案

文案是指以文字形式来表现已经制定的创意策略，一提到文案，很多人立刻就会想到"广告策划"。不错，文案最先来源于广告行业，是"广告文案"的简称，但随着各行各业的发展，很多行业或很多工作都与文案存在着必然的联系，当然，制作 PPT 也一样，好的 PPT 离不开好的文案。

很多人会问：文案怎么会和 PPT 扯上关系呢？其实文案和 PPT 存在着很大的关系，文案是将策划人员的策划思路形成文字，而 PPT 则是将制作人的想法、思路等以文字等内容表现出来。对于 PPT 来说，PPT 中的文字内容就是文案的体现，一个好的 PPT，其中的文字内容都是经过精心雕琢的，并不是随意复制和添加的，所以说，写个好文案对于 PPT 来说非常重要。

1.4.4　做个好设计

优秀的 PPT 并不是把 PPT 所有

需要的元素都添加到 PPT 中，然后合理地进行布局即可。优秀的 PPT 是需要设计的，这里所说的 PPT 设计是指以视觉为主，听觉为辅，对 PPT 中的对象进行美化、设计。PPT 的设计过程就是 PPT 的制作过程，当 PPT 制作完成了，设计也就完成了。

很多人会问：PPT 的设计意义何在，就是为了让 PPT 更好看一点？其实不然，制作的 PPT 大部分是为别人制作的，他们或许是你的客户、领导、消费者、员工、学员，要想让他们了解 PPT 要传达的信息，那么就需要提升受众的体验，只有这样，才能吸引受众的注意力，达到高效传递信息的目的，PPT 设计的目的就是如此。但是，在设计 PPT 时一定要注意，提升信息传递的确是 PPT 设计的目标，但绝不是首要目的，PPT 设计还是要以满足业务目标为首要任务的。

1.5　认识 PPT 的常见结构

PPT 的结构是根据内容的多少来决定的，所以，不同内容的 PPT，其包含的结构不一样。下面将对 PPT 中包含的结构进行介绍。

1.5.1　让人深刻的封面页

封面是 PPT 给观众的第一印象，使用 PPT 进行演示时，在做开场白时封面就会随之开始放映。一个好的封面应该能唤起受众的热情，使受众心甘情愿地留在现场并期待听到后面的内容。

任何 PPT 都有一个主题，主题是整个 PPT 的核心，那么就要在封面中表现出整个 PPT 所要表达的主题，在第一时间让观众了解 PPT 将要演示的是什么。对 PPT 主题进行表述时，一般采用主标题加副标题的方式，特别是在需要说服、激励、建议时，可以达到一矢中的的效果。

封面中除了主题之外，还需要列出 PPT 中的一些主要信息，如添加企业元素（公司名称、LOGO）、日期时间、演讲人或制作人等信息，如图 1-26 所示。

图 1-26

1.5.2 可有可无的前言页

前言也称为摘要页，主要用来说明 PPT 的制作目的，以及对 PPT 内容进行概述。在制作摘要页时，内容概括一定要完整，整个页面主要突出文本内容，少用图片等对象，如图 1-27 所示。

前言一般在较长的 PPT 中才会出现，而且主要用于浏览模式的 PPT，用于演讲的 PPT 基本不会使用前言，因为演讲者在演讲过程中可以对 PPT 进行概括和讲解。

图 1-27

1.5.3 一目了然的目录页

目录主要是对 PPT 即将介绍的内容进行大纲提炼，通过目录页可以更清晰地展现内容，让观众对演讲内容有所了解，并做好相应的准备来吸收演讲者即将讲述的内容。但是，中规中矩的目录并不能引起观众的兴趣，用户可以通过添加形状、图片等来丰富目录页，如图 1-28 所示。

图 1-28

1.5.4 让跳转更自然的过渡页

过渡页也称转场页，一般用于内容较多的 PPT。过渡页可以时刻提醒演讲者自己和受众即将讲解的内容，但在设计过渡页时，一定要将标题内容突出，这样才能达到为受众提神的作用。过渡页主要分为章节过渡页和重点过渡页两类，下面分别进行介绍。

➥ 章节过渡页相当于对目录的再一次回顾，只是在过渡页中仅突出目录中的某一点来提示 PPT 即将讲解的内容。所以在制作该类过渡页时尽可能的与目录页的内容相关联，如图 1-29 所示。

图 1-29

➥ 重点过渡页是用于对即将介绍的重点内容进行提醒或启示，制作此类过渡页时最重要的就是要有强烈的视觉冲击力，如图 1-30 所示。

图 1-30

1.5.5 撑起整个 PPT 的内容页

内容页是用来详细阐述幻灯片主题的，它占据了 PPT 中大部分的页面。内容页的形式多种多样，既可以是文字、图片数据、图表，也可以是视频、动画、音频，只要能够充分说明 PPT 所要表明的观点都可以使用。但需要注意一点，章节与内容应该是相辅相成的，章节标题是目录的分段表现，所介绍的内容应该和章节标题相吻合，如图 1-31 所示。

图 1-31

1.5.6 完美收尾的结束页

封底就是 PPT 的结束页，用于提醒观众 PPT 演示结束的页面。封底主要可分为两类：一类是封闭式，另一类是开放式。

封闭式的封底常用于项目介绍或总结报告类的 PPT，一般 PPT 演示到封底，也意味着演讲者的讲解结束。此类封底的内容多使用启示语或谢词，还可以包括 LOGO、联系方式等内容，如图 1-32 所示。

图 1-32

开放式的封底更多地运用于培训课件中。使用开放式封底的 PPT，即便演讲者演示完毕，但其讲述或指导

工作不一定就结束了，因为开放式封底一般包括问题启示内容，紧接着可以进入互动环节，让观众进行讨论，如图 1-33 所示。

图 1-33

1.6　要站在观众的角度设计 PPT

制作 PPT 不是为了炫耀技术，而是为了向观众传递信息。所以，在制作 PPT 时，首先需要去了解受众，确定受众的需求和问题，从而对症下药。这样，制作的 PPT 才能更加有说服力。

1.6.1　明确 PPT 的受众是谁

要制作 PPT，首先需要明确受众是谁，然后对受众的相关信息进行了解，包括受众的相关背景、行业、学历、经历等最基本的信息，甚至还需要了解受众的人数，以及他们在公司里的职务背景等，因为相同内容的 PPT，如果对不同的背景、职位的受众来说，所呈现的方式也是有所不同的。图 1-34 所示的是在企业内部宣传企业文化。

图 1-34

而图 1-35 所示的则是针对目标客户宣传企业文化。

图 1-35

1.6.2　受众对 PPT 主题的了解

对于 PPT 而言，要想更好地传递信息，那么受众对 PPT 主题内容的认识程度也是非常重要的，因为受众决定了 PPT 内容制作的大方向，不同类型的 PPT 制作的目标不一样。如果要做市场的推广方案，那么制作 PPT 的目标是向上级清晰地传达自己的推广计划和思路，如图 1-36 所示；如果要做的 PPT 是产品介绍，那么制作 PPT 的目标就是向消费者清晰地传达该产品的卖点及特殊功能等，如图 1-37 所示。所以，知道受众对主题的了解程度非常重要。

图 1-36

图 1-37

1.6.3　受众的价值观

制作 PPT 时，不仅需要了解受

众的背景，还需要了解受众的价值观。所谓价值观，也就是受众认为最重要的事情，每个公司或个人都是有价值观的，而且每个企业或个人所重视的都可能不一样。就拿产品来说，有些重视产品带来的利润是高还是低，有些则重视该产品有没有发展空间。所以，了解受众的价值观，也是制作优秀 PPT 所要关心的问题。

1.6.4 受众接收信息的风格

不同的受众，其接受信息的风格也是不一样的，可以根据受众的基本情况来推测受众接受信息的风格是听觉型、视觉性还是触觉型。听觉型的受众主要在意的是 PPT 的内容、演示的过程等；视觉性的受众主要在意的是 PPT 的设计是否精美；触觉型的受众则主要在意的是演示过程中的互动等，如图 1-38 所示。所以，要让制作的 PPT 能最大限度地被接受，必须要了解受众接受信息的风格是什么类型的。

图 1-38

★ 重点 1.6.5 受众最易接受的结构——总分总

总分总结构是制作 PPT 最常用的结构，因为该结构容易被理解，观众也能快速明白和接受这种逻辑顺序，所以，制作 PPT 时经常被采用。在"总、分、总"结构中分别对应的是"概述、分论点、总结"，下面将对这个结构进行详细的讲解。

1. 第一个"总"——概述

第一个"总"是对 PPT 主题进行概述，开门见山地告诉观众，这个 PPT 是讲什么的，这个"总"一般只

有一页，而且是分条罗列出，这样能让受众快速知道这个 PPT 要讲解的内容。既然是分条写，那么多少条合适呢？这个可以根据 PPT 中幻灯片的多少来决定，当一个 PPT 超过 30 页幻灯片时，则可分成 3~5 个章节，开始一页只提出各个章节的要点，如图 1-39 所示。然后在每一章开始的地方再用同样的原则添加一个过渡页，对每个章节的内容进行概述，如图 1-40 所示。

图 1-39

图 1-40

当 PPT 中只有 20 多页时，就没有必要细分章节，只要把分步的要点列出来就可以了。但罗列的要点不宜过多，3~5 条即可，否则，会影响受众的接受度。图 1-41 所示为工作总结 PPT 罗列出来的要点。

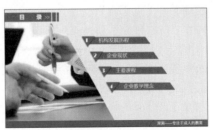

图 1-41

2. "分"——分论点

"分"是指分论点，也就是内

容页里每一页的观点，通过从不同的观点来阐述或论证需要凸显的主题，这些观点可以是并列关系、递进关系，也可以是对比关系。内容页是通过每一页的标题来串联整个内容的，所以，要想通过标题就能明白 PPT 所讲的内容，就必须告别常见的页标题，如图 1-42 所示。最好采用双重标题的形式，将章节信息与本页观点有机地结合起来，如图 1-43 所示。这样，只需要浏览页标题，就能快速把握整个 PPT 的结构及中心思想。

图 1-42

图 1-43

3. 第二个"总"——总结

第二个"总"是指当所有的分论点描述完成后，对 PPT 进行总结。但是，总结并不是把前面讲解的内容在机械地重复一遍，而是需要在原有的基础上进一步明确观点，提出下一步计划。总结是得到反馈的关键时刻，所以，总结对于 PPT 来说至关重要。那么该如何进行总结呢？可以从以下几个方面进行总结。

（1）回顾内容

回顾内容就是将前面的内容简明扼要地梳理一遍，与开篇时所讲解的内容大同小异，但其侧重点不同。开

篇强调的是内容的概貌，告诉受众这个 PPT 要做什么，而总结时，则重在强调观点，说明结论是什么，突出每一部分内容的观点。

（2）梳理逻辑

在总结时，只列出结论还不行，还需要把观点之间的联系给受众梳理清楚。因为，受众接收的 PPT 信息比较零散，只有帮受众梳理出 PPT 的逻辑，这样，受众才能将接受的零散信息系统化、逻辑化，便于受众更快地消化、记忆接收到的信息。

（3）做出最终结论

在总结时，回顾 PPT 内容和梳理好 PPT 逻辑后，还需要做出最终的结论，这个结论一定要明确，因为只有明确的观点，才能得到明确的反馈。例如，在制作项目投资分析报告 PPT 时，结果为多个论点的分析，但最后必须得出一个结论，那就是该项目是可行还是不可行，这个结论必须明确。

（4）计划下一步工作

总结的最终目的就是要将当前汇报的东西落实转化到下一步的行动中去。例如，一个总结报告 PPT，就是吸取得到的经验教训，对错误和不足及时进行改正和学习，以避免在下一步工作中出现相同的问题。

（5）提出问题，寻求反馈

如果需要从领导、受众那里获得反馈，那么在总结时，就需要将问题罗列清楚，不能只是简单地问"可不可以""行不行"等，而是要给出具体的数据，这样得到的反馈才有意义。

1.7 　PPT 六大类优秀作品赏析

对于不知道如何制作出好 PPT 的初学者来说，可以多借鉴或欣赏网上一些好的 PPT 作品，以提高 PPT 制作水平。本节将介绍六大类不同风格的 PPT 优秀作品，以供 PPT 制作者参考。

1.7.1 　全图风格

全图风格是指整个 PPT 页面以一张图片为背景，配有少量文字或不配文字。全图风格的 PPT 类似于海报的效果，能带来强大的视觉冲击力，可以将观众的注意力迅速集中在一个主题上。图 1-44 所示为别克英朗 XT 的产品发布会 PPT。

图 1-44

全图风格的 PPT 具有以下几个特点。

➥ 页面直观易懂：全图风格的 PPT 页面冲击力强，视觉效果更震撼，也更能吸引观众的注意力，图片基本传递出文字需要传递的信息。

➥ 页数多，换页快：全图风格的 PPT 每页幻灯片中要传递的信息有限，所以，幻灯片的页数比较多，页面转换也非常快。

➥ 文字说明不多：全图风格的 PPT 主要以图片为主，文字为辅，所以，每页幻灯片中包含的文字内容较少，阅读起来也比较快。

➥ 图片质量要求较高：图片是整页幻灯片的重点，图片中的细节需要让观众清楚看到，对图片本身的要求也较高，不仅需要图片的质量较高，还要求图片能体现出要传递的信息。

➥ 适用场合有限：全图风格的 PPT 主要适用于产品展示、企业宣传、作品赏析，以及 PPT 封面等。

1.7.2 　图文风格

图文风格是指 PPT 页面中既有图片又有文字，图片和文字基本上各占一半，图片主要辅助文字进行说明，是 PPT 中最常用的一种风格，主要以内容页幻灯片为主。图文风格 PPT 主要以上文下图、上图下文、左文右图、右文左图为主，如图 1-45 所示。

图 1-45

1.7.3 　扁平风格

扁平是指去除冗余、厚重和繁杂的装饰效果，让"信息"本身重新作为核心被凸显出来，所有元素看起来更加干净、简洁。扁平风格的 PPT 页面中一般选择字形纤细的字体，这样可以减少受众认识负荷、简化演示、突出内容。图 1-46 所示的 PPT 就是采用扁平化风格。

图 1-46

1.7.4 大字风格

大字风格就是人们常说的高桥流风格，是一种与一般主流演示方式完全不同的方法，是使用 HTML（一种网页设计语言）制作幻灯片，并用极快的节奏配上巨大的文字进行演示，为观众带来巨大的视觉冲击力，如图1-47 所示。

图 1-47

值得注意的是，将大字风格用在商务演示 PPT 中，似乎过于另类，可能许多观众无法接受，而且，在演示这类风格的 PPT 时，演示者一定要有清晰的逻辑和节奏，否则观众很难记住传达的观点。

1.7.5 复古风格

复古风格是指页面中大量使用中国传统元素，如书法字体、水墨画、剪纸、油纸伞、梅花、中国结、宣纸等，它会给人以大气、高雅的感觉，如图 1-48 所示。

图 1-48

1.7.6 手绘风格

手绘风格 PPT 给人一种很轻松的感觉，具有很强的亲和力，该类风格多用于培训教学、公益宣传等PPT，如图 1-49 所示。

图 1-49

1.8　分享好工具：通过思维导图构思 PPT 框架

思维导图又称心智图，是一种类似"树结构"的有效思维模式，它能帮助制作者快速厘清思路，使逻辑更清晰。在制作 PPT 前，也可以通过思维导图将 PPT 中要表现的内容、布局及要采用的方式等罗列出来，以厘清 PPT 的整个框架，这样能顺利地制作出 PPT，并且制作出来的 PPT 结构更清晰。

思维导图是用专门的软件制作的，网上提供了很多制作思维导图的软件，如 Mindmanager、Xmind 和百度脑图等，本节将以 Xmind 软件为例讲解制作思维导图的方法。

1.8.1 创建思维导图

Xmind 是一款免费的思维导图制作软件，简单易学，对于初学者来说非常实用。思维导图主要由中心主题、主题、子主题等模块构成，通过这些导图模块可以快速创建需要的思维导图。例如，在 Xmind 中创建工作总结汇报 PPT 的框架，具体操作步骤如下。

Step01 在计算机中安装 Xmind 软件，然后启动该软件，第一次启动时会打开【欢迎来到 Xmind 8】对话框，在其中显示了新功能，① 取消选中【发送用户数据，（不含隐私数据！）】复选框，② 单击【确定】按钮，如图 1-50 所示。

图 1-50

Step02 打开 Xmind 程序窗口，在编辑区中单击【新建空白图】按钮，如图 1-51 所示。

图 1-51

Step03 新建一个空白导图，导图中间会出现中心主题，① 双击中心主题可以输入要创建的导图项目的名称，这里输入【年终工作汇报】，② 然后单击工具栏中的【主题】按钮，③ 在弹出的下拉菜单中选择【主题】命令，如图 1-52 所示。

图 1-52

Step04 ① 即可在主题后建立一个分支主题，双击分支主题并输入文本，② 然后单击工具栏中的【主题】按钮，③ 在弹出的下拉菜单中选择【主题】命令，如图 1-53 所示。

图 1-53

Step05 ① 即可在分支主题后建立一个子主题，双击子主题并输入文本，② 然后单击工具栏中的【主题】按钮，③ 在弹出的下拉菜单中选择【主题（之后）（默认）】命令，如图 1-54 所示。

图 1-54

技术看板

在【主题】下拉菜单中的【主题（之前）】命令，表示在所选主题的前面添加一个同类型的主题；【父主题】命令表示在所选主题位置处新建一个主题，并且所选主题将变成新建主题的子主题；【标注】命令表示为所选主题新建一个标注。

Step06 ① 即可在该子主题下方新建一个子主题，使用相同的方法在新建的子主题下方再新建两个子主题，并输

入相应的文本，② 然后选择【年度工作概述】分支主题，③ 在【主题】下拉菜单中选择【主题（之后）（默认）】命令，如图 1-55 所示。

图 1-55

Step07 即可新建一个分支主题，然后使用前面新建分支主题和子主题的方法继续新建，制作思维导图，制作完成后单击【保存新的版本】按钮，如图 1-56 所示。

图 1-56

技术看板

新建主题时，按【Enter】键，则可新建一个与所选主题相同类别的主题。

Step08 ① 打开【保存】对话框，在【文件名】文本框中输入保存的名称，如输入【年终工作汇报思维导图】，② 其他保持默认设置，单击【保存】按钮，如图 1-57 所示。

Step09 ① 打开【保存】对话框，在地址栏中设置保存的位置，② 单击【保存】按钮，即可对制作的思维导图进行保存，如图 1-58 所示。

图 1-57

图 1-58

技术看板

使用思维导图不仅能搭建 PPT 的框架，对于幻灯片中的内容也可通过思维导图进行展现。

1.8.2 为思维导图进行美化

Xmind 中提供了不同风格的思维导图样式，通过应用样式可以快速达到美化思维导图的目的。例如，继续上例操作，为制作的思维导图应用样式并进行美化，具体操作步骤如下。

Step01 在制作的思维导图窗口右侧单击【风格】图标，如图 1-59 所示。

图 1-59

Step02 打开【风格】任务窗格，在其中显示了不同风格的思维导图样式，选择需要的样式，如选择【蓝图】选项并双击，如图 1-60 所示。

图 1-60

Step03 即可为制作的思维导图应用选择的样式，效果如图 1-61 所示。

图 1-61

技能拓展——设置思维导图格式

如果 Xmind 中提供的思维导图风格样式不能满足需要，那么可通过设置思维导图的格式对思维导图进行美化。其方法是：选择思维导图中需要设置格式的一个或多个主题，单击窗口右侧的【格式】图标，打开【主题格式】任务窗格，在其中可对思维导图主题的样式、字体格式、外形边框和线条等格式进行设置。如果要设置思维导图的背景，那么取消选择思维导图中的任意一个主题，即可从【主题格式】任务窗格切换到【画布格式】任务窗格，在其中可对画布背景色、图例等进行相应的设置。

本章小结

本章主要讲解了一些关于 PPT 的相关基础知识及一些设计思维，如为什么要学 PPT，新手设计 PPT 的七大误区、制作优秀 PPT 的 4 个步骤，以及站在受众的角度设计 PPT 等，通过本章的学习，相信读者能快速了解到设计 PPT 之前的一些准备工作及设计要点，为后面学习 PPT 奠定基础。

第2章 选好素材，是制作优秀 PPT 的制胜关键

- ➥ PPT 中常用的素材有哪些？
- ➥ 搜集素材有哪些好渠道？
- ➥ 挑选素材的诀窍你知道吗？
- ➥ 怎么对需要的素材进行加工呢？
- ➥ 使用图片素材应遵循哪些原则？

对于 PPT 来说，素材的搜集和整理非常重要，要想制作出优秀的 PPT，必定离不开好的素材，那么如何搜集、挑选和加工需要的 PPT 素材呢？本章对此进行了详细讲解。

2.1 PPT 常用六大类素材

制作 PPT 时，经常会用到很多素材，如字体、文本、图片、图示、音频、视频等，不同的素材会为 PPT 带来不同的视觉或听觉效果，下面对常用的 PPT 素材进行介绍。

2.1.1 字体

字体的使用在 PPT 中非常重要，因为不同的字体可带来不同的效果，而且，不同类型的 PPT 可使用不同的字体，这样制作出来的 PPT 才更有特色。图 2-1 所示为不同字体的显示效果。

图 2-1

PowerPoint 中使用的字体都是安装在 Windows 操作系统中的，安装操作系统时会自带一些字体，如果自带的字体不能满足需要，那么可从网上下载一些需要的字体，将其安装在计算机中。安装字体时，在需要安装的字体上双击，如图 2-2 所示。在打开的字体对话框中单击【安装】按钮，即可对字体进行安装，如图 2-3 所示。

图 2-2

图 2-3

2.1.2 文本

文本是 PPT 的主体，PPT 要展现的内容及要表达的思想，主要是通过文本表达出来并让受众接受的，所以，文本对于 PPT 来说非常重要。

但并不是所有 PPT 中的文本都是手动输入的，也可以从网上下载或从其他 PPT 或 Word 文档中复制，如图 2-4 所示，幻灯片中的文本是从 Word 文档中复制粘贴的。

图 2-4

2.1.3 图片

图片作为 PPT 中最常见的一种元素，相对于文字内容来说，图片的视觉效果更强，而且更具表现力。无论是设计 PPT 背景效果，还是补充说明 PPT 内容时，图片都是不可或缺的素材，特别对于宣传推广类和培训教育类 PPT 来说尤为重要。图 2-5 所示为使用图片设计的幻灯片背景效果，图 2-6 所示为使用图片补充说明

文本的效果。

图 2-5

图 2-6

2.1.4 图示

　　图示即用图形来表示或说明某

种东西，相对于文字来说更加直观、浅显易懂、便于记忆，而且网上提供了各种类型的图示，如层级关系、递进关系、循环关系等，能满足各种结构的文本，使文本逻辑性更强。所以，很多用户在制作 PPT 时，如果需要使用其他对象来展现文本时，都会选择使用图示来展现，如图 2-7 所示。

图 2-7

2.1.5 音频

　　音频是一种多媒体文件，在 PPT 中，音频包括音乐和配音两种。音乐能激发人的情感，引起听众的共鸣，而配音则可以帮助观众理解 PPT 中的内容，让观众更容易理解。所以，为 PPT 添加音频文件，不仅可以增加 PPT 的听觉效果，还能拉近演讲者与观众的距离，使 PPT 中的内容传递更加高效。

2.1.6 视频

　　视频与音频一样，都属于多媒体文件，但视频相对于音频更具冲击力，无论是从视觉还是从听觉上都能给观众带来动态感。但在为 PPT 选择视频时，一定要选择与 PPT 内容贴切的视频，而且视频的质量要高，不能是模糊或低品质的视频，不然会影响整个 PPT 的效果。

2.2　搜集素材要找对渠道

　　PPT 中需要的素材很多都是借助互联网进行收集的，但要想在互联网中搜索到好的素材，需要知道搜集素材的一些渠道，让你不仅能收集到好的素材，还能提高工作效率。

2.2.1 强大的搜索引擎

　　要想在海量的互联网信息中快速准确地搜索到需要的 PPT 素材，搜索引擎是必不可少的，它在通过互联网搜索信息的过程中扮演着一个重要角色。常用的搜索引擎有百度、360 和搜狗等。

　　搜索引擎主要是通过输入的关键字来进行搜索的，所以，想要精准地搜索到需要的素材，那么输入的关键字必须准确。例如，在百度搜索引擎中搜索"上升箭头"相关的图片，可先打开百度（https://www.baidu.com/），在搜索框中输入关键字"上升箭头图片"，单击【百度一下】按钮，即可在互联网中进行搜索，并在页

面中显示搜索的结果，如图 2-8 所示。

图 2-8

技术看板

　　如果输入的关键字不能准确搜索到需要的素材，那么可重新输入其他关键字，或者多输入几个不同的关键字进行搜索。

2.2.2 专业的素材网站

　　在网络中提供了很多关于 PPT 素材资源的一些网站，用户可以借鉴或使用 PPT 网站中提供的一些资源，以便制作出更加精美、专业的 PPT 效果。

1. 微软 OfficePLUS

　　微软 OfficePLUS（http://www.office plus.cn/）是微软 Office 官方在线模板网站，该网站不仅提供了 PPT 模板，还提供了很多精美的 PPT 图表，而且提供的 PPT 模板和图表都是免费的，可以下载后直接使用或修改后再使用，非常方便，如图 2-9 所示。

图 2-9

2. 锐普 PPT

锐普（http://www.rapidppt.com/）是目前提供 PPT 资源最全面的 PPT 交流平台之一，拥有强大的 PPT 创作团队，制作的 PPT 模板非常美观且实用，受到众多用户的推崇。该网站不仅提供了不同类别的 PPT 模板、PPT 图表和 PPT 素材等，如图 2-10 所示，还提供了 PPT 教程和 PPT 论坛，以供 PPT 爱好者学习和交流。

图 2-10

3. 扑奔网

扑奔网（http://www.pooban.com/）是一个集 PPT 模板、PPT 图表、PPT 背景、矢量素材、PPT 教程、资料文档等为一体的高质量 Office 文档

资源在线分享平台，如图 2-11 所示。该网站拥有 PPT 论坛，从论坛中不仅可以获得很多他人分享的 PPT 资源，还能认识很多 PPT 爱好者，和他们一起交流学习。

图 2-11

4. 三联素材网

三联素材网（http://www.3lian.com/）提供了素材资源，包括矢量图、高清图、PSD 素材、PPT 模板、网页模板、图标、Flash 素材和字体下载等多个资源模块。虽然在 PPT 方面只提供了模板，但该网站中提供的字体、矢量图、高清图等在制作 PPT 的过程中经常使用到，而且该网站提供的很多图片类型丰富，如图 2-12 所示。所以，对制作 PPT 来说，也是一个非常不错的交流平台。

图 2-12

2.2.3　PPT 论坛

在网站中提供了很多与 PPT 相关的论坛，如比较常见的有锐普 PPT 论坛、扑奔 PPT 论坛、我爱 PPT 论坛（http://www.iloveppt.cn/forum.php）等，如图 2-13 所示。通过这些论坛，用户不仅可以直接提交自己遇到的问题寻求他人的帮助，还可以就他人提出的问题与其他人进行交流。这样一来，在解决问题的同时，还能提高自己的 PPT 水平，是学习和提高 PPT 操作水平最行之有效的途径。

图 2-13

2.2.4　用自己的双手创造

如果网上不能搜索出需要的 PPT 素材，那么用户只有通过一些相关软件制作或根据条件创造出需要的素材。但是这种方法相对于其他收集素材的渠道来说，不仅麻烦，而且需要花费很多时间。所以，在收集 PPT 相关素材时，最好通过前面讲解的渠道来收集，实在搜索不到满意的素材时，再自己动手去制作或创建。

2.3　怎样挑选好的素材

素材重在一个"选"字，要想挑选出合适的 PPT 素材，前提是要选对素材，然后再说选好素材。那么，如何能在众多素材中挑选出好的素材呢？这就需要掌握挑选素材的一些诀窍，以便快速挑选出满意的素材。

2.3.1 围绕受众和中心句搜罗素材

每个 PPT 都有一个主题，是整个演示文稿的中心。素材应围绕 PPT 主题，为主题服务，根据主题来对素材进行选择。如果想让制作的 PPT 在受众心中留下深刻的印象，并达到预期制作 PPT 的目的，那么搜索素材时，不仅需要围绕主题，还应该围绕着受众来收集素材，因为制作 PPT 就是为了展现给受众看的，受众的感受才是决定 PPT 成功与否的关键。就拿项目计划书 PPT 来说，受众最在意的肯定是这个项目的可行性及该项目能带来的利益，所以，在搜集素材时，一定要根据主题的中心点和受众来搜集素材，这样，制作的 PPT 才能打动受众的心。

2.3.2 PPT 素材的 SUCCES 原则

SUCCES 原则是希斯兄弟致力于探索出让创意构思在受众心中根深蒂固的原因，从成功的创意构思中进行总结和挖掘出的六大创意原则：简洁（Simple）、意外（Unexpected）、具体（Concrete）、可信（Credibility）、情感（Emotion）和故事（Story），如图 2-14 所示。其实，SUCCES 原则不仅可用在创意构思中，在搜索素材和制作 PPT 的过程中，也可灵活运用该原则，使制作的 PPT 赢得受众的认可，实现有

效传递信息的最终目的。

图 2-14

2.3.3 说服类 PPT 素材如何选择

说服类 PPT 类似于议论文，以说明为主，如向客户推荐新产品、说服领导批准某个项目等，该类 PPT 要求情、理、信相结合，所以，素材选择的难度也相对较大，要想快速挑选出符合这类 PPT 的素材，在挑选素材时，可以遵循罗伯特·西奥迪尼博士总结出的说服力六大原则，以帮助用户快速挑选出满意的素材。下面对说服力六大原则进行介绍。

- ➡ 互惠原则：挑选的素材对受众要有真正的帮助，这样，受众才能更好地接受信息，及时对接受到的信息进行反馈，达到高效传递信息的目的。
- ➡ 稀缺原则：挑选的素材要具有独特性和稀缺性，因为越稀缺的素材越珍贵，更能体现出制作者的用心。
- ➡ 权威原则：挑选的素材要具有权威性，多用权威观点数据和案例来支

持 PPT 的观点，更能说服受众。

- ➡ 一致原则：挑选的素材要与主题保持一致，这样才能围绕主题展开分论点。
- ➡ 喜好原则：在挑选素材时，可以根据受众的喜好来进行选择，这样容易被受众所接受。
- ➡ 从众原则：挑选素材时，可以根据大部分受众的心理来选择需要的素材。

2.3.4 素材的取舍过滤

在搜索素材的过程中，往往会搜集到很多符合的素材，但不是所有符合的素材都能使用，这时，就需要对搜集的素材进行取舍。那么，如何对搜集的素材进行取舍呢？可以通过以下三种取舍过滤原则来对素材进行取舍。

- ➡ 中心点过滤：指过滤掉与中心点相关，但不能有力地支持 PPT 中心论点的素材。
- ➡ 事实性过滤：指根据 PPT 主题思想，去除可有可无的素材，保留必须知道的素材。
- ➡ SO WHAT 过滤：指站在受众的角度，对素材进行提问，如这个素材受众会感兴趣吗？这个素材能解决受众所关心的问题吗？这个素材能给受众带来强烈的情感冲击吗？这样就能快速知道哪些素材该留，哪些素材该舍。

2.4 如何对素材进行加工

对于搜集的素材，经常会遇到文本语句不通顺、有错别字，以及图片和模板素材有水印等情况，所以，对于 PPT 收集的素材，还需要对其进行加工，以提升 PPT 的整体质量。

2.4.1 文本内容太啰唆

如果 PPT 中需要的文本素材是从网上复制过来的，那么，就需要对文本内容进行检查和修改，因为网页

中复制的文本内容并不能保证 100% 正确和可用。

PPT 中能承载的文本内容有限，所以，每张幻灯片中包含的文本内容不宜太多，如果文本内容过多，还需

要对文本内容进行梳理、精简，使其变成自己的语句，以便更好地传递信息。图 2-15 所示为直接复制文本粘贴到幻灯片中的效果，图 2-16 所示为修改、精简文本内容后的效果。

图 2-15

图 2-16

技术看板

网页中有些文本具有版权问题，不能直接复制到幻灯片中使用，需要对文本内容进行理解，然后使用自己的语句将其描述出来。

2.4.2 图片有水印

网上的图片虽然多，但很多图片都有网址、图片编号等水印，有些图片还有一些说明文字，如图 2-17 所示。因此，图片下载后并不能直接使用，需要将图片中的水印删除，并将图片中不需要的文字也删除，如图 2-18 所示，这样制作的 PPT 才显得更专业。

图 2-17

图 2-18

2.4.3 模板有 LOGO

网上提供的 PPT 模板很多，而且进行了分类，用起来非常方便，但从网上下载的模板很多都带有制作者、LOGO 等水印，如图 2-19 所示。

所以，下载的模板并不能直接使用，需要将不需要的水印删除，或者对模板中的部分对象进行简单的编辑，将其变成自己的，这样编辑后的 PPT 模板才更能满足需要，如图 2-20 所示，否则，会降低 PPT 的整体效果。

图 2-19

图 2-20

2.4.4 图示颜色与 PPT 主题不搭配

在制作 PPT 的过程中，为了使幻灯片中的内容结构清晰，便于记忆，经常会使用一些图示来展示幻灯片中的内容。但制作者一般都不会自己制作图示，而是从 PPT 网站中下载需要的图示。

从网上下载图示时，可以根据幻灯片中内容的层次结构来选择合适的图示，但网上下载的图示颜色都是根据当前的主题色来决定的。所以，下载的图示颜色可能与当前演示文稿的主题不搭配，这时就需要根据 PPT 当前的主题色来修改图示的颜色，这样才能使图示与 PPT 主题融为一体。图 2-21 和图 2-22 所示分别为原图示效果和修改图示颜色后的效果。

图 2-21

图 2-22

2.5 图片素材的使用原则

图片相对于文字视觉冲击力更强，所以，在 PPT 中经常会使用图片来补充说明一些内容。在 PPT 中使用图片时，一定要遵循图片的一些使用原则，这样才能增强 PPT 的展示效果。

2.5.1 人物图片的使用原则

在制作幻灯片时，经常会使用到人物图片，当在使用选择的人物图片时，需要遵循一定的原则，避免给人一种不协调的感觉。

1. 单人无字时视线向内

如果幻灯片中插入的图片只有单个人物，且没有文字时，则人物的视线应向内，因为向内是面对观众，这样会让观众觉得图片中的人物是在看他，会带给观众一种受到重视的感觉，如图 2-23 所示。

图 2-23

2. 单人有字时视线向字

幻灯片中人物的视线会成为观众视线的引导，所以，当幻灯片中同时有单个人物和文字时，图片中人物的视线应偏向文字，这样观众就可以顺着人物的视线注意到文字内容，如图 2-24 所示。

图 2-24

技术看板

如果人物的视线是向左或向右，那么文字与人物最好在同一水平视线上，这符合受众的观看习惯。

3. 多人视线要相对或一致

如果幻灯片中有两张人物图片，那么这两个人物的视线最好相对，这样可以营造出一种和谐的氛围，也可以让人物的视线停留在幻灯片内，不会将观众的注意力带到幻灯片外，如图 2-25 所示。

图 2-25

当图片中有多个人物时，人物的视线要朝向同一个方向，这样整体效果才会显得统一协调，如图 2-26 所示。

图 2-26

2.5.2 风景图片的使用原则

在幻灯片中使用风景图片时，一定要注意所有图片的地平线是否统一，而且还要遵循"上天下地"的原则，这样看起来才比较协调，否则会显得很别扭。图 2-27 所示幻灯片为图片地平线统一的效果；图 2-28 所示幻灯片中的图片是按"上鸟类、下水里"进行排列的。

图 2-27

图 2-28

2.5.3 图片留白原则

在制作带图片的幻灯片时，经常会遇到留白的情况，也就是幻灯片周围出现的空白区域，其目的是让幻灯片中的重点更加突出，让幻灯片显得更加简洁。在幻灯片中为图片留白时，需要遵循以下两点。

➔ 空白留一边：将空白只留在幻灯片一边，也就是说在安排文本内容时，只能尽量将文本内容放在图片的一侧，这样更便于观众观看，如图 2-29 所示，否则就会造成观众的视线跳越。

图 2-29

→ 空白留前不留后：当需要在带人物图片的幻灯片中留白时，人物的后面不能留下大面积的空白，要留空白只能留在人物的前方。这一点与"人物要向内看"具有一致性，如图 2-30 所示。

图 2-30

2.6 分享好工具：安装美化大师获取 PPT 在线素材

PPT 美化大师是一款美化软件，它支持 Office 软件，对于 PPT 来说，它提供了丰富的在线素材，包括专业模板、精美图示、创意画册、实用形状等，支持一键新建、一键美化等功能，能帮助用户快速制作出专业、精美的 PPT。

2.6.1 安装 PPT 美化大师

要使用 PPT 美化大师，首先需要从网上（http://meihua.docer.com/）下载 PPT 美化大师的安装程序，然后对其进行安装。安装后，启动 PowerPoint 2013，将自动以选项卡的形式加载到 PowerPoint 工作界面中。下面将在计算机中安装 PPT 美化大师，具体操作步骤如下。

Step01 ❶ 在计算机中找到从网上下载的 PPT 美化大师安装程序，❷ 单击【打开】按钮，如图 2-31 所示。

图 2-31

技术看板

安装 PPT 美化大师时，必须先关闭打开的 Office 组件，否则将不能进行安装。

Step02 打开 PPT 美化大师安装对话框，单击【更改路径】超链接，如图 2-32 所示。

图 2-32

Step03 ❶ 打开【浏览文件夹】对话框，选择软件安装的文件夹，❷ 单击【确定】按钮，如图 2-33 所示。

图 2-33

Step04 返回安装对话框，在其中的文本框中显示了安装的路径，单击【立

即安装】按钮，如图 2-34 所示。

图 2-34

Step05 即可开始安装 PPT 优化大师，并显示安装进度，如图 2-35 所示。

图 2-35

Step06 安装完成后，在对话框中单击【开始体验】按钮，如图 2-36 所示。

Step07 开始启动 PowerPoint 2013 程序，并开始加载 PPT 美化大师，启动完成后，在 PowerPoint 2013 工作界面中将显示【美化大师】选项卡，并且在窗

口右侧显示 PPT 美化大师的一些功能，效果如图 2-37 所示。

图 2-36

图 2-37

2.6.2 获取在线素材

PPT 美化大师中提供了 PPT 范文、图片和形状等在线素材，如果计算机正常连接网络，那么制作 PPT 时，可以直接在 PPT 美化大师中获取需要的在线素材。

1. 获取 PPT 范文

范文是指已制作好的一些 PPT 案例，当用户不知道如何制作需要的 PPT 时，可以从 PPT 美化大师中获取相关的案例，对其进行借鉴和修改，就能快速完成 PPT 的制作。例如，从美化大师中获取"公司介绍"PPT 案例，具体操作步骤如下。

Step01 启动 PowerPoint 2013 程序，在工作界面中单击【美化大师】选项卡【在线素材】组中的【范文】按钮，如图 2-38 所示。

Step02 ❶ 打开【文档】对话框，在其中显示了 PPT 美化大师提供的在线范文，在【请输入关键字】文本框中输入要搜

索的范文，如输入【公司介绍】，❷ 单击【搜索】按钮，如图 2-39 所示。

图 2-38

图 2-39

Step03 开始进行搜索，并显示搜索到的结果，单击需要的范文，如图 2-40 所示。

图 2-40

Step04 在对话框中显示该范文中包含的幻灯片，然后对幻灯片内容进行查看，如果觉得该范文不是自己需要的，可单击【返回】按钮，返回到搜

索结果页面重新选择，这里单击【打开】按钮，如图 2-41 所示。

图 2-41

Step05 开始进行下载，下载完成后，将该范文以"公司介绍"为名称进行保存，效果如图 2-42 所示。

图 2-42

2. 获取 PPT 图片

PPT 美化大师中还提供了很多在线图片，当用户制作 PPT 需要图片时，可以直接通过 PPT 美化大师进行获取。其操作步骤如下。

在【美化大师】选项卡【在线素材】组中单击【图片】按钮，在打开的对话框中显示了提供的在线图片，用户可通过输入关键字进行查找，也可根据右侧的图片分类查找需要的图片，如图 2-43 所示。

图 2-43

3. 获取 PPT 形状

在【美化大师】选项卡【在线素材】组中单击【形状】按钮，在打开的对话框中显示了提供的在线形状，用户可通过输入关键字进行查找，也可根据右侧的形状分类查找需要的形状，如图 2-44 所示。

图 2-44

2.6.3 通过新建功能快速新建 PPT

PPT 美化大师还提供了新建功能，可以新建 PPT 模板文档、幻灯片、目录、画册等，以及根据输入的内容规划 PPT，在制作 PPT 的过程中，用户可结合美化大师提供的新建功能快速新建 PPT 需要的部分。

1. 新建模板文档

当 PowerPoint 2013 中自带的模板不能满足需要时，用户可以根据美化大师中提供的新建文档功能，根据提供的模板快速新建模板。例如，新建一个与"创意设计"相关的模板，其具体操作步骤如下。

Step01 在 PowerPoint 2013 工作界面中单击【美化大师】选项卡【新建】组中的【新建文档】按钮，打开【新建文档】对话框，在其中根据类别显示了提供的模板文档，单击【创意设计】超链接，如图 2-45 所示。

图 2-45

Step02 在其中显示了与"创意设计"相关的所有模板文档，单击需要的模板文档，如图 2-46 所示。

图 2-46

Step03 在打开的对话框中显示了模板的预览效果，单击【新建文档】按钮，如图 2-47 所示。

Step04 开始下载模板，下载完成后，即以"只读"模式打开该模板，效果如图 2-48 所示。

图 2-47

图 2-48

2. 新建幻灯片

在制作 PPT 的过程中，当不知道怎么对幻灯片进行布局时，可以通过美化大师快速新建带布局的幻灯片，然后对幻灯片中的内容进行修改即可。例如，在空白演示文稿中新建一张幻灯片，具体操作步骤如下。

Step01 在 PowerPoint 2013 工作界面中单击【美化大师】选项卡【新建】组中的【幻灯片】按钮，打开【幻灯片】对话框，在其中显示了提供的幻灯片布局，选择需要的幻灯片布局，这里单击页码右侧的【下一页】按钮，，如图 2-49 所示。

Step02 切换到下一页，继续单击【下一页】按钮，直到找到需要的幻灯片版式，将鼠标指针移动到幻灯片版式上，单击出现的【插入（保留原色）】按钮，如图 2-50 所示。

图 2-49

图 2-50

Step 03 开始下载幻灯片，下载完成后，将插入当前打开的空白演示文稿中，且幻灯片中的配色将保持不变，如图 2-51 所示。

图 2-51

技术看板

若在【幻灯片】对话框中需要的幻灯片右侧单击【插入（自动变色）】按钮，那么，选择的幻灯片插入演示文稿中后，将根据当前演示文稿应用的颜色自动更改幻灯片中的配色。

3. 新建目录

在制作幻灯片目录页时，可通过美化大师提供的目录页模板快速新建一个 PPT 目录页。新建目录页的操作步骤如下。

单击【美化大师】选项卡【新建】组中的【目录】按钮，在打开的对话框中左侧选择需要的目录模板，在右侧输入目录的内容，单击【完成】按钮，如图 2-52 所示，即可在幻灯片中插入目录页，效果如图 2-53 所示。

图 2-52

图 2-53

技术看板

在【目录】对话框右侧默认提供的目录项只有两个，如果不够，可单击按钮进行添加。

4. 新建画册

美化大师中还提供了画册功能，通过该功能可根据选择的模板快速生成 PPT 画册。其操作步骤如下。

单击【美化大师】选项卡【新建】组中的【画册】按钮，打开【画册】对话框，在其中显示了提供的画册模板，如图 2-54 所示。选择需要的模板，在打开的对话框中根据模板中幻灯片中图片的数量进行添加，添加完成后，单击【完成并插入 PPT】按钮即可。

图 2-54

5. 根据输入的内容规划 PPT

在 PPT 美化大师中，除了可新建幻灯片和目录页外，还可根据输入的内容规划 PPT。其操作步骤如下。

单击【美化大师】选项卡【新建】组中的【内容规划】按钮，打开【规划 PPT 内容】对话框，在其中输入 PPT 中包含的内容，单击【完成】按钮，如图 2-55 所示。

图 2-55

美化大师会根据输入的内容自动对 PPT 进行规划，效果如图 2-56 所示。

图 2-56

2.6.4 一键美化 PPT

PPT 美化大师还提供了一键美化功能，可以对 PPT 背景、模板和图示等进行一键美化，快速制作出美观的 PPT。例如，在"电话礼仪培训"演示文稿中使用 PPT 美化大师提供的一键美化功能对背景和图示进行美化，具体操作步骤如下。

Step01 打开"光盘\素材文件\第 2 章\电话礼仪培训.pptx"文件，单击【美化大师】选项卡【美化】组中的【更换背景】按钮，如图 2-57 所示。

图 2-57

Step02 打开【背景模板】对话框，在其中显示了提供的背景模板，将鼠标指针移动到需要的背景模板上，单击右侧出现的【套用至当前文档】按钮，如图 2-58 所示。

Step03 为当前的演示文稿应用选择的背景效果，如图 2-59 所示。

Step04 ❶ 选择第 3 张幻灯片，❷ 单击【美化大师】选项卡【美化】组中的

【魔法图示】按钮，打开【图示魔法师】对话框，开始为幻灯片中的图示进行配置，如图 2-60 所示。

图 2-58

图 2-59

图 2-60

技术看板

不是所有幻灯片中的图示都能使用 PPT 美化大师提供的魔法图示功能进行一键替换的，该功能只支持标题＋正文（有内容）版式或美化大师生成的图示内容，而且魔法图示都是随机配置的。

Step05 自动根据幻灯片中的图示配置相关类型的图示，效果如图 2-61 所示。

图 2-61

技术看板

在执行魔法图示操作时，如果更改后的图示效果并不满意，那么可继续多次执行魔法图示操作，以获得满意的图示效果。

Step06 然后使用相同的方法继续对第 4 张幻灯片中的图示进行更改，效果如图 2-62 所示。

图 2-62

技能拓展——一键美化 PPT 模板

单击【美化大师】选项卡【美化】组中的【魔法换装】按钮，可以对 PPT 中的模板进行更换，其中的模板都是随机的。

本章小结

　　本章主要讲解了 PPT 素材搜集、挑选、加工等相关知识，以及 PPT 美化大师的相关操作，通过本章的学习，相信读者能快速从网上搜索和挑选出符合幻灯片内容的素材。

第3章 用好模板，是 PPT 懒人必会的秘技

➡ 你知道什么是高质量的 PPT 模板吗？

➡ 如何找到符合行业需要的模板？

➡ 找到模板后如何调整？

➡ 如果模板的细节不符合要求，如何快速修改？

➡ 当下流行的 Low Poly 风格背景如何设计？

利用 PPT 模板快速设计幻灯片是大多数人都做过的事，可是做出来的效果却千差万别。究其原因，是因为网络中模板的质量参差不齐，能否找到高质量，并且符合行业需求和主题内容的模板，直接影响到最终制作效果。找到合适的模板后，还需要制作者有一个正确修改模板的方向，才能真正有效地对模板进行利用。本章将解决 PPT 模板利用的问题，告诉读者一个快速设计精美演示文稿的捷径。

3.1 模板使用的三大误区

对于 PPT 制作新手来说，想在短时间内设计出形式与内涵并存的演示文稿是件困难的事。在这种情况下，可以充分利用网络中的各种资源，通过寻找模板，再简单加工后快速完成演示文稿的制作。但是这种看似快捷的方法也不是万无一失的，如果不根据具体情况随便地寻找模板，再胡乱套用，演示文稿的效果将大打折扣。

模板设计者的设计水平通常是参差不齐的，所以设计出来的模板效果也不一样，演示文稿的制作者只有明白使用模板设计文稿的误区、学会辨别优秀的 PPT 模板、学会正确地修改模板，才能让模板的使用效率达到最高。其中认识到误区是最关键的一步，否则 PPT 的设计将无法进行。本节就来介绍使用模板时的三大误区。

3.1.1 认为模板使用 = 修改文字

使用模板被不少人误认为只是简单地修改模板文字即可，完全不考虑该模板中的内容与文字是否相符合。

修改模板文字，最不能犯的错误是"文不对题"，即文字不符合主题。如图 3-1 所示，表面上看这是一张视觉效果还不错的幻灯片，整体配色都很和谐，但是细读文字却发现，文字内容说的是智能电视的市场规划，而配色是咖啡色，图片是咖啡图片。

可见，这位幻灯片的制作者仅仅是看到模板好看，并没有考虑是否符合自己的主题，下载后直接修改文字就进行使用。

图 3-1

上面所犯的错误比较初级，那么接下来的错误就是不少人会犯的错误——不假思索地将文字填到图形中。

如图 3-2 所示，图形没有问题，文字好像也没有问题。但是细心的观众会发现，"一季度""二季度""三季度"所对应的文字中有数字，并且数据关系是越来越大，而 3 个季度的背景图形的大小却是越来越小。

图 3-2

在 PPT 中，任何图形的存在都不是为了单纯的美观，图形的大小、颜色都具有一定的意义，在这张模板中，图形的大小对应了重要程度和规格不同的内容。因此幻灯片的制作者应该调整背景圆形的大小，或者是调整文字的位置，将"三季度"对应的文字与"一季度"所对应的文字对换，以符合图形的大小逻辑。

3.1.2 认为文字不需要布局

使用模板设计 PPT，人们会关注图片、图形、图表的布局，却很少关注文字的布局，其实仔细观察，会发现优秀的 PPT 模板，其文字都有布局讲究，文字的布局可以简单理解为——划重点、会断句。

由于模板的版面设计需求，不同位置所放置的文字大小和字的数量都不同。修改模板不能简单地填充上文字，而是充分考虑观众在阅读中对文字的阅读感受，贴心地调整文字布局，让观众以最轻松的方式读懂文字。

文字布局首先忌讳没有重点，胡乱堆砌文字让观众自己找重点。其次忌讳不会断句，让文字的分行显示打乱了字意。

如图 3-3 所示，幻灯片制作者找到了一张合适的模板，于是将文字填充上去，文字虽然不多，但是读起来却很费劲。例如，"A"字母对应的文字中，"精华知识提供阅读"表达的完整的意思，却被一分为二，分成两行显示。同样，"C"字母所对应的文字也有此弊端。

图 3-3

经过修改后的效果如图 3-4 所示，文字有了重点，并且保证每一行的文字都能表达完整的意思。为了断句合理，且排版美观，"A"字母所对应的文字有所删减。

图 3-4

3.1.3 认为好模板 = 花哨 + 复杂

幻灯片制作的初学者会侧向于选择颜色艳丽、内容元素丰富复杂的模板，认为这种模板最能吸引观众目光，获得好评。事实上，正是因为模板中复杂的元素是初学者所不会的，所以导致初学者盲目崇拜。

最近几年的 PPT 比较流行"扁平风"，即将多余的效果去除，只留下最直白最简单的表现。幻灯片毕竟不是动画片，目的不是让观众被复杂的图形元素吸引，而是高效地向观众传达信息，元素太花哨，反而喧宾夺主，影响核心信息表达。

图 3-5 所示的是一个比较典型的例子，很多初学者在寻找模板时，能找立体效果的图形绝不找平面的图形，能找有倾斜效果的图形绝不找正立的图形。这些复杂的图片效果恰恰影响了文字的阅读，如果将此模板换成平面的、无倾斜效果的背景图形，文字的信息传达将会更高效。

图 3-5

3.2 在哪些地方能下载到好的模板

找到好的模板等于成功了一半，利用模板可以快速修改出精美的 PPT，那么制作者就需要知道模板的下载途径。一般来说，只要制作者掌握网站 + 网盘两个途径，就能满足模板下载需求。

在网络资源中，模板的质量相差非常大，如果能选择到高质量的模板设计演示文稿，效果就会比较理想。在找模板时，制作者首先需要知道有哪些高质量的 PPT 模板下载网站，不同网站中的模板各有什么特点；其次还可以了解一下在云盘和网页中搜寻模板的方法，以备不时之需。

★ 重点 3.2.1 优秀模板的下载网站

许多专业的 PPT 设计网站提供了不少优秀的模板，供使用者免费下载，制作者可以在下面的这些网站中进行模板寻找，再下载使用。

1. 第 1PPT

第 1PPT 网站（http://www.1ppt.com/）提供了不同类型的 PPT 模板，这些模板的质量都比较不错，而且该网站模板更新速度较快，受到很多 PPT 制作者的青睐，如图 3-6 所示。

图 3-6

除了模板外，PPT 制作者还可以寻找高质量的图片素材和图示等，如图 3-7 所示。

图 3-7

2. 优品 PPT 模板

优品 PPT 模板网（http://www.ypppt.com/）中包含了不同种类的 PPT 模板，有动态 PPT 模板、总结汇报 PPT 模板等。不同种类的模板又进行了细分，十分丰富，如 PPT 图表模板下又分为柱形图模板、线形图模板等，如图 3-8 所示。

图 3-8

3.51PPT 模板

在 51PPT 模板网站（http://www.51pptmoban.com/）中可以找到一些高质量的模板设计，并且在该网站中还提供了 PPT 设计时可能会用到的特效、插件，以及 PPT 教程，

资源十分丰富，该网站首页如图 3-9 所示。

图 3-9

4.PPTMind

PPTMind 网站（http://www.pptmind.com/）中有很多高质量的模板，但是数量和类型不多，并且需要付费购买，如图 3-10 所示。

图 3-10

5.PPTSTORE

PPTSTORE（http://www.pptstore.net/）是一个以收费模板为主的网站，其中的模板质量偏高，且支持私人高端定制。如果对模板的要求比较高，又没时间去寻找优质模板，可以到 PPTSTORE 中去寻找或定制，如图 3-11 所示。

图 3-11

6. 五百丁模板

五百丁（http://www.500d.me/

ppt/）之前是一个专业做简历的网站，现在也有很多高质量的 PPT 模板。如果找模板的目的是做简历、毕业论文，就可以到五百丁，如图 3-12 所示。在收费模板网站中，五百丁的收费相对较低。

图 3-12

7.PRESENTATIONLOAD

PRESENTATIONLOAD（http://www.Presentationload.com/）是一个国外的模板网站，该网站中的模板设计风格与国内有不同之处，如果设计 PPT 的目的是要给外国客户做汇报演讲，可以考虑该网站。要找不同的设计灵感，也可以在该网站中寻找模板。如图 3-13 所示，在该网站中模板有不同的种类。

图 3-13

3.2.2 云盘中搜索模板

云盘是互联网的存储工具，很多云盘用户会在自己的云盘中存储或分享一些 PPT 模板。要想在云盘中搜索 PPT，就需要进入云盘搜索引擎，目前云盘的搜索引擎不只一个，PPT 搜索常用的引擎有百度网盘搜索引擎、西林街搜索引擎、盘易搜、呆木瓜网盘搜索、文件百科，下面讲解其中的两个引擎的搜索方式。

1. 百度网盘搜索引擎

使用百度网盘搜索引擎，可以搜

索到百度资源中的 PPT 模板, 如图 3-14 所示, 进入搜索引擎, 输入关键词进行搜索, 就能匹配到相关的模板资源。

图 3-14

2. 西林街搜索引擎

西林街搜索引擎也是模板搜索的经常使用的, 如图 3-15 所示。

图 3-15

进入西林街搜索引擎的首页, 输入需要搜索的模板关键词进行搜索, 结果如图 3-16 所示。

图 3-16

3.2.3 网页中搜索模板

如果想用网页搜索 PPT 模板, 也是可以的, 但是要尽量将范围限定得小一点, 如通过关键词来限定、通过文件类型来限定。例如, 在百度文库中搜索 PPT 模板, 输入关键词后, 将文件类型选择为 PPT 即可, 如图 3-17 所示。

图 3-17

3.3 如何挑选好的模板

现在可以提供 PPT 模板的网站数不胜数, 网站中各类型的模板也层出不穷, 那么, 如何从众多好的模板搜索网站中找到最适合自己的那一个模板呢? 具体来说, 需要结合 PPT 内容, 从模板的风格、图片、布局等方面考虑, 进行模板挑选。

3.3.1 选模板也要跟着潮流走

不同的时代有不同的流行元素, 在挑选 PPT 模板时要充分考虑当下流行的 PPT 长宽比例、风格元素。

1. 长宽比选择

现在很多投影仪、幕布、显示器都更改成 16:9 的比例了, 16:9 的比例更符合人们的视觉习惯。因此, 除非确定播放演示文稿的器材显示器是 4:3 的比例, 否则在挑选 PPT 模板时就要选择 16:9 的比例。不少模板资源网站中都有模板比例的选择。图 3-18 所示的是 PPTSTORE 中的模板比例选择, 选择【16:9】选项后, 直接将过时的比例模板排除在外。

图 3-18

2. 风格选择

PPT 的风格有多种, 对风格把握不好的制作者可以根据当下比较流行的几种风格来选择模板。

（1）极简风

由于生活节奏的加快, 人们的压力越来越大, 极简风 PPT 正好带给受众一种轻松愉快的感觉, 成为当下比较流行的一种风格。极简风 PPT 的特点如图 3-19 所示。

图 3-19

极简风 PPT 模板在制作时, 会尽量去除与核心内容无关的元素, 只用最少的图形、图片、文字来表达这一页幻灯片的精华内容, 并用大量的留白让受众产生足够的想象空间。

极简风格的 PPT 是一种简洁但不简单的风格。为大众所知晓的苹果 CEO 乔布斯的发布会 PPT 就是极简风格, 没有华丽的元素, 只有精练的文字, 如图 3-20 所示。

图 3-20

（2）日式风

日式风 PPT 比极简风的元素稍微多一点，但是同样追求界面简洁。其特点如图 3-21 所示。

日式风模板适用于受众是日本客户时的演讲，也适用于简洁主义的生活用品、科技产品。

图 3-21

日式风 PPT 模板不会使用对比明显的配色，常常选用不同饱和度的配色，如黑、白、灰三色搭配，呈现独特的美感，实现淡雅脱俗的效果，如图 3-22 所示。

图 3-22

（3）复古风

复古风 PPT 模板属于经典不过时的模板，不论哪个时代，只要将复古的元素呈现出来，就很容易引起受众的共鸣。其主要特点如图 3-23 所示。

复古风 PPT 模板会选用一些与时光相关的元素进行搭配设计，也可以将复古元素与现代元素结合，形成轻复古的感觉。

复古风模板适合用在与时光或设计相关的演讲汇报上，如一家百年老店的企业宣传、怀旧商品的销售演讲，等等。

图 3-23

图 3-24 所示的是复古风 PPT 模板，该模板使用了水墨画的背景。

图 3-24

（4）扁平风

受简洁主义的影响，PPT 设计衍生出另一种简洁却十分有特色的模板——扁平风模板，其主要特点如图 3-25 所示。

图 3-25

扁平风 PPT 模板中，尽量使用简单的色块来布局，色块不会使用任何立体三维效果，整个页面中，不论是图片、文字还是图表都是平面展示的，而非立体展示。

扁平风 PPT 是当下的一种时尚，适合用在多种场合，如科技公司的工作汇报、网络产品发布会，等等。

图 3-26 所示的是扁平风 PPT，页面中所有元素都是平面的，去除了一切效果添加。

图 3-26

3.3.2 花哨的模板要慎用

通过 3.3.1 节的讲解，不难发现当下流行的 PPT 风格倾向于简洁风，因此花哨的模板，不论元素设计得如何复杂巧妙，都要慎重选择，本小节就来讲讲哪些花哨的模板一定不能用。

1. 颜色花哨

颜色花哨分为两种情况：一种是颜色搭配刺眼，影响了受众的视觉感受；另一种是颜色搭配复杂，影响了主体信息的传递。

颜色搭配刺眼的模板类型有红 + 绿配色的模板，背景为鲜红、亮绿、金黄的模板。

颜色搭配复杂的模板特点是使用了超过 3 种以上的主色，整个页面颜色杂乱，让观众找不到重点。

图 3-27 所示的是配色杂乱的 PPT 模板，过多颜色会分散受众的注意力，让受众找不到内容表达的核心所在。

图 3-27

2. 图片花哨

图片花哨指的是图片的元素太多、太复杂，影响了核心内容的表达。模板中影响最大的莫过于背景图片，其他图片都可以替换，背景图片替换可能导致模板风格的整体变化。

带有这类图片的模板最好不要选用：颜色太鲜艳的图片、背景图片没有经过模糊处理、透明度处理影响了文字显示、图片内容与主题内容无关。

3. 图表花哨

很多设计者下载模板时，会倾向于选择图表效果设计复杂的模板，其实使用图表的目的就是表现数据，在正确表达数据的前提下，图表应以简洁为主。

需要少用的太花哨的图表类型有添加了太多的立体感效果、同一图表使用了多种配色、图表中作用相似的元素过多等，如既有数据标签又有网格线。

★ 重点 3.3.3 根据行业选择模板

挑选模板一定要选择与主题相关性大的模板，从而减少后期对模板的修改程度，提高幻灯片的制作效率。一般来说，制作者需要从行业出发，寻找包含行业元素的模板，这些元素包括颜色、图标、图形，等等。

不同的行业有不同的色调，如医务行业与白色相关。不同的行业也有不同的标志，如计算机行业，找自带计算机图标、图片的模板比较合适。又如财务行业，与数据相关，就需要找模版中数字元素、图表元素、表格元素较多的模板进行修改。下面来看一些典型的行业例子。

1. 科技 /IT 行业

科技行业或 IT 行业的 PPT 模板可以选用蓝色调，如深蓝和浅蓝。这是因为蓝色会让人联想到天空、大海，随之使人产生广阔无边、博大精深的心理感受。再加上蓝色能让人平静，也代表着智慧。因此在设计领域中，蓝色可以说是科技色，用在科技行业或 IT 行业中十分恰当。如图 3-28 所示，有的模板下载网站可以直接设定模板搜索的颜色，这里设定为"蓝色"后，就能快速找到科技感十足的模板了。

图 3-28

科技 /IT 行业中，除了蓝色是一种选择方向外，在内容上也需要选择与时代、科技、进步概念相关的元素，如地球图片、科技商品图片，等等。有的 PPT 模板专门为行业设计了一个图片背景，这类模板也十分理想。

如图 3-29 所示，这套 PPT 模板的色调是深蓝色，背景是专门设计的具有艺术感的电路图，象征着芯片。再加上配图也是与科技、现代相关的内容，十分适合芯片行业的 PPT 设计。

图 3-29

2. 房地产行业

房地产行业的 PPT 模板选择要知道受众最关心的是什么。在房地产行业中，受众最关心的莫过于房子的质量、周边配套、未来规划、销量等数据。

要想表现房子的品质，就要选择严肃一点的主色调，如黑色、深蓝色。要填写周边配套、未来规划及销量内容，就需要通过图片＋数据的方式。因此选择的 PPT 模板要有图片展示页、数据展示页，如图 3-30 所示，这样的模板风格相符、内容元素齐全，且有不少表现建筑的图片，十分适合。

图 3-30

3. 设计 / 艺术行业

设计 / 艺术行业对 PPT 模板的选择要求更高，制作者应该选择配色具有美感、元素有设计感的图表。

首先在配色上可以大胆一些、丰富一些、活泼鲜艳一些。例如，鲜红色为主色调，或者是经典的艺术配色如橙色＋蓝色、黑色＋黄色、灰色＋玫红。其次在内容元素的选择上，要有艺术行业的特色。例如，舞蹈行业可以选择带有跳舞小人、流线型图形的模板。又如，绘画行业可以选择背景是插画的模板，如图 3-31 所示，该模板颜色搭配大胆丰富，很吸引人的眼球。

图 3-31

3.3.4 模板的元素要全面、实用

挑选模板时，不能仅从外观上考虑，还要结合内容分析模板是否实用。在PPT设计中，图片不合适，替换起来比较方便，但是图形和图表不合适，设计者就需要花较多的时间进行修改。而图形主要用来表现内容之间的逻辑关系，图表则表示不同的数据，两者皆为PPT中设计重点，下面讲解如何从内容逻辑和数据的角度来选择实用的模板。

1. 适合内容逻辑展现

在使用模板制作PPT前，制作者应该对要展现的内容列出提纲，做到心中有数，知道目标PPT中的内容有哪些逻辑关系，不同的逻辑关系有几点内容。然后在寻找模板时，分析模板中的图形、图片元素的排列是否与内容逻辑相符。

图3-32所示的是一个内容逻辑的简单呈现。该内容需要3页PPT来呈现：第一部分的下属内容彼此间属于并列关系，一共有3个要点；第二部分的下属内容彼此间属于顺序关系，一共有4个要点；第三部分的下属内容彼此间属于并列关系，一共有两个要点。

根据这样的内容逻辑寻找模板，如图3-33所示的模板显然不符合需求，该模板中的图形主要逻辑关系是并列的，并且数量较多、过于密集，不适合表现3点或2点的并列关系，而且没有表现顺序关系的幻灯片模板。

图 3-32

图 3-33

而图3-34所示的模板就很适合图3-32中的内容逻辑。在该模板中第3页模板是3个图形呈并列方式排列，正好用来表现"高绩效团队建设"内容中的3点并列关系，第4页模板适合表现顺序关系的逻辑，第8页模板适合表现两点并列关系。

图 3-34

总而言之，模板中的图形、图形排列都具有内在逻辑关系，挑选模板时需要分析，这套模板中，是否包含了内容的所有逻辑。

2. 图表是否全面

图表的制作是相对比较复杂的，尤其是要设计出精美的图表，因此在挑选模板时，要选择图表类型足够丰富的模板，避免后期自己设计图表。尤其是财经类、工作汇报类演示文稿，制作者在挑选模板前，要列出需要表现的数据，为数据选定好模板。假设某工作汇报演示文稿需要用到柱形图、饼图、折线图，那么寻找模板时就要找到同时包含这3种图表的模

板，如图3-35所示。

图 3-35

3.3.5 统一性不高的模板不要选

模板最大的作用是帮助演示文稿制作者寻找到一套整体风格和谐的模板，快速修改。一份模板是一个整体，模板的颜色要统一，风格也要统一。其核心要点如图3-36所示。

图 3-36

1. 颜色统一

模板颜色的统一是大多数PPT制作者都应注意的事，但是制作者往往只会在幻灯片浏览模式下观察幻灯片的整体色调是否一致，容易忽视幻灯片页面中的内容颜色是否统一。例如，一套配色统一的模板，页面中标题与正文、图形、图表配色，都是统一的。

例如，模板的配色是红+黑，但是标题文字却有红有黑，正文也有红有黑，完全没有逻辑地乱选颜色，只管颜色是配套的就行。

也就是说，模板应当对不同类型的内容有颜色的定义，形成固定模式，而不是随心所欲地更换颜色。

2. 风格统一

模板的风格统一容易被制作者忽视，风格的统一主要包括图片风格、图表风格、图形风格、文字风格统一。

以图片为例，最好不要卡通图片、实拍图片、漫画图片混合使用。图表也是，要么统一设计成立体风格，要么统一设计成平面风格。文字则需要注意，标题文字与正文风格要固定，如标题不能前面几页是严肃型字体，后面几页是卡通字体。

如图 3-37 所示，这份 PPT 模板中，第 3 页的图形风格是凹凸的，而其他页中的图形风格是扁平化的，两者风格不统一，不够和谐。

图 3-37

3.4　小改动，模板大变化

挑选到合适的模板后，模板不一定完全符合演示文稿制作的需求，这时候就需要制作者稍微改动一下模板的细节，使模板与主题完全配套，快速制作出一份精美且又与内容高度吻合的演示文稿。

3.4.1　模板主题背景可以任意修改

幻灯片的主题背景影响了整个演示文稿的风格，让受众产生不一样的情绪。在寻找模板的过程中，常常有这样的情况发生，模板的其他内容元素都符合需求，但是整体背景风格不够理想。

例如，航空行业需要制作一份相关的行业模板进行演讲，找到了一份 IT 行业的模板，模板的背景是一张经过处理的计算机图片，如图 3-38 所示。如果背景图片能换成经过处理的飞机图片，这份模板就完全符合需求了，如图 3-39 所示。

图 3-39

在更换模板主题背景时，制作者需要切换到【幻灯片母版】选项卡下，将鼠标指针放在不同的版式上，显示出来的文字会说明这版式被哪几张幻灯片使用。如图 3-40 所示，文字显示这张版式被幻灯片 3 使用。

图 3-40

如果需要更换背景的幻灯片使用的是同一个版式，那么只需要更改一张版式的背景即可，否则就需要找到对应幻灯片的版式分别进行修改。如果整套幻灯片的背景需要统一成一个格式，那么设置好一个版式的背景后，选择【全部应用】选项即可。

当确定好要修改背景的版式后，打开【设置背景格式】对话框，在这里可以随意更改背景为【纯色填充】【渐变填充】等方式。如此便完成了幻灯片主题的更改，如图 3-41 所示。

图 3-41

3.4.2　学会修改或设计主题

幻灯片的主题是模板的组成元素，包括了主题颜色、主题字体、主题

图 3-38

效果及主题背景。通过设计主题可以快速调整演示文稿的风格，当然主题也可以应用到单一的幻灯片页面中。

调整主题的颜色可以快速改变演示文稿的配色方案；调整主题的字体，可以设定演示文稿的标题和正文的中英文字体样式，避免后期反复调整；调整主题的效果，可以设置幻灯片中图形的阴影、反射、光面等效果样式。

在 3.4.1 节中已经讲过如何设置主题背景，下面将讲解如何修改或设计主题的其他元素。

1. 修改主题

修改模板的主题，可以直接使用 Office 中提供的主题进行更换，如图 3-42 所示，单击【设计】选项卡下【主题】组中的折叠按钮，在弹出的主题样式中选择一种样式即可。

图 3-42

如果想调整主题的颜色、字体和效果，则可以单击【变体】的折叠按钮，如图 3-43 所示，从 Office 的颜色选项中选择一个配色方案。

图 3-43

2. 自定义设计主题

如果 Office 提供的主题样式都不能满足需求，制作者可以自定义设计模板中的主题，以达到最理想的效果。

自定义主题颜色、字体、效果时需要打开相应的对话框。例如，自定义主题颜色，则选择【变体】→【颜色】→【自定义颜色】选项，打开如图 3-44 所示的【新建主题颜色】对话框。在对话框中单独设计幻灯片不同元素的颜色，并命名保存。字体及效果的自定义设置方法相同，这里不再赘述。

图 3-44

3.4.3 修改模板母版

优秀的模板通常有一个统一的版式和风格，如果幻灯片制作者对模板的母版设计不满意，可以自行修改，以达到实际需求。

在修改母版前，需要对母版和版式有一个清楚的认识和区分，其要点如图 3-45 所示。总结一下，一份演示文稿至少有一个母版，母版控制着演示文稿整体的风格、背景等效果。一个母版下可以有多个版式，版式控制着单张幻灯片的内容布局。

例如，在一份演示文稿只用一个母版进行设计时，修改母版会同时影响演示文稿中的所有幻灯片。但是修

改母版中的版式，只会影响运用了这张版式的一张或多张幻灯片。

图 3-45

1. 修改母版

当下载好模板时，可以进入【幻灯片母版】视图下，看这份模板的母版由哪些幻灯片在使用，如图 3-46 所示，如果母版被所有幻灯片使用，那么制作者对幻灯片的背景不满意时，就可以直接修改母版背景，达到一次性调整所有幻灯片背景的效果。

图 3-46

如果制作者想在所有幻灯片页面的同一位置添加上企业的 LOGO，也可以在母版中进行添加，如图 3-47 所示，这样该母版下的所有版式都会自动添加上企业 LOGO，应用了这些版式的幻灯片页面就成功添加上了 LOGO。

图 3-47

2. 修改版式

版式针对的不是演示文稿的整体，而是部分幻灯片。所以修改或设计版式的目的在于让版式符合特定的内容，该模板的【空白】版式如图 3-48 所示。如果制作者设计的内容页幻灯片中需要用到该版式，且都是左文右图表的固定形式，那么可以在这个版式上添加【文本】和【图表】占位符，如图 3-49 所示。

图 3-48

图 3-49

3.4.4 设计标题页

模板中的标题页只需要进行文

字、图片修改就能快速完成演示文稿的标题页设计。不论是改变图片还是颜色，都要考虑修改结果是否与当前主题相符、颜色需不需要更改。

图 3-50 所示的是模板中的标题页，因为图片不符合主题需求，所以更改了图片。

图 3-50

图片更改后，还要考虑文字颜色与图片主题是否相符，所以将文字改成了粉红色，象征着爱情，如图 3-51 所示。

图 3-51

如果标题页的设计无法通过简单修改达到需求，制作者可以自己设计标题页。标题页的设计要点是元素不要太多，可以用一张大图＋大号标题文字，或者是底色＋大号标题文字＋简单的图形。

3.4.5 设计目录页

利用找到的模板设计标题页时，最常见的问题是模板标题页中的标题数量与实际需求不符，这时就需要制作者稍微调整一下，方法和注意事项如下。

1. 标题数量多了 / 少了

如果模板中的标题数量比实际需求多，那么就删减标题，否则，就增

加标题。

图 3-52 所示的是模板中的标题页。

图 3-52

图 3-53 和图 3-54 所示的是删减和增加标题数量后的效果。

图 3-53

图 3-54

2. 增减标题时的操作注意事项

增减模板中的标题，最大的注意事项是考虑标题增减后对页面布局的影响，是否还能保持原模板的整齐、美观。毕竟模板中的标题增减后，会打破原来的布局。这时制作者要充分利用对齐功能。

（1）删减标题最好删减中间的

如果要删减标题的数量，最好删减中间的标题。例如，要删减一个标题，则删减第 2 个、第 3 个、第 4 个都可以，如图 3-55 所示。然后再同时选中剩下的 4 个标题，执行【对齐】→【纵向分布】命令，这样标题

之间的距离就相等了，且不会打破原有的布局，如图 3-56 所示。

图 3-55

图 3-56

（2）增加标题可能需要调整布局

增加标题比删减标题更影响页面布局，增加标题后，制作者可以做的是减小标题字号、缩小图形、调整布局。调整布局常用的方法是将垂直排列的标题改成倾斜排列，减小拥挤感。

如 3-57 所示的标题，上面和下面都已经没有空间再增加一个标题了，强行增加会让页面看起来很不协调，

正好页面左右两边有留白，那么可以灵活地将标题排列成倾斜的形式。

图 3-57

其操作方法是以标题 1 和标题 2 为标准，分别代表所有标题最左边和最右边的距离，然后再选中所有标题执行【横向分布】命令即可。

3.4.6 设计转场页、内容页

PPT 的转场页作用在于帮助观众厘清思路，进入下一小节的内容环境。例如，课件类型的 PPT，如果课时较长，内容较多，就需要分为不同的小节，小节与小节之间专门做一页转场，提醒观众当下的课时进度与内容。

PPT 的内容页是除了封面、尾页、目录与转场页之外的页面，是演示文稿的主体，呈现了演讲者所讲解的重点核心内容。

转场页与内容页的核心要点如图 3-58 所示。

图 3-58

如图 3-59 所示，标有序号"02"和"03"的两页幻灯片就是转场页，提示观众下面即将进入第二个内容环节和第三个内容环节。

图 3-59

转场页需要保持高度的页面统一性，除了序号和标题文字外，其他的布局、元素都不需要改变。对于设计类、艺术类 PPT，也可以将不同的转场页设计成不同的颜色，但是布局元素同样保持相同。

内容页的页面统一性要求没有转场页严格，根据内容的不同，制作者可以自由选择图片、图表、文字、图形为不同的形式布局。但是同样需要保证基本元素，如标题、文字是统一的。

3.5 分享好工具：使用 Image Triangulator 设计 PPT 低面背景

近年来彩色多边形低面背景流行于各行各业的 PPT 设计中，这种风格称为低多边形风（Low Poly 风）。低多边形风的设计原则是利用少量的多边形表现出棱角分明的晶格化艺术风格，让图片整体看起来像折纸，极具抽象感、现代艺术感。这种极具艺术感的多边形风格如果用 PS 制作十分考验功底，但是用 Image Triangulator 软件就可以快速制作出 PPT 的低面背景。

3.5.1 认识 Image Triangulator 的操作界面

Image Triangulator 的操作界面十分简单，各命令对应的中文名称如图 3-60 所示。

图 3-60

3.5.2 使用 Image Triangulator 制作低多边形背景

Image Triangulator 的操作界面很简单，但是需要实际操作一下才能明白各命令的具体作用。

使用 Image Triangulator 之前需要准备一张图片素材，可以使用 PPT 设计一张渐变填充图片，如图 3-61 所示，将一页 PPT 设计成渐变填充。

图 3-61

然后将这页幻灯片导出成 GIF 图片，如图 3-62 所示，低多边形的素材图片就准备好了。

准备好素材图片后，可以单击【Tools】界面的【CHOOSE AN IMAGE】按钮打开这张素材图片，

图片打开后，保证显示设置这里的状态是【ORIGINAL（O）】状态，即原图状态，如图 3-63 所示。

图 3-62

图 3-63

图片打开后，可以在图片上描点，如图 3-64 所示。

图 3-64

如果想立刻知道每一个描点的设计效果，可以按【R】键，然后再描点，如图 3-65 所示。按照这样的方法，就能完成一张简单的低多边形背景图片设计。

图 3-65

如果设计的背景图片中有文字、图形等内容，描点就需要按照文字、图形的边来进行。如图 3-66 所示，对文字进行描点，需要顺着文字的边添加点。完成后的效果如图 3-67 所示。

图 3-66

图 3-67

本章小结

本章主要讲解了 PPT 模板寻找及模板修改的方法，帮助 PPT 制作者快速通过模板制作出高质量的演示文稿，提高演讲时信息的传达效率。

第4章 向广告大师学习 PPT 排版布局

➡ 下载了很多素材和模板，但是制作出来的 PPT 还是不理想，为什么？

➡ 想知道他人的漂亮设计都是怎样制作出来的吗？

➡ 想知道常见的 PPT 版式布局的归纳技巧吗？

➡ PPT 需要遵循哪些排版原则？

➡ 文字、图片和图表在 PPT 排版中都有哪些注意事项？

PPT 内容规划好以后，PPT 的设计很在大程度上就是对页面进行排版。如果基础排版知识没有掌握好，PPT 设计的审美也就无从谈起。本章将介绍一些关于排版的基础知识，包括点线面的构成、常见的 PPT 布局样式、PPT 的排版原则和技巧等。

4.1 PPT 布局基础知识

PPT 不同于一般的办公文档，它不仅要求内容丰富，还需要融入更多的设计灵感才能发挥较大的作用。布局是任何设计方案中都不可忽略的要点，PPT 的设计同样如此。点、线、面是构成视觉空间的基本元素，是表现视觉形象的基本设计语言。PPT 设计实际上就是如何经营好三者的关系，因为不管是任何视觉形象或版式构成，归结结底，都可以归纳为点、线和面。

4.1.1 点的构成

在几何学上点是没有大小，没有方向，仅有位置的，如图 4-1 所示。

图 4-1

在造型设计上点却是有形状、大小和位置之分的，就大小而言，越小的点作为点的感觉越强烈，如图 4-2 所示。

图 4-2

在 PPT 中，点是相对于线和面而存在的视觉元素，一个单独而细小的形象就可以称为点。点是相比较而言的，比如一个汉字是由很多笔画组成的，但是在整个页面中，可以称为一个点，如图 4-3 所示中的"01"。点也可以是 PPT 中相对微小单纯的视觉形象，如按钮、LOGO 等。

图 4-3

1. 点的形态

点的形态众多，复杂的对象也

可以看作一个点。点是视觉特征的焦点，是吸引人视线的中心位置。

点一般被认为是最小的并且是圆形的，但实际上还有方形、三角形、梯形、不规则形等，如图 4-4 所示，自然界中的任何形态缩小到一定程度都能产生不同形态的点。

图 4-4

2. 点的视觉特征

点的基本属性是注目性，点能形成视觉中心，也就是力的中心。也就是说，当画面有一个点时，人们的视线就集中在这个点上，因为单独的点本身没有上、下、左、右的连续性，所以能够产生视觉中心的视觉效果。

当单个的点在画面中的位置不同时，产生的心理感受也是不同的。如图4-5所示，居中的点会有平静、集中感；点位置偏上时会有不稳定感，形成自上而下的视觉流程；点位置偏下时，画面会产生安定的感觉，但容易被人们忽略。点位于画面三分之二偏上的位置时，最易吸引人们的观察力和注意力。

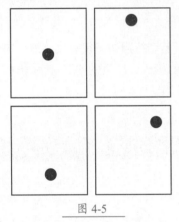

图 4-5

另外，当画面中点的数目和分布，以及多点的构成效果不同时，点的作用也不同。

➦ 如果画面中有两个大小不同的点，那么大的点首先会引起人们的注意，但视线会逐渐地从大的点移向小的点，最后集中到小的点上。这是因为点大到一定程度具有面的性质，越大越空泛，越小的点积聚力越强，如图4-6所示。

➦ 当画面中有两个相同的点，并有各自的位置时，它们之间的张力作用就表现在连接这两个点的视线上，视觉心理上产生连续的效果，会产生一条视觉上的直线，如图4-7所示。

图 4-6

图 4-7

➦ 当画面中有3个散开的3个方向的点时，点的视觉效果就表现为一个三角形，这是一种视觉心理反映，如图4-8所示。

➦ 当画面中出现3个以上不规则排列的点时，画面就会显得很零乱，使人产生烦躁感，如图4-9所示。

图 4-8   图 4-9

➦ 当画面中出现若干大小相同的点规律排列时，画面就会显得很平稳、安静，并产生面的感觉，如图4-10所示。

➦ 由于点与点之间存在着张力，点之间的靠近会形成线的感觉，平时画的虚线就是这种感觉，如图4-11所示。

图 4-10   图 4-11

3. 点的错视

点在不同的环境下会让人产生错误的视觉现象，也称这些现象为"点的错视"。常见的情况有如下几种。

➦ 图4-12所示为同一个图的反色效果，白色的点给人向前的感觉，并感觉较大，黑色的点则给人后退的感觉，并感觉较小。

图 4-12

➦ 如果将两个一样大小的点进行不同的摆放，其中一个点的周围摆放的是小点，另一个点的周围摆放的是大点，如图4-13所示。这时可能会对原本两个相同的点产生大小不同的错觉。

图 4-13

➦ 相同的点在受到不同大小的夹角影响时，也会产生大小不同的感觉，如图4-14所示。

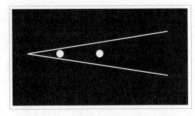

图 4-14

4. 点的构成方式

当页面中有一个点时，它能吸引人的视线；有两点时，人的视线就会在这两点之间来回流动，但当两点错位排列时，则视线呈曲线摆动状态。可见，利用点的大小、形状与距离的变化，便可以设计出富于节奏韵律的页面。

➦ 不同大小、疏密的点混合排列，可以成为散点式的构成形式，如图4-15所示。

➦ 将大小一致的点按一定方向进行有规律的排列，就会在视觉上给人留下一种由点的移动而产生线化的感觉，如图4-16所示。

图 4-15   图 4-16

➥ 以由大到小的点按一定的轨迹、方向进行变化，就会产生一种优美的韵律感，如图 4-17 所示。

➥ 把点以大小不同的形式，进行有序的排列，就会产生点的面化感，如图 4-18 所示。

图 4-17 　　　　图 4-18

➥ 将大小一致的点以相对的方向，逐渐重合，就会产生微妙的动态视觉，如图 4-19 所示。

➥ 不规则的点摆放在一起能形成活泼的视觉效果，如图 4-20 所示。

图 4-19 　　　　图 4-20

5. 点的应用

点是构成 PPT 的最基本单位，在 PPT 设计中，经常需要主观地加些点，如图 4-21 所示，在新闻的标题后加个 "NEW"，在每行文字的前面加个方的或圆的点。

图 4-21

点在页面中能产生活泼生动的视觉感，使用得当，甚至可以起到画龙

点睛的效果。一个 PPT 往往需要有数量不等、形状各异的点来构成。点的形状、方向、大小、位置、聚集、发散，能够给人带来不同的视觉感受。如图 4-22 所示，将水滴作为点的应用发挥得很好，使左侧的矢量图和右侧的文字得到更好的融合。

图 4-22

点还是各种形状的源泉，可以利用点组成各种各样具象的和抽象的图形，通过点把空间概念、幻象透视空间表现得淋漓尽致。例如，利用点设计成功的 PPT，如图 4-23 所示。

图 4-23

4.1.2 线的构成

点的连续排列构成线，点与点之间的距离越近，线的特性就越显著。线在页面中的作用在于表示方向、位置、长短、宽度、形状、质量和情绪等属性。

线在设计中千变万化，是不可或缺的元素。线除了具有本体形状外，还有两端的形状。线的总体形状有垂直、水平、倾斜、几何曲线和自由曲线等，如图 4-24 所示。

图 4-24

1. 线的形态

线是分割页面的主要元素之一，是决定页面现象的基本要素。从线的总体形状概括起来，可以分为直线和曲线两大类。

➥ 直线：垂直线、水平线、斜线、折线、平行线、虚线、交叉线。

➥ 曲线：几何曲线（弧线、旋涡线、抛物线、圆）、自由曲线。

2. 线的视觉特征

线是具有情感的，不同的线有不同的感情性格，线有很强的心理暗示作用。

直线具有男性的特点，有力度、稳定。直线中的水平线给人平静、开阔、安逸的感觉，使人联想到风平浪静的水面、远方的地平线；而垂直线则使人联想到树、电线杆、建筑物的柱子，有一种崇高、挺拔、严肃的感觉；斜线则有一种速度感，让人感觉到动力、不安。直线还有粗细之分，粗直线有厚重、粗笨的感觉，细直线有一种尖锐、神经质的感觉。

曲线富有女性化的特征，具有丰满、柔软、优雅、浑然之感。其中，几何曲线是用圆规或其他工具绘制的具有对称和秩序的差、规整的美；自由曲线是徒手画的一种自然的延伸，自由而富有弹性，是最好的情感抒发手段。

线最善于表现动和静，直线表现静，曲线表现动，曲折线则有不安定的感觉。将不同的线运用到页面设计中，会获得不同的效果。知道什么时候应该运用什么样的线条，可以充分地表达所要体现的内容。

3. 线的错视

灵活的运用线的错视可使画面获得意想不到的效果。但有时则要进行必要调整，以避免错视所产生的不良效果。

➡ 平行线在不同附加物的影响下，显得不平行，如图 4-25 所示。

图 4-25

➡ 直线在不同附加物的影响下呈弧线状，如图 4-26 所示。

图 4-26

➡ 同等长度的两条直线，由于它们两端的形状不同，感觉长短也不同，如图 4-27 所示。

图 4-27

➡ 同样长短的直线，竖直线感觉要比横直线长，如图 4-28 所示。

图 4-28

4. 线的构成方式

线的构成方式众多，不同的构成方式可以带给人们不同的视觉感觉。

➡ 面化的线（等距的密集排列），如图 4-29 所示。

➡ 疏密变化的线（按不同距离排列）透视空间的视觉效果，如图 4-30 所示。

图 4-29　　　图 4-30

➡ 粗细变化的线，虚实空间的视觉效果，如图 4-31 所示。

➡ 错觉化的线（将原来较为规范的线条排列做一些切换变化），如图 4-32 所示。

图 4-31　　　图 4-32

➡ 立体化的线，整体效果如图 4-33 所示。

➡ 不规则的线，整体效果如图 4-34 所示。

图 4-33　　　图 4-34

5. 线的应用

线条的性质比较简单，本身并没有什么特别的意义。然而，将其运用到平面中的不同位置，不同组合便可以起到不同的作用。线在平面构成中起着非常重要的作用，是设计版面时经常使用的设计元素。

（1）线的分隔作用

在 PPT 中，线用作分隔不同的设计元素的使用频率很高。可以用"线"勾勒出画面中模块内容的边界，强调版面的固有规律性，形成规矩、整齐的感觉。

图 4-35 所示为线在 PPT 封面设计上的应用。

图 4-35

如图 4-36 所示，左上角为线在内容页标题栏中的应用，正中间的许多虚线条为线在内容间的分隔应用。

图 4-36

（2）线的引导作用

线条还有一种作用，就是引导读者视线，增强元素之间的关联。图 4-37 所示为"企业宣传"演示文稿中营业业绩的介绍界面，界面中的水平箭头线条明确告诉受众应该从左到右观看该页内容，线条中的节点即为各关键词的显示位置。

图 4-38 所示为"广告提案思路"演示文稿的宣传预热步骤，内容呈横

向线型分布,观众一看就能非常清晰地了解各个环节的先后关系。页面中的横向直线,查看时目光的移动会和平常手画线的方向是一样的,即从左到右。

图 4-37

图 4-38

（3）线的连接作用

线条最简单的作用还是将多个对象连接起来,如图4-39所示,图表中用到了线条连接作用。当用线条将不同的要素连接起来时,可以使其被认为是一个整体,从而显得有条理。

图 4-39

例如,在分解图片、文字块等组合的旁边加上线条,能让人理解它们是有连续性的整体,从而显得有条理,如图4-40所示。

图 4-40

实际上,即使在整理排列同一个版面时,线条一般都同时具有联系和分割两种方法。如图4-41所示的版式中,线条既串联起各个零散的因素,又对彼此进行了分隔。

图 4-41

（4）线的装饰作用

有些时候,只是为了让版面效果更加美观,添加些线条进行调剂。如图4-42所示,线条在PPT封面中起装饰应用。

图 4-42

如图 4-43 所示,线条在幻灯片正文中起对称作用。

图 4-43

（5）变形线——框的各种作用

除了直线以外,还可以在PPT中使用线框进行设计,如图4-44所示,框在幻灯片中起模块化作用。

图 4-44

用"框"可以更清晰地展示不同模块的内容,如图4-45所示,框在幻灯片中形成的对齐效果,很规整。

图 4-45

如图 4-46 所示,幻灯片中用半框展示工作计划的各个重点,规律排列相应图片和文字,各个"框"既作为独立模块,又与其他内容进行了有规律的对齐。

图 4-46

如图 4-47 所示,用"框"将文字包围起来,形成艺术化排版效果,既显得独特,又不失雅致。

图 4-47

4.1.3 面的构成

面是无数点和线的组合，也可以看作线的移动至终结而形成的。面有长度、宽度，没有厚度。

➥ 直线平行移动可形成方形面，如图 4-48 所示。

➥ 直线旋转移动可形成圆形面，如图 4-49 所示。

图 4-48　　　图 4-49

➥ 斜线平行移动可形成菱形面，如图 4-50 所示。

➥ 直线一端移动可形成扇形面，如图 4-51 所示。

图 4-50　　　图 4-51

1. 面的形态

点的密集排列构成面，点的距离越近，面的特性就越显著。从面的组成方式上大致可以将面分为直线形面和曲线形面，下面将分别进行介绍。

（1）直线形

➥ 几何直线性：指有固定角度的形，

如方形、三角形、菱形。

➥ 自由直线形：不受角度限制的任意形。

（2）曲线形

➥ 几何曲线形：指具有固定半径的曲线。

➥ 自由曲线形：不具有几何秩序的曲线形。

➥ 偶然性：特殊技法偶然得出。

2. 面的视觉特征

面具有一定的面积和质量，占据空间的位置更多，因而相比点和线来说视觉冲击力更大更强烈。不同形态的面，在视觉上有着不同的作用和特征，下面分别进行讲解。

➥ 直线形的面具有直线所表现的心理特征，有安定、秩序感、男性的象征，如图 4-52 所示。

图 4-52

➥ 曲线形的面具有柔软、轻松、饱满、女性的象征，如图 4-53 所示。

图 4-53

➥ 偶然形面（如水和油墨，混合墨洒产生的偶然形等）比较自然生动，有人情味，如图 4-54 所示。

图 4-54

3. 面的错视

在生活中，常常会遇到各种面的错视。例如，将同样大小的两个圆垂直对齐排列，如图 4-55 所示，是否会感觉上面的圆要比下面的圆大一些。另外，还常常会觉得亮一些的面要比暗一些的面大。

图 4-55

所以，在书写汉字时通常会把上面的部分写得稍小一点，这样才能达到一种结构的和谐；在书写美术字时也应注意到上紧下松的原则，还有像数字"8""3"及字母"B""S"，理论上来讲它们的上下部分应该是一样的比例，但为了使其看起来更加美观，下面的部分书写时要写得稍大一些，如图 4-56 所示。

图 4-56

用等距离的垂直线和水平线来组成两个正方形，如图 4-57 所示，它们的长宽感觉是不是不一样呢？水平线组成的正方形，给人感觉稍高些；而垂直线组成的正方形则使人感觉稍宽些。所以，生活中，穿着竖格服装的人显得更高一点，穿横格服装的人则显得矮些。

图 4-57

4. 面的构成方式

面的构成方式众多，不同的构成方式可以带给人不同的视觉感受，常见的构成情况举例如下。

➡ 几何形的面：常常用于表现规则、平稳、较为理性的视觉效果（等距密集排列），如图 4-58 所示。

➡ 自然形的面：不同外形的物体以面的形式出现后，会给人更为生动的视觉效果，如图 4-59 所示。

图 4-58　　　　图 4-59

➡ 有机形的面：可以营造出柔和、自然、抽象的面的形态，如图 4-60 所示。

➡ 偶然形的面：总是充满自由、活

泼而富有哲理性，如图 4-61 所示。

图 4-60　　　　图 4-61

➡ 人工造形的面：具有较为理性的人文特点，如图 4-62 所示。

➡ 几何形面：往往用于构成展示效果，如图 4-63 所示。

图 4-62　　　　图 4-63

5. 面的应用

只有合理地安排好面的关系，才能设计出充满美感、艺术加实用的 PPT 作品。在 PPT 的视觉构成中，点、线、面既是最基本的造型元素，又是最重要的表现手段。在确定 PPT 主体形象的位置、动态时，点、线、面将是需要最先考虑的因素。只有合理地安排好点、线、面的互相关系，才能设计出具有最佳视觉效果的页面。

如图 4-64 所示，幻灯片的亮点既不是某一点或某一条线，而是由多个点和多条线组成的整个页面。

图 4-64

如图 4-65 所示，用色块展示不同的 PPT 内容模块区域，显得很规整。

图 4-65

图 4-66 所示为色块和色块进行搭配形成的 PPT 封面。

图 4-66

如图 4-67 所示，不规则色块与图形灵活搭配运用，形成独特的排版风格，在给整个画面增添活力的同时还不失高雅。

图 4-67

此外，还可以用不同形状的色块进行组合搭配，用于展示观点、案例、点缀，如图 4-68 所示。

图 4-68

4.1.4 点、线、面的综合应用

点、线、面综合应用的要点是以点线面三位一体进行综合表现。在综合表现的过程中，要注意主次关系。

例如，以点为主，加小部分的线表现，面作为整个背景呈现，可以表达正式严肃的形式效果，如图4-69所示。

又如，以线分隔主次，用点强调内容，以相同的面进行并列呈现，是常见的 PPT 内容的表现形式，如图4-70 所示。

图 4-69

图 4-70

4.2 PPT 七大经典版式

版式设计是 PPT 设计的重要组成部分，是视觉传达的重要手段。好的 PPT 布局可以清晰有效地传达信息，并能给观众一种身心愉悦的感觉，尽可能让观众从被动的接受 PPT 内容变为主动去挖掘。下面提供几种常见的 PPT 版式，希望读者能从中汲取到布局的方法及灵感。

4.2.1 满版型

满版型是指版面不留白边，图像、图形充满整个版面，具有强烈的视觉冲击力。文字一般配置在版面上下、左右或中部（边部和中心）位置，满版型设计给人大方、舒展的感觉，常用于设计 PPT 的封面，如图4-71 所示。

图 4-72

4.2.2 中轴型

中轴型将整个版面做水平方向或垂直方向排列，这是一种对称的构成形态。标题、图片、说明文与标题图形放在轴心线或图形的两边，具有良好的平衡感。根据视觉流程的规律，在设计时要把诉求重点放在左上方或右下方。水平排列的版面，给人以稳定、安静、平和与含蓄之感，如图4-73 所示；垂直排列的版面，给人强烈的动感，如图4-74 所示。

图 4-73

图 4-74

4.2.3 分割型

分割型一般分为上下分割型和左右分割型两种，在制作幻灯片的过程中比较常用。

上下分割型将整个版面分成上下

图 4-71

满版型的 PPT 封面一般从上到下的排列顺序为图片／图表、标题、说明文、标志图形，如图4-72 所示。自上而下符合人们认识的心理顺序和思维活动的逻辑顺序，能够产生良好的阅读效果。

两部分，在上半部或下半部配置图片或色块（可以是单幅或多幅），另一部分则配置文字，图片部分感性而有活力，而文字部分则理性而静止，上下分割型案例如图 4-75 所示。

图 4-75

左右分割型将整个版面分割为左右两部分，分别配置文字和图片。左右两部分形成强弱对比时，会造成视觉心理的不平衡，这是视觉习惯（左右对称）上的问题。该分割方式不像上下分割型的视觉流程自然，左右分割型案例如图 4-76 所示。

图 4-76

4.2.4 斜置型

斜置型的幻灯片布局方式是指在构图时，将主体形象或多幅图像

或全部构成要素向右边或左边做适当的倾斜。斜置型可以使视线上下流动，造成版面强烈的动感和不稳定效果，引人注目。斜置型案例如图 4-77 所示。

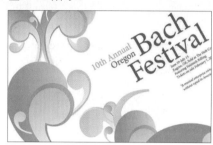

图 4-77

4.2.5 棋盘型

在安排这类版面时，需要将版面全部或部分分割成若干等量的方块形状，互相之间进行明显区别，再作棋盘式设计。棋盘型案例如图 4-78 所示。

图 4-78

4.2.6 并置型

并置型布局是将相同或不同的图片做大小相同而位置不同的重复排

列，并置构成的版面有比较、解说的意味，给予原本复杂喧闹的版面以秩序、安静、调和与节奏感，并置型版式设计案例如图 4-79 所示。

图 4-79

4.2.7 散点型

在进行散点型布局时，需要将构成要素在版面上做不规则的排列，形成随意轻松的视觉效果。在布局时要注意统一气氛，进行色彩或图形的相似处理，避免杂乱无章。同时又要主体突出，符合视觉流程的规律，这样方能取得最佳诉求效果。散点型案例如图 4-80 所示。

图 4-80

4.3 专业设计必学的 4 项排版原则

关于如何提升设计美感，让设计作品看起来更专业，世界级设计师 robin williams 在《写给大家看的设计书》一书中总结了 4 项排版原则：亲密、对齐、重复和对比。如今，这 4 项排版原则已成通行于设计界的"金科玉律"，被很多设计教程当作基础课程。在 PPT 中，它们对排版美感的提升同样很有帮助。

4.3.1 亲密

所谓亲密，简言之就是排版必须讲究层次感、节奏感。

一方面是把页面中存在关联或意思相近的内容放得更近一些；另一方面还要把那些关系不相近的内容放得稍微疏远一些。如图 4-81 所示的幻灯片，所有内容聚拢在页面中央，绿地系统规划的总原则与在公园绿地、生态林地中的两个具体要求的关系不能得到直观的体现。

图 4-81

按照亲密的原则，应该修改成如图 4-82 所示的幻灯片，让总述的部分更靠近标题，形成总分关系。

图 4-82

亲密的排版原则能够让幻灯片各种内容之间联系、差别梳理得更加清晰，方便观众阅读。

4.3.2 对齐

所谓对齐，简而言之就是版面应收拾整齐。

首先是页面内各种对象放置整齐。如图 4-83 所示的幻灯片，图片放置比较随意，图片下的注明文字有的左对齐，有的右对齐，显得凌乱不堪、缺乏美感。

图 4-83

按照对齐的原则，应该将上下两行图片和文字分别顶端对齐，所有文字与图片居中对齐，调整成如图 4-84 所示的效果。

图 4-84

其次是对象之间间距的统一。如图 4-85 所示，幻灯片 3 段文字之间和 3 张图片之间间距有宽有窄，虽然左、右两侧是对齐的，依然显得很凌乱。

图 4-85

按照对齐原则把段落之间的间距、图片之间的间距都分别调整一致，如图 4-86 所示。

图 4-86

最后是内容左右、上下与幻灯片

边界的距离相同，形成平衡感。如图 4-87 所示，幻灯片页面内容过于靠近左上，显得左下部分会有些空洞，视觉重心偏移，有一种不稳定感。

图 4-87

按照对齐原则，应把内容与幻灯片边界的左右、上下距离调整一致，让视觉重心回到中央，使整个页面内容平衡，如图 4-88 所示。

图 4-88

另外，同类内容在不同页面上的相对位置也需要对齐。如图 4-89 和图 4-90 所示，同一份 PPT 中的两页幻灯片都是对喜帖款式的创意说明，都采用左图右文的结构。在排版时应将两页幻灯片的文字放在相对一致的位置（即向左 1.2 参考线的左侧）。

图 4-89

图 4-90

对齐的排版原则能够让幻灯片页面看起来整洁、不凌乱。

4.3.3 重复

所谓重复，简言之就是排版应形成规范。

同页面或不同页面中，同类、同级别内容的排版方式统一，整个 PPT 形成封面、目录、过渡页、内容页、结尾页这样一套大致的设计规范，如图 4-91 至图 4-95 所示的这份幻灯片，封面页、目录页、过渡页、内容页、结尾页都各有一种版式，而内容页都采用几乎相同的版式。做 PPT 时，可借鉴这份 PPT 的做法，封面页、过渡页、结尾页在相同的背景下进行版式调整即可，不一定非要设计成完全不一样感觉。

图 4-91

图 4-92

图 4-93

图 4-94

图 4-95

重复的排版原则有利于从设计层面凸显逻辑、条理，也能让观众可以更好地感知当前的内容属于逻辑上的哪一环，从而跟上演讲者的讲述。

4.3.4 对比

所谓对比，简言之就是排版须有所侧重。

例如，字体大小的对比。标题、小标题字号要比正文内容的字号大一些，如图 4-96 所示。

图 4-96

又如，常规和加粗字体的对比。大段正文文字中的重点文字增大字号，影响段落之间的间距，不利于排版。此时，还可通过加粗来实现对比，如图 4-97 所示。

图 4-97

再如，幻灯片中各个小标题不同色相、饱和度、明度色彩的对比，如图 4-98 所示。

图 4-98

再如，有、无衬底的对比，如图 4-99 所示，"展示内容……"标题衬底与展示的具体内容无衬底的对比。

图 4-99

从内容上来说，幻灯片必有主有次有需要突出的内容；从设计上来说，有主有次才能让页面有视觉重点，摆脱平淡。大家都知道设置对比，但很多人都是从内容的角度来考虑对比，而从未从设计的角度来考虑，因而在对比强烈度的掌控上可能会有所欠缺。

第 一 篇　第 2 篇　第 3 篇　第 4 篇

4.4 文字的排版布局

文字是演示文稿的主体，演示文稿要展现的内容及要表达的思想，主要是通过文字表达出来并让受众接受的。要想使 PPT 中的文字具有阅读性，那么需要对文字的排版布局进行设计，使文字也能像图片一样具有观赏性。

4.4.1 文本字体选用的大原则

简洁、极简、扁平化（去掉多余的装饰，让信息本身作为核心凸显出来的设计理念）的风格符合当下大众的审美标准，在手机 UI、网页设计、包装设计……诸多行业设计领域中，这类风格都比较流行。在辅助演示领域，本来就崇尚简洁的 PPT 设计中，这类风格更成为一种时尚，这样的风格也影响着 PPT 设计在字体选择上趋于简洁。图 4-100 所示为凡客诚品 2014 年衬衫发布会的 PPT（来源于凡客网），整个 PPT 均采用纤细、简洁的字体。

图 4-100

1. 选无衬线字体，不选衬线字体

传统中文印刷中字体可分为衬线字体和无衬线字体两种。衬线字体（Serif）是在字的笔画开始、结束的地方有额外的装饰，而且笔画的粗细会有所不同的一类字体，如宋体、Times new roman。无衬线字体是没有这些额外的装饰，而且笔画的粗细差不多的一类字体，如微软雅黑、Arial。

传统的印刷设计中，一般认为衬线字体的衬线能够增加阅读时对字符的视觉参照，相对于无衬线字体具有更好的可读性，因此正文的字体多选择衬线字体。无衬线字体被认为更轻松、具有艺术感，而多用于标题、较

短的文字段、通俗读物中。

然而，作为投影播放的 PPT 中，无衬线字体由于粗细较为一致、无过细的笔锋、整饬干净，显示效果往往比衬线字体好，尤其在远距离观看状态下。因此，在设计 PPT 时，无论是标题或正文都应尽量使用无衬线字体。如图 4-101 所示，幻灯片采用的是无衬线字体；如图 4-102 所示，幻灯片采用的是衬线字体。

图 4-101

图 4-102

2. 选拓展字体，不选预置字体

在安装系统或软件时，往往会提供一些预置的字体，如 Windows7 系统自带的微软雅黑字体、Office 2013 自带的等线字体等。由于这些系统、软件使用广泛，这些字体也比较普遍，因此在做设计时，使用这些预置的字体往往会显得比较普通，难以让

人有眼前一亮的新鲜感。此时可以通过网络下载，拓展一些独特的、美观的字体，如图 4-103 所示。

图 4-103

★ 重点 4.4.2 6种经典字体搭配

为了让 PPT 更规范、美观，同一份 PPT 一般选择不超过 3 种字体（标题、正文不同的字体）搭配使用即可。下面是一些经典的字体搭配方案。

1. 微软雅黑(加粗)+微软雅黑(常规)

Windows 系统自带的微软雅黑字体本身简洁、美观，作为一种无衬线字体，显示效果也非常不错。为了避免 PPT 文件复制到其他计算机播放时，出现因字体缺失导致的设计"走样"问题，标题采用微软雅黑加粗字体，正文采用微软雅黑常规字体的搭配方案也是不错的选择，如图 4-104 所示。

商务场合的 PPT 常用该方案，另外，在时间比较仓促，不想在字体上纠结时，也推荐采用该方案。

使用该方案需要对字号大小的美感有较好的把控能力，设计时应在不同的显示比例下多查看、调试，直至合适为止。

图 4-104

2. 方正粗雅宋简体 + 方正兰亭黑简体

方正粗雅宋简体与方正兰亭黑简体搭配方案清晰、严整、明确，非常适合政府、事业单位公务汇报等较为严肃场合下使用的 PPT，如图 4-105 所示。

图 4-105

3. 汉仪综艺体简体 + 微软雅黑体

汉仪综艺体简与微软雅黑字体搭配适合学术报告、论文、教学课件等类型的 PPT 使用，如图 4-106 所示，幻灯片右侧部分标题采用汉仪综艺体简，正文采用微软雅黑字体，既不失严谨，又不过于古板，简洁而清晰。

图 4-106

4. 方正兰亭黑体 +Arial

在设计中添加英文，能有效提升时尚感、国际范。在一些中文杂志、平面广告看到的英文很多并非为外国人阅读而设置，甚至那些英文只是借

助在线翻译器翻译的并不准确的英文。这种情况下英文只是作为一种辅助设计感的装饰而已。

PPT 的设计也一样。Arial 是 Windows 系统自带的一款不错的英文字体，它与方正兰亭黑体搭配，能够让 PPT 形成现代商务风格，间接展现公司的实力，如图 4-107 所示。

将英文字符的亮度调低一些（或增加透明度），与中文字符形成一定的区别，效果更好。

图 4-107

5. 文鼎习字体 + 方正兰亭黑体

文鼎习字体与方正兰亭黑体搭配方案适用于中国风类型的 PPT，主次分明，文化韵味强烈。如图 4-108 所示为中医企业讲述企业文化的一页 PPT。

图 4-108

技能拓展——粗细字体搭配

为了突出 PPT 中的重点内容，在为标题或正文段落选用字体时，也可选用粗细搭配，它能快速地在文本段落中显示出重要内容，带来不一样的视觉效果。

6. 方正胖娃简体 + 迷你简特细等线体

方正胖娃简体与迷你简特细等

线体搭配方案轻松、有趣，适用于儿童教育、漫画、卡通等轻松场合下的 PPT。图 4-109 所示为儿童节学校组织家庭亲子活动的一页 PPT。

图 4-109

4.4.3 大字号的妙用

在 PPT 中，为了使幻灯片中的重点内容突出，让人一眼就能抓住重点，可以对重点内容使用大字号。大字号的使用通常是在正文段落而不是标题中进行。将某段文字以大字号显示后一般还要配上颜色，以进行区分，这样所要表述的观点就能一目了然，快速帮助听众抓住要点。图 4-110 和图 4-111 所示为使用大字号区分重点内容后的效果。

图 4-110

图 4-111

★ 重点 4.4.4 段落排版四字诀

有时候制作 PPT 可能无法避免

某一页上大段文字的情况，为了让这样的页面阅读起来轻松、看起来美观，排版时应注意"齐""分""疏""散"四字诀。

1. 齐

齐是指选择合适的对齐方式。一般情况下，在同一页面下应当保持对齐方式的统一，具体到每一段落内部的对齐方式，还应根据整个页面图、文、形状等混排情况选择对齐方式，使段落既符合逻辑又美观，如图4-112所示，PPT内容为左对齐。

图 4-112

2. 分

分是指厘清内容的逻辑，将内容分解开来表现，将各段落分开，同一含义下的内容聚拢，以便观众理解。在 PowerPoint 中，并列关系的内容可以用项目符号来自动分解，先后关系的内容可以用编号来自动分解。如图4-113 所示，推广规划中的每一点都有步骤的先后关系。

3. 疏

疏是指疏扩段落行距，制造合适的留白，避免文字密密麻麻堆砌带来的压迫感。PowerPoint 中有单倍行距、1.4 倍行距、双倍行距、固定值、

多倍行距等行距设置方式，不同的行距会带来不一样的视觉效果。

图 4-113

4. 散

散是指将原来的段落打散，在尊重内容逻辑的基础上，跳出 Word 的思维套路，以设计的思维对各个段落进行更为自由的排版。如图4-114 所示，正文内容即 Word 思维下的段落版式。但将原来一个文本框内的 3 段文字打散成 3 个文本框后，可以按卡片式、交叉式和切块式等方式进行排列。

图 4-114

（1）卡片式

每一段的小标题独立出来，如同卡片的标签，一眼扫过只有寥寥数语，不会在一开始就带给观众过大的阅读负担，不会浇灭其继续阅读的兴趣，如图4-115 所示。

图 4-115

（2）交叉式

将各段内容交叉错位排布，打破从左到右的固化阅读方式，给观众一些新鲜感，也使每一点的内容都清晰、独立，如图4-116 所示。

图 4-116

（3）切块式

改变常规的横向排版方式，将每一段内容切割成块状，形成纵向阅读的视觉效果，并提升了每一个小标题的阅读优先级别，如图4-117 所示。

图 4-117

4.5 图片的排版布局

相对于长篇大论的文字，图片更有优势，但要想通过图片吸引观众的眼球，抓住观众的心，那么，就必须要注意图片在 PPT 中的排版布局，合理的排版布局可以提升 PPT 的整体效果。

★ 重点 4.5.1 巧妙裁剪图片

提到裁剪，很多人都知道这个功能，无非就是选择图片，然后单击【裁剪】按钮，即可一键式地完成。但是，要想使图片发挥最大的用处，那么，就需要根据图片的用途巧妙地裁剪图片。图 4-118 所示的是按照原图大小制作的幻灯片效果。

图 4-118

图 4-119 所示的是将图片裁剪放大后，并删除图片不需要的部分后制作的幻灯片效果，相对于裁剪前的效果，裁剪后的图片视觉效果更具冲击力。

图 4-119

一般情况下，图片默认是长方形的，但是有时候需要将图片裁剪成指定的形状，如圆形、三角形或六边形，以满足一些特殊的需要。图 4-120 所示为没有裁剪图片的效果，感觉图片与右上角的形状不搭配，而且图片中的文字也看不清楚。

图 4-120

如图 4-121 所示，将幻灯片中的图片裁剪成了"流程图：多文档"形状，并对图片的效果进行了简单设置，使幻灯片中的图片和内容看起来更加直观。

图 4-121

★ 重点 4.5.2 图多不能乱

当一页幻灯片上有多张图片时，最忌随意、凌乱。通过裁剪、对齐，让这些图片以同样的尺寸大小整齐的排列，使页面干净、清爽，观众看起来更轻松。

如图 4-122 所示，幻灯片采用经典九宫格排版方式，每一张图片都是同样的大小。也可将其中一些图片替换为色块，做一些变化。

图 4-122

如图 4-123 所示，将图片裁剪为同样大小的圆形整齐排列，针对不同内容，也可裁剪为其他的形状。

图 4-123

如图 4-124 所示，幻灯片中图片与形状、线条的搭配，在整齐的基础上做出设计感。

图 4-124

但当图片有主次、重要程度等方面的不同时，可以在确保页面规整的前提下，打破常规、均衡的结构，单独将某些图片放大来排版，如图 4-125 所示。

图 4-125

某些内容还可以巧借形状，将图片排得更有造型。如图 4-126 所示，在电影胶片形状上排的 LOGO 图片，图片多的时候还可以让这些图片沿直线路径移动，展示所有图片。

图 4-126

如图 4-127 所示，图片沿着斜向上方向呈阶梯排版，图片大小变化，呈现更具真实感的透视效果。

图 4-127

如图 4-128 所示，圆弧形图片排版，以"相交"的方法将图片裁剪在圆弧上。在较正式场合、轻松的场合均可使用。

图 4-128

当一页幻灯片上图片非常多时，还可以参考照片墙的排版方式，将图片排出更多花样。如图 4-129 所示的心形排版，每一张图可等大，也可大小错落。能够表现出亲密、温馨的感觉。

图 4-129

★ 重点 4.5.3 一图当 N 张用

当页面上仅有一张图片时，为了增强页面的表现力，通过多次的图片裁剪、重新着色等，也能排出多张图

片的设计感。将猫咪图用平行四边形截成各自独立又相互联系的 4 张图，表现局部的美，又不失整体"萌"感。图 4-130 所示的为经典的一大多小结构，大图能表现景观布置的整体效果，小图表现细节。

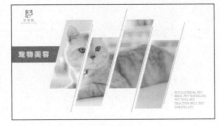

图 4-130

图 4-131 所示为从一张完整的图片中截取多张并列关系的局部图片共同排版。

图 4-131

图 4-132 所示为将一张图片复制多份，然后选择不同的色调分别重新着色排版的效果。

图 4-132

★ 重点 4.5.4 利用 SmartArt 图形排版

如果你不擅长排版，那就用 SmartArt 图形吧。SmartArt 本身预制了各种形状、图片排版方式，只需要将形状全部或部分替换填充为图片，

即可轻松将图片排出丰富多样的版式来。图 4-133 所示为竖图版式。

图 4-133

图 4-134 所示为竖图版式。

图 4-134

图 4-135 所示为竖图版式。

图 4-135

图 4-136 所示为金字塔型版式。

图 4-136

4.6　图文混排的多个方案

图文混排是指将文字与图片混合排列，是 PPT 排版布局中极为重要的一项技术，它不仅影响着 PPT 的美观度，还影响信息的传递，所以，合理的布局可以让 PPT 更出彩。

★ 重点 4.6.1　为文字添加蒙版

PPT 中所说的蒙版是指半透明的模板，也就是将一个形状设置为无轮廓半透明状态，在 PPT 排版过程中经常使用。

在图文混排的 PPT 中，当需要突出显示文字内容时，就可为文字添加蒙版，使幻灯片中的文字内容突出显示。图 4-137 所示为没有为文字添加蒙版的效果；图 4-138 所示为文字添加蒙版后的效果。

图 4-137

图 4-138

技术看板

蒙版并不局限于文字内容的多少，当幻灯片中的文字内容较多，且文字内容不宜阅读和查看时，也可为文字内容添加蒙版进行突出显示。

★ 重点 4.6.2　专门划出一块空间放置文字

当 PPT 页面中背景图片的颜色较丰富，在图片上放置的文字内容不

能查看时，可以根据文字内容的多少将其置于不同的形状中，然后设置好文字和形状的效果，使形状、文字与图片完美地结合在一起。

当幻灯片中的文字内容较少时，可以采用在每个字下面添加色块的方式来使文字突出，也可以将所有文字放置在一个色块中进行显示，效果如图 4-139 所示。

图 4-139

当幻灯片中有大段文字时，可以用更大的色块遮盖图片上重要性稍次的部分进行排版，效果如图 4-140 所示。

图 4-140

4.6.3　虚化文字后面的图片

虚化图片是指将图片景深变浅，凸显出图片上的文字或图片中的重要部分。图 4-141 所示为没有虚化图片的幻灯片效果，图 4-142 所示为虚化图片后的幻灯片效果。

除了可使图片的整体进行虚化外，还可只虚化图片中不重要的部分，将重要的部分凸显出来，如图 4-143 所示。

图 4-141

图 4-142

图 4-143

4.6.4　为图片添加蒙版

在 PPT 页面中除了可通过为文本添加蒙版突出内容外，还可为图片添加蒙版，以降低图片的明亮度，使图片整体效果没那么鲜艳。图 4-144 所示为图片没有添加蒙版的效果；图 4-145 所示为图片添加蒙版后的效果，凸显出图片上的文字。

图片中除了可添加和图片相同大小的蒙版外，还可根据需要只为图片中需要的部分添加蒙版，并且一张图片可添加多个蒙版，如图 4-146 所示。

图 4-144

图 4-145

图 4-146

4.7 图表的排版布局

在 PPT 中表现数据内容时，经常会使用到表格和图表，表格和图表的排版布局也会影响着 PPT 的美观度，所以，在对 PPT 进行排版布局时，还要注意表格和图表的排列。

4.7.1 表格中重要数据要强化

PPT 中每个表格体现的数据一般都较多，但在有限的时间内，观众能记忆的数据又比较有限，要想观众能快速记忆到重要的数据，那么在制作表格时，一定要突出显示表格中的重要数据。突出表格数据时，既可通过字体、字号、字体颜色来突出，如图 4-147 所示。

图 4-147

也可通过为表格添加底纹的方式来突出显示数据，如图 4-148 所示。

图 4-148

4.7.2 表格美化有诀窍

在 PPT 设计中，表格是一个很

棘手的设计元素，因为有很多人在设计 PPT 其他页面时，设计得非常美观，但一遇到表格，就很难出彩。要想使表格页像其他页一样美观，不能只是简单地为表格应用自带的样式，还需要根据整个幻灯片的色彩搭配风格，更换线条粗细、背景色彩等，自行进行调整美化。下面介绍 4 种经典的表格美化方法。

1. 头行突出

表格的最上一行称为头行。很多情况下，表格的头行（或头行下的第一行）都要作为重点，通过大字号、大行距、设置与表格其他行对比强烈的背景色等设计来进行突出。突出头行也是增强表格设计感的一种方式。图 4-149 所示为头行行高增大，以单一色彩突出的表格效果。

图 4-149

图 4-150 所示为头行行高增大，以多种色彩突出的表格效果。

图 4-150

2. 行行区别

当表格的行数较多时，为了便于查看，可对表格中的行设置两种色彩进行规范，相邻的行用不同的背景色，使行与行之间区别出来。若行数相对较少，且行高较大时，每一行用不同的颜色也有不错的效果，但这需要较好的色彩驾驭能力，如图 4-151 所示，幻灯片中表格行数较多，头行以下的行采用灰色、乳白色两种颜色进行区别。

图 4-151

如图 4-152 所示，幻灯片中表格头行下每一个部分的行分别采用了一种颜色。

图 4-152

3. 列列区别

当表格的目的在于表现表格各列信息的对比关系时，可对表格各列设置多种填充色（或同一色系下不同深浅度的多种颜色）。这样既便于查看列的信息，也实现了对表格的美化。某些情况下要单独突出某一列的信息，此时也可单独将某一列（不论该列是否在表格边缘）应用与其他各列对比强烈的填充色、放大字号等进行强化，如图 4-153 所示。

图 4-153

如图 4-154 所示，仅对表格中需要重点关注的"服务号"列设置对比强烈的填充色。

图 4-154

4. 简化

当单元格中的内容相对较简单时，可取消内部的边框以简化表格，也能达到美化的效果。医疗表格、学

术报告中的表格等数据类表格多用简化型表格，如图 4-155 所示。

图 4-155

4.7.3 图表美化的 3 个方向

要想使图表与表格一样既能准确表达要表达的内容，同时又给人以美好的视觉感受，那么可以通过以下 3 个方向来对图表进行美化。

1. 统一配色

根据整个 PPT 的色彩应用规范来设置 PPT 中所有图表的配色。配色统一，能够增强图表的设计感，显得比较专业，如图 4-156 所示，同一份PPT 的 4 页幻灯片都出自 Talkingdata，其中的图表配色都采用了蓝、绿、白、灰的搭配方式，与整个幻灯片的色彩搭配相协调。

图 4-156

2. 图形或图片填充

新手在做折线图的时候可能都会碰到这样一个问题：折线的连接点不明显，如图 4-157 所示，虽然幻灯片图表中添加了数据标签，但是某些位置的连接点到底在哪里不甚明确，如折线上 60~70 岁位置。

图 4-157

如何让这些连接点更明显一些？是通过添加形状的方式一个点一个点添加吗？只需要画一个形状（如心型），然后复制这个形状至剪贴板，再选中折线上的所有连接点（单击一次其中的一个连接点），按【Ctrl+V】组合键粘贴，即可将这个形状设置为折线的连接点，效果如图 4-158 所示。这就是利用图形填充的方法来实现对图表的美化。

图 4-158

柱形图、条形图等其他各类图表都能够以图形填充的方式来美化。例如，将图 4-159 所示的幻灯片中的条形图中的柱形分别以不同颜色的三角形复制、粘贴，图形填充后即可得到图 4-160 所示的效果。

图 4-159

图 4-160

除了可使用图形对图表进行填充外，还可使用图片对图表进行填充，使图表更形象，观众看到图表中的图片就能快速想到对应的产品等，如图4-161所示，幻灯片中使用了智能手环图片填充的图表效果。

图 4-161

3. 借图达意

在 PPT 中，很多类型的图表都有立体感的子类型，将这种立体感的图表结合具有真实感的图片来使用，巧妙地将图片作为图表的背景使用，使图表场景化。这对于美化图表有时能够产生奇效，给人眼前一亮之感。如图 4-162 所示，在立体感的柱形图下添加一张平放的手机图片，再对图表的立体柱稍微添加一点阴影效果，这样就能将图表与图巧妙地结合起来。

图 4-162

此外，还可以将图片直接与数据紧密结合起来，图即是图表，图表即图，生动达意。如图 4-163 和图 4-164 所示的幻灯片，看起来是一个十分有趣的农业图表作品。

图 4-163

图 4-164

4.8 分享好工具：使用 Nordri Tools 让 PPT 排版变得更轻松

Nordri Tools 是 Nordri 公司开发的一款基于 PPT 的免费插件工具，该插件功能强大，简单易上手，提供了很多一键操作和批量操作功能，如一键更改 PPT 字体、一键更改 PPT 配色、批量处理 PPT 图片、一键排列幻灯片布局等，快速提升设计效率和专业性，让 PPT 设计变得更加简单。

4.8.1 使用 Nordri Tools 快速配色

Nordri Tools 中提供了很多在线配色方案，选择需要的方案可以快速对幻灯片进行配色，使幻灯片中的配色更合理，这对于没有配色基础的PPT 用户来说，非常实用和方便。例如，为"电话礼仪培训"演示文稿应用 Nordri Tools 中提供的配色方案，具体操作步骤如下。

技术看板

在计算机中安装 Nordri Tools 插件后，该插件将以选项卡的形式显示在 PowerPoint 工作界面中。

Step01 在计算机中安装 Nordri Tools 插件，打开"光盘\素材文件\第 4 章\电话礼仪培训 .pptx"文件，选择任意一张幻灯片，单击【Nordri Tools】选项卡【设计】组中的【色彩库】按钮，如图 4-165 所示。

图 4-165

Step02 打开【色彩库】对话框，在其中显示了本地的配色方案及配色效果，单击▉▉▉色块，如图 4-166 所示。

图 4-166

Step03 在对话框中将显示提供的在线配色方案，单击配色方案，可在下方查看该配色方案的配色效果，在需要的配色方案后面单击【应用于所有幻灯片】按钮▉▉，如图 4-167 所示。

图 4-167

技术看板

选择需要的配色方案后，单击其后的【应用于所选幻灯片】按钮☑，可将选择的配色方案应用于当前选择的幻灯片中。

Step04 单击【配色方案】对话框中的【关闭】按钮✕，关闭对话框，返回幻灯片编辑区，即可查看到应用配色方案后的效果，如图 4-168 所示。

图 4-168

技术看板

Nordri Tools 插件中提供的配色方案将只能应用到幻灯片的形状、表格、SmartArt、图表等图形对象中，不能应用到幻灯片背景中。

4.8.2 一键统一字体和段落格式

Nordri Tools 提供了"一键统一"功能，通过该功能可快速对 PPT 中的字体格式和段落格式进行设置，提高排版效率。例如，在"员工礼仪培训"演示文稿中对字体和段落格式进行统一设置，具体操作步骤如下。

Step01 打开"光盘\素材文件\第4章\员工礼仪培训.pptx"文件，选择任意一张幻灯片，单击【Nordri Tools】选项卡【标准】组中的【一键统一】按钮，如图 4-169 所示。

图 4-169

Step02 打开【一键统一】对话框，默认选择【字体】选项卡，❶在【中文字体】下拉列表框中设置中文字体，这里设置为【方正少儿简体】，❷在【西文字体】下拉列表框中设置西文字体，这里设置为【Arial】，❸其他保持默认设置，单击【应用】按钮，如图 4-170 所示。

Step03 开始为演示文稿中的文本应用设置的字体格式，应用完成后，在打开的提示对话框中单击【确定】按钮，在【一键统一】对话框中选择【段落】选项卡，❶在【行距（行）】

文本框中输入段落文本行与行之间的距离，如输入【1.5】，❷在【段前间距（磅）】文本框中输入段前间距，如输入【0.5】，❸其他保持默认设置，单击【应用】按钮，如图 4-171 所示。

图 4-170

图 4-171

Step04 开始为演示文稿中的文本应用设置的段落格式，应用完成后，在打开的提示对话框中单击【确定】按钮，然后关闭【一键统一】对话框，返回幻灯片编辑区，即可查看到统一更改字体和段落格式后的效果，如图 4-172 所示。

图 4-172

在【一键统一】对话框中选中【所有幻灯片】单选按钮，将设置的字体和段落格式应用到演示文稿的所有幻灯片中；选中【所选幻灯片】单选按钮，表示只应用到当前选择的幻灯片中；选中【幻灯片序列】单选按钮，将设置的字体格式只应用到幻灯片窗格中的幻灯片序列数字上。

4.8.3 快速复制和排列相同对象

当需要在幻灯片中多次使用同一个对象，并按一定的规律对这些对象进行排列时，可以通过 Nordri Tools 提供的矩形复制和环形复制功能来快速实现。例如，在"工作总结"演示文稿中使用矩形复制和环形复制功能来排列形状，具体操作步骤如下。

Step01 打开"光盘＼素材文件＼第4章＼工作总结.pptx"文件，❶选择第2张幻灯片，在其中绘制一个正圆，并对正圆的效果进行设置，然后选择正圆，❷单击【Nordri Tools】选项卡【设计】组中的【矩阵复制】按钮，如图 4-173 所示。

图 4-173

Step02 打开【矩阵复制】对话框，❶拖动【横向数量】滑块，将【横向数量】设置为【2】，❷拖动【纵向数量】滑块，将【纵向数量】设置为【3】，❸拖动【横向间距】滑

块，将【横向间距】设置为【445】，❹其他保持默认设置，然后单击【确定】按钮，如图 4-174 所示。

图 4-174

Step03 复制 5 个正圆，并按矩形的方式进行排列，然后将正圆中的文本修改为需要的文本，效果如图 4-175 所示。

图 4-175

Step04 ❶选择第 6 张幻灯片，❷在其中绘制一个正圆，并对正圆的效果进行设置，选择圆，❸单击【Nordri Tools】选项卡【设计】组中的【环形复制】按钮，如图 4-176 所示。

图 4-176

Step05 打开【环形复制】对话框，❶拖动【数量】滑块，将【数量】设置为【4】，❷拖动【形状直径】滑块，将【形状直径】设置为【116】，❸其他保持默认设置，然后单击【确定】按钮，如图 4-177 所示。

图 4-177

Step06 复制 4 个正圆，并按环形的方式进行排列，效果如图 4-178 所示。

图 4-178

Step07 然后对复制的形状的填充色和形状中的文本进行修改，效果如图 4-179 所示。

图 4-179

本章小结

本章主要讲解了 PPT 的排版布局，以及 Nordri Tools 插件的相关操作，通过本章的学习，相信读者能快速对 PPT 进行排版布局，制作出精美的 PPT。

第5章 好的配色让你的 PPT 更出彩

- ➡ PPT 的配色只是为了美观吗？
- ➡ 颜色对观众的心理会产生什么样的影响？
- ➡ 如何从实际出发，选择合适的配色？
- ➡ 配色有没有一个快速高效的公式？
- ➡ 一定不能犯的 PPT 配色禁忌有哪些？

如果说内容是 PPT 的灵魂，那么颜色就是 PPT 的生命。颜色对于 PPT 来说不仅仅是为了美观，颜色同样是一种内在的表达，它可以向观众传达不同的信息，或者是强化信息体现。要搭配出既不失美观又不失内涵的颜色，大家需要了解一下颜色的基本知识，再根据配色"公式"、配色技巧，快速搭配出合理的幻灯片颜色。

5.1 色彩在 PPT 设计中的作用

对比 PowerPoint 软件不同时期的版本，会发现随着版本的更新，配色功能也有所改善，从 PowerPoint 2013 版本开始，有了颜色的吸管工具，可见颜色运用对 PPT 的重要性。PPT 是一个演讲展示工具，颜色的运用不仅仅是为了美观，还为了信息的准确表达。

5.1.1 抓住眼球

使用颜色搭配让 PPT 页面美观，抓住观众的眼球，是颜色在 PPT 设计中的第一作用。

就像彩色电视比黑白电视更吸引人一样，配色符合美学的 PPT 设计更能吸引受众的眼球。有的演讲内容可能比较枯燥，这个时候受众的注意力难免分散，幻灯片设计者也可以通过配色来增加演讲的趣味性，吸引受众的注意力。

如图 5-1 和图 5-2 所示，对比就会发现，图 5-2 的配色更合理、更有趣，更能引起受众的注意。

图 5-1

图 5-2

配色之所以会影响观众的注意力，是因为受文化的影响，不同的颜色对不同的人来说带有不同的感情色彩，通过合理的配色能调动观众心中的感情，引起共鸣，这是颜色之所以能抓住受众眼球的一大原因。

此外颜色的饱和度、亮度参数的不同，对人的吸引程度也不同。理论上说，纯度、饱和度、亮度越高的颜色越能吸引人。这就是为什么鲜艳的大红色会比淡淡的水粉色更能引起人的关注。很多广告文案、商品标志也会使用饱和度和亮度更高的颜色，如可口可乐使用了红色。这值得 PPT 设计者借鉴。

5.1.2 衬托主题

通过颜色搭配让 PPT 页面美观只是配色的一个功能，幻灯片制作者应该明白，幻灯片是一个传递信息的工具，颜色也是信息之一，颜色的存在绝不仅是为了单纯的美观，还为了衬托主题，增强幻灯片的表现力。

要想合理地衬托主题，配色有一个技巧，那就是从实际出发，思考现实生活中与事物相关的配色。如与企业和产品相关的幻灯片，就使用企业或产品的标志性配色。如果要用颜色的象征意义来带动观众的情绪，达到主题强化的效果，就要去思考在现实生活中，与这类情绪相关的事物是什么，又都是什么颜色的，如图 5-3 所示。

只有从实际出发，才能搭配出最能凸显主题的配色。例如，想要表现希望的主题，在实际生活中与希望相关的事物有新叶、嫩芽、春天，这些事物的颜色都是绿色。如果天马行空地想象，选用橘黄色系进行搭配，如何让观众联想到希望？

下面根据配色从实际出发举一些典型的例子。

图 5-3

1. 企业 / 产品相关的主题

PPT 配色首先要考虑的就是 PPT 的内容量是否与企业文化、产品营销相关。如果相关，最好从企业 LOGO、产品经典配色方面入手，让 PPT 的配色与企业或产品配套，加强受众对企业或产品的印象。

可以做的是，列出企业或产品的主体色与次要色，将这种颜色搭配作为幻灯片元素的搭配色。例如，可口可乐的主体色是红色，次要色是白色，那么可口可乐公司的 PPT 宣传就可以设计成红底白字，与企业文化形成不错的配套。

2. 快乐或悲伤的主题

不同的颜色会让人产生不同情绪。例如，红色让人联想到喜庆、吉祥，黑色或蓝色却代表悲伤。因此，根据幻灯片的主题是快乐或是悲伤，可以选择性地配色。

一般来说，表现快乐的颜色选择有红色、绿色、橙色，表现悲伤的颜色选择有黑色、灰色、蓝色。

3. 高贵典雅的主题

如果 PPT 的内容是宣传某种商品，且商品带有高贵典雅的特质，此时就可以选择一些带有高贵感的颜色。

首先可以使用紫色。在许多文化里，紫色就是皇室的颜色，同时紫色带有神秘浪漫的气息，用来表现高贵典雅再适合不过。

也可以选用黑色。这是因为黑色降低了人们的情绪波动，且带有神秘气质。

4. 怀旧主题

对于怀旧主题的 PPT 则可以选用灰色、棕色、咖啡色，这几种颜色带有时光感。

5. 温暖或冰冷的主题

销售冰箱和取暖器的商家肯定不会选用相同的 PPT 配色；为了表现温度，幻灯片制作者可以选择与温度相关的颜色。

如果要表现温暖，可以选用红色、橙色这类暖色调颜色；如果要表现冰冷，则可以选用蓝色来衬托主题。

5.1.3 对比强调

颜色也是一种信息，除了能衬托主题外，还能巧妙地运用颜色的深浅、色调有效地强调信息、区分信息。运用颜色来强调信息，主要有以下两个方面。

1. 强调演示文稿不同的内容

一份演示文稿，如果内容太多，就需要区分为不同的小节进行演讲，不同的小节就可以使用不同的颜色进行强调区分。同时幻灯片的内容还可以分为封面、目录、转场页、内容页，为了避免观众混淆，并且强调当前页面的内容，可以设计不同的页面有不同的颜色。如图 5-4 所示，封面页、目录页和内容页都使用了白色背景，而转场页则使用了红色作为背景颜色。

2. 强调幻灯片中的信息

在单独的一页幻灯片中，配色还可以强调出重点信息，可以使用的方法如下。

➡ 背景色形成对比：制作幻灯片时，文字颜色一定要选用与背景色进行对比的颜色，以强调文字效果，方便受众阅读。其原则是深色背景配浅色文字，浅色背景配深色文字。例如，黑色 / 红色的背景配白色的文字。

图 5-4

➡ 强调元素间的不同：在设计 PPT 时，运用颜色有一个很重要的原则——如果要强调元素间的不同，一定要选用不同的颜色进行对比强调。如图 5-5 所示，在所传达的 4 个信息中，第二个信息的文字加粗显示，并且背景色与其他 3 个信息不同，很明显这是想表达第二个信息最重要。

图 5-5

既然不同的颜色可以表达不同的信息，如图 5-6 所示，设计者在配色前就需要好好思考，为元素配上不同的信息是否会引起观众的误会。这一点值得强调，也是许多幻灯片设计者容易犯的错误，即追求美观后是否抛弃了内涵表达。

图 5-6

5.2 色彩的基础知识

PPT 设计离不开颜色设计，搭配出既美观又符合主题的颜色，不仅需要幻灯片制作者有一定的审美能力，还需要制作者懂得基础的色彩理论知识、色彩心理学及色彩搭配原则，才能将颜色运用得恰当合理。

5.2.1 色彩的分类

认识颜色的分类有助于设计 PPT 时快速选择符合实际需求的配色。颜色的分类是根据不同颜色在色相环中的角度来定义的。所谓色相，说通俗点，就是什么颜色，是不同色彩的区分标准，如红色、绿色、蓝色等。

色相环根据中间色相的数量，可以做成十色相、十二色相或二十四相环。图 5-7 所示的是十二色相环，而图 5-8 所示的是二十四色相环。

图 5-7

图 5-8

在色相环中，颜色与颜色之间形成一定的角度，利用角度的大小可以判断两个颜色属于哪个分类的颜色，从而正确地选择配色。图 5-9 所示的是不同角度的颜色分类。

颜色之间角度越小的则越相近，和谐性越强，对比越不明显。角度小的颜色适合用在对和谐性、统一性要求高的页面或页面元素中。

角度越大则统一性越差，对比强烈。角度大的颜色适合用来对比不同的内容，或者分别用作背景色与文字颜色，从而较好地突出文字。

图 5-9

★ 重点 5.2.2 色彩三要素

颜色有 3 个重要的属性，即色相、饱和度和明度，任何颜色效果都是由色彩的这 3 个要素综合而成的。PPT 设计者需要了解色彩三要素的知识，形成起良好的配色理论知识体系。

1. 色相

在 5.2.1 节说过，色相是颜色的首要特征，它是区分不同颜色的主要依据。

图 5-10 所示的是 5 个杯子图形，它们填充了不同的颜色，就可以说它们具有不同的色相。

图 5-10

2. 饱和度

颜色的饱和度表示颜色的鲜艳及深浅程度，纯度也被称为纯和度。饱和度代表了颜色的鲜艳程度，简单地区分方法是分析颜色中含有灰色的程度，灰色含得越多，饱和度越低，如图 5-11 所示，从左到右，杯子图形的饱和度越来越低。

通常情况下，饱和度越高的颜色就会越鲜艳，容易引起人们的注意。而饱和度越低的颜色则越暗淡，给人一种平和的视觉感受。

饱和度越来越低

图 5-11

3. 亮度

颜色的亮度是指颜色的深浅和明暗变化程度，颜色的亮度是由反射光的强弱决定的。

颜色的亮度分为两种情况：第一种是不同色相不同亮度，也就是说每一种颜色都有其对应的亮度。在色相环中，黄色的亮度最高，而蓝紫色的亮度最低。第二种是同一种色相不同的亮度。颜色在加入黑色后亮度会降低，而加入白色后亮度会变高，如图 5-12 所示。

加入黑色亮度降低　加入白色亮度增加

图 5-12

在制作幻灯片时，可以通过设置 HSL 色系的参数值来调整颜色的色相、饱和度、亮度。如图 5-13 所示，打开 PowerPoint 的【颜色】对话框，单击【颜色模式】的下拉列表框，可以切换到【HSL】颜色模式下。调节【色调】【饱和度】【亮度】的参数值就可以得到不同色调、不同饱和度、不同亮度的颜色。

图 5-13

利用【HSL】颜色模式调色有一个好处：设计幻灯片页面时，考虑到颜色的统一性，不论是图表还是页面设计，都会使用相似的颜色进行搭配，如橘黄和土黄。要想得到搭配得当的相似色，可以设置颜色为不同的亮度和饱和度。

如图 5-14 所示的幻灯片页面，颜色搭配十分和谐，其实页面中的颜色都只是亮度不同而已。

图 5-14

快速得到搭配统一的颜色，还可以保持颜色的色调、亮度参数不变，但是改变颜色的饱和度参数，如图 5-15 所示，图表柱形的饱和度从左到右依次降低，整体配色十分统一。

图 5-15

5.2.3　色彩的心理效应

不同的颜色带给人不同的心理暗示，这就是为什么餐馆桌椅要设计成红色，婴儿房间要粉刷成蓝色或淡绿色的原因所在。红色让人的心理产生激动的情绪，增加食欲。而蓝色和淡绿色让人心情轻松稳定。

PPT 配色同样要考虑不同颜色带给观众的心理感受，利用颜色效应增强表现效果。如果想让观众产生温暖、激动的心情，就要选用暖色调颜色搭配。如果想带给观众冷静、严肃的心情，就要选用冷色调搭配。下面是根据色彩心理学，常用到的一些搭配方法。

➡ 表现热情的配色如图 5-16 所示。

206, 26, 24　　231, 219, 49　　93, 18, 41

图 5-16

➡ 表现温柔的配色如图 5-17 所示。

224, 98, 98　240, 158, 102　254, 225, 155

图 5-17

➡ 表现强劲的配色如图 5-18 所示。

206, 26, 24　231, 219, 49　93, 18, 41

图 5-18

➡ 表现冷静、干练的配色如图 5-19 所示。

127, 140, 193　221, 206, 225　33, 71, 120

图 5-19

➡ 表现古典、高贵的配色如图 5-20 所示。

196, 141, 77　144, 148, 193　230, 198, 157

图 5-20

➡ 表现理性、科技的配色如图 5-21 所示。

28, 29, 85　96, 173, 193　181, 206, 236

图 5-21

★ 重点 5.2.4　色彩的搭配原则

PPT 的色彩搭配有一定的原则需要制作者重视，依照这些原则配色可以保证大的配色方向不出问题。

1. 根据主题确定色调

PPT 配色最基本的原则便是根据主题来确定色调，主题与演示文稿的内容相关，根据主题的不同，颜色所需要传递的信息也不同。例如，职场训练课件，其主题是严肃的，就要选用冷色调的颜色。又如，公益演讲课件，主题是希望，就要选用与希望相关的颜色，如绿色。

这里建议制作者去思考一下与这项主题相关的事物是什么，然后从事物身上提取颜色搭配。

如一份关于咖啡商品的宣传，可以从咖啡物品中提取颜色，如图5-22所示。

图 5-22

2. 确定主色和辅色

PPT配色需要确定一个主色调，控制观众视线的中心点，确定页面的重心。辅色的作用在于与主色相搭配，起到点缀作用，不至于让观众产生视觉疲劳。

确定主色和辅色的方法是根据PPT的内容主题选择一个主要颜色，然后再根据这个颜色，寻找与之搭配或能形成对比的颜色。例如，一份主题是高贵奢侈品宣传的PPT，主色调是紫色，与紫色相搭配的颜色有红色、蓝色，与紫色形成对比的颜色有黄色、橙色。但是演示文稿整体需要呈现出统一和谐感，因此就不选用对比色，而是选用对比更小的红色。反之，如果演示文稿想要呈现冲击感，或是强调页面中的元素，那么就可以选用对比更强烈的黄色与紫色搭配。

3. 同一套 PPT 的颜色不超过 4 种

同一套PPT的配色最多不能超过4种，否则会显得杂乱无章，让人眼花缭乱。检查PPT颜色数量是否合理的方法是切换到幻灯片浏览视图下，观察页面中所用到的颜色。如图5-23所示，页面中的配色为黑色、白色和红色，没有超过数量。

图 5-23

5.3 为 PPT 配色

在懂得基本的颜色理论知识后，就可以开始为PPT进行配色，配色时需要注意一些色彩选择禁忌、避免色彩滥用，以及颜色面积搭配及背景颜色选择的技巧，方能保证幻灯片页面颜色恰当得体。

5.3.1 色彩选择注意事项

PPT配色时，有的颜色搭配纵然美观，却不符合观众的审美需要，因此在选择颜色时，制作者要站在观众的角度、行业的角度去考虑问题，分析色彩选择是否合理。

1. 注意观众的年龄

不同年龄段的观众有不同的颜色喜好，通常情况下，年龄越小的观众越喜欢鲜艳的配色，年龄越大的观众越喜欢严肃、深沉的配色。图5-24所示的是不同年龄段观众对颜色的常见偏好。

图 5-24

在设计幻灯片时，根据观众年龄的不同，更换颜色后就可以快速得到另一种风格，如图5-25和图5-26所示，分别是对年龄较大和年龄较小的观众看的幻灯片页面。

图 5-25

图 5-26

2. 注意行业的不同

不同行业有不同的代表颜色，在给PPT配色时要注意目标行业是什么。这是因为不少行业在长期发展的过程中，已经具有一定的象征色，只要看到这个颜色就能让观众联想到特定的行业。例如，红色会让人想到政府机关，黄色会让人想到金融行业。除此之外，颜色还会带给人不同的心理效应，制作者需要借助颜色来强化PPT的宣传效果。

图5-27所示的是常见行业的颜色选择要点。

图5-28所示的是一套党政机关的PPT模板，整体配色是红色+黄色。如果配色改成绿色+蓝色，从视觉上来看没有问题，但是从行业上看就有问题了，似乎显示不了爱党爱国的热情之心。

图 5-27

图 5-28

5.3.2 色彩不能乱用

PPT 颜色乱用轻则影响美观，重则影响内容意义的准确传达，甚至引起不必要的误会和矛盾。本小节就来介绍 PPT 色彩不能乱用的典型情况。

1. 不同文化的禁忌色不能乱用

随着时代的发展、交通行业的发达，做生意不仅能与身边的人做，还会与不同民族、不同国度的生意人往来。在这种情况下，播放 PPT，宣传推广企业或商品，就需要了解对方的文化特色，不要使用禁忌色作为 PPT 的色调。

图 5-29 所示的是比较典型的少数民族禁忌色及不同国家文化的禁忌色。

以回族为例，白色是用于丧事的颜色，但是在西方文化中白色代表着圣洁，常常用在婚礼上。如果婚庆行业的婚礼策划者面向回族客户，制作了一份白色调的婚礼策划书 PPT，想必会让这位回族客户感到十分不吉利。

再以不同国家的禁忌色来看，在瑞典，蓝色和黄色是代表国家的颜色，具有权威性和不可冒犯性。这两种颜色是不允许用在商业上的，如果面向瑞典客户，制作了一份蓝色＋黄色的商业计划书，瑞典客户可能会产生不悦的情绪。

由此可见，制作出一份让观众买单的 PPT，不仅考验了制作者的 PPT 设计技巧，还考验了制作者对不同文化的充分理解，制作者可以将图 5-29 中的典型颜色禁忌熟记心中，避免颜色乱用。

图 5-29

2. 不同意义的颜色不能乱

在一些特定的情况下，会用固定的颜色来代表不同的意义。例如，股票市场用红色来代表涨，绿色则用来代表跌。如果制作股票行业的 PPT，反其道而行之，将绿色用来表示涨，则是典型的颜色乱用，会让人贻笑大方。下面就来介绍哪些固定含义的颜色不能乱用。

图 5-30 所示的是常见颜色的固定意义，PPT 设计者在制作页面时，一定要从内容上考虑，看内容是否与特定的颜色相关，避免乱用。

图 5-30

在涉及股票行业时，一定要分清代表涨跌的颜色。在国际上是"绿涨红跌"，而在中国是"绿跌红涨"。如图 5-31 所示，如果这张图用在国际中，使用饱和度越来越高的红色代表股票增涨，便是错误的用法。

图 5-31

在涉及预警层级时，需要区分不同颜色的预警程度，不要使用蓝色来代表最严重的预警程度。

在涉及报告类型时，要区分不同类型的报告其书皮颜色有什么不同。制作者可以绘制图书矢量图来表现报告，但是图书的颜色要根据报告的类型来定。

★ 重点 5.3.3 注意色彩的面积搭配

在设计 PPT 时，确定好主色调与辅色调，主色调占比面积大不一定能起到理想的视觉效果，这是因为颜色的饱和度不同，基调也就不同，会影响到观众对不同颜色的注意力大小，从而影响画面的平衡感，这里建议分析清楚主色与辅色的饱和度与基调后再合理分配面积。

1. 主色与辅色基调不同

当主色与辅色基调不同时，就需要对比两种颜色的饱和度，以此来判断哪个颜色的面积应该更大，更适合作主色。

➡ 主色与辅色面积相同：饱和度不同但是面积相同的两种颜色放在一起，饱和度高的颜色更抢眼，如图 5-32 所示，左边的红色效果比右边的淡蓝色更吸引人。如果两者面积相同，是可以的。

倘若主色与辅色的饱和度相同，如图 5-33 所示，画面将显得更具平衡感。

图 5-32   图 5-33

➡ 主色与辅色面积不同：主色面积大于辅色面积时，应当将饱和度较高的颜色作为主色，避免辅色喧宾夺主。对比图 5-34 和图 5-35，会发现当饱和度较低的颜色作为主色时，即使占了更大的面积，观众的注意力依然停留在饱和度更高的辅色上。因此图 5-34 中的搭配是合理的，而图 5-35 中的搭配就失去了平衡，不能有效突出重点，这时可以通过增加主色饱和度的方法来保持平衡，结果如图 5-36 所示。

图 5-34   图 5-35

图 5-36

2. 主色与辅色基调相同

当主色与辅色的饱和度相当、色调相差不大时，颜色的面积起到了决定性作用，面积更大的颜色就是主色，更能吸引观众的注意力。

如果图中颜色饱和度相同、色调都相近，颜色面积大的是主色，如图 5-37 和图 5-38 所示。如果两者面积相同，则作用力相同，如图 5-39 所示。

图 5-37   图 5-38

图 5-39

5.3.4 高效配色的"公式"

在为 PPT 配色时，有的制作者会发出这样的感叹：学习了这么多配色的知识，还是配不好色，有没有什么直接的公式，快速配出高大上的颜色呢？答案是肯定的，如图 5-40 所示，这便是 PPT 配色的"公式"思路。

图 5-40

1. 单色系配色的方法

配色"公式"中建议 PPT 新手或对色彩搭配不敏感的人选择单色系配色法，这是因为单色系配色法中已经规定好辅色是黑、白、灰中的一种或多种了，制作者只需要另选一种主色调即可。

这里需要说明的是，由于黑、白、灰 3 种颜色并不抢眼，所选择的主色不论面积多大，都能让观众眼前一亮，起到主色的作用，所以这里不能认为选择的主色面积一定要比黑、白、灰的面积更大。

建议选择的主色是饱和度高、稍微鲜艳一点的颜色，否则与黑、白、灰、三色接近，整个页面看起来会没有亮点。

主色 + 黑白灰的单色系配色法之所以有效，是因为黑、白、灰 3 种颜色是百搭色，且这 3 种颜色不容易引起观众情绪波动，被称为"高档色"。

这里选择的主色不仅可以用在图形上，还可以用在重点文字的强调上。如图 5-41 所示，选择了主色（红色）+ 辅助色（黑色、白色、灰色），页面看起来十分有质感。

图 5-41

单色系配色法还可以仅将主色用在文字上，最大程度地强调文字内容，并且保证了页面的统一性，同时又不失格调，如图 5-42 所示。

图 5-42

如果觉得单色系配色法太单调，那么可以灵活调整，通过使用主色与辅色的渐变色、改变主色与辅色的亮度和饱和度，得到更丰富的效果。如图 5-43 所示，背景使用了灰色的渐变，序号为"02"和"03"的色块使用了深灰色，与背景既是同一色系，又不失丰富感。

需要提醒的是，同一色系的不同饱和度颜色，还可以形成颜色渐渐加深的效果，适合用来表现内容信息的递进关系、顺序关系。

图 5-43

2. 多色系配色的方法

多色系配色法需要分析清楚页面想呈现的效果，如果是突出冲击感，想要配色丰富，可以选用对比或互补配色，其中互补色的冲击感比对比色更强。如果想要保持页面颜色统一，可以选用同类色和邻近色，其中邻近色的和谐度比同类色更高。

使用多色系配色法，最方便的方法是分析清楚所需要的效果，然后插入一张 24 色环图到 PPT 页面中，直接使用吸管工具进行取色。

例如，现在页面需要冲击感最强的配色，那么就选用互补配色法，如图 5-44 所示，为了使形状颜色与背景对比更强烈，需将形状颜色填充为红色，即在 24 色相环上角度互为45°左右的颜色，直接用吸管工具吸取填充，效果如图 5-45 所示。

图 5-44

图 5-45

5.4 常见的 PPT 配色技巧

PPT 配色不仅涉及理论知识，还需要制作者懂得一些实际操作知识，灵活地根据演讲场合的实际情况配色，在配色时也能合理运用软件操作技巧，顺利搭配出既美观又能体现内容的配色。

5.4.1 根据演讲环境选择基准色

在给 PPT 配色时，要注意演讲环境不同，配色的基调也不同，一般来说原则如下。

非正式场合（如娱乐场合、带有活泼性质的宣讲场合），宜使用鲜艳一点的颜色，如紫色、绿色等。

正式场合（如工作汇报、政务部门宣讲）宜使用严肃正式的颜色，如黑色、白色、灰色、红色。

5.4.2 使用主题快速配色

为 PPT 配色时，设计者可以通过 PowerPoint 系统开发的配色方案，快速完成或更换演示文稿配色。

在 PowerPoint 的【设计】选项卡下【变体】下拉菜单中，可以通过【颜色】的配色方案使用系统搭配好的颜色，或者是自定义配色。

如图 5-46 所示，【Office】下面列出的颜色就是微软开发搭配好的颜色，不同的颜色有不同的风格，适合用在不同的场所。

其中【Office】适合用在常规商务场所；【灰度】适合用在新闻类、严肃话题类场所；【红色】适合用在娱乐场所；【蓝绿色】适合用在教学场所。

图 5-46

如图 5-47 和图 5-48 所示，分别是运用【Office】和【红色】两种主题后出现的效果。

图 5-47

图 5-48

如果想自定义颜色，可以打开【新建主题颜色】对话框。如图 5-49 所示，在对话框中可以看到每一个主题方案都由 12 种颜色构成，这 12 种颜色决定了幻灯片页面中的文字、背景、图形等元素的颜色。当调整颜色时，可以在【示例】区域中看到效果，确定满意再保存配色方案。

图 5-49

5.4.3 巧妙利用渐变效果设计背景

配色并不单指不同的色块进行搭配，还包括渐变色搭配。合理利用渐变色，就算是深浅不同的同一色系都可以搭配出丰富的效果。渐变色常用在 PPT 的背景设计中，本小节就详细地讲解如何利用渐变色设计出效果丰富的背景。

1. 确定好渐变的色调

设计渐变色背景，第 1 步是确定好渐变背景的色调。渐变背景的色调可以有两种：一种是同色相颜色的渐变，另一种是不同色相之间的渐变。如图 5-50 和图 5-51 所示，分别是同色相渐变和不同色相渐变。前者使用得更普遍，后者需要考虑颜色的搭配问题，在 24 色相环中最好选择角度相差较小的颜色搭配形成渐变色，否则渐变效果会显得花哨、怪异。

图 5-50

图 5-51

2. 确定好渐变的类型和方向

渐变效果之所以丰富多变，得益于颜色渐变的类型和方向，制作者需要充分理解渐变类型和方向的概念才能准确设计出理想的渐变效果。

渐变的类型指的是光线以什么样的形式照射到背景上，主要类型有以下 4 种。

➡ 射线类型：光线以点光源的形式照射到背景上，产生两个光圈，射线

类型可选的方向如图 5-52 所示。

图 5-52

➡ 线性类型：光线以直线的形式照射到背景上，产生线性的渐变方式，线性类型可选的方向如图 5-53 所示。

图 5-53

➡ 矩形类型：光线以矩形的形式照射到背景上，产生矩形形状的渐变方式，矩形类型可选的方向如图 5-54 所示。

图 5-54

对于没有学习过光线知识的 PPT 设计者可能难以理解各种渐变，但是设计者只需要在设计渐变时，回顾图 5-52 至图 5-54 所示的渐变类型，从中找出理想的渐变，就能快速选择出渐变的类型和方向。

3. 设置不同渐变光圈的颜色

以图 5-51 所示的渐变效果为例，设置渐变光圈。该渐变效果由两种颜色构成，那么只需要设置两个渐变光圈，分析渐变类型是"线性"，方向是"线性向上"，那么设置两个光圈的颜色如图 5-55 所示。

4. 如何快速复制精美的渐变配色

相信不少 PPT 制作者会在网页中不同的地方看到一些效果不错的配色方案，但是不知道渐变配色中不同颜色的数值，这时可以将图截取下来放到 PPT 中，分析图片中渐变类型的方向，再利用吸管工具，快速复制

到精美的渐变配色。

图 5-55

如图 5-56 所示,将图片放到幻灯片页面上方,分析渐变是由 3 种颜色组成,调整好渐变的类型,用吸管工具依次为光圈取色。

图 5-56

5.4.4 使用强调色产生对比效果

幻灯片页面中的内容通常会有重点信息,这类信息需要通过对比,方能引起观众更多的注意,最常用的方法就是使用强调色产生对比效果,这里的强调色可以是深浅色搭配强调、对比色强调、突出单种色强调。

1. 深浅色强调

深浅色强调就是利用颜色的深浅对比突出重要信息,这里颜色的深浅主要是指饱和度或亮度的大小。方法是将不需要强调的元素设置成较浅的颜色,重点元素设置成深色,从而得到突出强调。如图 5-57 所示,该图表中最显眼的是"丙"的数据,呈饱和度最高的黄色,得到了较好的强

调。

图 5-57

2. 对比色强调

对比色强调是最常用的信息强调方法,利用对比色来突出显示图片、图形上的文字或某项内容信息。对比强调前面讲解得比较多,典型的例子如乔布斯 PPT 中,黑色背景+白色文字,利用黑白对比,强调文字。

3. 突出单种色强调

内容强调方法还有一种是突出单种颜色的强调方法,具体操作是将页面中其他元素全部设置成相同的颜色,需要强调的颜色再单独设置一种颜色,通过强烈的视觉差异强调颜色不同的内容信息。

如图 5-58 所示,将需要强调的元素单独设置成不同的颜色,也不失为一种有效的强调方式。

使用这种强调方式,需要注意的是,强调色的饱和度和亮度不能比其他颜色低,否则即使强调色进行了单独设置,但是颜色较暗淡,同样起不到强调效果。最保险的做法是,强调色是高饱和度色,其他颜色饱和度较低。

图 5-58

5.4.5 利用秩序原理保持均衡

配色时常常遇到这样的情况,搭配出来的颜色杂乱无章。这是因为配色没有遵循颜色本来的秩序。颜色的秩序包括色相秩序、亮度秩序、饱和度秩序。在无法掌握好配色的前提下,建议从颜色的秩序出发,搭配出符合秩序的颜色。

1. 色相秩序

色相是颜色区分的重要属性,色相的不同代表着颜色的不同。色相秩序适合用于多种颜色搭配时不失其协调性。

图 5-59 所示的是 PowerPoint 中的【颜色】对话框,观察这些颜色排序,从左到右依次是红、橙、黄、绿、青、蓝、紫,这个顺序就是颜色的色相顺序。

知道了色相的顺序后,在配色时可以为幻灯片页面中的元素选择一定顺序色相,如选择红色、黄色、绿色为一组配色,或者是选择青色、蓝色、紫色为一组配色。

图 5-59

如图 5-60 所示,选择了红色、黄色、绿色 3 个色相顺序相连的颜色组成幻灯片页面的配色,整个页面就显得十分协调,这得力于颜色之间保证了内在的秩序。

2. 亮度秩序

亮度秩序指的是幻灯片或幻灯片中的元素配色,是按照颜色不同的亮度值从大到小或从小到大的顺序进行搭配,呈现出一定的规律性。如图

5-61 所示，这种配色方式的顺序性更强。

图 5-60

图 5-61

3. 饱和度秩序

饱和度秩序与亮度秩序相似，即按照颜色饱和度的不同从大到小或从小到大进行颜色搭配。

5.5　分享好工具：万能的配色神器 Color Cube

在为 PPT 配色时，常常出现这样的问题：某张图片的配色很好看，但是却分析不出具体的配色方案；PPT 的吸管工具只能吸取工作界面的颜色，遇到计算机屏幕上的颜色却手足无措；这些问题都可以使用配色工具 Color Cube 一举解决，快速方便高效。

Color Cube 是一款安装方便，专门分析配色的工具，它可以轻松实现图片配色的分析、长网页截图、屏幕颜色吸取。

5.5.1　分析图片的配色方案

打开 Color Cube 的界面，并添加一张图片，单击右下方的【分析】按钮，就能快速分析出配色方案，方案以【蜂巢图】【色板】【色彩索引】3 种方式呈现，如图 5-62 所示。

图 5-62

配色方案分析完成后，可以单击左上角的 图标，选择【配色快照】选项保存配色方案，如图 5-63 所示。

图 5-63

成功保存的配色方案如图 5-64 所示，不仅有原图还有根据这张图分析出的配色，如此一来就可以将这样的配色方案快速运用到自己的 PPT 设计中。

图 5-64

5.5.2　长网页截图

Color Cube 的配色方案分析是基于图片的分析，如果想分析一个

长网页中的配色怎么办？方法是利用 Color Cube 中的长网页截图，如图 5-65 所示，复制网页的网址。

图 5-65

复制网址后，单击 Color Cube 中的三角形按钮 ，如图 5-66 所示，表示开始截取这个网址中的图片。如此一来就可以成功将整个网页都保存成一张长图。

图 5-66

5.5.3　屏幕取色

Color Cube 可以方便地进行屏幕

取色。方法是单击【吸管工具】按钮
，保证这个按钮是蓝色的，如图 5-67
所示。

此时就可以将鼠标指针放在屏幕的任意位置，稍等片刻就会显示出这个位置的颜色参数，单击该颜色参数就能以文本形式保存参数了，如图5-68 所示。

图 5-67

图 5-68

本章小结

本章主要讲解了 PPT 设计时的配色问题，通过颜色的理论知识讲解过渡到配色的实际操作技能，帮助读者在设计 PPT 时快速搭配到既美观又准确表达内容意义的配色。

第6章 细节决定 PPT 演讲的成败

- ➡ 如何正确添加备注防止演讲时忘词？
- ➡ 完成 PPT 制作后如何检查播放效果？
- ➡ 换台计算机，如何保证演示文稿中的字体、音视频正常显示？
- ➡ 演示文稿中的内容需要高度保密，应该怎么做？
- ➡ 如何掌握演讲技巧，进行一场说服力十足的演讲？

诗云："行百里者半于九十"，这句话用在 PPT 制作与 PPT 演讲中最为合适。制作好 PPT 后，只有真正完成演讲，才能算是成功地完成了 PPT 设计。本章将演讲时可能遇到的问题一一进行了剖析，并提供相应的解决办法，希望每一位演讲者都能有所收获。

6.1 准备演讲所需的纸质材料

完整的 PPT 并不能只从观众的角度出发，考虑观众需要看到什么，还应考虑演讲者在演讲时需要看到什么。此时备注和讲义的重要性便凸显出来了。备注和讲义能起到提醒的作用，帮助演讲者按照预先设定的思路进行演讲，避免疏漏的出现。

6.1.1 使用备注

在演讲时，为了保证不忘记关键内容，并且按照预先设想的那样进行演讲，需要使用备注，记录下提醒内容。

1. 如何输入备注

要想录入备注文字，可以进入【备注页】视图，如图 6-1 所示，页面下方的文本编辑框中可以输入备注内容。

图 6-1

如果备注的内容不多，可以不用进入备注页视图，直接在普通视图中，找到对应的幻灯片，在下方的备注文本框中输入即可，如图 6-2 所示。单击下方的【备注】按钮，可以打开或关闭备注文本框。

图 6-2

2. 如何播放备注

录入好备注后，在播放演示文稿时备注内容只有演讲者能看到，观众则看不到。操作方法是：幻灯片进入播放状态时，在屏幕上右击，在弹出的快捷菜单中选择【显示演示者视图】选项，如图 6-3 所示。播放状态就切换成如图 6-4 所示的状态，演讲者可以看到下一张幻灯片的内容是什么，也可以看到当前幻灯片的备注文字。

图 6-3

图 6-4

3. 如何写备注才有效

关于备注的操作比较简单，但

是写出真正有用的备注却需要用点心思。备注在很多人看来就是演讲的内容，如图 6-5 所示的是很多演讲者的备注风格。

其实这种备注会降低演讲的效果。首先备注文字太多，演讲者必定需要花时间去阅读，影响演讲效率。其次演讲者在读备注时会不知不觉地念出来，让演讲变成了"念书"，降低演讲效果。

图 6-5

有效的备注起到的作用应该是提醒作用，提醒的内容如下：提醒演讲者此张幻灯片所讲的内容是什么及内容的顺序；提醒与幻灯片内容有关的专业术语（有的术语演讲者容易遗忘）。

6.1.2 使用讲义

与备注一样，讲义的作用同样是帮助演讲者提示演讲内容，只不过讲义既可以以文档的形式存在，也可以单独打印出来，作为演讲时的提示演讲稿。讲义中每页幻灯片都显示了该页面的备注内容，方便演讲者查看。

1. 设置讲义格式

进入【讲义母版】界面，可以调整讲义页面的方向、大小和幻灯片显示数量，如图 6-6 所示。一般来说，一页讲义设置 3~4 页幻灯片即可，数量太多会显示不清。

图 6-6

2. 输出或打印讲义

设置好讲义格式后，可以将讲义输出成文档。选择【文件】→【导出】选项，再选择【创建讲义】选项，并单击右边的【创建讲义】按钮，如图 6-7 所示。

图 6-7

此时会弹出【发送到 Microsoft Word】对话框，在对话框中选择讲义中幻灯片与备注的位置，然后单击【确定】按钮，如图 6-8 所示。

讲义成功输出到 Word 文档中后，如图 6-9 所示，会按照之前设定的格式显示幻灯片与备注内容，方便演讲者进行演讲。

图 6-8

图 6-9

演讲者也可以将讲义打印出来，成为演讲提示稿，在演讲时以备不时之需。如图 6-10 所示，选择【文件】→【打印】选项，要设置打印的形式为【讲义】，并选择讲义下面的一种版式，设置好后，可以在右边看到讲义打印预览，在确认无误后就可以打印了。

图 6-10

6.2 演讲前一定要检查 PPT

当完成 PPT 制作后，一定要对 PPT 进行全面的检查，保证播放时不出差错。检查时最好在播放状态下浏览一遍，看动画是否播放流畅。检查的事项包括字体、音频、视频等内容是否缺失；还应考虑版本兼容、PPT 加密及容量大小等问题。

6.2.1 在播放状态下检查PPT播放效果

PPT 制作完成后，还应该对其进行检查，以保证在播放时准确无误。检查 PPT 时，并不只是对 PPT 的某一方面进行检查，需要全方位检查，用户最好在播放状态下从头到尾对幻灯片进行检查。

1. 检查页面内容是否显示完全

从头开始检查每一页幻灯片的页面内容是否显示完全是最重要的检查步骤。不同的人有不同的幻灯片制作习惯，有的制作者可能会用一张矩形图形作为背景，如果矩形的尺寸在幻灯片页面不符，超出页面，可能造成幻灯片内容在放映时不能显示完全的状况。图 6-11 所示的幻灯片在普通视图下能完全显示，但是播放这张幻灯片时，结果左边有部分文字内容没有完全显示出来，这会影响幻灯片的整体效果，如图 6-12 所示。

图 6-11

图 6-12

2. 检查动画逻辑是否合理

很多人觉得动画只是一个增加趣味性的花哨功能，其实不然，动画有自己的动画逻辑。在播放状态下检查幻灯片中的动画时，要站在观众的角度去思考，应该先看到什么内容，再看到什么内容。尤其是课件类型的PPT，讲师往往会先抛出问题让学生思考后再给出答案，这时如果先出现答案，场面就会比较尴尬。

如图 6-13 所示，在这页幻灯片中，序号为 1~6 的动画内容可以同时出现，也可以按顺序依次出现。但是却不能打乱顺序，如先出现 5 再出现 1。这样的顺序会让观众摸不着头脑，同时干扰演讲者的思路。

图 6-13

3. 其他细节检查

除了内容显示是否完全和动画逻辑是否合理外，还需要检查笔颜色、音频/视频这样的一些细节，以确保幻灯片放映万无一失。

幻灯片播放时，演讲者可以将鼠标指针变成笔/荧光笔，像粉笔一样添加内容，增加演讲效果。但是如果笔/荧光笔的颜色与幻灯片主色相近，就会造成笔迹将不够显眼，甚至难以分辨。在默认情况下，幻灯片的笔颜色是红色的，如图 6-14 所示，红色的笔加上红色的背景，笔迹就会不清楚。

图 6-14

如果幻灯片中有音频和视频，还需要检查音频和视频的播放状态是否正常。

6.2.2 检查视频能否在其他计算机上正常播放

很多用户觉得，在幻灯片中插入的视频，只要在自己计算机上都能正常播放，那么在其他用户的计算机上也就能播放。其实，这种想法是不正确的，随着 PowerPoint 版本的不断升级，PowerPoint 的向下兼容性几乎为零，也就是说在 PowerPoint 2013 中能顺利播放的视频，PowerPoint 2010 可能勉强能播放或不能播放，所以，如果 PPT 中包含有视频文件，那么最好提前在需要播放的计算机上看一下能不能播放。

为了能使 PPT 中的视频能在其他计算机上正常播放，用户制作好 PPT 后，就将 PPT 打包，如图 6-15 所示，一次性打包好音频及视频文件，这样可以为后面播放 PPT 时省去很多麻烦，减少视频不能正常播放的失误。

图 6-15

6.2.3 如何防止字体丢失

如果制作的 PPT 中使用了系统外的字体，那么将 PPT 放在其他计算机中进行放映时，原本使用的字体都将变成 PowerPoint 2013 默认的等线字体，这是因为放映的计算机上没有安装 PPT 中使用的字体，那么如何避免这一情况呢？其实可以用多种方法来实现。

1. 将字体嵌入 PPT 中

将字体嵌入 PPT 是防止字体丢失最常用的一种方法。PPT 制作完成后，打开【PowerPoint 选项】对话框，在左侧选择【保存】选项，在右侧选中【将字体嵌入文件】复选框，然后在其下方选中【仅嵌入演示文稿中使用的字符】或【嵌入所有字符】复选框，单击【确定】按钮，如图 6-16 所示。这样可以保证 PPT 文件中的字体即使换了一台未安装该字体的计算机也能正常显示。

图 6-16

需要注意的是，【仅嵌入演示文稿中使用的字符】复选框只能保证幻灯片播放时字体不变形，能正常显示；【嵌入所有字符】复选框则可以在其他计算机上编辑，但文件会较大，每次保存时间会延长。演讲者如果觉得后期还可能更改，那么可以选择后者，如出差演讲，演讲者可能在出差途中想到了需要更改的内容，从而再进行文稿的编辑。

2. 转化为图片

制作好 PPT 后，如果不再需要对应用系统外字体的文字进行修改，那么可将文字转化为图片，这样就可以在任何计算机上都能完美显示，但转化为图片后不能再对文字进行修改。

选择需要转换为图片的文字，执行【复制】或【剪切】命令，如图 6-17 所示，再执行【粘贴】→【图片】命令，就可将文字转换为图片，如图 6-18 所示。

图 6-17

图 6-18

3. 字体打包

将字体打包是指将 PPT 中使用到的系统外的字体都找出来，将字体文件和 PPT 放置在同一个文件夹中，如图 6-19 所示。将整个文件夹一起复制到其他计算机中，先安装所有的字体文件，再启动 PPT。这种方法简单且稳妥，但工作量会大大增加。

图 6-19

6.2.4 检查版本兼容问题

目前 PPT 常用的版本有 Power Point 2003、PowerPoint 2007、PowerPoint 2010、PowerPoint 2013，

通常情况下，安装了高版本的计算机可以打开低版本的 PPT 文件，但是安装了低版本的计算机则无法顺利打开高版本的 PPT 文件。例如，计算机中安装了 PowerPoint 2007，但是 PPT 文件是使用 PowerPoint 2013 制作的，那么该计算机将无法顺利打开这份 PPT 文件。反之，如果计算机中安装了 PowerPoint 2013，那么该计算机可以打开 2013 版本及之前所有版本的 PPT 文件。

要解决版本兼容问题，可以事先询问清楚演讲场地中的计算机上安装了哪个版本的 PPT 软件，如果是更低版本，则可以打开文件的【另存为】对话框，在【保存类型】下拉列表中选择【PowerPoint 96-2003 演示文稿 (*.ppt)】选项，如图 6-20 所示。

图 6-20

选择将文件保存为更低版本的文件时，会弹出兼容性检查器通知，如图 6-21 所示，告知这份文件保存成版本更低的文件时会发现哪些兼容性问题。单击【继续】按钮就能成功将文件保存成更低版本的文件。

图 6-21

6.3 成功演讲的要素

演讲是一门学问，幻灯片页面制作得再精美，但演讲不好，也会让观众失望。一场成功的演讲，是可以产生社会效应的，可以将幻灯片页面中死板的文字变为声音，还需要演讲者灵活机动，根据现场情况的不同改变演讲方式。

6.3.1 站在观众的角度演讲

一场成功的演讲，是能感染并说服听众的。如何让演讲变得有说服力，这并非是一蹴而就的事情，演讲者所演讲的内容首先应该满足的基本条件是让观众听懂，然后才能让观众产生兴趣，最后让观众信服。

1. 如何让观众听懂演讲

不少演讲者在讲台上夸夸其谈，台下观众却不知所云。要做到准确有效地表达信息，演讲者可以尝试以下做法。

（1）说话也要有逻辑

在制作 PPT 时，演示文稿整体通常是有逻辑性的，应先讲什么再讲什么。不仅如此，每一张幻灯片的内容也有逻辑关系。同样的，配合 PPT 播放时的演讲也要有逻辑，这里所指的逻辑不仅要与当前展示的 PPT 页面内容逻辑相符，也要保证这段话内部的逻辑是正常的。

这里建议演讲者在进行每一部门的演讲时，都从一个点出发，有条不紊地延伸下去。例如，当前的 PPT 画面显示了一款家居产品的图片，演讲者想说明这款产品多么适合家居。那么这段话的内在逻辑可以如图 6-22 所示，首先抛出结论即这段话的核心点，再说明这款产品方便、小巧，通过商品的尺寸大小和使用便捷来说明。再说明产品经久耐用，具体表现在使用年限上。这段话便是逻辑非常通畅的一段话。但是如果演讲者思路不清晰，一会儿在说产品的尺寸一会儿又在说产品的使用年限，接着又跳回来说明商品使用方便。这样的逻辑会让观众产生理解障碍。

图 6-22

（2）化长句为短句

演讲者通常才思敏捷，口才卓越，这是优点，如果不注意却有可能变成缺点。将很长的句子通顺流利地说出，对演讲者来说没有问题，问题在于观众能否快速接收这样的信息？

建议演讲者将长句换成短句，一个短句说明一个事实即可。如图 6-23 所示，左边是一个长句，如果将该长句一次性说出，观众能记住的有效信息会很少。但是将该长句换成右边的 3 个短句，每一个短句都能被观众听得清楚且容易记忆。

演讲者需要注意，演讲不等于文章写作，演讲最重要的是表达能力，而不是文采。

图 6-23

（3）少用术语

有的演讲者会使用术语来表现自己的学识渊博，同时表现产品、公司的高大上。其实再高深的术语，如果观众听不懂，又有何意义呢？演讲者应该少用术语，即使是再专业的知识也要琢磨如何用平实近人的语言表达出来。就算特殊情况下要使用术语，也应该及时对术语进行解释。

演讲者可以到网站"科学松鼠会"中进行学习，该网站中呈现的内容是专业领域的内容，涉及天文地理、医学、数学等多个领域，如图 6-24 所示。但是每个领域内容的共同点是，使用简单直白的语言将复杂高深的知识解释清楚。演讲者可以根据自己演讲的内容，找到相近的领域，去学习一下里面的文章是怎样组织语言的。

图 6-24

2. 如何让观众产生兴趣

当演讲者的演讲能让观众听懂后，接下来要做的就是让观众产生兴趣。可行的方法有以下几种。

（1）讲故事

会讲故事的人通常是天生的演讲者，故事永远最能吸引人的兴趣。这就是为什么很多演讲者会由故事开头，甚至让故事贯穿整个演讲。

演讲者可以在演讲最开始的时候讲一个故事，此时的幻灯片首页可以设计成一个故事图片，引起观众的好奇心。在演讲中途，观众产生疲劳情绪时再加一个故事。

（2）讲与观众相关的事

每个人最关心的事都是与自己有关的事，演讲者在演讲前应该做足功课，分析观众人群，找到与观众相关的点进行强化。例如，一个早教品牌的演讲，观众人群是有孩子的母亲，那么演讲的重心离不开孩子的教育成长问题。如果有条件，甚至可以专门做一份调查问卷，询问妈妈群体最关心孩子成长过程中的什么问题，演讲时专门针对这些问题进行说明。

3. 如何让观众信服

让演讲具有说服力，比较考验演讲者的个人气度。演讲者可以有意识地尝试用以下方法，增加演讲的说服力。

（1）用事实说话

用事实说话，与幻灯片设计时用语精准是一个道理。例如，演讲者想说明自己的早教品牌如何成功，就不要将点落在虚处。所谓虚处，就是让观众听了依然难以想象的内容。如图6-25所示，左边的内容用的是空虚的语言描述，一直在说品牌如何成功，可惜观众听了还是不明白如何成功。但是换成右边的语言，观众顿时能感受到品牌的成功之处。如果这个时候演讲者能及时放映家长反馈感谢信、孩子表现优秀的奖状等事物，就能将演讲的说服力再提升一个度。

图 6-25

（2）少用不确定的词汇

在演讲中，要产生说服力，需要演讲者传达出确定的信息。因此诸如"大概""或许""可能"这样的不确定词汇要少用。这种词汇表示演讲者自己都处于不确定状态，如何还能说服观众。

（3）加入个人经历

有一句话是这么说的——观众是否产生信任取决于演讲者本人而非幻灯片页面。演讲者要让观众感觉到自己是一个真实的人，才能让观众产生信任感。因此这里有一个演讲技巧，

演讲者在讲故事时可以加入个人经历，这会拉近演讲者与观众的距离。例如，一款植物药皂商品的宣传会上，演讲者可以说自己过去皮肤出现了什么问题，因为什么机缘巧合发现了这款植物药皂解决了多年的困扰。当然，前提是演讲者要真的有过这样的经历。

6.3.2 变文字为有声语言

演讲者在真正进行演讲前需要写一份演讲稿，但是演讲不等于将演讲稿一字不差地念出来，而是将文字变成有感情的语言，产生感染力。将文字变成声音，需要从以下几方面来提高。

1. 语调

文字是平面的，而语言是立体的，语言的立体常常体现在语调方面。演讲者需要根据内容的不同，调整声音的高低起伏、抑扬顿挫，将感情贯穿在声音中。

2. 节奏

节奏太快的演讲会影响观众的信息有效接收，节奏太慢的演讲又可能让观众产生困意。演讲者需要根据PPT内定的主题来定一个基本的节奏。例如，说明紧急情况的演讲，语言节奏可以是急促的、紧张的。宣传婴儿用品的演讲，节奏需要放慢，让观众在舒缓的语言中对产品产生信任。通常情况下，演讲者可以将节奏控制在5分钟内演说3张A4的演讲稿内容。

6.3.3 随机应变，临场发挥

计划赶不上变化，演讲过程常常出现这样或那样的异常状况，缺乏经验的演讲者就会自乱阵脚，甚至无法将演讲进行下去。下面针对演讲中出现的异常状况，列出一些解决办法。

1. 突然忘词怎么办

讲着讲着突然想不起接下来要讲

什么，这个时候又不可能中止演讲。这时可以看一下幻灯片的备注，看是否有关键词提示。

如果备注没有提示，那么演讲者要先稳住自己的情绪，不能焦急，越焦急越会想不起接下来要讲的内容。在这个过程中，演讲者可以重复讲一下刚才说过的内容，不要让观众发现自己忘词。同时也给自己一点缓冲时间，厘清自己思路。

2. 说错话如何纠正

讲出去的话犹如泼出去的水，不可能再收回。因此对于说错的话，要么直接向观众承认错误，要么使用巧妙的方法自圆其说。

（1）错误影响不大，可以承认错误

如果说了一句影响不大的话，可以承认错误，如记错了某个故事的内容。如图6-26所示，左边是说错了的话，右边是进行纠正后的话，这种纠正后影响也不大的话可直接承认错误。

图 6-26

（2）将错就错

在演讲时，如果说错了话，演讲者不妨将错就错，根据错误进行发挥，消除窘境。例如，某公司职业介绍会上，演讲者将小张的级别说错了，这时可以将错就错，继续说下去，如图6-27所示，巧妙地自圆其说。

图 6-27

（3）以正改错

在演讲时，演讲者可能由于情绪

激动形成口误，演讲者如果直接承认错误，可能会使自尊受到影响，这时可以在不知不觉的情况下改正错误。

如图 6-28 所示，在毕业演讲上老师说错了话，用了一个错误的词，但是老师接着说，不仅纠正了错误，还强调了要表达的意思。

图 6-28

3. 遇到观众责问怎么办

演讲过程中难免遇到一些较真的观众，发现错误，对演讲进行质疑。这时演讲者要沉住气，不能生气，更不能批评观众。

这种情况下演讲者最好的做法是保持谦虚的态度表扬观众，并接着对观众的质疑进行解释。图 6-29 所示的是一个典型的例子，当观众对产品产生质疑时，先肯定观众的做法，再巧妙地将观众的问题进行解释，为产品加分。

图 6-29

4. 其他意外情况

演讲过程中还有很多意外情况，这里无法一一例举，但是大多数意外情况都可以通过自嘲来缓解气氛。例如，演讲者在讲台上摔了一跤，可以说："你们太热情了，我都为你们倾倒了。"

6.4　适当利用环境与设备

小型、中型、大型会议的播放设备不同，演讲者需要根据不同环境做好准备工作，避免演讲过程中出现失误，尤其是大型会议，播放设备复杂，更需要引起演讲者的重视。

6.4.1　小型的洽谈会议

小型的洽谈会议没有那么多的专业播放设备，演讲者需要自行准备笔记本电脑。有的小型会议有投影幕布，有的没有。没有投影幕布的情况下，可以使用演讲者准备的笔记本电脑播放演示文稿，或者是使用掌上电脑。

小型会议播放 PPT，演讲者只需要保证自带的笔记本电脑播放无误即可。

6.4.2　中型会议

中型会议通常会有投影设备，演讲者需要提前询问清楚投影幕布的尺寸，根据幕布的尺寸来调整幻灯片的页面比例是 4：3 还是 16：9。

中型会议演讲前，演讲者要提前进场，看会议室的灯光环境效果，将幻灯片投影到幕布上，测试开几个灯光时幻灯片显示效果最佳。

6.4.3　大型会议

大型会议会有投影仪、电动幕布、后台操作计算机、视频播放器等设备。演讲者需要提前入场，找专门负责设备管理的工作人员，请工作人员进行设备调试。设备调整好后，可以试播一下 PPT 文件，尤其是注意播放一下文件中的音频、视频内容，看是否正常。还需要向工作人员请教如何在播放过程中调试设备、使用控制器。

6.5　不同场合下演示的技巧

在不同的场合演示不能一视同仁，演讲者要根据场合类型的不同，适当地调整演讲方式，让幻灯片的内容达到最佳传播效果。

6.5.1　一对一演讲

一对一演讲的场合有：单独向领导汇报工作情况、项目进展；销售面向单独的客户，通过播放幻灯片让客户理解产品；教育工作人员单独给一位学生授课。

一对一演讲不像一对多演讲那样有很多注意事项，一对一演讲更为轻松。演讲者可以不用穿得那么正式，也不用提高音调，用双方能听清的音调说话即可。

一对一演讲还有一个特点是，互动更为灵活，演讲者可以在演讲过程中随时询问听众是否有不明白的地方。

一对一演讲时，演讲者可以将放映模式设置成【观众自行浏览】的模式，让观众根据自己的节奏自行浏览幻灯片，同时演讲者在一旁进行说明。这样做的好处是让观众感受到更多的主动权。如图 6-30 所示，设置幻灯片为观众自行浏览放映模式，观众只需要单击下面的切换按钮就能浏览不同页面的内容了。

图 6-30

6.5.2 户外演讲

户外演讲由于场地宽阔，对音响效果和屏幕效果要求都比较高。演讲者应提前测试音响和屏幕，如果屏幕的播放效果不理想，演讲者可以将PPT 文件打印成 PDF 文档或图片，发送给在座的听众，让听众即使看不清屏幕也知道幻灯片中的内容。

户外演讲时，要声音洪亮，尽量让声音传播得更远。在演讲过程中，还可以邀请观众上台进行互动。

6.5.3 展会上演讲

展会持续的时间比较长，在展会上演讲时可以将幻灯片设置成循环播放的格式，让来来往往的观众都能看到幻灯片内容。由于展会上的幻灯片是循环播放的，演讲者可以在做好幻灯片后进行预演，将要讲的内容精简，并熟记于心，好在展会上重复演讲。

6.6 演讲时要掌握的技巧

优秀的演讲者能在讲台上谈笑自如，其实并非天生就会这些演讲技能，而是通过后天的学习、练习才练就一副好口才的。本小节就来介绍演讲时有哪些常用的技巧。

6.6.1 如何应对怯场

演讲时怯场是演讲者最常遇到的困难，要想克服怯场情绪，需要从认识上、心理上做出改变，同时刻意练习，在演讲前做好充分的准备，就能克服怯场情绪。

1. 从认识上发生改变

演讲者产生紧张情绪，究其原因是因为把自己看得过重，担心演讲不好会丢面子，更怕在众人面前出丑。其实演讲者需要改变这样的认识，不要把面子看得那么重，以平常心去应对这次演讲。勇于在演讲前自嘲，开自己的玩笑，以获得轻松的心态。例如，在演讲开场时用这样的话作为开场白："我除了这张嘴会说两句话，就没有什么好带给大家的了，所以请各位看一看我耍嘴皮子吧。"

2. 不要太过于追求完美

如果演讲者是完美主义者，力求演讲每一个细节都达到完美，就会容易紧张，生怕自己出差错。其实越将结果看得重要，反而越容易在演讲过程中产生怯场心理。其实不要管演讲的效果如何，自己尽力去做了，就是胜利。只要抱着这样的心态，相信演讲者会大大减少怯场心理。

3. 不放过任何练习机会

一位优秀的演讲者在日常生活中说话肯定也有过人之处，演讲的技巧与生活中大大小小的讲话是相通的。举个简单的例子，在日常生活中，叙述一件事情，不同的人有不同的叙述方式，效果也不相同。有的人可以用逻辑连贯、简单直白的语言把事情说清楚，有的人却绕了一堆弯子，逻辑混乱，让听者最后也没有听明白说了什么。

因此在日常生活中与人说话时，可以刻意练习如何叙述能让对方听得最清楚。在工作中进行汇报时，也是一次小型的演讲，如果工作汇报能以简单直白的方式汇报清楚，那么在正式的年终总结会上，配合 PPT 文稿，也一定能做一位优秀的演讲者。

4. 演讲前做充足准备

演讲前不做充足的准备，自然心虚，担心自己讲不好，在演讲台上怯场也是自然而然的事。因此演讲者在演讲前，一定要做好充足的准备，检查好演示文稿放映无误，进行预演训练，写好备注或讲义，做到胸有成竹。准备充分，就底气足，上台时就不会出现语无伦次的怯场情绪了。

6.6.2 扩展演讲空间

演讲者即使事先进行排练预演，也不能保证演讲时完全按照事先预定好的内容进行演讲。根据时机场合的不同，演讲者可以自由发挥，扩展演讲空间。

例如，在一场儿童礼仪培训课堂上，一位小朋友因为邻座的小朋友碰撞了他，便生气地大闹。这时老师不可无视这种情况，需要根据现场情况扩展演讲空间。这时可以讲一个朋友之间闹矛盾的故事，启发小朋友们，让小朋友明白在遇到矛盾时该怎样礼貌化解。

扩展演讲空间不等于脱缰的野马随意发挥，而是建立在主线上，合情合理地扩展内容。要做这一点，有以下几种方法。

1. 熟悉主题和内容

演讲前一定要熟悉所演讲的主题和内容，有一个明确的中心思想。这样才能在扩展时不至于跑题，扩展超出了范围。如图 6-31 所示，一个主题围绕婴儿用品的演讲，可以扩展的方向是婴儿健康、孩子成长、婴儿安全，但是最好不要扩展到夫妻感情，否则就偏题了。

图 6-31

2. 搜集素材和资料

演讲时的即兴扩展没有经过事先的准备，可能质量不佳。要想随口就讲出有历史深意、有内涵的扩展内容，演讲者可以根据演讲的主题，事先搜集好相关的素材和资料，以备不时之需。如图 6-32 所示，一场笔记本电脑的演讲会，演讲者可以事先搜集一下相关的资料，存在脑海中，这样就能在演讲需要时脱口而出。

图 6-32

6.6.3 演讲时的仪态技巧

演讲者的仪态直接影响到了演讲的效果，仪态包括了姿势、手势、表情等方面，以得体的仪态出现在观众面前，可以有效增加演讲的效果。

1. 躯干要求

演讲者整体的躯干形象应该是自然的、放松的，却又是笔直的，演讲者可以从图 6-33 所示的细节方面进行调整。

图 6-33

2. 眼神要求

演讲时的眼神至关重要，眼神的要点如图 6-34 所示，演讲者不要一直盯着 PPT 看，可以适当扫视观众，并从观众中寻找有肯定目光或点头表示同意的人，与之四目相视。既让观众感受到讲师对自己的注意，也能让讲师增强信心。

图 6-34

3. 表情要求

一场成功的演讲不能从头到尾都使用同一表情，更不能"垂头丧气"。表情要点如图 6-35 所示，面部表情首先要自然放松，其次要随内容变化，讲到严肃的内容时就使用严肃的表情。一般来说，演讲时应该多微笑，以平易近人的表情示人。

图 6-35

4. 手势要求

演讲时配合手势能大大提高演讲效果，手势的基本要求是动作自然，结合表达的内容做不同的手势。图 6-36 所示的是演讲时双手可用的姿态。图 6-37 所示的是手掌可以做的手势，不同的手势表达了不同的意义，演讲者可以在演讲前对着镜子练习，知道在哪个内容做哪个手势。

一手拿话筒，一手下垂。

一手拿话筒，一手活动。

双手均自由活动。

图 6-36

大拇指伸出，其他内收。（表示肯定）

食指伸出，其他内收。（表示指引）

五指伸出。（表现掌控）

五指握拳。（表示力量）

图 6-37

6.7 分享好工具：手机上的 PPT 遥控器

在使用 PPT 进行演讲时，如果没有控制器，演讲者就不能随意走动，需要站在计算机前手动切换幻灯片页面。此时如果学会运用手机上的 PPT 控制器，演讲者就能随时随地进行演讲，增加了演讲的灵活性。

使用手机控制 PPT 播放，首先需要在手机上安装专业的播放器。手机 PPT 播放器软件不止一种，这里选用了"百度袋鼠"控制器。如图 6-38 所示，在手机应用中搜索"百度袋鼠"，进行下载安装。

不仅手机上需要安装百度袋鼠控制器，播放 PPT 的计算机上也需要安装百度袋鼠 PC 端软件。当手机和计算机都完成安装后，方可配合使用。

图 6-38

Step01 手机 PPT 控制器安装好后，打开软件，出现如图 6-39 所示的界面，点击上方的【点此连接电脑】文字链接。此时会出现如图 6-40 所示的界面，点击【扫码连接】按钮。

图 6-39

图 6-40

Step02 双击计算机中安装好的百度袋鼠客户端，如图 6-41 所示。

图 6-41

打开后会出现一个二维码，如图 6-42 所示，用手机中的百度袋鼠扫描该二维码，进行手机和计算机的连接。

图 6-42

Step 03 当手机和计算机通过扫码成功连接后，点击 ◉ 图标，如图 6-43 所示，表示进入 PPT 控制状态。

Step 04 进入 PPT 控制状态后，如图 6-44 所示，可以通过在屏幕中上下滑动来翻页，还可以按住屏幕使用激光笔在计算机中的 PPT 中的画标注，十分方便。

图 6-43

图 6-44

本章小结

　　本章主要讲解了 PPT 演讲播放时可能遇到的问题，帮助演讲者未雨绸缪，将演讲时可能出现的问题扼杀在摇篮中。希望读者引起重视，在 PPT 制作好后，彩排演讲一次，做好充分准备。

第 2 篇

PPT 技能入门篇

使用 PowerPoint 制作演示文稿的主要目的是将需要传递的信息有效传递给观众，那么，通过怎样的方式传递给观众呢？则需要根据内容选择使用不同的对象来进行传递，本篇将对 PowerPoint 2013 入门知识及相关操作等通过不同的对象来展示幻灯片。

第 **7** 章 你需要掌握的 PowerPoint 2013 入门知识

- ➡ PowerPoint 2013 工作界面由哪几部分组成？
- ➡ PowerPoint 2013 的视图模式有哪些？
- ➡ PowerPoint 2013 新增了哪些功能？
- ➡ 能不能对 PowerPoint 2013 的工作界面进行自定义？
- ➡ 如何操作 PowerPoint 个人账户？

本章将带你了解 PowerPoint 2013 的一些基础知识和操作，如启动 PowerPoint 2013、认识 PowerPoint 2013 工作界面、了解 PowerPoint 2013 的新功能、优化 PowerPoint 2013 工作界面，以及对 PowerPoint 2013 个人账户进行设置等，为后面的操作奠定基础。

7.1 认识 PowerPoint 2013

要想使用 PowerPoint 2013 制作演示文稿，首先需要启动该软件，然后了解其工作界面各部分的作用及演示文稿的视图模式，这样操作 PowerPoint 2013 时才会得心应手。

7.1.1 启动与退出 PowerPoint 2013

在计算机中安装 Office 2013 的 PowerPoint 2013 组件后，就可启动该软件进行使用，当不需要使用时，则可退出 PowerPoint 程序。

1. 启动 PowerPoint 2013

启动 PowerPoint 2013 常用的方法有通过开始菜单启动和通过 PowerPoint 2013 快捷图标启动两种，其方法分别介绍如下。

（1）通过开始菜单启动

在计算机桌面左下角单击【开始】图标，在弹出的开始菜单中选择【所有程序】选项，然后在级联菜单中选择【PowerPoint 2013】选项，如图 7-1 所示，打开 PowerPoint 2013 程序，进入启动界面，如图 7-2 所示。

图 7-1

图 7-2

（2）通过快捷图标启动

在计算机桌面上的 PowerPoint 2013 快捷图标上右击，在弹出的快捷菜单中选择【打开】命令，如图 7-3 所示，也可打开 PowerPoint 2013 程序，进入启动界面。

图 7-3

技能拓展——在桌面添加 PowerPoint 2013 快捷图标

如果计算机桌面上没有 PowerPoint 2013 的快捷图标，那么可在开始菜单中的【PowerPoint 2013】选项上右击，在弹出的快捷菜单中选择【发送到】命令，在弹出的级联菜单中选择【桌面快捷方式】命令，即可在桌面上添加 PowerPoint 2013 的快捷图标。

2. 退出 PowerPoint 2013

当不需要使用 PowerPoint 2013 制作和编辑演示文稿时，可以退出程序，以提高计算机的运行速度。其方法是：在 PowerPoint 2013 工作界面的标题栏右侧单击【关闭】按钮×，如图 7-4 所示，即可关闭当前演示文稿，并退出 PowerPoint 2013 程序。如果打开多个演示文稿，那么依次关闭退出。

图 7-4

技术看板

如果当前演示文稿没有进行保存，那么执行退出操作后，会打开提示对话框，提示是否进行保存。

★ **重点** 7.1.2 **认识 PowerPoint 2013 工作界面**

PowerPoint 2013 工作界面包括快速访问工具栏、标题栏、功能区、幻灯片窗格、幻灯片编辑区、备注窗格、状态栏和滚动条等部分，如图 7-5 所示。

图 7-5

➡ **快速访问工具栏**：位于 PowerPoint 窗口的左上角，用于显示程序图标和一些常用的工具按钮，默认包括【保存】按钮 🖫、【撤销】按钮 ↶、【恢复】按钮 ↷ 和【从头开始】按钮 🖵 等，单击相应的按钮可执行相应的操作。

➡ **标题栏**：标题栏主要用于显示正在编辑的演示文稿名称及所使用的软件名，另外还包括登录、功能区显示选项、最小化、还原和关闭等按钮。

➡ **功能区**：主要包含了"文件""开始""插入""设计""切换""动画""幻灯片放映""审阅""视图"等选项卡，选择功能区上的任意选项卡，即可显示其按钮和命令。

➡ **幻灯片窗格**：用于显示当前演示文稿的幻灯片。

➡ **幻灯片编辑区**：主要用于显示或编辑幻灯片中的文本、图片和图形等内容，是 PowerPoint 最主要的编辑区域。

➡ **备注窗格**：用于为幻灯片添加备注内容，添加时将插入点定位在其中直接输入即可。

➡ **状态栏**：位于工作界面最下方，用于显示当前演示文稿的幻灯片张数、使用语言，以及用于切换的演示文稿视图按钮和调整当前幻灯片编辑区显示比例的按钮等。

➡ **滚动条**：分为水平和垂直滚动条两种，主要用于滚动显示页数较多的文档内容，按住滚动条上的滑块，上、下或左、右进行拖动，即可对演示文稿中的幻灯片进行浏览。

★ 重点 7.1.3 了解 PowerPoint 2013 的演示文稿视图模式

在 PowerPoint 2013 的【视图】选项卡【演示文稿视图】组中提供了普通视图、大纲视图、幻灯片浏览视图、备注页视图和阅读视图 5 种演示文稿视图模式，在编辑和浏览幻灯片的过程中，用户可根据需要选择合适的视图模式。

1. 普通视图

普通视图是 PowerPoint 2013 默认的视图模式，该视图主要用于设计幻灯片的总体结构，以及编辑单张幻灯片中的内容，如图 7-6 所示。

图 7-6

2. 大纲视图

大纲视图与普通视图的布局差不多，但大纲视图中是以大纲形式显示幻灯片中的标题文本，主要用于查看、编辑幻灯片中的文字内容，如图 7-7 所示。

图 7-7

3. 幻灯片浏览视图

幻灯片浏览视图中显示了演示文稿的所有幻灯片的缩略图，在该视图模式下不能对幻灯片的内容进行编辑，但可以调整幻灯片的顺序，以及对幻灯片进行复制操作，如图 7-8 所示。

图 7-8

4. 备注页视图

备注页视图主要用于为幻灯片添加备注内容，如演讲者备注信息或解释说明信息等，如图 7-9 所示。

图 7-9

5. 阅读视图

阅读视图是以窗口的形式对演示文稿中的切换效果和动画进行放映，在放映过程中可以在页面上单击切换放映幻灯片，如图 7-10 所示。

图 7-10

7.2 了解 PowerPoint 2013 新功能

相对于 PowerPoint 2010 来说，PowerPoint 2013 新增了许多新功能，如开始屏幕、PowerPoint 用户账户、OneDrive 云存储服务和内置图像搜索功能等，以帮助用户快速完成更多的工作。

★ 新功能 7.2.1 开始屏幕

启动 PowerPoint 2010 程序后，会直接新建并打开一个空白文档，而 PowerPoint 2013 则新增了一个开始屏幕，启动程序后，将先进入开始屏幕，在开始屏幕右侧显示了提供的空白演示文稿和模板演示文稿，如图 7-11 所示，方便用户创建各种需要的演示文稿。

图 7-11

★ 新功能 7.2.2 PowerPoint 用户账户

PowerPoint 2013 提供了用户账户功能，并且将 Microsoft 账户作为默认的个人账户，当登录 Microsoft 账户后，系统会自动将 PowerPoint 与此 Microsoft 账户相连，而且打开和保存的 PowerPoint 演示文稿都将保存到 Microsoft 账户中，当使用其他设备登录到 Microsoft 账户后，也能看到账户中存放的内容，对于跨设备使用非常方便。

除此之外，PowerPoint 的 OneDrive、共享等功能需要登录到 Microsoft 账户后才能使用，登录用户账户后的【账户】界面如图 7-12 所示。

图 7-12

★ 新功能 7.2.3 OneDrive 云存储服务

OneDrive 是网络中的一个云存储服务，用户不仅可以在线创建、编辑和共享演示文稿，而且可以和本地的演示文稿编辑进行任意的切换，还可以访问和共享演示文稿。甚至还可以与同事共同编辑和制作同一个演示文稿，但必须登录到 PowerPoint 账户，才能通过 OneDrive 进行保存、共享等，如图 7-13 所示。

图 7-13

★ 新功能 7.2.4 内置图像搜索功能

在 PowerPoint 2010 中，要想插入网络中的图片，需要先打开网络浏览器搜索图片后，才能插入 PowerPoint 中，而在 PowerPoint 2013 中，不需要打开网页浏览器，通过 PowerPoint 2013 提供的联机视频功能，就可以在必应搜索中找到合适的图片，插入演示文稿中，如图 7-14 所示。

图 7-14

7.3 优化 PowerPoint 2013 工作界面

不同的用户，使用 PowerPoint 的要求和习惯有所不同，所以，用户在正式使用 PowerPoint 进行办公之前，可以先打造一个适合自己的 PowerPoint 工作环境，以便于对 PowerPoint 进行操作。

★ 重点 7.3.1 实战：在快速访问工具栏中添加或删除快捷操作按钮

实例门类	软件功能
教学视频	光盘\视频\第 7 章\7.3.1.mp4

默认情况下，快速访问工具栏中只提供了【保存】【撤销】【恢复】和【从头开始】4 个按钮，为了方便在编辑演示文稿时能快速实现常用的操作，用户可以根据需要将经常使用的按钮添加到快速访问工具栏中，将不常用的按钮从快速访问工具栏中删除。例如，将常用的【打开】和【导出】按钮添加到快速访问工具栏中，然后将【从头放映】按钮从快速访问工具栏中删除，具体操作步骤如下。

Step01 ❶ 在 PowerPoint 工作界面的快速访问工具栏中单击【自定义快速访问工具栏】按钮，❷ 在弹出的下拉菜单中提供了常用的几个命令，选择需要添加到快速访问工具栏中的命令，如选择【打开】命令，如图 7-15 所示。

图 7-15

技术看板

在快速访问工具栏中的空白区域右击，也可打开【自定义快速访问工具栏】快捷菜单。

Step02 将【打开】按钮添加到快速访问工具栏，❶ 单击【自定义快速访问工具栏】按钮，❷ 在弹出的下拉菜单中选择【其他命令】命令，如图 7-16 所示。

图 7-16

Step03 打开【PowerPoint 选项】对话框，默认选择【快速访问工具栏】选项，❶ 在中间的【常用命令】列表框中选择需要的选项，如选择【另存为】选项，❷ 单击【添加】按钮，如图 7-17 所示。

图 7-17

Step04 将【另存为】添加到【自定义快速访问工具栏】列表框中，单击【确定】按钮，如图 7-18 所示。

图 7-18

Step05 【另存为】按钮就添加到了快速访问工具栏中，在【从头开始】按钮上右击，在弹出的快捷菜单中选择【从快速访问工具栏删除】命令，如图 7-19 所示。

图 7-19

Step06 即可从快速访问工具栏中删除【从头开始】按钮，如图 7-20 所示。

图 7-20

技能拓展——调整快速访问工具栏的位置

单击快速访问工具栏中的【自定义快速访问工具栏】按钮，在弹出的下拉菜单中选择【在功能区下方显示】命令，即可将快速访问工具栏移动到功能区的下方。

7.3.2 实战：将功能区中的按钮添加到快速访问工具栏中

实例门类	软件功能
教学视频	光盘\视频\第 7 章\7.3.2.mp4

对于功能区比较常用的按钮，也可将其添加到快速访问工具栏中，这样可简化部分操作，提高工作效率。例如，将功能区的【图片】和【艺术

字】按钮添加到快速访问工具栏中，具体操作步骤如下。

Step01 在 PowerPoint 2013 工作界面的【插入】选项卡【图像】组中的【图片】按钮上右击，在弹出的快捷菜单中选择【添加到快速访问工具栏】命令，如图 7-21 所示。

图 7-21

Step02 将【图片】按钮添加到快速访问工具栏中，在【文本】组中的【艺术字】按钮上右击，在弹出的快捷菜单中选择【添加到快速访问工具栏】命令，如图 7-22 所示。

图 7-22

Step03 将【艺术字】按钮添加到快速访问工具栏中，效果如图 7-23 所示。

图 7-23

7.3.3 实战：在选项卡中添加工作组

实例门类	软件功能
教学视频	光盘\视频\第 7 章\7.3.3.mp4

在使用 PowerPoint 制作幻灯片的过程中，用户也可根据自己的使用习惯，为经常使用的命令、按钮创建一个独立的选项卡或工作组，这样方便操作。例如，在【开始】选项卡中创建一个【常用操作】组，具体操作步骤如下。

Step01 在 PowerPoint 2013 工作界面中选择【文件】选项卡，在打开的页面左侧选择【选项】选项，如图 7-24 所示。

图 7-24

Step02 ❶ 打开【PowerPoint 选项】对话框，在左侧选择【自定义功能区】选项，❷ 在右侧的【自定义功能区】列表框中选择工具组要添加到的具体位置，这里选中【开始】复选框，❸ 单击【新建组】按钮，如图 7-25 所示。

图 7-25

Step03 在【自定义功能区】列表框中【开始】选项下【编辑】选项的下方添加【新建组（自定义）】选项，保持新建工作组的选中状态，单击【重命名】按钮，如图 7-26 所示。

图 7-26

Step04 ❶ 打开【重命名】对话框，在【符号】列表框中选择要作为新建工作组的符号标志，❷ 在【显示名称】文本框中输入新建组的名称，如输入【常用操作】，❸ 单击【确定】按钮，如图 7-27 所示。

图 7-27

Step05 返回【PowerPoint 选项】对话框，在【主选项卡】列表框中即可查看到重命名组名称后的效果，然后将常用的命令添加到该组中，再单击

【确定】按钮，如图 7-28 所示。

图 7-28

Step 06 返回 PowerPoint 工作界面，在【开始】选项卡的【常用操作】组中，可查看到添加的一些命令，效果如图 7-29 所示。

图 7-29

技能拓展——在功能区中新建选项卡

如果需要在 PowerPoint 工作界面的功能区中新建选项卡，可打开【PowerPoint 选项】对话框，在左侧选择【自定义功能区】选项，在右侧的【主选项卡】列表框中选择新建选项卡的位置，然后单击【新建选项卡】按钮，即可在所选选项卡下方添加一个新选项卡，然后以重命名新建组的方式重命名新建的选项卡。

7.3.4 实战：显示 / 隐藏功能区

实例门类	软件功能
教学视频	光盘 \ 视频 \ 第 7 章 \7.3.4.mp4

PowerPoint 2013 提供了隐藏功能区的功能，当用户需要更多的阅读空间，且不需要进行编辑操作时，可以将功能区隐藏，待需要应用功能区的相关命令或选项时，再将其显示出来。例如，将功能区隐藏，具体操作步骤如下。

Step 01 ❶ 在 PowerPoint 工作界面的标题栏中单击【功能区显示选项】按钮，❷ 在弹出的下拉菜单中选择需要的隐藏或显示命令，如选择【自动隐藏功能区】命令，如图 7-30 所示。

图 7-30

技术看板

在【功能区显示选项】下拉菜单中选择【显示选项卡】命令，将显示选项卡，折叠功能区；若选择【显示选项卡或命令】命令，将显示选项卡和功能区。

Step 02 隐藏功能区并切换到全屏阅读状态，如图 7-31 所示。要显示出功能区，可以将鼠标指针移动到窗口最上方，显示出标题栏，单击右侧的 ··· 按钮即可。

图 7-31

技能拓展——折叠 / 显示功能区

在功能区或选项卡中右击，在弹出的快捷菜单中选择【折叠功能区】命令，将只显示选项卡，折叠功能区，若需要显示时，在选项卡上双击，即可将折叠的功能区显示出来。

7.3.5 显示 / 隐藏网格线

当幻灯片中的对象较多，且需要按一定规则整齐排列这些对象时，可通过网格线进行排列，它能轻松地将对象与其他对象或页面上的特定区域对齐，排列对象时非常方便。默认情况下，PowerPoint 2013 中的网格线是隐藏的，用户可以将其显示出来，不需要时再将其隐藏即可。其方法是：在 PowerPoint 工作界面中的【视图】选项卡【显示】组中选中【网格线】复选框，将网格线显示出来，效果如图 7-32 所示。当不需要网格线时，在【显示】组中取消选中【网格线】复选框即可。

图 7-32

技术看板

在幻灯片中按【Shift+F9】组合键也能将网格线显示出来，再次按【Shift+F9】组合键，则可将显示的网格线隐藏。

7.4 PowerPoint 个性化账户设置

　　自 PowerPoint 2013 版本起，就提供了用户账户功能，并且将 Microsoft 账户作为默认的个人账户，当登录 Microsoft 账户后，系统会自动将 Office 与此 Microsoft 账户关联，而且打开和保存的演示文稿都将保存到 Microsoft 账户中，当使用其他设备登录到 Microsoft 账户后，也能看到账户中存放的内容，对于跨设备使用非常方便。

★ 重点 7.4.1 实战：注册并登录 Microsoft 账户

实例门类	软件功能
教学视频	光盘\视频\第7章\7.4.1.mp4

　　PowerPoint 2013 的部分功能，如 OneDrive、共享等功能需要登录到 Microsoft 账户后才能使用，所以，在使用 PowerPoint 2013 制作幻灯片之前，可以先注册 Microsoft 账号，并登录到 Microsoft 账户，这样便于后期的操作。注册和登录 Microsoft 账号的具体操作步骤如下。

Step① 在 PowerPoint 2013 工作界面选择【文件】选项卡，❶在打开的页面左侧选择【账户】选项，❷在打开的页面中间单击【登录】按钮，如图 7-33 所示。

图 7-33

Step② ❶打开【登录】对话框，在文本框中输入电子邮箱地址或电话号码，❷单击【下一步】按钮，如图 7-34 所示。

Step③ 在打开的对话框中单击【注册】超级链接进行注册，如图 7-35 所示。

图 7-34

图 7-35

技术看板

　　如果在【登录】对话框中的文本框中输入的是已注册的 Microsoft 账户，那么可直接输入用户名和密码进行登录。

Step④ 打开【创建 Microsoft 账户】页面，在该页面中根据提示填写相应的注册信息，如图 7-36 所示。

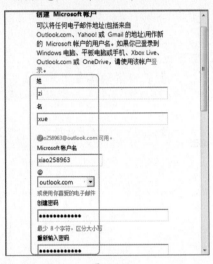

图 7-36

Step⑤ 继续填写注册信息，填写完成后，单击【创建账户】按钮，如图 7-37 所示。

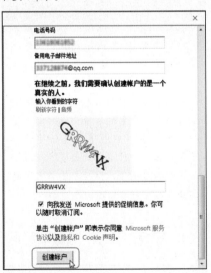

图 7-37

Step 06 开始进行注册，注册成功后，PowerPoint会自动登录，返回到PowerPoint工作界面，即可看到右上角已经显示了登录的个人账户，效果如图7-38所示。

图 7-38

选择需要的背景，如选择【几何学】选项，如图7-39所示。

图 7-39

图 7-40

图 7-41

技能拓展——通过网页注册Microsoft账户

注册Microsoft账户时，也可通过网页直接注册，在浏览器中打开 https://login.live.com/ 网址，在打开的页面中单击【没有账户？创建一个！】超链接，即可打开【创建Microsoft账户】页面，然后填写注册信息，单击【创建账户】按钮进行创建即可。

7.4.2 设置PowerPoint账户背景

登录PowerPoint账户后，将自动应用账户提供Office背景，如果用户不喜欢默认的背景，也可换成其他背景效果或取消背景。其方法是：在PowerPoint 2013工作界面中选择【文件】选项卡，❶ 在打开的页面左侧选择【账户】选项，❷ 在中间单击【Office 背景】下拉列表框右侧的下拉按钮，❸ 在弹出的下拉列表框中

技术看板

在【Office 背景】下拉列表框中选择【无背景】选项，即可取消账户的背景效果。

★ 重点 **7.4.3 实战：退出当前Microsoft账户**

实例门类	软件功能
教学视频	光盘\视频\第7章\7.4.3.mp4

当需要进行的操作不登录账户也能完成时，也可退出当前登录的Microsoft账户。例如，退出当前账户的具体操作步骤如下。

Step 01 ❶ 在PowerPoint 2013工作界面选择【文件】选项卡，在打开的页面左侧选择【账户】选项，❷ 在打开的页面中间单击【注销】超链接，如图7-40所示。

Step 02 打开【删除账户】对话框，确认是否立即注销此账户，这里单击【是】按钮，如图7-41所示。

Step 03 退出登录的Microsoft账户，效果如图7-42所示。

图 7-42

技能拓展——切换账户

如果需要从当前的Microsoft账户登录其他Microsoft账户，那么可在【账户】页面单击【切换账户】超链接，打开【登录】对话框，在文本框中输入Microsoft账户名称，单击【下一步】按钮，再在打开的对话框的空白文本框中输入账户密码，单击【登录】按钮，即可登录其他Microsoft账户。

妙招技法

通过前面知识的学习，相信读者对PowerPoint 2013有了一个基本的认识。下面结合本章内容，给大家介绍一些实用技巧。

技巧 01：调整幻灯片的显示比例

教学视频	光盘\视频\第7章\技巧 01.mp4

在 PowerPoint 2013 中，默认会根据启动的软件窗口大小来调整幻灯片的显示比例，使刚好能完整地显示一张幻灯片的内容。当然，用户也可以通过调整显示比例来灵活设置，以便对幻灯片中的细节进行编辑。

将鼠标指针移动到 PowerPoint 2013 工作界面状态栏中的滑块上█，按住鼠标左键不放，向左或向右拖动可快速调整幻灯片在窗口中的显示大小，如图 7-43 所示。

图 7-43

另外，用户也可以在【视图】选项卡的【显示比例】组中调整显示比例，单击【适应窗口大小】按钮，可以根据演示文稿窗口大小灵活调整显示比例，这是最理想的显示方式；单击【显示比例】按钮，可以在打开的对话框中输入百分比的具体值，如图 7-44 所示。

图 7-44

技术看板

在按住【Ctrl】键的同时滚动鼠标滚轮，也可快速调整窗口中幻灯片的显示比例。

技巧 02：如何获取帮助

教学视频	光盘\视频\第7章\技巧 02.mp4

在使用 PowerPoint 2013 的过程中，难免会遇到一些问题，当遇到自己不知道或无法解决的问题时，可以向 PowerPoint 寻求在线帮助。例如，向 PowerPoint 获取"联机演示"内容的在线帮助，具体操作步骤如下。

Step 01 在 PowerPoint 2013 工作界面的标题栏中单击【Microsoft PowerPoint 帮助】按钮，如图 7-45 所示。

图 7-45

技术看板

在 PowerPoint 工作界面中按【F1】键，也可打开【PowerPoint 帮助】窗口。

Step 02 ❶ 打开【PowerPoint 帮助】窗口，在搜索框中输入要获取帮助的关键字，如输入【联机演示】，❷ 单击【搜索】按钮，如图 7-46 所示。

Step 03 开始根据输入的关键字进行搜索，搜索完成后，在打开的页面中将显示搜索的结果，单击需要查看的搜索结果对应的超链接，如图 7-47 所示。

图 7-46

图 7-47

Step 04 在打开的页面中即可对相关信息进行查看，如图 7-48 所示。

图 7-48

技巧 03：如何让自定义的功能区快速恢复到默认状态

教学视频	光盘\视频\第7章\技巧 03.mp4

对 PowerPoint 2013 功能区添加了相应的选项卡或功能组后，如果需要让 PowerPoint 2013 功能区恢复到默认状态，那么可通过【PowerPoint 选项】对话框来快速实现。例如，将添加【常用操作】组的功能区恢复到默认状态，具体操作步骤如下。

Step01 在 PowerPoint 2013 工作界面的功能区中右击，在弹出的快捷菜单中选择【自定义功能区】命令，如图 7-49 所示。

图 7-49

Step02 打开【PowerPoint 选项】对话框，默认选择【自定义功能区】选项，❶ 在页面右侧下方单击【重置】按钮，❷ 在弹出的下拉菜单中选择【仅重置所选功能区选项卡】命令，如图 7-50 所示。

图 7-50

Step03 然后单击【确定】按钮，返回 PowerPoint 工作界面，即可查看到功能区恢复到默认状态后的效果，如图 7-51 所示。

图 7-51

技巧 04：更改 PowerPoint 的 Office 主题

教学视频	光盘 \ 视频 \ 第 7 章 \ 技巧 04.mp4

在 PowerPoint 2013 中提供了彩色、深灰色、白色和黑色 4 种 Office 主题，用户可以根据自己的需要或喜好来设置 PowerPoint 的 Office 主题。例如，将 PowerPoint 默认的彩色 Office 主题更改为深灰色，具体操作步骤如下。

Step01 选择【文件】选项卡，❶ 在打开的页面左侧选择【账户】选项，❷ 在【Office 主题】下拉列表框中选择需要的主题，如选择【深灰色】选项，如图 7-52 所示。

图 7-52

技术看板

更改了 PowerPoint 2013 的 Office 主题后，Office 2013 其他组件的 Office 主题也将随之发生变化。

Step02 PowerPoint 的 Office 主题将变成深灰色，效果如图 7-53 所示。

图 7-53

技巧 05：隐藏功能区中不常用的选项卡

教学视频	光盘 \ 视频 \ 第 7 章 \ 技巧 05.mp4

在使用 PowerPoint 2013 制作幻灯片的过程中，常用选项卡也就那么几个，对于不常用或不用的选项卡，可以将其隐藏，不显示在功能区中，使 PowerPoint 功能区更简洁，操作起来也更方便。例如，将功能区中的【审阅】选项卡和【加载项】选项卡隐藏，具体操作步骤如下。

Step01 打开【PowerPoint 选项】对话框，❶ 在左侧选择【自定义功能区】选项，❷ 在右侧的【自定义功能区】列表框中显示了 PowerPoint 所有的主选项卡，取消选中【审阅】和【加载项】复选框，❸ 单击【确定】按钮，如图 7-54 所示。

图 7-54

Step02 返回 PowerPoint 2013 工作界面，即可查看到隐藏【审阅】和【加载项】选项卡后的效果，如图 7-55 所示。

图 7-55

技能拓展——将隐藏的选项卡显示出来

对于隐藏的选项卡，当需要使用时，可在【PowerPoint 选项】对话框的【自定义功能区】列表框中选中未选中的复选框，然后单击【确定】按钮，即可将未显示的选项卡显示出来。

本章小结

通过本章知识的学习，相信读者已经认识和掌握了 PowerPoint 2013 的一些相关知识，通过本章的学习，为后面使用 PowerPoint 制作幻灯片奠定基础。本章在最后还讲解了一些 PowerPoint 的操作技巧，以帮助读者更好地认识和了解 PowerPoint 2013。

第8章　演示文稿的创建与幻灯片的编辑

- ➡ 能不能自由设置幻灯片的大小？
- ➡ 打开演示文稿的方法你知道多少？
- ➡ 如何将演示文稿保存到 OneDrive？
- ➡ 对于重要的演示文稿能不能设置密码保护？
- ➡ 可以使用图片填充幻灯片背景吗？

在使用 PowerPoint 2013 制作演示文稿之前，首先需要掌握演示文稿、幻灯片的一些基本操作，如演示文稿的新建、保存、打开，以及幻灯片的新建和移动、幻灯片大小的设置、幻灯片背景的设置等，为后面制作演示文稿奠定基础。

8.1　新建演示文稿

由于幻灯片是放置在演示文稿中的，所以，在使用 PowerPoint 2013 制作幻灯片之前，首先需要新建演示文稿，新建演示文稿包括新建空白演示文稿、根据在线模板新建和根据主题新建 3 种，下面分别进行介绍。

★ 重点 8.1.1　新建空白演示文稿

PowerPoint 2013 版本以前，直接启动 PowerPoint 程序就能直接新建一个空白演示文稿，但从 PowerPoint 2013 版本开始，启动 PowerPoint 软件后，将进入 PowerPoint 开始屏幕，只有选择【空白演示文稿】选项后，如图 8-1 所示，才会新建一个名称为【演示文稿 1】的空白演示文稿。

图 8-1

8.1.2　根据联机模板新建演示文稿

实例门类	软件功能
教学视频	光盘 \ 视频 \ 第 8 章 \8.1.2.mp4

PowerPoint 2013 提供了一些在线模板和主题，用户可通过输入关键字搜索需要的模板，然后进行下载，创建带有内容的演示文稿。例如，创建一个与"项目"相关的演示文稿，具体操作步骤如下。

Step01 ❶ 启动 PowerPoint 2013，在打开的开始屏幕右侧的搜索框中输入关键字【项目】，❷ 单击其后的【搜索】按钮，如图 8-2 所示。

Step02 开始搜索相关的在线模板，搜索完成后，在打开的页面中显示搜索的结果，单击需要创建的演示文稿模板，如图 8-3 所示。

图 8-2

图 8-3

通过搜索在线模板创建演示文稿时，必须要保证计算机正常连接网络，否则，将不能搜索在线模板，并且不能进行下载。

Step03 在打开的对话框中显示了该模板的相关信息，单击【创建】按钮，如图 8-4 所示。

图 8-4

Step04 开始对模板进行下载，下载完成后，可创建带内容的演示文稿，效果如图 8-5 所示。

图 8-5

★ 重点 8.1.3 根据主题新建演示文稿

实例门类	软件功能
教学视频	光盘\视频\第 8 章\8.1.3.mp4

在 PowerPoint 2013 开始屏幕中提供了一些主题，如果用户需要创建一个带色彩搭配和布局的演示文稿，则可通过提供的主题进行创建。例如，在 PowerPoint 中创建一个"引用"主题的演示文稿，具体操作步骤如下。

Step01 启动 PowerPoint 2013，在打开的开始屏幕右侧提供的主题中选择【引用】选项，如图 8-6 所示。

图 8-6

在主题上单击，在弹出的快捷菜单中选择【创建】命令，即可直接下载创建带主题的演示文稿。

Step02 在打开的对话框中显示了该主题的多种样式，选择需要的主题样式，如选择第 4 种样式，如图 8-7 所示。

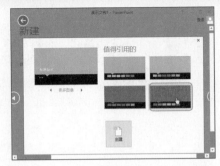

图 8-7

Step03 在对话框左侧将显示选择的样式，单击【创建】按钮，效果如图 8-8 所示。

图 8-8

Step04 开始对主题进行下载，下载完成后，即可创建该主题的演示文稿，效果如图 8-9 所示。

图 8-9

8.2 打开和关闭演示文稿

如果需要对计算机或 PowerPoint OneDrive（云服务）中已有的演示文稿进行编辑，那么需要先打开相关的演示文稿，当不需要进行操作时，还需要将其关闭。下面对打开和关闭演示文稿的操作进行讲解。

★ 重点 8.2.1 实战：打开计算机中保存的演示文稿

实例门类	软件功能
教学视频	光盘\视频\第 8 章 \8.2.1.mp4

PowerPoint 2013 提供了打开功能，通过它可打开计算机中保存的所有演示文稿。例如，在 PowerPoint 2013 中打开"工作总结"演示文稿，具体操作步骤如下。

Step01 在 PowerPoint 2013 工作界面中选择【文件】选项卡，❶ 在打开的页面左侧选择【打开】选项，❷ 在页面中间选择【计算机】选项，❸ 在右侧单击【浏览】按钮，如图 8-10 所示。

图 8-10

Step02 打开【打开】对话框，❶ 在地址栏中设置要打开演示文稿的保存位置，如"F：\ 写稿 \PPT 完全自学教程 \ 光盘 \ 素材文件 \ 第 8 章"，❷ 然后选择需要打开的演示文稿，如选择【公司简介.pptx】选项，❸ 单击【打开】按钮，如图 8-11 所示。

图 8-11

在计算机中找到需要打开的演示文稿，选择该演示文稿并双击，可快速打开该演示文稿。

Step03 打开选择的演示文稿，效果如图 8-12 所示。

图 8-12

技能拓展——打开最近打开过的演示文稿

在 PowerPoint 2013 工作界面选择【文件】选项卡，在打开的页面左侧选择【打开】选项，在页面中间选择【最近】选项，在页面右侧则显示了最近打开的演示文稿，选择需要打开的演示文稿，即可将其打开。

8.2.2 实战：打开 OneDrive 中的演示文稿

实例门类	软件功能
教学视频	光盘\视频\第 8 章 \8.2.2.mp4

OneDrive 是 PowerPoint 2013 的一个云存储服务，通过它可存储、共享演示文稿。如果 OneDrive 中存储有演示文稿，当需要再次进行查看和编辑时，也可将其打开。例如，在 OneDrive 中打开"公司简介"演示文稿，具体操作步骤如下。

Step01 在新建的空白演示文稿中选择【文件】选项卡，❶ 在打开的页面左侧选择【打开】选项，❷ 在页面中间

选择【OneDrive】选项，❸ 单击右侧的【登录】按钮，如图 8-13 所示。

图 8-13

Step02 打开【登录】对话框，❶ 在文本框中输入 PowerPoint 账户的电子邮箱地址，❷ 单击【下一步】按钮，如图 8-14 所示。

图 8-14

Step03 打开【输入密码】对话框，❶ 在文本框中输入电子邮箱地址对应的密码，❷ 单击【登录】按钮，如图 8-15 所示。

图 8-15

Step04 登录到用户账户，在打开的页面中间将选择【OneDrive-个人】选项，单击右侧的【浏览】按钮，如图8-16所示。

图 8-16

技术看板

在个人的 OneDrive 文件夹中将只显示保存到 OneDrive 的文件或文件夹。

Step05 打开【打开】对话框，❶ 在个人的 OneDrive 文件夹中选择需要打开的文件，如选择【公司简介.pptx】选项，❷ 单击【打开】按钮，如图8-17所示。

Step06 即可将选择的演示文稿打开，效果如图8-18所示。

图 8-17

图 8-18

8.2.3 关闭演示文稿

对演示文稿进行了各种编辑操作并保存后，如果确认不再对演示文稿进行任何操作，可将其关闭，以减少所占用的系统内存。关闭演示文稿的方法有以下几种。

➡ 在要关闭的演示文稿中单击标题栏右上角的【关闭】按钮×。

➡ 在要关闭的演示文稿中选择【文件】选项卡，然后在打开的页面中选择【关闭】命令。

➡ 在要关闭的演示文稿中按【Alt+F4】组合键。

关闭演示文稿时，若没有对各种编辑操作进行保存，则执行关闭操作后，系统会弹出如图8-19所示的提示对话框，提示是否对演示文稿所做的修改进行保存，此时可进行如下操作。

图 8-19

➡ 单击【保存】按钮，可保存当前演示文稿，同时关闭该演示文稿。

➡ 单击【不保存】按钮，将直接关闭演示文稿，且不会对当前演示文稿进行保存，即演示文稿中所做的更改都会被放弃。

➡ 单击【取消】按钮，将关闭该提示框并返回演示文稿，此时用户可根据实际需要进行相应的编辑。

8.3 保存演示文稿

对于制作和编辑的演示文稿，要及时进行保存，以便丢失演示文稿中的内容。在 PowerPoint 2013 中保存演示文稿的方法有很多，用户可以根据需要选择合适的方式进行保存。

8.3.1 直接保存演示文稿

如果是对计算机中已保存过的演示文稿进行保存，那么可直接执行【保存】命令，在原有的位置以原文件名进行保存。其方法是：对打开的演示文稿进行编辑后，单击快速访问工具栏中的【保存】按钮，或者按【Ctrl+S】组合键，即可直接对演示文稿进行保存，保存后，演示文稿的保存位置和文件名不会发生任何变化。

技术看板

对于新建的演示文稿，执行保存操作后，会以"另存为演示文稿"方式进行保存，保存的具体方法在 8.3.2 节进行讲解。

★ 重点 8.3.2 实战：**另存为**"公司简介"演示文稿

实例门类	软件功能
教学视频	光盘 \ 视频 \ 第 8 章 \8.3.2.mp4

如果需要将当前打开或编辑的演示文稿以其他名称保存到计算机的其他位置，则需要执行另存为操作对其进行保存。例如，将"公司简介"演示文稿以"科荟公司简介"为名另存到计算机其他位置，具体操作步骤如下。

Step01 打开"光盘 \ 素材文件 \ 第 8 章 \ 公司简介.pptx"文件，选择【文件】选项卡，❶ 在打开的页面左侧选择【另存为】选项，❷ 在页面中间选择【计算机】选项，❸ 在页面右侧单击【浏览】按钮，如图8-20所示。

图 8-20

Step02 ① 打开【另存为】对话框，在地址栏中重新设置演示文稿的保存位置，如设置为【F:\写稿\PPT完全自学教程\光盘\结果文件\第8章】，② 在【文件名】文本框中输入保存的名称，这里更改为【科荟公司简介】，③ 单击【保存】按钮，如图8-21所示。

图 8-21

Step03 对演示文稿进行保存，保存完成后，自动返回到 PowerPoint 工作界面，可查看到演示文稿的文件名发生了变化，效果如图8-22所示。

图 8-22

> **技能拓展——更改演示文稿的保存类型**
>
> 另存为演示文稿时，默认是以 PowerPoint 演示文稿类型进行保存的，如果要以其他类型进行保存，可在【另存为】对话框中设置保存位置和保存名称后，在【保存类型】下拉列表中提供了多种保存类型，用户可选择需要的保存类型进行保存。

★ 重点 8.3.3 实战：将"公司简介"演示文稿保存到 OneDrive 中

实例门类	软件功能
教学视频	光盘\视频\第8章\8.3.3.mp4

除了可将打开的演示文稿保存到计算机外，还可将演示文稿保存到 OneDrive（云服务）中，以方便共享和跨设备使用。例如，将"公司简介"演示文稿保存到 OneDrive 中，

具体操作步骤如下。

Step01 打开"光盘\素材文件\第8章\公司简介.pptx"文件，登录到用户账户，选择【文件】选项卡，① 在打开的页面左侧选择【另存为】选项，② 在页面中间选择【OneDrive-个人】选项，③ 在页面右侧单击【浏览】按钮，如图8-23所示。

图 8-23

Step02 开始与服务器联系获取信息，然后打开【另存为】对话框，默认选择的保存位置为个人的 OneDrive 文件夹，其他保持默认设置不变，单击【保存】按钮即可保存演示文稿，如图8-24所示。

图 8-24

8.4 保护演示文稿

对于一些重要的演示文稿，如果不希望其他用户查看或对演示文稿中的内容进行编辑，那么可对演示文稿进行保护。在 PowerPoint 2013 中，保护演示文稿的方式很多，既可设置密码保护，也可将演示文稿标记为最终状态或限制访问演示文稿中的内容，下面将对保护演示文稿的相关知识进行讲解。

★ 重点 8.4.1 实战：密码保护"财务报告"演示文稿

实例门类	软件功能
教学视频	光盘\视频\第8章\8.4.1.mp4

如果不希望制作好的演示文稿内容被他人查看，那么可以对演示文稿设置密码保护，这样，只有输入正确的密码后，才能打开演示文稿进行查看和编辑。例如，为"财务报告"演示文稿添加密码保护，具体操作步骤如下。

Step01 打开"光盘\素材文件\第8章\财务报告.pptx"文件，选择【文件】选项卡，① 在打开的页面左侧默认选择【信息】选项，单击【保护演示文稿】按钮，② 在弹出的下拉菜单中选择【用密码进行加密】命令，如图8-25

所示。

图 8-25

Step02 ❶ 打开【加密文档】对话框，在【密码】文本框中输入设置的密码，如输入【123456】，❷ 单击【确定】按钮，如图 8-26 所示。

图 8-26

Step03 ❶ 打开【确认密码】对话框，在【重新输入密码】文本框中输入前面设置的密码【123456】，❷ 单击【确定】按钮，如图 8-27 所示。

图 8-27

技术看板

重新输入的密码必须与前面设置的密码一致。

Step04 完成演示文稿的加密，并且在 PowerPoint 信息页面中的【保护演示文稿】按钮底纹颜色变成黄色，如图 8-28 所示。

图 8-28

Step05 保存并关闭演示文稿，再次打开演示文稿时，会打开【密码】对话框，❶ 在【密码】文本框中输入正确的密码【123456】，❷ 单击【确定】按钮后，才能打开该演示文稿，如图 8-29 所示。

图 8-29

技能拓展——取消演示文稿的密码保护

当不需要对演示文稿进行密码保护时，可以将其取消。其方法是：打开设置密码保护的演示文稿，选择【文件】选项卡，在打开的【信息】页面中单击【保护演示文稿】按钮，在弹出的下拉菜单中选择【用密码进行加密】命令，打开【加密文档】对话框，在【密码】文本框中显示了设置的密码，删除密码。单击【确定】按钮，即可取消演示文稿的密码保护。

8.4.2 实战：将"公司简介"演示文稿标记为最终状态

实例门类	软件功能
教学视频	光盘\视频\第 8 章\8.4.2.mp4

标记为最终状态是指让他人知晓此演示文稿是最终版本，并将该演示文稿设置为只读模式，这样他人看到后就不会对演示文稿进行编辑。例如，将"公司简介"演示文稿标记为最终状态，具体操作步骤如下。

Step01 打开"光盘\素材文件\第 8 章\公司简介.pptx"文件，选择【文件】选项卡，❶ 在打开的页面左侧选择【信息】选项，单击【保护演示文稿】按钮，❷ 在弹出的下拉菜单中选择【标记为最终状态】命令，如图 8-30 所示。

图 8-30

技术看板

在【保护演示文稿】下拉菜单中还提供了【限制访问】和【添加数字签名】等保护命令，但通过这两种方式来保护演示文稿，操作起来会比较麻烦，用户可不选择使用。

Step02 在打开的提示对话框中提示此演示文稿将标记为最终版本，并对其保存，这里单击【确定】按钮，如图 8-31 所示。

图 8-31

Step03 再次打开提示对话框，单击【确定】按钮，如图 8-32 所示。

图 8-32

Step04 返回 PowerPoint 工作界面，可查看到演示文稿标记为最终状态后的效果，如图 8-33 所示。

图 8-33

技术看板

若单击演示文稿提示信息中的【仍然编辑】按钮，将取消标记为最终状态，恢复到普通状态，然后就可对演示文稿进行编辑。

8.5　幻灯片的基本操作

幻灯片是演示文稿的主体，所以，要想使用 PowerPoint 2013 制作演示文稿，就必须掌握幻灯片的一些基本操作，如新建、移动、复制和删除等。下面将对幻灯片的基本操作进行讲解。

★ 重点 8.5.1　选择幻灯片

在演示文稿中，要想对幻灯片进行操作，首先需要选择幻灯片。选择幻灯片主要包括 3 种情况，分别是选择单张幻灯片、选择多张幻灯片和选择所有幻灯片，下面分别进行介绍。

1. 选择单张幻灯片

选择单张幻灯片的操作最为简单，用户只需在演示文稿界面左侧【幻灯片窗格】中单击需要的幻灯片，即可将其选中，如图 8-34 所示。

图 8-34

2. 选择多张幻灯片

选择多张幻灯片又分为选择多张不连续的幻灯片和选择多张连续的幻灯片两种，下面分别进行介绍。
➡ 选择多张不连续的幻灯片时，先

按住【Ctrl】键不放，然后在幻灯片窗格中依次单击需要选择的幻灯片即可，如图 8-35 所示。

图 8-35

➡ 选择多张连续的幻灯片时，先选择第一张幻灯片，然后按住【Shift】键不放，在幻灯片窗格中单击最后一张幻灯片，可选择这两张幻灯片之间的所有幻灯片，效果如图 8-36 所示。

图 8-36

3. 选择所有幻灯片

如果需要选择幻灯片中的所有幻灯片，可单击【开始】选项卡【编辑】组中的【选择】按钮，在弹出的下拉菜单中选择【全选】选项，如图 8-37 所示，即可快速选择演示文稿中的所有幻灯片，效果如图 8-38 所示。

图 8-37

图 8-38

★ 重点 8.5.2 实战：**新建幻灯片**

实例门类	软件功能
教学视频	光盘\视频\第 8 章\8.5.2.mp4

在制作和编辑演示文稿的过程中，如果演示文稿中的幻灯片不够，用户可以根据需要进行新建。在 PowerPoint 2013 中既可新建默认版式的幻灯片，也可新建指定版式的幻灯片。

1. 新建默认版式的幻灯片

新建默认版式的幻灯片是指根据上一张幻灯片的版式来决定新建幻灯片的版式，而不能自由决定新建幻灯片的版式。例如，在"公司简介"演示文稿中的不同版式幻灯片下各新建一张幻灯片，具体操作步骤如下。

Step01 打开"光盘\素材文件\第 8 章\公司简介 .pptx"文件，❶选择第 1 张幻灯片，❷单击【开始】选项卡【幻灯片】组中的【新建幻灯片】按钮，如图 8-39 所示。

图 8-39

Step02 在第 1 张幻灯片下新建一张默认版式的幻灯片，如图 8-40 所示。
Step03 ❶选择第 3 张幻灯片，❷单击【开始】选项卡【幻灯片】组中的【新建幻灯片】按钮，如图 8-41 所示。

图 8-40

图 8-41

Step04 在第 3 张幻灯片下新建一张与第 3 张幻灯片相同版式的幻灯片，如图 8-42 所示。

图 8-42

2. 新建指定版式的幻灯片

在新建幻灯片时，也可新建带指定版式的幻灯片。例如，继续上例操作，在"公司简介"演示文稿中新建多张不同版式的幻灯片，具体操作步骤如下。

Step01 ❶在打开的"公司简介 .pptx"演示文稿中选择第 3 张幻灯片，❷单击【开始】选项卡【幻灯片】组中的【新建幻灯片】下拉按钮，❸在弹出的下拉菜单中选择需要新建幻灯片的版式，如选择【节标题】选项，如图 8-43 所示。

图 8-43

Step02 此时，在所选幻灯片下方新建一张只带标题的幻灯片，效果如图 8-44 所示。

图 8-44

Step03 ❶选择第 12 张幻灯片，单击【幻灯片】组中的【新建幻灯片】下拉按钮，❷在弹出的下拉菜单中选择【两栏内容】选项，如图 8-45 所示。

图 8-45

Step04 此时,在所选幻灯片下方新建一张比较版式的幻灯片,效果如图8-46所示。

图 8-46

技能拓展——删除幻灯片

对于演示文稿中多余的幻灯片,可将其删除。其方法是:在幻灯片窗格中选择需要删除的幻灯片,然后按【Delete】或【Backspace】键即可删除。

★ **重点 8.5.3 实战:移动和复制幻灯片**

实例门类	软件功能
教学视频	光盘\视频\第8章\8.5.3.mp4

当制作的幻灯片位置不正确时,可以通过移动幻灯片的方法将其移动到合适位置;而对于制作结构与格式相同的幻灯片时,可以直接复制幻灯片,然后对其内容进行修改,以达到快速创建幻灯片的目的。例如,在"员工礼仪培训"演示文稿中移动第

7张幻灯片的位置,然后通过复制第1张幻灯片来制作第14张幻灯片,具体操作步骤如下。

Step01 打开"光盘\素材文件\第8章\员工礼仪培训.pptx"文件,在幻灯片窗格中选择第7张幻灯片,将鼠标指针移动到所选幻灯片上,然后按住鼠标左键不放,将其拖动到第4张幻灯片下面,如图8-47所示。

图 8-47

Step02 然后释放鼠标,将原来的第7张幻灯片移动到第4张幻灯片下面,并变成第5张幻灯片,如图8-48所示。

图 8-48

Step03 ❶选择第10张幻灯片,❷单击【开始】选项卡【剪贴板】组中的【剪切】按钮✂剪切幻灯片,如图8-49所示。

图 8-49

技术看板

拖动鼠标移动幻灯片的过程中,若按住【Ctrl】键,则表示复制幻灯片。

Step04 在幻灯片窗格中需要粘贴幻灯片的位置单击,出现一条红线,表示幻灯片粘贴的位置,然后单击【开始】选项卡【剪贴板】组中的【粘贴】按钮📋,如图8-50所示。

图 8-50

Step05 将剪切的幻灯片粘贴到红线处,效果如图8-51所示。

图 8-51

技能拓展——复制幻灯片

选择需要复制的幻灯片后并右击,在弹出的快捷菜单中选择【复制幻灯片】命令,可直接在所选幻灯片下方粘贴复制的幻灯片。

Step06 ❶选择第1张幻灯片,❷单击【开始】选项卡【剪贴板】组中的【复制】按钮📋复制幻灯片,如图8-52所示。

图 8-52

Step07 在第 13 张幻灯片下方的空白位置单击,出现一条红线,再单击【剪贴板】组中的【粘贴】按钮📋,如图 8-53 所示。

图 8-53

Step08 将复制的幻灯片粘贴到第 13 张幻灯片后,然后对幻灯片中的文本及格式进行修改,效果如图 8-54 所示。

图 8-54

技能拓展——通过快捷键实现移动和复制幻灯片操作

选择需要复制或移动的幻灯片,按【Ctrl+C】组合键复制幻灯片,或者按【Ctrl+X】组合键剪切幻灯片,在目标位置按【Ctrl+V】组合键,即可粘贴复制或剪切的幻灯片。

★ **重点 8.5.4　实战:使用"节"管理幻灯片**

实例门类	软件功能
教学视频	光盘\视频\第 8 章\8.5.4.mp4

当演示文稿中的幻灯片较多时,为了厘清幻灯片的整体结构,可以使用 PowerPoint 2013 提供的节功能对幻灯片进行分组管理。

1. 新增节

要想对演示文稿中的幻灯片进行分节管理,那么首先需要新建节。例如,继续上例操作,在"员工礼仪培训"演示文稿中新建 3 个节,具体操作步骤如下。

Step01 ❶ 在打开的"员工礼仪培训"演示文稿中选择第 1 张幻灯片,❷ 单击【开始】选项卡【幻灯片】组中的【节】按钮,❸ 在弹出的下拉菜单中选择【新增节】命令,如图 8-55 所示。

图 8-55

Step02 便会在第 1 张幻灯片前新建一个无标题节,如图 8-56 所示。

图 8-56

在幻灯片窗格选择某个幻灯片并右击,在弹出的快捷菜单中选择【新增节】命令,可在所选幻灯片上方添加一个节。

Step03 ❶ 在第 3 张和第 4 张幻灯片之间的空白位置单击,在出现一条红线后,单击【节】按钮,❷ 在弹出的下拉菜单中选择【新增节】命令,如图 8-57 所示。

图 8-57

Step04 新增一个节,使用相同的方法再在第 8 张幻灯片前面新增一个节,如图 8-58 所示。

图 8-58

2. 重命名节

对于新增的节,其默认都命名为"无标题节",为了能快速知道每节的内容,可以对节的名称进行重命名,这样方便查看和管理。例如,继续上例操作,对"员工礼仪培训"演示文稿中的节进行重命名,具体操作步骤如下。

Step01 在打开的"员工礼仪培训"演

示文稿中的第一个节名称上右击，在弹出的快捷菜单中选择【重命名节】命令，如图8-59所示。

图8-59

Step02 ❶打开【重命名节】对话框，在【节名称】文本框中输入节的名称，如输入【说明内容】，❷单击【重命名】按钮，如图8-60所示。

图8-60

Step03 此时，节的名称将发生变化，❶选择第2个节的标题，❷单击【幻灯片】组中的【节】按钮，❸在弹出的下拉菜单中选择【重命名节】命令，如图8-61所示。

图8-61

技术看板

单击节标题前的◢按钮，可折叠该节的幻灯片；单击▷按钮，可展开该节的幻灯片。

Step04 在打开的对话框中对节名称进行修改，继续使用相同的方法对第3个节的名称进行修改，效果如图8-62所示。

图8-62

技能拓展——删除节

对于错误的节或不用的节，为了方便管理，可以将其删除。其方法是：在幻灯片窗格中选择需要删除的节并右击，在弹出的快捷菜单中选择【删除节】命令，可删除当前选择的节；若选择【删除所有节】命令，则会删除演示文稿中的所有节。

8.5.5 实战：重用幻灯片

实例门类	软件功能
教学视频	光盘\视频\第8章\8.5.5.mp4

在制作演示文稿的过程中，如果某张或多张幻灯片的内容、格式、整体效果等需要从其他一个或多个演示文稿中的幻灯片得到，那么采用PowerPoint 2013提供的重用幻灯片功能，可快速将其他演示文稿中的幻灯片调用到该张幻灯片中。例如，在新建的演示文稿中重用"工作总结PPT模板"演示文稿中的第1和第2张幻灯片，具体操作步骤如下。

Step01 新建一个空白演示文稿，将其保存为【工作总结】，❶单击【开始】选项卡【幻灯片】组中的【新建

幻灯片】下拉按钮▾，❷在弹出的下拉菜单中选择【重用幻灯片】命令，如图8-63所示。

图8-63

Step02 ❶打开【重用幻灯片】任务窗格，单击【浏览】按钮，❷在弹出的下拉菜单中选择浏览位置，如选择【浏览文件】命令，如图8-64所示。

图8-64

Step03 ❶打开【浏览】对话框，在地址栏中选择演示文稿保存的位置，❷在中间的列表框中选择需要的演示文稿，如选择【工作总结PPT模板】选项，❸单击【打开】按钮，如图8-65所示。

图8-65

Step04 返回幻灯片编辑区域，在【重用幻灯片】任务窗格的文本框中显示

了演示文稿的保存路径，并在下方显示了演示文稿的所有幻灯片，如图 8-66 所示。

图 8-66

Step05 ❶ 选中任务窗格最下方的【保留源格式】复选框，❷ 在需要重用的幻灯片上右击，在弹出的快捷菜单中选择重用的内容，这里选择【插入所有幻灯片】命令，如图 8-67 所示。

技术看板

选中【保留源格式】复选框，表示重用所选幻灯片原来的格式，包括文本格式、背景格式等。

图 8-67

Step06 将所有幻灯片插入该演示文稿中，包括幻灯片的背景、主题、格式、内容等，然后单击任务窗格右上角的【关闭】按钮×，如图 8-68 所示。

图 8-68

Step07 关闭任务窗格，然后将幻灯片中的内容进行删除和修改，效果如图 8-69 所示。

图 8-69

技能拓展——重用幻灯片主题

如果重用的幻灯片应用了主题，那么在【重用幻灯片】任务窗格需要重用的幻灯片上右击，在弹出的下拉菜单中选择【将主题应用于所有幻灯片】或【将主题应用于选定的幻灯片】命令，即可将幻灯片的主题应用到当前演示文稿的所有幻灯片或当前选定的幻灯片中。

8.6 幻灯片大小与版式设置

在 PowerPoint 2010 版本中，幻灯片的大小都是固定的，但 PowerPoint 2013 中提供了设置幻灯片大小的功能，通过该功能可根据实际需要，对幻灯片大小进行设置，使幻灯片能传递更多的信息。下面将对幻灯片的大小和版式进行相应设置。

★ 新功能 8.6.1 应用内置幻灯片大小

PowerPoint 2013 中内置了标准（4:3）和宽屏（16:9）两种幻灯片大小，而宽屏（16:9）是 PowerPoint 2013 默认的幻灯片大小，当需要应用标准（4:3）幻灯片大小时，可在 PowerPoint 2013 工作界面的【设计】选项卡【自定义】组中单击【幻灯片大小】按钮，在弹出的下

拉菜单中选择【标准（4:3）】命令即可，如图 8-70 所示。

图 8-70

★ 新功能 重点 8.6.2 实战：自定义"企业介绍"幻灯片大小

实例门类	软件功能
教学视频	光盘\视频\第 8 章\8.6.2.mp4

当内置的幻灯片大小不能满足需要时，用户可自定义幻灯片的大小。例如，自定义"企业介绍"演示文稿中的幻灯片大小，具体操作步骤如下。

Step01 打开"光盘\素材文件\第 8

章 \ 企业介绍 .pptx" 文件，❶ 单击【设计】选项卡【自定义】组中的【幻灯片大小】按钮，❷ 在弹出的下拉菜单中选择【自定义幻灯片大小】命令，如图 8-71 所示。

图 8-71

Step02 ❶ 打开【幻灯片大小】对话框，在【宽度】数值框中输入幻灯片宽度值，如输入【33】，❷ 在【高度】数值框中输入幻灯片高度值，如输入【19】，❸ 单击【确定】按钮，如图 8-72 所示。

图 8-72

技术看板

在【幻灯片大小】对话框的【幻灯片编号起始值】数值框中可设置幻灯片窗格中幻灯片的起始值；在【幻灯片】栏中可设置演示文稿中幻灯片的方向；在【备注、讲义和大纲】栏中可设置备注、讲义和大纲幻灯片的方向。

Step03 打 开【Microsoft PowerPoint】对话框，提示是按最大化内容进行缩放还是按比例缩小，这里选择【确保适合】选项，如图 8-73 所示。

图 8-73

技术看板

如果是对制作好的幻灯片大小进行调整，那么设置大小后，将打开【Microsoft PowerPoint】对话框，单击【最大化】按钮，则会使幻灯片内容充满整个页面；单击【确保适合】按钮，则会按比例缩放幻灯片大小，以确保幻灯片中的内容能适应新幻灯片大小。

Step04 将幻灯片调整到自定义的大小，效果如图 8-74 所示。

图 8-74

★ 重点 8.6.3　实战：更改"企业介绍"幻灯片版式

实例门类	软件功能
教学视频	光盘 \ 视频 \ 第 8 章 \8.6.3.mp4

对于演示文稿中幻灯片的版式，用户也可以根据幻灯片中的内容对幻灯片版式进行更改，使幻灯片中内容的排版更合理。例如，继续上例操作，对"企业介绍"演示文稿中部分幻灯片的版式进行修改，具体操作步骤如下。

Step01 ❶ 在打开的"企业介绍"演示文稿中选择需要更改版式的幻灯片，如选择第 12 张幻灯片，❷ 单击【开始】选项卡【幻灯片】组中的【幻灯片版式】按钮，❸ 在弹出的下拉列表中选择需要的版式，如选择【1_ 标题和内容】选项，如图 8-75 所示。

图 8-75

Step02 将所选版式应用于幻灯片，然后删除幻灯片中多余的占位符，效果如图 8-76 所示。

图 8-76

Step03 ❶ 选择第 14 张幻灯片，❷ 单击【幻灯片】组中的【幻灯片版式】按钮，❸ 在弹出的下拉列表中选择【标题幻灯片】选项，如图 8-77 所示。

图 8-77

Step**04** 将所选版式应用于幻灯片，然后删除幻灯片中多余的占位符，并将【谢谢】移动到黑色背景上，效果如图 8-78 所示。

图 8-78

8.7 设置幻灯片背景格式

设置幻灯片背景格式是指将幻灯片默认的纯白色背景设置为其他填充效果，如纯色填充、渐变填充、图片或纹理填充、图案填充等，用户可根据自己的需求选择不同的填充效果，使幻灯片版面更加美观。

★ **重点** 8.7.1 实战：**纯色填充"电话礼仪培训"幻灯片**

实例门类	软件功能
教学视频	光盘\视频\第 8 章\8.7.1.mp4

纯色填充是指使用一种颜色对幻灯片背景进行填充。例如，对"电话礼仪培训"演示文稿的第 2 张幻灯片进行纯色填充，具体操作步骤如下。

Step**01** 打开"光盘\素材文件\第 8 章\电话礼仪培训.pptx"文件，❶ 选择第 1 张幻灯片，❷ 选择【设计】选项卡【自定义】组中的【设置背景格式】选项，如图 8-79 所示。

图 8-79

Step**02** 打开【设置背景格式】任务窗格，❶ 在【填充】栏中选中【纯色填

充】单选按钮，单击【颜色】下拉按钮，❷ 在弹出的下拉列表中选择需要的填充颜色，如选择【蓝色，着色 1，淡色 60%】选项，如图 8-80 所示。

图 8-80

Step**03** 将所选幻灯片的背景设置为选择的颜色，单击任务窗格下方的【全部应用】按钮，如图 8-81 所示。

图 8-81

技术看板

在幻灯片空白区域右击，在弹出的快捷菜单中选择【设置背景格式】命令，也可打开【设置背景格式】任务窗格。

Step**04** 将所有幻灯片背景都填充为纯色，效果如图 8-82 所示。

图 8-82

技能拓展——重置幻灯片背景

为幻灯片设置背景效果后，如果对设置的背景效果不满意，可以在【设置背景格式】任务窗格下方单击【重置背景】按钮，可使幻灯片的背景效果恢复到原始状态。

★ 重点 8.7.2 实战：渐变填充"电话礼仪培训1"幻灯片

实例门类	软件功能
教学视频	光盘\视频\第8章\8.7.2.mp4

渐变填充是指使用两种或两种以上颜色进行的填充。例如，对"电话礼仪培训1"演示文稿幻灯片背景进行渐变填充，具体操作步骤如下。

Step01 打开"光盘\素材文件\第8章\电话礼仪培训1.pptx"文件，❶ 选择第1张幻灯片，❷ 在【设置背景格式】任务窗格的【填充】栏中选中【渐变填充】单选按钮，❸ 单击【预设渐变】按钮，❹ 在弹出的下拉列表中选择需要的渐变样式，如选择【顶部聚光灯-着色6】选项，如图8-83所示。

图 8-83

技术看板

在【类型】下拉列表中还可对渐变的类型进行设置；在【方向】下拉列表中可对渐变方向进行设置；在【角度】下拉列表中可对渐变角度进行设置。

Step02 为幻灯片背景应用选择的渐变预设样式，❶ 在【渐变光圈】中选择第3个光圈，❷ 单击【颜色】下拉按钮，❸ 在弹出的下拉列表中选择【黄色】选项，如图8-84所示。

图 8-84

Step03 所选3张幻灯片的背景颜色将变成白色到黄色的渐变填充，然后将该背景效果应用到演示文稿的其他幻灯片中，效果如图8-85所示。

图 8-85

技能拓展——添加或删除渐变光圈

在【渐变光圈】栏中单击【添加渐变光圈】按钮，可添加渐变光圈；单击【删除渐变光圈】按钮，可将当前选择的渐变光圈删除。

★ 重点 8.7.3 实战：图片填充"电话礼仪培训2"幻灯片

实例门类	软件功能
教学视频	光盘\视频\第8章\8.7.3.mp4

除了可使用纯色和渐变填充幻灯片背景外，还可选用适合的图片，使幻灯片效果更加丰富多彩。例如，对"电话礼仪培训2"演示文稿的幻灯片背景进行图片填充，具体操作步骤如下。

Step01 打开"光盘\素材文件\第8章\电话礼仪培训2.pptx"文件，❶ 选择第1张幻灯片，❷ 在【设置背景格式】任务窗格的【填充】栏中选中【图片或纹理填充】单选按钮，❸ 在【插入图片来自】栏中单击【文件】按钮，如图8-86所示。

图 8-86

技术看板

若单击【联机】按钮，打开【插入图片】对话框，在搜索框中输入要查找图片的关键字，单击【搜索】按钮，即可在线搜索相关图片，在搜索结果中选择需要的图片，单击【插入】按钮，即可将图片填充为幻灯片背景。

Step02 ❶ 打开【插入图片】对话框，在地址栏中设置图片所保存的位置，❷ 在窗口中选择需要插入的图片，如选择【背景】选项，❸ 单击【插入】按钮，如图8-87所示。

图 8-87

Step03 将选择的图片填充为幻灯片背景，单击【全部应用】按钮，如图8-88所示。

图 8-88

Step04 为所有幻灯片应用图片背景，❶ 选择第 2 张幻灯片，❷ 在【设置背景格式】任务窗格的【透明度】数值框中输入【82%】，如图 8-89 所示。

图 8-89

Step05 使用相同的方法调整第 3~5 张幻灯片图片背景的透明度，效果如图 8-90 所示。

图 8-90

8.7.4 实战：纹理填充 "电话礼仪培训 3" 幻灯片

实例门类	软件功能
教学视频	光盘\视频\第 8 章\8.7.4.mp4

PowerPoint 还提供了很多纹理样式，用户也可根据需要将幻灯片背景填充为纹理效果。

例如，对 "电话礼仪培训 3" 演示文稿的幻灯片背景进行纹理填充，具体操作步骤如下。

Step01 打开 "光盘\素材文件\第 8 章\电话礼仪培训 3.pptx" 文件，选择第 1 张幻灯片，❶ 在【设置背景格式】任务窗格的【填充】栏中选中【图片或纹理填充】单选按钮，单击【纹理】按钮 ，❷ 在弹出的下拉列表中显示了纹理样式，选择需要的纹理样式，如选择【信纸】选项，如图 8-91 所示。

图 8-91

Step02 为幻灯片背景应用纹理样式，并应用到其他幻灯片中，如图 8-92 所示。

图 8-92

8.7.5 实战：图案填充 "电话礼仪培训 4" 幻灯片

实例门类	软件功能
教学视频	光盘\视频\第 8 章\8.2.4.mp4

除了可使用渐变、图片、纹理等对幻灯片背景进行填充外，还可使用图案进行填充。

例如，对 "电话礼仪培训 4" 演示文稿的最后一张幻灯片进行图案填充，具体操作步骤如下。

Step01 ❶ 在打开的 "电话礼仪培训 4" 演示文稿中选择第 6 张幻灯片，❷ 在【设置背景格式】任务窗格的【填充】栏中选中【图案填充】单选按钮，❸ 在【图案】栏中选择需要的图案，如选择【40%】选项，如图 8-93 所示。

图 8-93

Step02 将图案设置为选择的图案，❶ 单击【前景】下拉按钮，，❷ 在弹出的下拉列表中选择需要的颜色，如选择【橙色】选项，如图 8-94 所示。

图 8-94

技术看板

使用图案进行填充时，不仅可以设置图案前景填充色，还可设置图案背景填充色。

Step 03 使用设置的图案填充幻灯片背景，效果如图 8-95 所示。

图 8-95

妙招技法

前面已经学习了在 PowerPoint 2013 中操作演示文稿、幻灯片，以及设置幻灯片大小、幻灯片背景格式的方法。下面结合本章内容，给大家介绍一些实用技巧。

技巧 01：如何自动定时对演示文稿进行保存

教学视频	光盘 \ 视频 \ 第 8 章 \ 技巧 01.mp4

在制作和编辑演示文稿的过程中，为避免因突然断电或死机等意外情况所造成的损失，要及时对演示文稿进行保存。在 PowerPoint 2013 中提供了自动保存功能，通过该功能可让程序自动在指定的时间间隔对演示文稿进行保存，这样一来，即使发生意外情况，重启 PowerPoint 2013 后还可恢复自动保存的内容。例如，将 PowerPoint 自动保存间隔时间设置为 5 分钟，具体操作步骤如下。

Step 01 在 PowerPoint 2013 工作界面中选择【文件】选项卡，在打开的界面中选择【选项】选项，如图 8-96 所示。

Step 02 打开【PowerPoint 选项】对话框，❶ 在左侧选择【保存】选项，❷ 在右侧的【保存自动恢复信息时间间隔】数值框中输入需要设置的时间间隔，如输入【8】，❸ 单击【确定】按钮，如图 8-97 所示。

图 8-96

图 8-97

技术看板

如果计算机的内存比较小，则在设置自动保存时间间隔时不能设置得太短，否则会影响计算机的运行速度。

技巧 02：快速新建一个与当前演示文稿完全相同的演示文稿

教学视频	光盘 \ 视频 \ 第 8 章 \ 技巧 02.mp4

当需要对当前演示文稿进行其他操作，且又想保留当前的演示文稿时，可以通过 PowerPoint 2013 提供的新建窗口功能新建一个与当前演示文稿完全相同的演示文稿。例如，新建一个与"员工礼仪培训"演示文稿完全相同的一个演示文稿，具体操作步骤如下。

Step 01 打开"光盘 \ 素材文件 \ 第 8 章 \ 员工礼仪培训 .pptx"文件，单击【视图】选项卡【窗口】组中的【新建窗口】按钮，如图 8-98 所示。

图 8-98

113

Step02 快速新建一个与当前演示文稿内容完全相同的演示文稿，只是会在当前打开的演示文稿和新建的演示文稿标题后添加序号，如"1""2"等，效果如图8-99所示。

图 8-99

技巧03：演示文稿的其他打开方式

教学视频	光盘\视频\第8章\技巧03.mp4

在 PowerPoint 2013 中打开演示文稿时，用户可以根据打开演示文稿的用途来选择打开的方式，如以副本方式打开、以只读方式打开、在受保护的视图模式中打开等，下面分别对这几种打开方式进行介绍。

1. 以只读方式打开

当只需要对演示文稿中的内容进行查看，且不需要对演示文稿进行编辑时，则可以只读的方式打开演示文稿。例如，以只读方式打开"工作总结"演示文稿，具体操作步骤如下。

Step01 在 PowerPoint 2013 工作界面中选择【文件】选项卡，❶ 在打开的页面左侧选择【打开】选项，❷ 在中间选择【计算机】选项，❸ 在右侧单击【浏览】按钮，如图8-100所示。

技术看板

在 PowerPoint 2013 工作界面中按【Ctrl+O】组合键，也能打开【打开】页面。

图 8-100

Step02 ❶ 打开【打开】对话框，在地址栏中设置要打开演示文稿的保存位置，❷ 选择需要打开的演示文稿，如选择【员工礼仪培训】选项，❸ 单击【打开】下拉按钮，在弹出的下拉菜单中选择【以只读方式打开】命令，如图8-101所示。

图 8-101

Step03 打开该演示文稿，并在标题栏中显示【只读】字样，效果如图8-102所示。

图 8-102

技术看板

以只读方式打开演示文稿后，如果对演示文稿进行了编辑，那么不能保存到原演示文稿，只有另存为演示文稿才能进行保存。

2. 以副本方式打开

以副本方式打开演示文稿时，会在原演示文稿的文件夹中创建一个完全相同的副本演示文稿，并会将其打开。例如，以副本方式打开"员工礼仪培训"演示文稿，具体操作步骤如下。

Step01 ❶ 在 PowerPoint 2013 工作界面中打开【打开】对话框，在地址栏中设置要打开演示文稿的保存位置，❷ 然后选择需要打开的演示文稿，如选择【员工礼仪培训】选项，❸ 单击【打开】下拉按钮，在弹出的下拉菜单中选择【以副本方式打开】命令，如图8-103所示。

图 8-103

Step02 即可在原始演示文稿文件夹中创建一个与原始演示文稿相同的副本，效果如图8-104所示。

图 8-104

Step03 同时打开创建的副本演示文稿，效果如图8-105所示。

图 8-105

3. 在受保护的视图中打开

在受保护的视图中打开与将演示文稿标记为最终状态相似，不能直接对演示文稿进行编辑，但允许用户进入编辑状态。例如，在受保护的视图中打开"工作总结"演示文稿，具体操作步骤如下。

Step 01 ❶ 在 PowerPoint 2013 工作界面中打开【打开】对话框，在地址栏中设置要打开演示文稿的保存位置，❷ 然后选择需要打开的演示文稿，如选择【员工礼仪培训 .pptx】选项，❸ 单击【打开】下拉按钮▾，在弹出的下拉菜单中选择【在受保护的视图中打开】命令，如图 8-106 所示。

图 8-106

技能拓展——打开并修复演示文稿

当需要打开的演示文稿受到损害，不能正常打开时，可通过打开修复的方式进行修复。其方法是：在打开【打开】对话框的地址栏中设置要打开演示文稿的保存位置，然后选择

需要打开的演示文稿，单击【打开】下拉按钮▾，在弹出的下拉菜单中选择【打开并修复】命令，即可对演示文稿进行修复，并将其打开。

Step 02 即可以在受保护的视图中打开，效果如图 8-107 所示。单击【启用编辑】按钮，即可进入演示文稿的编辑状态。

图 8-107

技巧 04：快速切换到指定的演示文稿窗口

教学视频	光盘 \ 视频 \ 第 8 章 \ 技巧 04.mp4

当同时打开多个演示文稿进行查看或编辑时，难免需要在多个演示文稿窗口之间进行切换，要想快速精确地切换到需要的演示文稿中，可通过 PowerPoint 2013 提供的切换窗口功能来实现。例如，快速切换到"电话礼仪培训 4"演示文稿窗口中，具体操作步骤如下。

Step 01 打开多个演示文稿窗口，❶ 单击【视图】选项卡【窗口】组中的【切换窗口】按钮，❷ 在弹出的下拉菜单中显示了打开的所有演示文稿窗口，选择需要切换到的窗口，如选择【电话礼仪培训 4.pptx】选项，如图 8-108 所示。

Step 02 即可快速切换到【电话礼仪培训 4】演示文稿窗口，如图 8-109 所示。

图 8-108

图 8-109

技巧 05：将低版本演示文稿转化为高版本演示文稿

教学视频	光盘 \ 视频 \ 第 8 章 \ 技巧 05.mp4

在 PowerPoint 2013 中打开由 PowerPoint 低版本创建的演示文稿时，会在标题栏中显示"[兼容模式]"字样，在兼容模式下编辑演示文稿时，不能使用 PowerPoint 新版本中新增功能或增强功能，如果要使用这些功能，就必须将低版本的演示文稿转换成最新版本。例如，将低版本的"楼盘推广策划"演示文稿转换成高版本，具体操作步骤如下。

Step 01 打开"光盘 \ 素材文件 \ 第 8 章 \ 楼盘推广策划 .ppt"文件，选择【文件】选项卡，❶ 在打开的页面左侧选择【信息】选项，❷ 单击【转换】按钮，如图 8-110 所示。

Step 02 打开【另存为】对话框，程序会自动将保存类型设置为高版本的保存类型，❶ 在地址栏中设置转换后演

示文稿的保存位置，❷单击【保存】
按钮，如图 8-111 所示。

图 8-110

图 8-111

Step03 此时，低版本的演示文稿将转
换成高版本，并且在标题栏中将不

会显示"[兼容模式]"字样，如图
8-112 所示。

图 8-112

本章小结

通过本章知识的学习，相信读者已经掌握了演示文稿和幻灯片的一些基础操作，在实际应用过程中，要重点掌握新建演示文稿、保护演示文稿、新建幻灯片、移动和复制幻灯片，以及设置幻灯片大小和设置幻灯片背景格式等操作。本章在最后还讲解了一些演示文稿和幻灯片的操作技巧，以帮助用户更好地操作演示文稿和幻灯片。

第 9 章 制作文本型幻灯片

- ➡ 在幻灯片中可以通过哪几种方式输入文本？
- ➡ 能不能对文字的字符间距和底纹效果进行设置？
- ➡ 幻灯片中文本的字体格式和段落格式怎么设置？
- ➡ 能不能对演示文稿中的字体进行替换？
- ➡ 怎样使用艺术字突出文本内容？

文本型幻灯片是幻灯片的主要表现形式之一，本章将主要对幻灯片中文本的输入方法、文本的编辑、文本的格式设置和艺术字的使用等知识进行讲解，以使用户快速掌握制作文本型幻灯片的方法。

9.1 在幻灯片中输入文本

文本是演示文稿的主体，演示文稿要展现的内容及要表达的思想，主要是通过文字表达出来并让受众接受的。所以，在制作幻灯片时，首先需要做的就是在各张幻灯片中输入相应的文本内容。

★ 重点 9.1.1 实战：在占位符中输入文本

实例门类	软件功能
教学视频	光盘\视频\第 9 章\9.1.1.mp4

因为新建的幻灯片中都自带有占位符，所以，通过占位符输入文本是最常用的，也是最简单的方法，而且，通过占位符输入的文本具有一定的格式。例如，在新建的"红酒会宣传方案"演示文稿第 1 张幻灯片的占位符中输入文本，具体操作步骤如下。

Step01 新建一个名称为【红酒会宣传方案】的空白演示文稿，选择第 1 张幻灯片中的标题占位符，在该占位符上单击，将鼠标光标定位到占位符中，然后输入需要的文本【红酒会宣传方案】，如图 9-1 所示。

Step02 选择第 1 张幻灯片中的副标题占位符，在该占位符上单击，将鼠标光标定位到占位符中，然后输入需要的文本【中国酒业博览会】，效果如图 9-2 所示。

图 9-1

图 9-2

技术看板

幻灯片中的占位符分为标题占位符（单击此处添加标题 / 单击此处添加副标题）、内容占位符（单击此处添加文本）两种，而且在内容占位符中还提供了一些对象图标，单击相应的图标，可快速添加一些对象。

★ 重点 9.1.2 实战：通过文本框输入宣传口号文本

实例门类	软件功能
教学视频	光盘\视频\第 9 章\9.1.2.mp4

当幻灯片中的占位符不够或需要在幻灯片中的其他位置输入文本时，则可使用文本框，相对于占位符来说，使用文本框可灵活创建各种形式的文本，但要使用文本框输入文本，首先需要绘制文本框，然后才能在其中输入文本。例如，继续上例操作，

在"红酒会宣传方案"演示文稿的标题页幻灯片中绘制一个文本框，并在文本框中输入相应的文本，具体操作步骤如下。

Step01 在打开的"红酒会宣传方案"演示文稿中单击【插入】选项卡【文本】组中的【文本框】按钮，如图9-3所示。

图 9-3

Step02 此时鼠标指针变成↓形状，将鼠标指针移动到幻灯片需要绘制文本框的位置，然后按住鼠标左键不放进行拖动，如图9-4所示。

图 9-4

技术看板

在绘制的文本框中，不仅可以输入文本，还可插入图片、形状、表格等对象。

Step03 拖动到合适位置释放鼠标，绘制一个横排文本框，并将鼠标光标定位到横排文本框中，然后输入需要的文本即可，效果如图9-5所示。

图 9-5

技能拓展——绘制竖排文本框

文本框有横排文本框和竖排文本框之分，在横排文本框中输入的文本以水平方式显示，而在竖排文本框中输入的文本则以垂直方式显示。当需要在幻灯片中输入垂直显示的文本时，则可绘制竖排文本框。其方法是：单击【插入】选项卡【文本】组中的【文本框】下拉按钮，在弹出的下拉菜单中选择【竖排文本框】命令，则可拖动鼠标在幻灯片中绘制竖排文本框，然后输入需要的文本。

★ 重点 9.1.3 实战：通过大纲窗格输入宣传要求文本

实例门类	软件功能
教学视频	光盘\视频\第9章\9.1.3.mp4

当幻灯片中需要输入的文本内容较多时，可通过大纲视图中的大纲窗格进行输入，这样方便查看和修改演示文稿中所有幻灯片中的文本内容。例如，继续上例操作，在"红酒会宣传方案"演示文稿大纲视图的大纲窗格中输入文本，创建第2张幻灯片，具体操作步骤如下。

Step01 在打开的"红酒会宣传方案"演示文稿中单击【视图】选项卡【演示文稿视图】组中的【大纲视图】按钮，如图9-6所示。

图 9-6

Step02 进入大纲视图，将鼠标光标定位到左侧幻灯片大纲窗格的【中国酒业博览会】文本后面，如图9-7所示。

图 9-7

Step03 按【Ctrl+Enter】组合键，新建一张幻灯片，将鼠标光标定位到新建的幻灯片后面，输入幻灯片标题，如图9-8所示。

图 9-8

技术看板

在幻灯片大纲窗格中输入文本后，在幻灯片编辑区的占位符中将显示对应的文本。

Step04 按【Enter】键，在第 2 张幻灯片下新建一张幻灯片，如图 9-9 所示。

图 9-9

Step05 按【Tab】键，降低一级，原来的第 3 张幻灯片的标题占位符将变成第 2 张幻灯片的内容占位符，然后输入文本，效果如图 9-10 所示。

图 9-10

Step06 然后按【Enter】键进行分段，再按【Tab】键进行降级，继续输入幻灯片中需要的文本内容，返回普通视图中，如图 9-11 所示。

图 9-11

　技术看板

在幻灯片大纲窗格中，只显示幻灯片占位符中的文本，不会显示幻灯片中文本框、图片、形状、表格等对象。

9.2　幻灯片文本的基本操作

在幻灯片中输入文本后，还可以根据需要对文本进行移动、复制、查找和替换等编辑操作，使幻灯片中显示的文本更精准。

9.2.1　选择文本

要对幻灯片中的文本进行编辑，首先需要选择文本。在幻灯片中，选择文本既可以直接选择，也可以通过占位符选择。

→ 直接选择文本：在幻灯片中单击要选择区域的起始位置，按住鼠标左键不放向右或向下拖动，到结尾处释放鼠标，即可选中起始位置到结束位置之间的文字内容，如图 9-12 所示。

图 9-12

→ 通过占位符选择文本：将鼠标指针移动到幻灯片占位符的边框上并单击，即可选择该占位符，并表示选中该占位符中的所有文本，如图 9-13 所示。

图 9-13

★ 重点 9.2.2　实战：在幻灯片中复制和移动文本

实例门类	软件功能
教学视频	光盘\视频\第 9 章\9.2.2.mp4

在对幻灯片中的文本进行编辑时，当需要输入相同的文本时，可通过复制已有的文本来输入；当文本的位置放置错误时，可通过移动将文本放置到目标位置。

1. 复制文本

复制文本是指将文本从一个位置复制到另一个位置，或者从一张幻灯片复制到另一张幻灯片，甚至从一个演示文稿复制到另一个演示文稿，用于快速输入重复的内容。例如，在"广告招商说明"演示文稿中将第 2 张幻灯片中的"招商"文本复制到第 4 张幻灯片中，具体操作步骤如下。

Step01 打开"光盘\素材文件\第 9 章\广告招商说明.pptx"文件，❶选择第 2 张幻灯片中的【招商】标题文本，❷单击【开始】选项卡【剪贴板】组中的【复制】按钮复制文本，如图 9-14 所示。

图 9-14

Step 02 ❶ 选择第 4 张幻灯片，❷ 将鼠标光标定位到标题占位符中，❸ 单击【开始】选项卡【剪贴板】组中的【粘贴】按钮，如图 9-15 所示。

图 9-15

Step 03 将复制的文本粘贴到目标位置，然后在粘贴的文本后输入【热线】文本，效果如图 9-16 所示。

图 9-16

2. 移动文本

移动文本是指将文本从一个位置移动到另一个位置，或者从一张幻灯片移动到另一张幻灯片，甚至从一个演示文稿移动到另一个演示文稿。例如，继续上例操作，在"广告招商说明"演示文稿的第 4 张幻灯片中移动

文本，具体操作步骤如下。

Step 01 ❶ 在打开的"广告招商说明"演示文稿中选择第 4 张幻灯片，❷ 将鼠标光标定位到内容占位符中，然后输入需要的文本内容，如图 9-17 所示。

图 9-17

Step 02 ❶ 选择第 4 张幻灯片内容占位符中的最后一段文本，❷ 单击【开始】选项卡【剪贴板】组中的【剪切】按钮剪切文本，如图 9-18 所示。

图 9-18

Step 03 ❶ 将鼠标光标定位到【李先生】文本后，按【Enter】键分段，并将鼠标光标定位到该段落中，❷ 单击【开始】选项卡【剪贴板】组中的【粘贴】按钮，如图 9-19 所示。

图 9-19

Step 04 将剪切的文本粘贴到目标位置，然后按【Backspace】键删除多余的空行，效果如图 9-20 所示。

图 9-20

技能拓展——通过快捷键复制和移动文本

在复制或移动幻灯片文本内容时，也可通过快捷键来实现。其方法是：选择需要复制或移动的文本，按【Ctrl+C】组合键复制文本，或者按【Crtl+X】组合键剪切文本，然后在目标位置按【Ctrl+V】组合键，可将复制或剪切的文本快速粘贴到目标位置。

★ 重点 9.2.3 实战：查找和替换公司名称文本

实例门类	软件功能
教学视频	光盘\视频\第 9 章\9.2.3.mp4

当需要对幻灯片中相同的内容进行查看或修改时，可以使用查找功能快速定位到目标内容，然后使用替换功能对查找的内容进行替换，从而提高编辑文本的速度。

1. 查找文本

查找功能用于在幻灯片中快速找到指定的文本内容。例如，继续上例操作，在"广告招商说明"演示文稿中查找公司名称，具体操作步骤如下。

Step 01 在打开的"广告招商说明"演示文稿中，❶ 选择第 1 张幻灯片，❷ 单击【开始】选项卡【编辑】组中

的【查找】按钮，如图9-21所示。

图 9-21

Step02 ① 打开【查找】对话框，在【查找内容】文本框中输入要查找的内容，如输入【敦煌广告有限责任公司】，② 单击【查找下一个】按钮，如图9-22所示。

图 9-22

Step03 在演示文稿的幻灯片中进行查找，并自动选择查找到的第一个结果，然后继续单击【查找下一个】按钮，如图9-23所示。

图 9-23

Step04 继续对需要查找的内容进行查找，并选择查找的结果，查找完成后单击【关闭】按钮关闭对话框，如图9-24所示。

图 9-24

2. 替换文本

替换文本是指将幻灯片中的指定文本替换为其他文本，当需要批量对幻灯片中多处相同的文本进行修改时，可以利用替换功能，快速将指定的文本替换成其他文本。例如，继续上例操作，在"广告招商说明"演示文稿中将"敦煌"更改为"灯煌"，具体操作步骤如下。

Step01 ① 在打开的"广告招商说明"演示文稿中选择第1张幻灯片，② 单击【开始】选项卡【编辑】组中的【替换】按钮，如图9-25所示。

图 9-25

📢 技术看板

在【查找】对话框中输入查找和替换的内容，单击【查找下一个】按钮，可对内容进行查找，查找到第一处并确认要替换后，单击对话框中的【替换】按钮，即可只替换查找到的第一处内容。

Step02 ① 打开【替换】对话框，在【查找内容】文本框中输入要替换的

文本，如输入【敦煌】，② 在【替换为】文本框中输入替换后的文本，如输入【灯煌】，③ 单击【全部替换】按钮，如图9-26所示。

图 9-26

Step03 执行全部替换操作，替换完成后，并在打开的提示对话框中显示替换的处数，单击【确定】按钮，如图9-27所示。

图 9-27

Step04 返回【替换】对话框，单击【关闭】按钮，返回演示文稿窗口，其中可查看到替换后的效果，如图9-28所示。

图 9-28

9.2.4 删除文本

在文本编辑过程中，对于输入错误或不再需要的文本内容，可以将其从幻灯片中删除，其方法是：在幻灯片中选择需要删除的文本，按【Backspace】或【Delete】键即可。

9.2.5 撤销和恢复操作

在制作与编辑幻灯片的过程中，难免会进行一些错误的操作，使用PowerPoint 2013提供的撤销功能，可以快速恢复到错误之前的状态，而当撤销错误时，则可使用恢复功能，快速恢复到撤销前的状态。撤销或恢复操作的方法是：在快速访问工具栏中单击【撤销键入】按钮 ↶，则可撤销上一步操作；单击【重复键入】按钮 ↷，则可恢复到上一步操作。如果需要撤销多步操作，可单击【撤销键入】下拉按钮 ⁚，在弹出的下拉菜单

中显示了可撤销的步骤，选择需要撤销到那一步操作对应的选项即可，如图9-29所示。

图 9-29

技能拓展——通过快捷键实现撤销和恢复操作

在编辑幻灯片的过程中，按【Ctrl+Z】组合键撤销上一步操作，按【Crtl+Y】组合键恢复到上一步操作，多按几次快捷键，则可撤销或恢复多步操作。

9.3 设置文本字体格式

在幻灯片中输入文本后，还需要对文本的字体格式，如字体、字号、字体颜色、字体效果、字符间距等进行设置，以使幻灯片中的文本更规范、重点内容更突出。

★ 重点 9.3.1 实战：设置"工程招标方案"字体格式

实例门类	软件功能
教学视频	光盘\视频\第9章\9.3.1.mp4

在制作幻灯片的过程中，为了突出幻灯片中的标题、副标题等重点内容，通常需要对文本的字体格式进行设置，如字体、字号、字形和字体颜色等。例如，在"工程招标方案"演示文稿中设置文本的字体格式，具体操作步骤如下。

Step01 打开"光盘\素材文件\第9章\工程招标方案.pptx"文件，❶选择第1张幻灯片，❷选择【招标方案】文本所在的占位符，单击【开始】选项卡【字体】组中的【字体】下拉按钮 ⁚，❸在弹出的下拉菜单中选择需要的字体，如选择【方正兰亭黑简体】选项，如图9-30所示。

Step02 占位符中的字体将变成所选的字体，❶单击【字体】组中的【字

号】下拉按钮 ⁚，❷在弹出的下拉菜单中选择需要的字号，如选择【54】选项，如图9-31所示。

图 9-30

图 9-31

技术看板

【字体】下拉列表中显示的字体是已经安装在系统中的字体，如果需要使用系统中没有的字体，则需要下载安装后，才会显示在【字体】下拉列表中。

Step03 保持占位符的选择状态，单击【字体】组中的【加粗】按钮 B，如图9-32所示。

图 9-32

技能拓展——直接在下拉列表框中输入需要的字号

在【字号】下拉菜单中提供的字

号最大值为【72】，当需要更大的字号时，可以直接在【字号】下拉列表框中选择现有的字号，重新输入需要的字号，按【Enter】键，将替换掉原有的字号大小。

Step04 即可加粗文本，再单击【文字阴影】按钮 S 为占位符中的文本添加阴影效果，如图 9-33 所示。

图 9-33

Step05 ❶ 选择副标题占位符，在【字体】下拉菜单中选择【微软雅黑】选项，❷ 在【字号】下拉菜单中选择【32】选项，如图 9-34 所示。

图 9-34

Step06 保持占位符的选择状态，❶ 单击【字体】组中的【字体颜色】下拉按钮，❷ 在弹出的下拉菜单中选择需要的字体颜色，如选择【标准色】栏中的【蓝色】选项，如图 9-35 所示。

Step07 ❶ 选择第 2 张幻灯片，❷ 选择【目录 contents】文本，在【字体】组中将字体设置为【微软雅黑】，❸ 将字号设置为【40】，❹ 单击【倾斜】按钮 I，如图 9-36 所示。

图 9-35

图 9-36

Step08 倾斜选择的文本，❶ 选择【contents】文本，单击【更改大小写】按钮 Aa，❷ 在弹出的下拉菜单中选择需要的命令，如选择【句首字母大写】命令，如图 9-37 所示。

图 9-37

技术看板

在【更改大小写】下拉菜单中选择【句首字母大写】命令，可将英文第一个单词的第一个字母大写；选择【全部小写】命令，可将英文单词的字母全部更改为小写；选择【全部大写】命令，可将英文单词的字母全部

更改为大写；选择【每个单词首字母大写】命令，可将英文单词第一个字母更改为大写；选择【切换大小写】命令，可将英文单词大写字母更改为小写，小写字母更改为大写。

Step09 【contents】文本的第一个字母将由原来的小写变成大写，效果如图 9-38 所示。

图 9-38

Step10 使用设置字体格式的方法，对演示文稿中其他幻灯片中文本的字体格式进行相应的设置，如图 9-39 所示。

图 9-39

技能拓展——通过【浮动】工具栏设置字体格式

在幻灯片中选择需要设置字体的文本后，将出现一个【浮动】工具栏，在其中可设置字体、字号、加粗、倾斜、下画线和字体颜色等字体格式。

★ 重点 9.3.2 实战：设置"工程招标方案"字符间距

实例门类	软件功能
教学视频	光盘\视频\第 9 章\9.3.2.mp4

当幻灯片中字符与字符之间的间距太紧或太稀疏时，还可根据需要对字符间距进行设置，以使幻灯片中文本的排列更适合。例如，继续上例操作，在"工程招标方案"演示文稿中设置文本的字符间距，具体操作步骤如下。

Step01 ❶ 在打开的"工程招标方案"演示文稿中选择第 1 张幻灯片中的【招标方案】文本，❷ 单击【字体】组右下角的【字体】按钮，如图 9-40 所示。

图 9-40

Step02 ❶ 打开【字体】对话框，选择【字符间距】选项卡，❷ 在【间距】下拉列表框中选择需要的间距，如选择【加宽】选项，❸ 在【度量值】

数值框中设置加宽的大小，如输入【3】，❹ 单击【确定】按钮，如图 9-41 所示。

图 9-41

Step03 返回幻灯片编辑区中，可查看到设置【招标方案】字符间距后的效果，如图 9-42 所示。

图 9-42

Step04 ❶ 选择第 2 张幻灯片，❷ 选择【目录 Contents】文本，单击【字体】组中的【字符间距】按钮 AV，❸ 在弹出的下拉菜单中选择需要的间距，如选择【稀疏】选项，所选文本的字符间距将随之发生变化，如图 9-43 所示。

图 9-43

9.4 设置文本段落格式

除了需要对幻灯片中文本的字体格式进行设置外，还需要对文本的段落格式，如对齐方式、段落缩进和间距、文字方向、项目符号和编号、分栏等进行设置，使各段落之间的层次结构更清晰。

★ 重点 9.4.1 实战：设置"市场拓展策划方案"段落对齐方式

实例门类	软件功能
教学视频	光盘\视频\第 9 章\9.4.1.mp4

PowerPoint 2013 中提供了左对齐、居中、右对齐、分散对齐和两端对齐 5 种对齐方式，用户可以根据实际需要对幻灯片中的段落设置相应的对齐方式。例如，在"市场拓展策划方案"演示文稿中对段落的对齐方式

进行设置，具体操作步骤如下。

Step01 打开"光盘\素材文件\第 9 章\市场拓展策划方案 .pptx"文件，❶ 选择第 1 张幻灯片中的标题占位符，❷ 单击【开始】选项卡【段落】组中的【居中】按钮，如图 9-44

所示。

图 9-44

Step02 占位符中的文本将居中对齐于占位符中，效果如图 9-45 所示。

图 9-45

Step03 选择副标题占位符，单击【开始】选项卡【段落】组中的【右对齐】按钮 ，文本将于占位符右侧对齐，如图 9-46 所示。

图 9-46

技术看板

设置幻灯片中段落的对齐方式时，其参考的对象是占位符，也就是说，段落会居于占位符的某一个方向对齐。

Step04 使用前面的方法对演示文稿其他幻灯片中的标题段落设置为【左对齐】，效果如图 9-47 所示。

图 9-47

★ 重点 9.4.2 实战：设置"市场拓展策划方案"段落缩进和间距

实例门类	软件功能
教学视频	光盘\视频\第 9 章\9.4.2.mp4

在幻灯片中，为段落设置合适的缩进和间距，可以使段落的排列更能符合阅读需要。

1. 设置段落缩进

在 PowerPoint 中，段落缩进一般包括文本缩进、首行缩进和悬挂缩进 3 种。文本缩进是指占位符文本与占位符边框之间的距离；首行缩进是指对段落中文字的第一行的文字进行缩进；悬挂缩进是指对段落首行以外的行进行缩进。不同的缩进方式会带来不同的效果，所以，用户可根据实际情况来选择不同的缩进方式。例如，继续上例操作，在"市场拓展策划方案"演示文稿中对段落进行文本缩进和首行缩进，具体操作步骤如下。

Step01 ① 在打开的"市场拓展策划方案.pptx"演示文稿中选择第 3 张幻灯片，② 选择内容占位符中的文本，③ 单击【开始】选项卡【段落】组右下角的【段落】按钮 ，如图 9-48 所示。

Step02 ① 打开【段落】对话框，在【缩进和间距】选项卡的【文本之

前】数值框中输入文本缩进值，如输入【1 厘米】，② 单击【确定】按钮，如图 9-49 所示。

图 9-48

图 9-49

Step03 幻灯片中所选占位符中左侧的文本将与占位符缩进一定的距离，效果如图 9-50 所示。

图 9-50

技术看板

若在【特殊格式】下拉列表框中选择【悬挂缩进】选项，则可设置段落的悬挂缩进效果。悬挂缩进一般用于添加项目符号和编号的段落上。

Step04 ① 保持占位符的选择状态，再次打开【段落】对话框，在【缩进和间距】选项卡的【特殊格式】下拉列表框中选择【首行缩进】选项，② 在

其后的【度量值】数值框中输入首行缩进值，如输入【1.27厘米】，❸单击【确定】按钮，如图9-51所示。

图 9-51

Step 05 返回幻灯片编辑区，可查看到占位符中每段文本的首行都缩进有一定的距离，效果如图9-52所示。

图 9-52

Step 06 使用设置首行缩进方法设置其他幻灯片中段落的首行缩进，效果如图9-53所示。

图 9-53

2. 设置段落间距

段落间距是指每个段落之间的间隔距离，分为段前间距和段后间距，段前间距是指与上一段落的间距，而段后间距则是指与下一段落的间距。设置段落间距便于区分段落。例如，

继续上例操作，在"市场拓展策划方案"演示文稿中对段落间距进行设置，具体操作步骤如下。

Step 01 ❶ 在打开的"市场拓展策划方案.pptx"演示文稿中选择第3张幻灯片，❷ 选择内容占位符中的文本并右击，在弹出的快捷菜单中选择【段落】命令，如图9-54所示。

图 9-54

Step 02 ❶ 打开【段落】对话框，在【缩进和间距】选项卡的【段前】和【段后】数值框中分别输入段落间距值，这里均输入【6】，❷ 单击【确定】按钮，如图9-55所示。

图 9-55

Step 03 返回幻灯片编辑区，可查看设置段落间距后的效果，如图9-56所示。

图 9-56

技术看板

在【中文版式】选项卡中可对段落的一些常规版式和文本对齐方式进行设置。

Step 04 使用前面设置段落间距的方法设置其他幻灯片中段落的间距，效果如图9-57所示。

图 9-57

3. 设置段落行距

段落行距是指相邻文字行之间的间隔距离。在设置段落行距时，可根据内容的多少来确定，并没有什么固定的行距大小，但也不能将段落行距设置得过于拥挤和松散，这都不利于观众对内容的阅读。例如，继续上例操作，在"市场拓展策划方案"演示文稿中对段落行距进行设置，具体操作步骤如下。

Step 01 ❶ 在打开的"市场拓展策划方案.pptx"演示文稿中选择第3张幻灯片，❷ 选择内容占位符中的文本，❸ 单击【开始】选项卡【段落】组中的【行距】按钮，❹ 在弹出的下拉菜单中选择需要的行距，如选择【1.5】选项，如图9-58所示。

Step 02 即可将幻灯片中段落行距设置为选择的行距，效果如图9-59所示。

Step 03 使用前面设置段落行距的方法设置其他幻灯片中段落的行距，效果如图9-60所示。

图 9-58

图 9-59

图 9-60

技能拓展——在【段落】对话框中设置行距

选择需要设置行距的段落，在【段落】对话框的【缩进和间距】选项卡中的【行距】下拉列表框中选择需要的行距，在其后的【设置值】数值框中设置行距的详细值，再单击【确定】按钮即可。

★ 重点 9.4.3 实战：为"市场拓展策划方案"添加项目符号

实例门类	软件功能
教学视频	光盘\视频\第9章\9.4.3.mp4

项目符号是指段落前出现的符号，在幻灯片中，既可添加内置的项目符号，也可将图片和符号作为项目符号插入。例如，继续上例操作，在"市场拓展策划方案"演示文稿中为段落添加内置的项目符号，具体操作步骤如下。

Step01 ❶ 在打开的"市场拓展策划方案.pptx"演示文稿中选择第4张幻灯片，❷ 选择内容占位符中的文本，单击【段落】组中的【项目符号】下拉按钮，❸ 在弹出的下拉列表中显示 PowerPoint 内置的项目符号样式，选择需要的样式，如选择【箭头项目符号】选项，如图 9-61 所示。

图 9-61

Step02 ❶ 选择第5张幻灯片，❷ 选择内容占位符中的文本，单击【段落】组中的【项目符号】下拉按钮，❸ 在弹出的下拉列表中选择【项目符号和编号】命令，如图 9-62 所示。

图 9-62

Step03 打开【项目符号和编号】对话框，在【项目符号】对话框中单击【自定义】按钮，如图 9-63 所示。
Step04 ❶ 打开【符号】对话框，在【字体】下拉列表框中选择相应的字体，

如选择【Wingdings】选项，❷ 在其下方的列表框中选择需要的符号，❸ 单击【确定】按钮，如图 9-64 所示。

图 9-63

图 9-64

技术看板

不同的字体选项，提供的符号不同，所以，在【符号】对话框中选择不同的字体选项，符号列表框中显示的符号将会有所不同。

Step05 返回【项目符号和编号】对话框，在【项目符号】选项卡的列表框中显示了添加的符号，并根据当前主题色来更改符号的颜色，单击【确定】按钮，如图 9-65 所示。

技术看板

在【项目符号和编号】对话框【项目符号】选项卡中的【大小】数值框中可对项目符号的大小进行设置；在【颜色】下拉列表框中可对项目符号的颜色进行相应的设置。

图 9-65

Step06 返回幻灯片编辑区，可查看为段落添加的项目符号后的效果，如图 9-66 所示。

图 9-66

技能拓展——添加图片项目符号

在【项目符号和编号】对话框的【项目符号】选项卡中单击【图片】按钮，在打开的【插入图片】对话框中选择图片的来源，若选择本地计算机，则可将计算机中保存的图片插入作为项目符号；如果选择网络搜索来获取，则可将网络中搜索的图片插入作为项目符号。

★ 重点 9.4.4 实战：为"市场拓展策划方案"添加编号

实例门类	软件功能
教学视频	光盘\视频\第 9 章\9.4.4.mp4

除了可为段落添加项目符号外，还可为段落添加编号，以增强段落之

前的逻辑性，提高幻灯片的可读性。例如，继续上例操作，在"市场拓展策划方案"演示文稿中为段落添加需要的编号，具体操作步骤如下。

Step01 ❶ 在打开的"市场拓展策划方案.pptx"演示文稿中选择第 3 张幻灯片，❷ 选择内容占位符中需要添加编号的段落，单击【段落】组中的【编号】下拉按钮，❸ 在弹出的下拉列表中选择【项目符号和编号】命令，如图 9-67 所示。

图 9-67

Step02 ❶ 打开【项目符号和编号】对话框，在【编号】选项卡中的列表框中选择需要的编号样式，❷ 在【大小】数值框中输入编号的大小，如输入【140】，❸ 单击【确定】按钮，如图 9-68 所示。

图 9-68

Step03 返回幻灯片编辑区，可查看到添加编号后的效果，如图 9-69 所示。

Step04 ❶ 选择第 6 张幻灯片，❷ 选择内容占位符中需要添加编号的段落，单击【段落】组中的【编号】下拉按钮，❸ 在弹出的下拉列表中选择需

要的编号样式，如图 9-70 所示。

图 9-69

图 9-70

技术看板

由于选择添加编号的段落不是连续的，因此编号不能连续。

Step05 ❶ 选择内容占位符中需要添加编号的第 2 段，❷ 单击【段落】组中的【编号】下拉按钮，❸ 在弹出的下拉列表中选择【项目符号和编号】命令，如图 9-71 所示。

图 9-71

Step06 ❶ 打开【项目符号和编号】对话框，在【编号】选项卡中的【起始编号】数值框中输入编号的起始编号，这里输入【2】，❷ 单击【确

定】按钮，如图 9-72 所示。

图 9-72

Step07 返回幻灯片编辑区，可查看更改段落起始编号后的效果，如图 9-73 所示。

图 9-73

技能拓展——通过快捷菜单设置编号

除了可通过【段落】组为段落添加编号外，还可通过右键快捷菜单进行添加。其方法是：在幻灯片中选择需要添加段落编号的段落，并在其上右击，在弹出的快捷菜单中选择【编号】命令，在弹出的级联菜单中选择需要的编号样式即可。

9.4.5 实战：为"市场拓展策划方案"设置段落分栏

实例门类	软件功能
教学视频	光盘\视频\第9章\9.4.5.mp4

当幻灯片中的文本内容较多，且需要将文本内容按照各项进行横向排列时，则需要将文本内容进行段落分栏。例如，继续上例操作，在"市场拓展策划方案"演示文稿中为段落进行分栏，具体操作步骤如下。

Step01 ❶ 在打开的"市场拓展策划方案"演示文稿中选择第6张幻灯片，❷ 选择内容占位符中的文本，单击【开始】选项卡【段落】组中的【分栏】按钮，❸ 在弹出的下拉菜单中选择【更多栏】命令，如图 9-74 所示。

图 9-74

技术看板

在【分栏】下拉菜单中显示了一些分栏项，用户也可直接选择分栏。

Step02 打开【分栏】对话框，❶ 在【数量】数值框中输入分栏的栏数，如输入【2】，❷ 在【间距】数值框中输入栏与栏之间的间距，如输入【1.2】，❸ 单击【确定】按钮，如图 9-75 所示。

图 9-75

Step03 返回幻灯片编辑区，即可查看到设置段落分栏后的效果，如图 9-76 所示。

图 9-76

9.5 使用艺术字突出显示标题文本

PowerPoint 提供了艺术字功能，通过该功能可以快速制作出具有特殊效果的文本，艺术字常用于制作幻灯片的标题，能突出显示标题，吸引读者的注意力。

★ **重点** 9.5.1 **实战：在"年终工作总结"中插入艺术字**

实例门类	软件功能
教学视频	光盘\视频\第9章\9.5.1.mp4

艺术字能凸显出幻灯片中的重点内容，所以，艺术字在幻灯片中经常被使用。例如，在"年终工作总结"演示文稿中插入艺术字，具体操作步骤如下。

Step01 打开"光盘\素材文件\第9章\年终工作总结.pptx"文件，❶选择第1张幻灯片，❷单击【插入】选项卡【文本】组中的【艺术字】按钮，❸在弹出的下拉列表中选择需要的艺术字样式，如选择【填充：白色，文本色1；边框；黑色，背景色1；清晰阴影；蓝色，主题色5】选项，如图9-77所示。

图 9-77

Step02 在幻灯片中插入艺术字文本框，效果如图9-78所示。

图 9-78

Step03 ❶选择艺术字文本框中的文本，重新输入需要的内容，如输入

【2017】，❷在【字体】组中将字号设置为【80】，在【段落】组中将其设置为【居中对齐】，效果如图9-79所示。

图 9-79

Step04 使用前面插入艺术字的方法，在第1张幻灯片中插入【部门：销售部】艺术字，并对字体格式进行设置，效果如图9-80所示。

图 9-80

技能拓展——更改艺术字样式

如果创建的艺术字样式不能满足需要，那么可选择艺术字，在【格式】选项卡【艺术字样式】组中单击【快速样式】按钮，在弹出的下拉列表中重新选择需要的艺术字样式即可。

★ **重点** 9.5.2 **实战：设置"年终工作总结"艺术字文本的填充效果**

实例门类	软件功能
教学视频	光盘\视频\第9章\9.5.2.mp4

在幻灯片中插入艺术字后，还可根据需要对艺术字文本的填充效果进行设置。在 PowerPoint 2013 中，既可使用纯色填充艺术字文本，也可使用图片、渐变色和纹理进行填充。例如，继续上例操作，在"年终工作总结"演示文稿中对艺术字的文本填充效果进行渐变和纹理填充，具体操作步骤如下。

Step01 ❶在打开的"年终工作总结.pptx"演示文稿中选择第1张幻灯片中的【2017】艺术字，❷单击【格式】选项卡【艺术字样式】组中的【文本填充】下拉按钮，，❸在弹出的下拉列表中选择需要的颜色，如选择【橙色】选项，如图9-81所示。

图 9-81

Step02 将艺术字填充为橙色，保持艺术字的选择状态，❶单击【艺术字样式】组中的【文本填充】下拉按钮，，❷在弹出的下拉列表中选择【渐变】命令，❸在弹出的级联列表中选择需要的渐变效果，如选择【线性向右】选项，如图9-82所示。

图 9-82

在设置艺术字文本的渐变填充时，如果需要设置某个颜色的渐变填充，那么需要先为艺术字设置相应的颜色，然后才能设置该颜色的渐变填充效果。

Step03 ❶ 选择【部门：销售部】艺术字，单击【格式】选项卡【艺术字样式】组中的【文本填充】下拉按钮，❷ 在弹出的下拉列表中选择【纹理】命令，❸ 在弹出的级联列表中选择需要的纹理效果，如选择【花束】选项，如图9-83所示。

图 9-83

Step04 返回幻灯片编辑区，可查看设置文本填充后的效果，如图9-84所示。

图 9-84

★ **重点 9.5.3 实战：设置"年终工作总结"艺术字文本轮廓**

实例门类	软件功能
教学视频	光盘\视频\第9章\9.5.3.mp4

除了可对艺术字文本的填充效果进行设置外，还可对艺术字文本轮廓的填充效果进行设置。例如，继续上例操作，在"年终工作总结"演示文稿中对艺术字的文本轮廓进行设置，具体操作步骤如下。

Step01 在打开的"年终工作总结.pptx"演示文稿中选择第1张幻灯片中的【2017】艺术字，❶ 单击【格式】选项卡【艺术字样式】组中的【文本轮廓】下拉按钮，❷ 在弹出的下拉列表中选择需要的轮廓填充颜色，如选择【蓝色】选项，如图9-85所示。

图 9-85

当不需要艺术字的文本轮廓时，可选择艺术字，单击【文本轮廓】下拉按钮，在弹出的下拉列表中选择【无轮廓】命令，即可取消艺术字的文本轮廓。

Step02 所选艺术字的文本轮廓将变成灰色，❶ 选择【部门：销售部】艺术字，单击【格式】选项卡【艺术字样式】组中的【文本轮廓】下拉按钮，❷ 在弹出的下拉列表中选择【深蓝】选项，如图9-86所示。

Step03 保持艺术字的选择状态，❶ 单击【艺术字样式】组中的【文本轮廓】下拉按钮，❷ 在弹出的下拉列表中选择【虚线】命令，❸ 在弹出的级联列表中选择需要的虚线样式，如图9-87所示。

图 9-86

图 9-87

单击【文本轮廓】下拉按钮，在弹出的下拉列表中选择【粗细】命令，在弹出的级联列表中选择需要的轮廓粗细样式，即可将所选艺术字文本轮廓设置为所选的轮廓粗细。

Step04 可将文本轮廓更改为选择的虚线，效果如图9-88所示。

图 9-88

★ 重点 9.5.4 实战：设置"年终工作总结"艺术字文本效果

实例门类	软件功能
教学视频	光盘\视频\第9章\9.5.4.mp4

在 PowerPoint 2013 中还提供了艺术字文本效果功能，通过该功能可使艺术字更具立体感，更具吸引力。例如，继续上例操作，在"年终工作总结"演示文稿中设置艺术字的文本效果，具体操作步骤如下。

Step01 ❶ 在打开的"年终工作总结.pptx"演示文稿中选择第1张幻灯片中的【2017】艺术字，❷ 单击【格式】选项卡【艺术字样式】组中的【文本效果】按钮 A，❸ 在弹出的下拉列表中选择需要的文本效果，如选择【棱台】选项，❹ 在弹出的级联列表中选择需要的棱台效果，如选择【圆】选项，如图 9-89 所示。

图 9-89

Step02 将所选艺术字文本设置为选择的棱台效果，如图 9-90 所示。

图 9-90

Step03 保持艺术字的选择状态，❶ 单击【格式】选项卡【艺术字样式】组中的【文本效果】按钮 A，❷ 在弹出的下拉列表中选择【转换】选项，❸ 在弹出的级联列表中选择需要的转换效果，如选择【倒V形】选项，如图 9-91 所示。

图 9-91

Step04 返回幻灯片编辑区，可查看到为艺术字文本添加的转换效果，如图 9-92 所示。

图 9-92

Step05 ❶ 选择第9张幻灯片，❷ 选择【谢谢！】文本框，单击【艺术字样式】组中的【文本效果】按钮 A，❸ 在弹出的下拉列表中选择【阴影】选项，❹ 在弹出的级联列表中选择需要的阴影效果，如选择【左上对角透视】选项，如图 9-93 所示。

图 9-93

Step06 ❶ 单击【艺术字样式】组中的【文本效果】按钮 A，❷ 在弹出的下拉列表中选择【发光】选项，❸ 在弹出的级联列表中选择需要的发光效果，如选择【发光：5磅；橙色，主题色2】选项，如图 9-94 所示。

图 9-94

Step07 返回幻灯片编辑区，查看为艺术字添加发光后的效果，如图 9-95 所示。

图 9-95

妙招技法

通过前面知识的学习，相信读者已经掌握文本型幻灯片的制作方法了。下面结合本章内容，给大家介绍一些实用技巧。

技巧 01：在幻灯片中快速插入需要的公式

教学视频	光盘 \ 视频 \ 第 9 章 \ 技巧 01.mp4

在制作数学、物理和化学等教学培训课件时，经常会涉及公式的输入，这时可通过 PowerPoint 2013 提供的公式功能来实现。PowerPoint 2013 内置了一些公式样式，当这些样式不能满足需要时，可以自行插入需要的公式。例如，在"数学课件"演示文稿中插入需要的公式，具体操作步骤如下。

Step01 打开"光盘 \ 素材文件 \ 第 9 章 \ 数学课件 .pptx"文件，❶ 选择第 6 张幻灯片，❷ 将鼠标光标定位到【(a>b>c)】前，单击【插入】选项卡【符号】组中的【公式】按钮，❸ 在弹出的下拉列表中选择【插入新公式】选项，如图 9-96 所示。

图 9-96

技术看板

【公式】下拉列表中内置了一些公式，如果需要插入的公式与内置的公式样式相同或相似，那么可直接选择内置的样式，再对其进行相应的修改即可。

Step02 在鼠标光标处插入【在此处键入公式】文本，激活【公式工具 - 设计】选项卡，❶ 单击【结构】组中的【分数】按钮，❷ 在弹出的下拉列表中选择需要的公式，如选择【分数（竖式）】选项，如图 9-97 所示。

图 9-97

Step03 插入分数，选择分母虚线框，❶ 单击【结构】组中的【上下标】按钮，❷ 在弹出的下拉列表中选择需要的上下标样式，如选择【x^2】选项，如图 9-98 所示。

图 9-98

Step04 在分母处插入【x^2】，选择【x】，将其更改为【a】，❶ 选择分子虚线框，单击【结构】组中的【上下标】按钮，❷ 在弹出的下拉列表中选择【x^2】选项，如图 9-99 所示。

Step05 在分子处插入【x^2】，将鼠标光标定位到分数后，单击【符号】组中的【其他】按钮，在弹出的下拉列表框中选择【加号】选项，如图

9-100 所示。

图 9-99

图 9-100

Step06 在分数后插入加号，再使用前面插入公式的方法继续输入公式，效果如图 9-101 所示。

图 9-101

技术看板

不同的公式有不同的组成结构，用户需要根据公式灵活插入需要的结构和符号。

Step 07 使用相同的方法继续在第7张幻灯片中输入需要的公式，效果如图9-102所示。

图 9-102

技巧02：设置上标和下标

教学视频	光盘\视频\第9章\技巧02.mp4

当需要为幻灯片中的公式或文本设置上标和下标时，可以通过【字体】对话框来实现。例如，继续上例操作，在"数学课件"演示文稿中为公式设置上标和下标，具体操作步骤如下。

Step 01 ① 在打开的"数学课件.pptx"演示文稿中选择第7张幻灯片公式中需要设置为上标的文本，② 单击【字体】组右下角的【字体】按钮，如图9-103所示。

图 9-103

Step 02 打开【字体】对话框，① 在【字体】组中的【效果】栏中选中【上标】复选框，② 单击【确定】按钮，如图9-104所示。

Step 03 返回幻灯片编辑区，可查看到将选择的文本设置为上标后的效果，如图9-105所示。

图 9-104

图 9-105

Step 04 选择第8张幻灯片，继续设置公式的上标，① 设置完成后，选择需要设置下标的文本，② 单击【字体】组右下角的【字体】按钮，效果如图9-106所示。

图 9-106

Step 05 打开【字体】对话框，① 在【字体】选项卡【效果】栏中选中

【下标】复选框，② 单击【确定】按钮，如图9-107所示。

Step 06 返回幻灯片编辑区，可查看到将选择的文本设置为下标后的效果，如图9-108所示。

图 9-107

图 9-108

技巧03：快速在幻灯片中插入特殊符号

教学视频	光盘\视频\第9章\技巧03.mp4

在制作幻灯片的过程中，有时需要输入一些特殊符号，当这些符号无法通过键盘输入时，此时就需要通过插入符号功能插入需要的特殊符号。例如，在"年终工作总结1"演示文稿中插入特殊符号，具体操作步骤如下。

Step 01 打开"光盘\素材文件\第9章\年终工作总结1.pptx"文件，① 选择第1张幻灯片，② 将鼠标光标定位到公司名称文本前，单击【插入】选项卡【符号】组中的【符号】按钮，如图9-109所示。

图 9-109

Step 02 打开【符号】对话框，① 在【字体】下拉列表框中选择【Wingdings】选项，② 在符号列表框中选择需要的符号，③ 单击【插入】按钮，如图 9-110 所示。

图 9-110

Step 03 单击【关闭】按钮关闭对话框，返回幻灯片编辑区，即可查看插入的符号，效果如图 9-111 所示。

图 9-111

技巧 04：使用格式刷快速复制文本格式

教学视频	光盘\视频\第9章\技巧04.mp4

在设置幻灯片中文本的格式时，如果需要为不同幻灯片中文本应用相同的格式，那么可以使用 PowerPoint 2013 提供的格式刷功能来快速复制格式，提高幻灯片编辑的效率。例如，继续上例操作，在"年终工作总结 1"演示文稿中使用格式化设置文本格式，具体操作步骤如下。

Step 01 ① 在打开的"年终工作总结 1"演示文稿中选择第 4 张幻灯片，② 选择【销售完成情况】文本，为文本添加阴影，并将文本颜色设置为橙色，③ 双击【开始】选项卡【剪贴板】组中的【格式刷】按钮 复制格式，如图 9-112 所示。

图 9-112

技术看板

双击【格式刷】按钮 表示可以多次应用复制的格式，单击【格式刷】按钮 则只能应用一次复制的格式。

Step 02 此时鼠标指针变成 形状，① 选择第 5 张幻灯片，② 选择需要应用复制格式的文本，如选择【销售完成图表分析】文本，如图 9-113 所示。

图 9-113

Step 03 此时，选择的文本将应用复制的格式，效果如图 9-114 所示。

图 9-114

Step 04 ① 选择第 6 张幻灯片，② 选择【销量明细表】文本应用复制的格式，应用完成后，③ 单击【格式刷】按钮 ，使鼠标指针恢复到正常状态，如图 9-115 所示。

图 9-115

技巧 05：设置幻灯片中文本的方向

教学视频	光盘\视频\第9章\技巧05.mp4

PowerPoint 2013 中提供了设置文字方向功能，通过该功能可以根据需要对幻灯片中的文字方向进行设置。例如，在"工程招标方案"演示文稿中对文字方向进行设置，具体操作步骤如下。

Step 01 打开"光盘\素材文件\第9章\工程招标方案 .pptx"文件，① 选择第 1 张幻灯片中的【招标方案】文本，② 单击【开始】选项卡【段落】组中的【文字方向】下拉按钮，

❸ 在弹出的下拉菜单中选择需要的文字方向，如选择【竖排】选项，如图9-116所示。

图 9-116

Step02 所选的文本将以竖排进行排列，效果如图9-117所示。

图 9-117

技巧 06：快速替换幻灯片中的字体格式

教学视频	光盘\视频\第9章\技巧06.mp4

PowerPoint 2013 中提供了替换字体功能，通过该功能可对幻灯片中指定的字体快速进行替换。例如，在"年终工作总结 2"演示文稿中使用替换字体功能将字体"等线 Light"替换成"方正宋黑简体"，具体操作步骤如下。

Step01 打开"光盘\素材文件\第9章\年终工作总结 2.pptx"文件，❶ 选择第 5 张幻灯片，❷ 将光标定位到应用【等线 Light】字体的标题中，单击【开始】选项卡【编辑】组中的【替换】下拉按钮，❸ 在弹出的下拉菜单中选择【替换字体】命令，如图9-118所示。

图 9-118

Step02 打开【替换字体】对话框，在【替换】下拉列表框中显示了该演示文稿中应用的所有字体，选择需要替换的字体，如选择【等线 Light】选项，如图9-119所示。

图 9-119

Step03 在【替换为】下拉列表框中显示了系统安装的所有字体，选择需要替换成的字体，如选择【方正宋黑简体】选项，如图9-120所示。

图 9-120

Step04 然后单击【替换】按钮，如图9-121所示。

图 9-121

Step05 将演示文稿中所有应有【等线 Light】的字体替换成【方正宋黑简体】，效果如图9-122所示。

图 9-122

技术看板

在 PowerPoint 中替换字体时需要注意，单字节字体不能替换成双字节字体，也就是说英文字符字体不能替换成中文字符字体。

本章小结

通过本章知识的学习，相信读者已经掌握了制作文本型幻灯片的基本操作，如文本的输入、编辑，字体格式和段落格式的设置，以及艺术字的使用等，通过本章的学习，用户可以快速制作出纯文本型的演示文稿。本章在最后还讲解了一些幻灯片中文本的输入与编辑操作技巧，以帮助用户更好地制作幻灯片。

第10章 制作图片型幻灯片

- ➡ 网络中搜索到的图片可以直接插入幻灯片中吗？
- ➡ 图片的位置和大小可以随意调整吗？
- ➡ 对于图片多余的部分应该怎么办呢？
- ➡ 插入图片的颜色与幻灯片背景不搭配怎么办？
- ➡ 如何快速对齐幻灯片中的多张图片？

图片对于幻灯片来说非常重要，如何才能利用图片制作出美轮美奂的幻灯片呢？这就需要掌握图片制作的一些操作方法。本章将介绍制作图片型幻灯片，帮助用户快速掌握其制作技巧和方法。

10.1 在幻灯片中插入图片

在幻灯片中既可插入计算机中保存的图片，也可插入联机图片和屏幕截取的图片，用户可以根据实际需要来选择插入图片的方式。

★ 重点 10.1.1 实战：在"着装礼仪培训"中插入计算机中保存的图片

实例门类	软件功能
教学视频	光盘\视频\第10章\10.1.1.mp4

如果计算机中保存有制作幻灯片需要的图片，那么可直接通过 PowerPoint 2013 提供的图片功能，快速将计算机中的图片插入幻灯片中。例如，在"着装礼仪培训"演示文稿中插入计算机中保存的图片，具体操作步骤如下。

Step01 打开"光盘\素材文件\第10章\着装礼仪\着装礼仪培训.pptx"文件，❶选择第1张幻灯片，❷单击【插入】选项卡【图像】组中的【图片】按钮，如图10-1所示。

Step02 打开【插入图片】对话框，❶在地址栏中设置图片保存的位置，❷在对话框中选择需要插入的图片，如选择【图片2】选项，❸单击【插入】按钮，如图10-2所示。

图 10-1

图 10-2

📂 技术看板

如果是在幻灯片内容占位符中插入图片，那么可直接在内容占位符中单击【图片】图标，也可打开【插入图片】对话框。

Step03 返回幻灯片编辑区，可查看到插入的图片效果，如图10-3所示。

图 10-3

Step04 使用前面插入图片的方法，在第4、5、6和第8张幻灯片中分别插入需要的图片，效果如图10-4所示。

图 10-4

★ **新功能 10.1.2 实战：在"着装礼仪培训"中插入联机图片**

实例门类	软件功能
教学视频	光盘\视频\第10章\10.1.2.mp4

制作幻灯片时，如果计算机中没有存放合适的图片，可以通过联机的方式，从网络上直接搜索并插入需要的图片。例如，继续上例操作，在"着装礼仪培训"演示文稿中插入首饰联机图片，具体操作步骤如下。

Step01 在 PowerPoint 2013 中登录用户账户，❶ 在打开的"着装礼仪培训"演示文稿中选择第 3 张幻灯片，❷ 单击【插入】选项卡【图像】组中的【联机图片】按钮，如图 10-5 所示。

图 10-5

技术看板

在 PowerPoint 2013 中，要想插入联机图片，必须要先登录用户账户。

Step02 ❶ 打开【插入图片】对话框，在【必应图像搜索】搜索框中输入图片的关键字，如输入【首饰】，❷ 单击其后的【搜索】按钮，如图 10-6 所示。

图 10-6

Step03 将开始进行搜索，并在对话框中显示搜索到可供知识共享的图片结果，❶ 单击【仅知识共享】按钮，❷ 在弹出的下拉菜单中选择【全部】命令，如图 10-7 所示。

图 10-7

技术看板

如果搜索的结果中没有需要的图片，那么可在对话框的【bing】文本框中重新输入关键字进行搜索。

Step04 将在对话框中显示根据关键字搜索到的所有图片，❶ 选择需要的图片，选中图片左上角的复选框，❷ 单击【插入】按钮，如图 10-8 所示。

图 10-8

Step05 返回幻灯片编辑区，即可查看插入的联机图片，效果如图 10-9 所示。

图 10-9

★ **重点 10.1.3 实战：在"着装礼仪培训"中插入屏幕截图**

实例门类	软件功能
教学视频	光盘\视频\第10章\10.1.3.mp4

PowerPoint 2013 提供了屏幕截图功能，通过该功能可将当前打开窗口中的图片或需要的部分截取下来，插入幻灯片中，非常方便。例如，继续上例操作，在"着装礼仪培训"演示文稿中插入网页窗口中截取的图片，具体操作步骤如下。

Step01 在网页中打开需要截取的窗口，❶ 再在打开的"着装礼仪培训"演示文稿中选择第 7 张幻灯片，❷ 单击【插入】选项卡【图像】组中的【屏幕截图】下拉按钮，❸ 在弹出的下拉列表中选择【屏幕剪辑】命令，如图 10-10 所示。

图 10-10

技术看板

在【屏幕截图】下拉列表中的【可用视窗】栏中显示了当前打开的活动窗口，如果需要插入窗口图，可直接选择相应的窗口插入幻灯片中。

Step02 此时当前打开的窗口将成半透明状态显示，鼠标变成 + 形状，拖动鼠标选择需要截取的部分，所选部分将呈正常状态显示，如图 10-11 所示。

图 10-11

屏幕截图时，需要截取的窗口必须显示在计算机桌面上，这样才能截取。

Step03 截取完所需要的部分，释放鼠标，即可将截取的部分插入幻灯片中，效果如图 10-12 所示。

图 10-12

10.2 编辑幻灯片中的图片

对于插入幻灯片中的图片，还可根据需要对其对进行编辑，如调整图片大小和位置、裁剪图片、更改图片叠放顺序、旋转图片和对齐图片等，以使图片能排列在幻灯片中合适的位置。

★ 重点 10.2.1 实战：在"着装礼仪培训"中调整图片的大小和位置

实例门类	软件功能
教学视频	光盘\视频\第 10 章\10.2.1.mp4

在幻灯片中插入图片后，还需要根据实际情况对图片的大小和位置进行调整。例如，继续上例操作，在"着装礼仪培训"演示文稿中对图片的大小和位置进行调整，具体操作步骤如下。

Step01 在打开的"着装礼仪培训.pptx"演示文稿中选择第 1 张幻灯片中的图片，将鼠标指针移动到图片上，按住鼠标左键不放，将其拖动到幻灯片最左侧，如图 10-13 所示。

图 10-13

技术看板

拖动图片时，图片中出现的垂直和水平虚线是参考线，是为了使拖动的对象参考对齐某个对象而出现的。

Step02 ❶ 选择第 3 张幻灯片，❷ 再选择幻灯片中的图片，❸ 在【格式】选项卡【大小】组中输入图片的高度值，如输入【9.2】，如图 10-14 所示。

图 10-14

技术看板

通过【大小】组调整图片大小时，可只设置图片高度或宽度，这样可等比例调整图片大小，如果同时对高度和宽度进行设置，图片可能会变形。

Step03 按【Enter】键确认，图片的宽度将随着图片的高度等比例进行缩放，效果如图 10-15 所示。

图 10-15

Step04 将鼠标指针移动到图片上，按住鼠标左键不放进行拖动，拖动到合适位置后释放鼠标，即可调整图片位置，如图 10-16 所示。

图 10-16

Step 05 ❶ 选择第 4 张幻灯片，❷ 再选择幻灯片中的图片，将鼠标指针移动到图片右上角的控制点上，当鼠标指针变成 ➕ 形状时，按住鼠标左键不放，向左下角拖动鼠标，如图 10-17 所示。

图 10-17

技术看板

选择图片后，图片四周将出现 8 个控制点，将鼠标指针移动到图片四角的控制点上进行拖动，可等比例调整图片的高度和宽度；如果将鼠标指针移动到图片上下中间的控制点上拖动，则只能调整图片的高度；如果将鼠标指针移动到图片左右中间的控制点上进行拖动，则只能调整图片的宽度。

Step 06 拖动到合适大小后释放鼠标，然后将该图片移动到左侧的空白位置处，效果如图 10-18 所示。

图 10-18

Step 07 使用前面调整图片大小和移动图片的方法对其他幻灯片中图片的大小和位置进行调整，效果如图 10-19 所示。

图 10-19

10.2.2 实战：对"着装礼仪培训"中的图片进行裁剪

实例门类	软件功能
教学视频	光盘\视频\第 10 章\10.2.2.mp4

对于插入幻灯片中的图片，如果只需要图片中的某部分内容，那么可使用 PowerPoint 2013 提供的裁剪功能，将图片不需要的部分裁剪掉。例如，继续上例操作，在"着装礼仪培训"演示文稿中对图片进行裁剪，具体操作步骤如下。

Step 01 ❶ 在打开的"着装礼仪培训"演示文稿中选第 3 张幻灯片中的图片，❷ 单击【格式】选项卡【大小】组中的【裁剪】按钮，如图 10-20 所示。

图 10-20

Step 02 此时图片四周将出现灰色的裁剪框，将鼠标指针移动到图片裁剪控制点上，如将鼠标指针移动到右侧中间的控制点上，当鼠标指针变成 ┣ 形状时，如图 10-21 所示。

Step 03 按住鼠标左键不放向左拖动，可

裁剪右侧多余的部分，如图 10-22 所示。

图 10-21

图 10-22

Step 04 拖动到合适位置后释放鼠标，完成后使用相同的方法对图片左侧需要裁剪的部分进行调整，如图 10-23 所示。

图 10-23

技术看板

裁剪完成后，如果发现将图片的重要部分裁剪掉了，那么可单击【裁剪】按钮，重新调整图片裁剪的区域。

Step 05 完成后，在幻灯片其他区域单击鼠标，即可完成图片的裁剪，效果如图 10-24 所示。

图 10-24

Step06 选择第6张幻灯片，然后对幻灯片中的图片进行裁剪，如图10-25所示。

图 10-25

Step07 调整裁剪框后，退出图片的裁剪状态，效果如图10-26所示。

图 10-26

★ 重点 10.2.3 更改"婚庆用品展"中图片的叠放顺序

实例门类	软件功能
教学视频	光盘\视频\第10章\10.2.3.mp4

当需要将插入的图片排列到某对象的下方或上方时，就需要对图片的叠放顺序进行调整。例如，在"婚庆用品展"演示文稿中对图片叠放顺序进行调整，具体操作步骤如下。

Step01 打开"光盘\素材文件\第10章\婚庆用品展.pptx"文件，❶选择第3张幻灯片，❷再选择幻灯片中左右两张图片，单击【格式】选项卡【排列】组中的【上移一层】下拉按钮，❸在弹出的下拉菜单中选择【置于顶层】命令，如图10-27所示。

图 10-27

Step02 将选择的两张图片直接排列到幻灯片中所有对象的上方，效果如图10-28所示。

图 10-28

技术看板

在【排列】组中单击【上移一层】按钮，可将选择的图片向上移动一层；单击【下移一层】按钮，可将选择的图片向下移动一层。

10.2.4 实战：对"婚庆用品展"中的图片进行旋转

实例门类	软件功能
教学视频	光盘\视频\第10章\10.2.4.mp4

如果幻灯片中插入图片的方向不正确，或者需要将图片旋转到一定角度进行排列，那么可通过PowerPoint 2013提供的旋转功能对图片进行相应的旋转。例如，继续上例操作，在"婚庆用品展"演示文稿中对图片进行旋转，具体操作步骤如下。

Step01 ❶在打开的"婚庆用品展"演示文稿中选择第4张幻灯片，❷选择幻灯片最右侧的大图片，单击【格式】选项卡【排列】组中的【旋转】按钮，❸在弹出的下拉菜单中选择【垂直翻转】命令，如图10-29所示。

图 10-29

技术看板

通过旋转命令旋转图片时，有时并不能一次旋转到位，需要多次旋转才能达到需要的旋转效果。

Step02 此时，选择的图片将进行垂直翻转，效果如图10-30所示。

图 10-30

Step03 ❶选择第6张幻灯片左侧的图片，❷单击【排列】组中的【旋转】按钮，❸在弹出的下拉菜单中选择

【其他旋转选项】命令，如图 10-31 所示。

图 10-31

技能拓展——拖动鼠标进行旋转

选择图片，图片上方将出现一个 ⟳ 控制点，将鼠标移动到该控制点上，当鼠标指针变成 ⟳ 形状时，按住鼠标左键不放向左或向右拖动，可自由旋转图片。

Step④ 打开【设置图片格式】任务窗格，在【大小】栏【旋转】数值框中输入【0】，按【Enter】键，即可根据设置的旋转角度旋转图片，如图 10-32 所示。

图 10-32

10.2.5 实战：对"婚庆用品展中"的图片进行对齐排列

实例门类	软件功能
教学视频	光盘\视频\第 10 章\10.2.5.mp4

当一张幻灯片中插入多张图片，且需要使这几张图片按照一定规律进行排列时，可使用 PowerPoint 2013 提供的对齐功能快速对齐图片。例如，继续上例操作，对"婚庆用品展"演示文稿中的多张图片进行对齐排列，具体操作步骤如下。

Step① ❶ 在打开的"婚庆用品展"演示文稿中选择第 3 张幻灯片，❷ 选择幻灯片中的 3 张图片，单击【格式】选项卡【排列】组中的【对齐】按钮，❸ 在弹出的下拉菜单中选择需要的对齐方式，如选择【底端对齐】命令，如图 10-33 所示。

图 10-33

Step② 选择的 3 张幻灯片将根据其中的一张图片的底端进行对齐，效果如图 10-34 所示。

图 10-34

Step③ ❶ 选择第 4 张幻灯片中上方的两张小图，❷ 单击【排列】组中的【对齐】按钮，❸ 在弹出的下拉菜单中选择【顶端对齐】命令，如图 10-35 所示。

Step④ 选择的两张图片将以顶端对齐的方式进行排列，❶ 选择幻灯片中左侧的两张小图，❷ 单击【排列】组中的【对齐】按钮，❸ 在弹出的下拉菜单中选择【右对齐】命令，右对齐

排列选择的图片，如图 10-36 所示。

图 10-35

图 10-36

Step⑤ 使用前面的对齐排列方法，将幻灯片下方的两张小图进行对齐，效果如图 10-37 所示。

图 10-37

Step⑥ 使用相同的方法对其他幻灯片中的图片进行对齐操作，如图 10-38 所示。

图 10-38

10.2.6 实战：对"婚庆用品展"中的图片进行更改

实例门类	软件功能
教学视频	光盘\视频\第10章\10.2.6.mp4

在制作幻灯片的过程中，如果需要将图片更改为其他图片，但更改的图片需要保留原图片的效果时，那么可通过 PowerPoint 2013 提供的更改图片功能来实现。例如，继续上例操作，对"婚庆用品展"演示文稿中的图片进行更改，具体操作步骤如下。

Step01 ❶ 在打开的"婚庆用品展"演示文稿中选择第 4 张幻灯片中的【气球装饰】图片，❷ 单击【格式】选项卡【调整】组中的【更改图片】按钮，如图 10-39 所示。

图 10-39

Step02 在打开的对话框中，选择图片的来源，这里单击【浏览】超链接，如图 10-40 所示。

图 10-40

Step03 ❶ 打开【插入图片】对话框，在地址栏中设置更改图片的保存位置，❷ 在对话框中选择需要插入的图片【气球装饰】，❸ 单击【插入】按钮，如图 10-41 所示。

图 10-41

Step04 返回幻灯片编辑区，即可查看到将选择的图片更改为插入的图片，并且图片效果将保留原图片的效果，如图 10-42 所示。

图 10-42

技能拓展——重设图片

如果原图片的效果不能满足当前的需要，那么可选择图片，单击【调整】组中的【重设图片】按钮，使图片恢复到插入时的效果，也就是未设置任何效果时的状态，然后重新设置图片效果。

10.3 美化幻灯片中的图片

对于插入幻灯片中的图片，其原来的图片颜色、亮度和效果可能并不能满足需要，这时就需要对图片进行各种美化操作，使图片效果更加美观。

★ 重点 10.3.1 实战：更正"产品宣传画册"中图片的亮度/对比度

实例门类	软件功能
教学视频	光盘\视频\第10章\10.3.1.mp4

在幻灯片中插入图片后，还可以根据 PowerPoint 提供的更正功能对图片的亮度、对比度、锐化和柔化等效果进行调整，使图片效果更佳。例如，在"产品宣传画册"演示文稿中对图片亮度和对比度进行调整，具体操作步骤如下。

Step01 打开"光盘\素材文件\第10章\产品宣传画册.pptx"文件，❶ 选择第 2 张幻灯片左侧下方的图片，单击【格式】选项卡【调整】组中的【更正】按钮，❷ 在弹出的下拉列表【锐化/柔化】栏中选择需要的选项，如选择【锐化：50%】选项，如图 10-43 所示。

图 10-43

Step02 返回幻灯片编辑区，可查看调整图片锐化后的效果，如图 10-44 所示。

图 10-44

Step03 ❶ 保持图片的选择状态，单击【格式】选项卡【调整】组中的【更正】按钮，❷ 在弹出的下拉列表【亮度 / 对比度】栏中选择需要的选项，如选择【亮度：+20% 对比度：+20%】选项，如图 10-45 所示。

图 10-45

Step04 返回幻灯片编辑区，可查看调整图片亮度和对比度后的效果，如图 10-46 所示。

图 10-46

Step05 ❶ 选择第 1 张幻灯片中的图片，单击【格式】选项卡【调整】组

中的【更正】按钮，❷ 在弹出的下拉列表【亮度 / 对比度】栏中选择【亮度：+40% 对比度：+0%（正常）】选项，如图 10-47 所示。

图 10-47

Step06 返回幻灯片编辑区，可查看调整图片亮度后的效果，如图 10-48 所示。

图 10-48

★ 重点 10.3.2 实战：调整"产品宣传画册"中图片的颜色

实例门类	软件功能
教学视频	光盘\视频\ 第 10 章\10.3.2.mp4

除了可对幻灯片中图片的亮度和对比度进行调整外，还可对图片的颜色进行调整，使图片颜色更符合需要。例如，继续上例操作，在"产品宣传画册"演示文稿中对图片的颜色进行调整，具体操作步骤如下。

Step01 打开"产品宣传画册"文件，选择第 2 张幻灯片右侧上方的图片，❶ 单击【格式】选项卡【调整】组中的【颜色】按钮，❷ 在弹出的下拉列

表【颜色饱和度】栏中选择图片饱和度，如选择【饱和度：200%】选项，如图 10-49 所示。

图 10-49

Step02 即可查看调整所选图片饱和度后的效果，如图 10-50 所示。

图 10-50

Step03 选择第 2 张幻灯片左侧上方的图片，❶ 单击【格式】选项卡【调整】组中的【颜色】按钮，❷ 在弹出的下拉列表【色调】栏中选择图片的色调，如选择【色温：11200K】选项，如图 10-51 所示。

图 10-51

Step04 即可查看调整所选图片色调后的效果，如图 10-52 所示。

图 10-52

Step 05 选择第 4 张幻灯片中最底层的图片，❶ 单击【格式】选项卡【调整】组中的【颜色】按钮，❷ 在弹出的下拉列表【重新着色】栏中可重新为图片着色，如选择【冲蚀】选项，如图 10-53 所示。

图 10-53

Step 06 即可查看到为图片重新着色后的效果，如图 10-54 所示。

图 10-54

技术看板

调整图片颜色时，可对同一张图片进行图片饱和度、色调和重新着色等进行设置。

★ 重点 10.3.3　实战：为"产品宣传画册"中的图片应用样式

实例门类	软件功能
教学视频	光盘\视频\第 10 章\10.3.3.mp4

PowerPoint 2013 提供了多种图片样式，通过应用图片样式，可快速提升图片的整体效果。例如，继续上例操作，为"产品宣传画册"演示文稿中的图片应用样式，具体操作步骤如下。

Step 01 在打开的"产品宣传画册.pptx"演示文稿中选择第 3 张幻灯片中的 4 张图片，❶ 单击【格式】选项卡【图片样式】组中的【快速样式】按钮，❷ 在弹出的下拉列表中选择需要的样式，如选择【柔化边缘矩形】选项，如图 10-55 所示。

图 10-55

Step 02 即可为图片应用选择的图片样式，效果如图 10-56 所示。

图 10-56

Step 03 选择第 4 张幻灯片上方的 3 张图片，❶ 单击【格式】选项卡【图片样式】组中的【快速样式】按钮，

❷ 在弹出的下拉列表中选择【简单框架】选项，如图 10-57 所示。

图 10-57

Step 04 即可为图片应用选择的图片样式，效果如图 10-58 所示。

图 10-58

技能拓展——通过右键菜单应用图片样式

选择图片并右击，在弹出的快捷菜单中单击【快速样式】按钮，在弹出的下拉菜单中选择需要的样式。

10.3.4　实战：为"婚庆用品展 1"中的图片添加边框

实例门类	软件功能
教学视频	光盘\视频\第 10 章\10.3.4.mp4

当需要为图片添加边框时，可通过 PowerPoint 2013 提供的图片边框功能，为图片添加需要的边框。例如，为"婚庆用品展 1"演示文稿中的图片添加需要的边框，具体操作步骤如下。

Step 01 打开"光盘\素材文件\第10章\婚庆用品展1.pptx"文件，❶选择第5张幻灯片，❷再选择幻灯片中的两张图片，单击【图片样式】组中的【图片边框】下拉按钮，❸在弹出的下拉列表中选择边框颜色，如选择【黑色，文字1】选项，如图10-59所示。

图 10-59

Step 02 为选择的图片添加黑色边框，效果如图10-60所示。

图 10-60

Step 03 ❶保持幻灯片中两张图片的选择状态，单击【图片样式】组中的【图片边框】下拉按钮，❷在弹出的下拉列表中选择【粗细】命令，❸在弹出的级联列表中选择图片边框粗细，如选择【4.5磅】选项，如图10-61所示。

图 10-61

10.3.5 实战：为"婚庆用品展1"中的图片添加图片效果

实例门类	软件功能
教学视频	光盘\视频\第10章\10.3.5.mp4

如果 PowerPoint 提供的图片样式不能满足需要，那么可根据需要对图片添加阴影、映像、发光、柔化边缘、棱台和三维旋转等效果，使图片更具立体感。例如，继续上例操作，为"婚庆用品展1"演示文稿中的图片应用图片效果，具体操作步骤如下。

Step 01 ❶在打开的"婚庆用品展1"演示文稿中选择第3张幻灯片，❷再选择幻灯片中的3张图片，单击【图片样式】组中的【图片效果】按钮，❸在弹出的下拉菜单中选择需要的图片效果，如选择【映像】命令，❹在弹出的级联菜单中选择需要的映像效果，如选择【紧密映像：接触】选项，如图10-62所示。

图 10-62

Step 02 即可为图片应用选择的映像效果，如图10-63所示。

图 10-63

Step 03 ❶选择第4张幻灯片，❷再选择幻灯片中的4张小图，单击【图片样式】组中的【图片效果】按钮，❸在弹出的下拉菜单中选择【预设】命令，❹在弹出的级联菜单中选择需要的预设效果，如选择【预设1】选项，如图10-64所示。

图 10-64

Step 04 ❶选择幻灯片右侧的大图，单击【图片样式】组中的【图片效果】按钮，❷在弹出的下拉菜单中选择【三维旋转】命令，❸在弹出的级联菜单中选择需要的三维旋转效果，如选择【左透视】选项，如图10-65所示。

图 10-65

Step 05 即可为图片添加选择的三维旋转效果，如图10-66所示。

图 10-66

Step06 ❶ 选择第 6 张幻灯片，❷ 再选择幻灯片中的两张图片，单击【图片样式】组中的【图片效果】按钮，❸ 在弹出的下拉菜单中选择【发光】命令，❹ 在弹出的级联菜单中选择需要的发光效果，如选择【发光：18 磅；橙色，主题色 2】选项，如图 10-67 所示。

图 10-67

Step07 即可为图片添加选择的发光效果，如图 10-68 所示。

图 10-68

10.3.6 实战：为"婚庆用品展 2"中的图片应用图片版式

实例门类	软件功能
教学视频	光盘\视频\第 10 章\10.3.6.mp4

在 PowerPoint 2013 中提供了图片版式功能，通过该功能可以快速将图片转化为带文本的 SmartArt 图形，以便于对图片进行说明。例如，为"婚庆用品展 2"演示文稿中的图片应用图片版式，具体操作步骤如下。

Step01 打开"光盘\素材文件\第 10 章\婚庆用品展 2.pptx"文件，❶ 选择第 3 张幻灯片，❷ 再选择幻灯片中的 3 张图片，单击【图片样式】组中的【图片版式】按钮，❸ 在弹出的下拉列表中选择需要的图片版式，如选择【蛇形图片半透明文本】选项，如图 10-69 所示。

图 10-69

Step02 即可为图片应用选择的图片版式，将鼠标光标定位到第 1 张图片中的半透明文本框中，然后输入需要的文本【卡通系列】，效果如图 10-70 所示。

图 10-70

Step03 使用相同的方法为其他两张图片添加相应的文本，效果如图 10-71 所示。

图 10-71

10.3.7 实战：为"婚庆用品展 2"中的图片应用图片艺术效果

实例门类	软件功能
教学视频	光盘\视频\第 10 章\10.3.7.mp4

在 PowerPoint 2013 中提供了图片的艺术效果样式，用户可以根据需要为图片应用相应的艺术效果，以增加图片的艺术感。例如，继续上例操作，为"婚庆用品展 2"演示文稿中的图片应用艺术效果，具体操作步骤如下。

Step01 ❶ 在打开的"婚庆用品展 2.pptx"演示文稿中选择第 4 张幻灯片右侧的大图片，❷ 单击【格式】选项卡【调整】组中的【艺术效果】按钮，❸ 在弹出的下拉列表中选择需要的图片艺术效果，如选择【水彩海绵】选项，如图 10-72 所示。

图 10-72

Step02 即可为图片应用选择的艺术效果，如图 10-73 所示。

图 10-73

Step03 ❶ 选择第 5 张幻灯片左侧的图片，单击【调整】组中的【艺术效果】按钮，❷在弹出的下拉列表中选择【十字图案蚀刻】选项，如图10-74所示。

Step 04 然后为该幻灯片右侧的图片应用相同的艺术效果，如图10-75所示。

为幻灯片中的图片应用艺术效果时，不能同时为多张幻灯片应用相同的艺术效果，只能一张一张地依次添加。

图 10-74

图 10-75

10.4 制作产品相册

当需要制作图片型的演示文稿时，可以通过 PowerPoint 2013 提供的电子相册功能，快速将图片分配到演示文稿的每张幻灯片中，以提高制作幻灯片的效率。

★ 重点 10.4.1 实战：插入产品图片制作电子相册

实例门类	软件功能
教学视频	光盘\视频\第10章\10.4.1.mp4

通过 PowerPoint 2013 提供的电子相册功能，可以快速将多张图片平均分配到演示文稿的幻灯片中，对于制作产品相册等图片型的幻灯片来说非常方便。例如，在 PowerPoint 中制作产品相册演示文稿，具体操作步骤如下。

Step 01 在新建的空白演示文稿中单击【插入】选项卡【图像】组中的【相册】按钮，如图10-76所示。

图 10-76

Step 02 打开【相册】对话框，单击【文件/磁盘】按钮，❶打开【插入新图片】对话框，在地址栏中设置图片保存的位置，❷然后选择所有的图片，❸单击【插入】按钮，如图10-77所示。

图 10-77

Step 03 返回【相册】对话框，❶在【相册中的图片】列表框中选择需要创建为相册的图片，这里选中所有图片对应的复选框，❷在【图片版式】下拉列表框中选择需要的相册版式，如选择【1张图片】选项，❸在【相框形状】下拉列表框中选择需要的相框版式，如选择【简单框架，白色】选项，❹单击【浏览】按钮，如图10-78所示。

图 10-78

如果需要对相册中某张图片的亮度、对比度等效果进行调整，可以在【相册】对话框中的【相册中的图片】列表框中选中需要调整的图片复选框，在右侧的【预览】栏下提供了多个调整图片效果的按钮，单击相应的按钮，即可对图片的旋转角度、亮度和对比度等效果进行相应的调整。

Step 04 ❶打开【选择主题】对话框，选择需要应用的幻灯片主题，如选择【Slice.thmx】选项，❷单击【选择】按钮，如图10-79所示。

图 10-79

Step05 返回【相册】对话框，单击【创建】按钮，创建一个新演示文稿，在其中显示了创建的相册效果，并将该演示文稿保存为"产品相册"，然后选择第 1 张幻灯片，对占位符中的文本和字体格式进行修改，效果如图 10-80 所示。

图 10-80

10.4.2 实战：编辑产品相册

实例门类	软件功能
教学视频	光盘\视频\第 10 章\10.4.2.mp4

如果对制作的相册版式、主题等不满意，用户还可根据需要对其进行编辑。例如，继续上例操作，在"产品相册"演示文稿中对相册的主题和文本框进行修改，具体操作步骤如下。

Step01 ❶ 在打开的"产品相册"演示文稿中单击【插入】选项卡【图像】组中的【相册】下拉按钮，❷ 在弹出的下拉菜单中选择【编辑相册】命令，如图 10-81 所示。

图 10-81

Step02 打开【编辑相册】对话框，❶ 在【图片选项】栏中选中【标题在所有图片下面】复选框，❷ 在【图片版式】下拉列表框中选择【2 张图片】选项，❸ 在【相框形状】下拉列表框中选择【居中矩形阴影】选项，❹ 单击【主题】后的【浏览】按钮，如图 10-82 所示。

图 10-82

Step03 ❶ 打开【选择主题】对话框，选择需要应用的幻灯片主题【Organic.thmx】选项，❷ 单击【选择】按钮，如图 10-83 所示。

图 10-83

Step04 返回【编辑相册】对话框，单击【更新】按钮，更改相册的主题，并在每张图片下面自动添加一个标题，然后对图片的大小进行相应的调整，使图片排列更加美观，效果如图 10-84 所示。

图 10-84

技能拓展——快速更改图片版式和相册主题

如果只需要更改相册的相框形状和主题，也可直接在【格式】选项卡【图片样式】组中设置图片的样式，在【设计】选项卡【主题】组中应用需要的主题。

妙招技法

本章前面讲解了在幻灯片中插入图片、编辑图片和美化图片的操作方法了，那么下面将结合本章内容，给大家介绍一些实用技巧。

技巧 01: 快速将图片裁剪为需要的形状

教学视频	光盘\视频\第10章\技巧01.mp4

通过 PowerPoint 2013 提供的裁剪功能,除了可以将图片多余的部分裁剪掉外,还可将图片裁剪为任意需要的形状,使图片效果多样化。例如,在"楼盘推广策划"演示文稿中裁剪图片为形状,具体操作步骤如下。

Step01 打开"光盘\素材文件\第10章\楼盘推广策划.pptx"文件,❶选择第2张幻灯片,❷再选择幻灯片中的图片,单击【格式】选项卡【大小】组中的【裁剪】下拉按钮,❸在弹出的下拉菜单中选择【裁剪为形状】命令,❹在弹出的级联菜单中选择需要的形状,如选择【流程图:多文档】选项,如图10-85所示。

图 10-85

Step02 即可将图片裁剪为选择的形状,效果如图10-86所示。

图 10-86

技能拓展——按一定比例裁剪图片

在裁剪图片时,用户也可按一定比例进行裁剪,使裁剪的图片更规整。其方法是:选择需要裁剪的图片,单击【大小】组中的【裁剪】下拉按钮,在弹出的下拉菜单中选择【纵横比】命令,在弹出的级联菜单中选择裁剪比例,即可按选择的裁剪比例裁剪图片。

技巧 02: 快速将纯色背景的图片设置为透明色

教学视频	光盘\视频\第10章\技巧02.mp4

有时为了使幻灯片中的图片与幻灯片背景或主题融合在一起,需要将图片背景设置为透明色。如果图片的背景色是纯色的,那么可使用 PowerPoint 2013 提供的设置透明色功能将纯色图片背景设置为透明色。例如,在"着装礼仪培训1"演示文稿中将纯色背景的图片背景设置为透明色,具体操作步骤如下。

Step01 打开"光盘\素材文件\第10章\着装礼仪培训1.pptx"文件,❶选择第1张幻灯片中的图片,❷单击【格式】选项卡【调整】组中的【颜色】按钮,❸在弹出的下拉菜单中选择【设置透明色】命令,如图10-87所示。

图 10-87

Step02 将鼠标指针移动到图片上,此时鼠标指针将变成形状,如图10-88所示。

图 10-88

Step03 在图片的背景上单击,即可删除图片的纯色背景,变成透明效果,如图10-89所示。

图 10-89

技术看板

将图片背景设置为透明色后,有些图片周围会出现一些比较明显的白色齿轮,如果影响图片的整体效果,那么可为图片设置柔化边缘效果,将图片周围的白色齿轮淡化掉。

技巧 03: 如何抠出图片中需要的部分

教学视频	光盘\视频\第10章\技巧03.mp4

对于幻灯片中的图片,如果只需要图片中的某一部分,且不能通过裁剪功能来实现时,可以通过 PowerPoint 2013 提供的删除背景功

能，不仅可以删除图片背景，还可快速抠出图片中需要的部分。例如，继续上例操作，在"着装礼仪培训1"演示文稿中抠出图片中需要的部分，具体操作步骤如下。

Step01 ❶ 在打开的"着装礼仪培训1"演示文稿中选择第4张幻灯片中的图片，❷ 单击【格式】选项卡【调整】组中的【删除背景】按钮，如图10-90所示。

图 10-90

Step02 此时图片默认被删除的部分将变成紫红色，调整图片框的大小，显示更多的保留区域，如果图片要保留的部分也变成了紫红色，那么需要单击【背景消除】选项卡【优化】组中的【标记要保留的区域】按钮，如图10-91所示。

图 10-91

技能拓展——标记要删除的区域

如果图片要删除的部分被保留了下来，那么可单击【背景消除】选项卡中的【标记要删除的区域】按钮，然后在图片要删除的部分绘制线条，即可标记出要删除的部分。

Step03 此时，鼠标指针将变成/形状，拖动鼠标在图片中需要保留的部分绘制线条，如图10-92所示。

图 10-92

Step04 绘制线条的区域将以图片正常的颜色进行显示，继续在图片中需要保留的区域绘制线条，使需要保留的区域完全显示出来，然后单击【背景消除】选项卡【关闭】组中的【保留更改】按钮，如图10-93所示。

图 10-93

Step05 返回幻灯片编辑区，可查看到抠图后的效果，如图10-94所示。

图 10-94

Step06 使用相同的方法对其他幻灯片中图片的背景进行删除，效果如图10-95所示。

图 10-95

技术看板

若单击【背景消除】选项卡【关闭】组中的【放弃所有更改】按钮，将不会执行删除图片背景的操作，图片将保持原状不变。

技巧04：如何将幻灯片中的图片保存到计算机中

教学视频	光盘\视频\第10章\技巧04.mp4

对于他人制作的演示文稿或网上下载的PPT模板中，如果有需要的图片，也可将其保存到自己的计算机中，以方便制作演示文稿时使用。例如，将"楼盘推广策划"演示文稿中需要的图片保存到计算机中，具体操作步骤如下。

Step01 打开"光盘\素材文件\第10章\楼盘推广策划.pptx"文件，❶ 选择第2张幻灯片，❷ 选择幻灯片中的图片并右击，在弹出的快捷菜单中选择【另存为图片】命令，如图10-96所示。

图 10-96

Step02 ❶ 打开【另存为图片】对话框，在地址栏中设置图片的保存位置，❷ 在【文件名】文本框中输入图片保存的名称，如输入【项目夜景】，❸ 单击【保存】按钮，如图 10-97 所示。

图 10-97

Step03 即可保存图片，在图片保存的文件夹中可查看到保存的图片，效果如图 10-98 所示。

图 10-98

技巧 05：将多个对象组合为一个对象

教学视频	光盘\视频\第 10 章\技巧 05.mp4

当需要对幻灯片中的多个对象进行相同的操作时，可以先将多个对象组合为一个对象，这样方便操作。例如，对"婚庆用品展 3"演示文稿中的图片和文本框进行组合，具体操作步骤如下。

Step01 打开"光盘\素材文件\第 10 章\婚庆用品展 3.pptx"文件，❶ 选择第 4 张幻灯片左侧的图片和图片下的文本框，❷ 单击【格式】选项卡【排列】组中的【组合】按钮，❸ 在弹出的下拉菜单中选择【组合】命令，如图 10-99 所示。

图 10-99

Step02 可将选择的多个对象组合为一个对象，效果如图 10-100 所示。

图 10-100

技能拓展——取消组合

当需要对组合对象中的某个对象单独进行某项操作时，需要先取消对象的组合。其方法是：选择组合的对象，单击【排列】组中的【组合】按钮，在弹出的下拉菜单中选择【取消组合】命令，即可取消对象的组合。

本章小结

通过本章知识的学习，相信读者已经掌握了在幻灯片中插入图片、编辑图片及美化图片的操作，在实际应用过程中，读者只有灵活应用图片的相关知识，才能制作出美观且具有立体感的图片，让制作的图片效果能满足各种幻灯片的需要。

第11章 制作图示型幻灯片

➜ 可不可以将多个形状组合成一个形状？

➜ 怎样绘制需要的形状？

➜ 对于绘制的形状可以进行哪些编辑？

➜ SmartArt 图形包含哪些类型？

➜ 能不能将文本转化为 SmartArt 图形？

在幻灯片中，形状不仅能美化和装饰幻灯片，还可以通过形状来制作各种结构的图示，而 SmartArt 图形则是具有一定结构的图示，相对于形状来说，SmartArt 图形制作图示的操作相对简单。本章将主要对形状和 SmartArt 图形的插入、编辑与美化操作进行讲解，使读者能快速制作出图示型的幻灯片。

11.1 插入与编辑形状

PowerPoint 2013 中提供了形状功能，通过该功能可在幻灯片中插入或绘制一些规则或不规则的形状，并且还可对绘制的形状进行编辑，使其能符合各种需要。

★ 重点 11.1.1 实战：在"工作总结"中绘制需要的形状

实例门类	软件功能
教学视频	光盘\视频\第 11 章\11.1.1.mp4

在制作幻灯片的过程中，经常会借助形状来灵活排列幻灯片内容，使幻灯片展现的内容更形象。PowerPoint 2013 中提供了矩形、线条、箭头等各种需要的形状，用户可选择需要的形状类型进行绘制。例如，在"工作总结"演示文稿中绘制需要的形状，具体操作步骤如下。

Step01 打开"光盘\素材文件\第 11 章\工作总结 .pptx"文件，❶选择第 3 张幻灯片，❷单击【插入】选项卡【插图】组中的【形状】按钮，❸在弹出的下拉列表中选择需要的形状，如选择【矩形】栏中的【矩形】选项，如图 11-1 所示。

Step02 此时，鼠标指针将变成+形状，

将鼠标移动到幻灯片中需要绘制形状的位置，然后按住鼠标左键不放进行拖动，如图 11-2 所示。

图 11-1

图 11-2

技术看板

绘制形状时，按住【Ctrl】键拖动进行绘制，可以使鼠标位置作为图形的中心点，按住【Shift】键拖动进行绘制，则可以绘制出固定宽度比的形状，如绘制正方形、正圆形和直线等。

Step03 拖动到合适位置后释放鼠标，即可完成绘制，然后使用相同的方法继续在该幻灯片中绘制需要的矩形，效果如图 11-3 所示。

图 11-3

Step04 ❶选择第4张幻灯片，❷单击【插入】选项卡【插图】组中的【形状】按钮，❸在弹出的下拉列表中选择【基本形状】栏中的【椭圆】选项，如图11-4所示。

图 11-4

Step05 此时，鼠标指针将变成+形状，按住【Shift】键的同时拖动鼠标绘制正圆，效果如图11-5所示。

图 11-5

Step06 正圆绘制完成后，按住【Shift】键在正圆下方绘制一条直线，效果如图11-6所示。

图 11-6

Step07 选择绘制的正圆和直线，按住【Ctrl+Shift】组合键不放，向下拖动，可复制选择的形状，效果如图11-7所示。

图 11-7

Step08 使用前面绘制形状的方法，在演示文稿其他幻灯片中绘制需要的形状，效果如图11-8所示。

图 11-8

技术看板

在第7张幻灯片中绘制形状时，先绘制4个圆角矩形，然后在圆角矩形上半部分绘制一条直线，由于直线和圆角矩形的颜色一样，所以直线看不清楚。

11.1.2 实战：对"工作总结"中的形状进行编辑

实例门类	软件功能
教学视频	光盘\视频\第11章\11.1.2.mp4

对于绘制的形状，还可根据需要对其进行编辑，如在形状中输入需要的文本，调整形状的大小和位置、调整形状的叠放顺序等。例如，继续上例操作，在"工作总结"演示文稿中的形状中输入相应的文本，并对输入的文本进行编辑，然后对形状的叠放

顺序进行调整，具体操作步骤如下。

Step01 ❶在打开的"工作总结"演示文稿中选择第3张幻灯片中的第一个矩形并右击，❷在弹出的快捷菜单中选择【编辑文字】命令，如图11-9所示。

图 11-9

Step02 ❶此时鼠标光标将定位到矩形中，输入需要的文字【01】，❷然后在【开始】选项卡【字体】组中将字号设置为【28】，❸单击【加粗】按钮**B**加粗文本，效果如图11-10所示。

图 11-10

技术看板

在需要输入文本的形状上双击，也可将鼠标光标定位到形状中。

Step03 继续在左侧的小矩形中输入相应的文字，并对字体格式进行设置，❶选择右侧的3个长矩形，❷单击【格式】选项卡【排列】组中的【下移一层】下拉按钮，❸在弹出的下拉菜单中选择【置于底层】命令，如图11-11所示。

图 11-11

Step04 所选的形状将置于幻灯片其他对象的最底层，效果如图 11-12 所示。

图 11-12

Step05 使用前面在形状中输入文本和设置形状叠放顺序的方法对其他幻灯片中的形状进行相应的编辑，效果如图 11-13 所示。

图 11-13

Step06 选择第 8 张幻灯片左侧的 4 个矩形，将鼠标指针移动到矩形右侧中间的控制点上，当鼠标指针变成＋形状时，按住鼠标左键不放向右进行拖动，如图 11-14 所示。

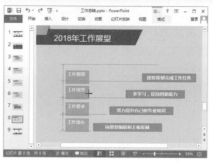

图 11-14

Step07 拖动到矩形中的文本显示为一行时释放鼠标，即可完成形状大小的调整，如图 11-15 所示。

图 11-15

技能拓展——更改形状

　　如果用户对绘制的形状不满意，可将其更改为其他类型的形状。其方法是：选择需要更改的形状，单击【格式】选项卡【插入形状】组中的【编辑形状】按钮，在弹出的下拉菜单中选择【更改形状】命令，在弹出的级联菜单中选择需要的形状，即可将原形状更改为选择的形状。

★ 新功能 11.1.3 在"工作总结"中将多个形状合并为一个形状

实例门类	软件功能
教学视频	光盘\视频\第 11 章\11.1.3.mp4

　　对于一些复杂的形状或特殊的形

状，也可通过 PowerPoint 2013 提供的合并形状功能，将两个或两个以上形状合并成一个新的形状。例如，继续上例操作，在"工作总结"演示文稿中将两个正圆合并为一个形状，具体操作步骤如下。

Step01 在打开的"工作总结"演示文稿中第 4 张幻灯片中 3 个圆上分别绘制一个小正圆，选中重叠的两个圆，❷ 单击【格式】选项卡【插入形状】组中的【合并】按钮，❸ 在弹出的下拉列表中选择【组合】命令，如图 11-16 所示。

图 11-16

技术看板

　　【合并】下拉菜单中的【联合】命令，表示将多个相互重叠或分离的形状结合生成一个新的形状；【组合】命令，表示将多个相互重叠或分离的形状结合生成一个新的形状，但形状的重合部分将被裁剪掉；【拆分】命令，表示将多个形状重合或未重合的部分拆分为多个形状；【相交】命令，表示将多个形状未重叠的部分裁剪掉，重叠的部分将被保留；【剪除】命令，表示将被剪除的形状覆盖或被其他对象覆盖的部分清除所产生新的对象。

Step02 将选择的两个正圆合并为一个正圆，并且重合的部分将被裁剪掉，只保留未重合的部分，效果如图 11-17 所示。

图 11-17

Step03 使用相同的方法组合该幻灯片中其他重合的正圆，然后在组合的正圆中输入相应的文本，并对文本的字体格式进行相应的设置，效果如图11-18 所示。

图 11-18

11.2 美化绘制的形状

对绘制的形状进行编辑后，还可通过为形状应用样式，设置形状填充色、形状轮廓和形状效果等方式对形状进行美化，使形状更形象、效果更美观。

★ 重点 11.2.1 实战：为"工作总结"中的形状应用内置样式

实例门类	软件功能
教学视频	光盘\视频\第 11 章\11.2.1.mp4

PowerPoint 2013 中提供了多种形状样式，用户可直接将其应用到形状中，快速对形状进行美化。

技术看板

在【形状样式】下拉列表中选择【其他主题填充】选项，在弹出的级联列表中也提供了几种颜色，用户可根据需要进行选择。

例如，继续上例操作，在"工作总结"演示文稿中为形状应用内置样式，具体操作步骤如下。

Step01 ❶ 在打开的"工作总结"演示文稿中选择第 3 张幻灯片，❷ 在该幻灯片中选择 6 个矩形，单击【格式】选项卡【形状样式】组中的【其他】按钮，在弹出的下拉列表中选择需要的形状样式，如选择【浅色 1 轮廓，彩色填充 - 橙色，强调颜色 2】选项，如图 11-19 所示。

图 11-19

Step02 即可为形状应用选择的形状样式，效果如图 11-20 所示。

图 11-20

Step03 ❶ 选择第 6 张幻灯片，❷ 选择需要应用样式的形状，单击【形状样式】组中的【其他】按钮，在弹出的下拉列表中选择【强烈效果 - 蓝色，强调颜色 1】选项，如图 11-21所示。

图 11-21

Step04 ❶ 选择第 7 张幻灯片，❷ 选择箭头形状，在【形状样式】下拉列表中选择【强烈效果 - 橙色，强调颜色1】选项，如图 11-22 所示。

图 11-22

Step05 选择幻灯片中的圆角矩形，在【形状样式】下拉列表中选择【浅色1 轮廓，彩色填充 - 橙色，强调颜色2】选项，如图 11-23 所示。

图 11-23

Step 06 选择第 8 张幻灯片中直线和带箭头的线条，为其应用【粗浅 - 深色 1】形状样式，如图 11-24 所示。

图 11-24

★ **重点 11.2.2 实战：设置"工作总结"中形状的填充色**

实例门类	软件功能
教学视频	光盘\视频\第 11 章\11.2.2.mp4

由于形状样式中提供的颜色有限，并不能满足所有需要，因此用户可根据需要单独对形状的填充色进行设置。

例如，继续上例操作，在"工作总结"演示文稿中对形状的填充色进行设置，具体操作步骤如下。

Step 01 ❶ 在打开的"工作总结"演示文稿中选择第 3 张幻灯片左侧的小矩形，❷ 单击【格式】选项卡【形状样式】组中的【形状填充】下拉按钮，❸ 在弹出的下拉列表中选择【取色器】命令，如图 11-25 所示。

图 11-25

Step 02 此时鼠标指针将变成 形状，将鼠标指针移动到幻灯片中需要应用的颜色上，将显示所吸取颜色的 RGB 颜色值，如图 11-26 所示。

图 11-26

Step 03 在颜色上单击，即可将吸取的颜色应用到选择的形状中，❶ 选择幻灯片右侧的 3 个长矩形，❷ 选择【形状填充】→【取色器】命令，将鼠标指针移动到需要吸取的颜色上，如图 11-27 所示。

图 11-27

Step 04 即可将吸取的颜色应用到选择的形状中，效果如图 11-28 所示。

图 11-28

Step 05 ❶ 选择第 4 张幻灯片，❷ 再选择幻灯片中的圆，单击【形状样式】组中的【形状填充】下拉按钮，❸ 在弹出的下拉列表中选择颜色，如选择【最近使用的颜色】栏中的【橙色】选项，将形状填充为选择的颜色，如图 11-29 所示。

图 11-29

⚙ **技能拓展——使用其他方式填充形状**

在【形状填充】下拉列表中选择【图片】命令，可使用计算机中保存的图片或网络中搜索到的图片进行填充；选择【渐变】命令，可使用提供的渐变色进行填充；选择【纹理】命令，可使用提供的纹理样式进行填充。

Step 06 然后使用前面填充颜色的方法对第 6、第 7 张幻灯片中的形状进行填充，并对第 7 张幻灯片形状中的字体颜色进行设置，效果如图 11-30 所示。

图 11-30

Step07 ❶ 选择第 8 张幻灯片中左侧的形状，❷ 单击【形状样式】组中的【形状填充】下拉按钮，❸ 在弹出的下拉列表中选择【无填充颜色】命令，如图 11-31 所示。

图 11-31

Step08 取消形状的填充效果，然后再对右侧的矩形形状进行填充，将左侧形状中字体设置为【微软雅黑】并加粗，效果如图 11-32 所示。

图 11-32

★ **重点** 11.2.3 实战：**设置"工作总结"中形状的轮廓**

实例门类	软件功能
教学视频	光盘\视频\第 11 章\11.2.3.mp4

形状轮廓是指形状的边框，通过 PowerPoint 提供的形状轮廓功能，不仅可对形状轮廓的填充色进行设置，还可对形状轮廓的线条样式、粗细等进行设置。例如，继续上例操作，为"工作总结"演示文稿中的形状设置相应的轮廓，具体操作步骤如下。

Step01 ❶ 在打开的"工作总结"演示文稿中选择第 4 张幻灯片，❷ 再选择幻灯片中的圆，单击【格式】选项卡【形状样式】组中的【形状轮廓】下拉按钮，❸ 在弹出的下拉列表中选择【无轮廓】命令，取消圆的轮廓，如图 11-33 所示。

图 11-33

Step02 ❶ 选择幻灯片中的直线，单击【形状样式】组中的【形状轮廓】下拉按钮，❷ 在弹出的下拉列表中选择需要的颜色，如选择【最近使用的颜色】栏中的【深蓝】选项，如图 11-34 所示。

图 11-34

Step03 ❶ 保持直线的选中状态，单击【形状样式】组中的【形状轮廓】下拉按钮，❷ 在弹出的下拉列表中选择【粗细】命令，❸ 在弹出的级联列表中选择线条的粗细，如选择【3磅】选项，如图 11-35 所示。

图 11-35

Step04 ❶ 保持直线的选中状态，单击【形状样式】组中的【形状轮廓】下拉按钮，❷ 在弹出的下拉列表中选择【虚线】命令，❸ 在弹出的级联列表中选择线条样式，如选择【圆点】选项，如图 11-36 所示。

图 11-36

技术看板

选择线条形状，在【形状填充】下拉列表中选择【箭头】命令，在弹出的下拉级联列表中提供了许多箭头样式，选择需要的样式，可将线条设置为所选的箭头样式。

Step05 使用前面设置形状轮廓的方法设置其他幻灯片中形状的轮廓，并对部分形状的位置稍做调整，如图 11-37 所示。

图 11-37

11.2.4 实战：设置"工作总结"中形状的效果

实例门类	软件功能
教学视频	光盘\视频\第11章\11.2.4.mp4

除了可对形状的填充色和轮廓进行设置外，还可对形状的效果，如预设、阴影、映像、发光、棱台等效果进行设置。

例如，继续上例操作，对"工作总结"演示文稿中形状的效果进行相应的设置，具体操作步骤如下。

Step01 ❶ 在打开的"工作总结"演示文稿中选择第4张幻灯片中的圆，❷ 单击【格式】选项卡【形状样式】组中的【形状效果】按钮，❸ 在弹出的下拉菜单中选择【预设】命令，❹ 在弹出的级联菜单中选择【预设2】选项，如图11-38所示。

图 11-38

Step02 即可将选择的预设效果应用到形状中，效果如图11-39所示。

图 11-39

Step03 ❶ 选择第7张幻灯片中的圆角矩形，单击【格式】选项卡【形状样式】组中的【形状效果】按钮，❷ 在弹出的下拉菜单中选择【棱台】命令，❸ 在弹出的级联菜单中选择【十字形】选项，将其应用到选择的形状中，如图11-40所示。

图 11-40

Step04 ❶ 选择第8张幻灯片右侧的矩形，单击【格式】选项卡【形状样式】组中的【形状效果】按钮，❷ 在弹出的下拉菜单中选择【阴影】命令，❸ 在弹出的级联菜单中选择【右下斜偏移】选项，如图11-41所示。

图 11-41

Step05 即可将选择的阴影效果应用到形状中，效果如图11-42所示。

图 11-42

11.3 SmartArt 图形的应用与编辑

PowerPoint中提供了SmartArt图形功能，通过SmartArt图形可以非常直观地说明层级关系、附属关系、并列关系及循环关系等各种常见关系，而且制作出来的图形漂亮精美，具有很强的立体感和画面感。

11.3.1 认识 SmartArt 图形类型

PowerPoint 2013中提供的SmartArt图形类型包括列表、流程、循环、层次结构、关系、矩阵、棱锥图和图片等，不同类型的SmartArt图形表示了不同的关系，下面分别对SmartArt图形的类型进行介绍。

➡ 列表：通常用于显示无序信息。

➡ 流程：通常用在流程或日程表中显示步骤。

➡ 循环：通常用于显示连续的流程。

➡ 层次结构：通常用于显示等级层次关系。

➡ 关系：通常用于描绘多个信息之间的关系。

➡ 矩阵：通常用于显示各部分如何与整体关联。

➡ 棱锥图：通常用于显示与顶部或底部最大部分的比例关系。

➡ 图片：通常用于居中显示以图片表示的构思，相关的构思显示在旁边。

★ 重点 11.3.2 实战：在"公司介绍"中插入 SmartArt 图形

实例门类	软件功能
教学视频	光盘\视频\第11章\11.3.2.mp4

要使用 SmartArt 图形来直观展示信息，那么首先需要在幻灯片中插入合适的 SmartArt 图形类型。例如，在"公司介绍"演示文稿中插入合适的 SmartArt 图形，具体操作步骤如下。

Step01 打开"光盘\素材文件\第 11 章\公司介绍.pptx"文件，❶选择第 5 张幻灯片，❷单击【插入】选项卡【插图】组中的【SmartArt】按钮，如图 11-43 所示。

图 11-43

Step02 打开【选择 SmartArt 图形】对话框，❶在左侧选择所需 SmartArt 图形所属类型，如选择【循环】选项，❷在对话框中将显示该类型下的所有 SmartArt 图形，这里选择【射线循环】选项，❸单击【确定】按钮，如图 11-44 所示。

图 11-44

Step03 返回幻灯片编辑区，即可查看插入的 SmartArt 图形效果，如图 11-45 所示。

图 11-45

Step04 使用前面插入 SmartArt 图形的方法，在第 6、第 9 和第 10 张幻灯片中分别插入需要的 SmartArt 图形，如图 11-46 所示。

图 11-46

技术看板

在幻灯片内容占位符中单击【插入 SmartArt 图形】图标，也可以打开【选择 SmartArt 图形】对话框。

11.3.3 实战：在"公司介绍"中的 SmartArt 图形中输入文本

实例门类	软件功能
教学视频	光盘\视频\第 11 章\11.3.3.mp4

插入 SmartArt 图形后，还需要在 SmartArt 图形中输入需要的文本，以进行说明。例如，继续上例操作，在"公司介绍"演示文稿中插入的 SmartArt 图形中输入文本，具体操作步骤如下。

技术看板

将鼠标光标定位到 SmartArt 图形的形状中，也可直接输入需要的文本。

Step01 ❶在打开的"公司介绍"演示文稿中选择第 5 张幻灯片中的 SmartArt 图形，❷单击【设计】选项卡【创建图形】组中的【文本窗格】按钮，如图 11-47 所示。

图 11-47

Step02 打开【在此处键入文字】对话框，在其中的各个项目符号前输入需要的文本，即可在 SmartArt 图形对应的形状中显示相应的文本，效果如图 11-48 所示。

图 11-48

Step03 使用前面讲解的在 SmartArt 图形中输入文本的方法，继续在其他 SmartArt 图形中输入所需的文本，并将第 10 张幻灯片中的 SmartArt 图形调整到合适的大小，效果如图 11-49 所示。

图 11-49

★ 重点 11.3.4 实战：添加与删除 SmartArt 图形中的形状

实例门类	软件功能
教学视频	光盘\视频\第11章\11.3.4.mp4

如果 SmartArt 图形中默认的形状数量不能满足当前文本信息的需要，或者形状太多，那么可对其进行添加和删除形状操作。例如，继续上例操作，在"公司介绍"演示文稿中对 SmartArt 图形中的形状进行添加或删除操作，具体操作步骤如下。

Step 01 在打开的"公司介绍"演示文稿中，选择第 5 张幻灯片，将鼠标光标定位到在【在此处键入文字】对话框中的【厦门】文本后，按【Enter】键新增一个项目符号，同时会在SmartArt 图形中增加一个形状，如图 11-50 所示。

图 11-50

Step 02 在新增的项目符号中输入文本【天津】，在 SmartArt 图形中将同步显示输入的文本，效果如图 11-51 所示。

图 11-51

Step 03 ❶ 选择第 6 张幻灯片 SmartArt 图形中的【总经理】形状，❷ 单击【设计】选项卡【创建图形】组中的【添加形状】下拉按钮，❸ 在弹出的下拉菜单中选择形状添加的位置，如选择【在上方添加形状】命令，如图 11-52 所示。

图 11-52

Step 04 即可在所选形状上方添加一个同级别的形状，并输入文本【董事长】，❶ 选择【董事长】形状，❷ 单击【创建图形】组中的【添加形状】下拉按钮，❸ 在弹出的下拉菜单中选择【添加助理】命令，如图 11-53 所示。

图 11-53

Step 05 在所选形状下方左侧添加一个形状，并输入相应的文本，❶ 选择【分公司】形状，❷ 单击【创建图形】组中的【添加形状】下拉按钮，❸ 在弹出的下拉菜单中选择【在下方添加形状】命令，如图 11-54 所示。

Step 06 即可在所选形状下方添加一个下一级别的形状，在形状中输入相应的文本，❶ 选择添加的形状，❷ 单

击【创建图形】组中的【添加形状】下拉按钮，❸ 在弹出的下拉菜单中选择【在后面添加形状】命令，如图 11-55 所示。

图 11-54

图 11-55

技能拓展——通过右键快捷菜单添加形状

选择 SmartArt 图形中的某一个形状并右击，在弹出的快捷菜单中选择【添加形状】命令，在弹出的级联菜单中选择需要添加的形状即可。

Step 07 即可在所选形状后面添加一个同一级别的形状，并输入文本，然后继续在 SmartArt 图形中添加需要的形状，并在添加的形状中输入相应的文本，效果如图 11-56 所示。

Step 08 ❶ 选择第 9 张幻灯片，❷ 选择SmartArt 图形中需要删除形状对应的文本框，如图 11-57 所示。

Step 09 按【Delete】键，删除文本框的同时删除 SmartArt 图形中与文本框关联的形状，效果如图 11-58 所示。

图 11-56

图 11-57

图 11-58

11.3.5 实战：更改 SmartArt 图形中形状的级别和布局

实例门类	软件功能
教学视频	光盘\视频\第 11 章\11.3.5.mp4

除了可在 SmartArt 图形中添加形状外，还可对形状的级别和布局进行调整，使 SmartArt 图形中形状的排列更合理。例如，继续上例操作，在"公司介绍"演示文稿中对 SmartArt 图形中形状的级别和布局进行调整，具体操作步骤如下。

Step01 ❶ 在打开的"公司介绍"演示文稿中选择第 6 张幻灯片 SmartArt 图形中的【财务部】形状，❷ 单击【设计】选项卡【创建图形】组中的【降级】按钮，如图 11-59 所示。

图 11-59

Step02 选择的形状级别将下降一级，效果如图 11-60 所示。

图 11-60

技术看板

在【创建形状】组中单击【升级】按钮，所选形状将上升一级。

Step03 ❶ 选择 SmartArt 图形中的【分公司】形状，❷ 单击【设计】选项卡【创建图形】组中的【布局】按钮，❸ 在弹出的下拉菜单中选择【两者】命令，如图 11-61 所示。

图 11-61

技术看板

并不是所有的 SmartArt 图形都能对其中的形状进行升级、降级或布局操作，只有部分类型的 SmartArt 图形才能进行此操作。

Step04 所选形状下的形状将居于该形状两侧分布排列，❶ 然后选择【总部】形状，❷ 单击【创建图形】组中的【布局】按钮，❸ 在弹出的下拉菜单中选择【两者】命令，如图 11-62 所示。

图 11-62

Step05 所选形状下的形状将居于该形状两侧分布排列，效果如图 11-63 所示。

图 11-63

技能拓展——移动 SmartArt 图形中的形状

如果需要对 SmartArt 图形中同级别的形状的位置进行调整，那么选择需要移动的形状，单击【设计】选项卡【创建图形】组中的【上移】按钮或【下移】按钮，可对形状进行上下移动。

11.3.6 实战：更改 SmartArt 图形的版式

实例门类	软件功能
教学视频	光盘\视频\第 11 章\11.3.6.mp4

如果插入的 SmartArt 图形并不能展示出文本内容的关系，那么可对 SmartArt 图形的版式进行更改，也就是对 SmartArt 图形的类型进行更改。例如，继续上例操作，在"公司介绍"演示文稿中对第 10 张幻灯片中的 SmartArt 图形进行更改，具体操作步骤如下。

Step01 在打开的"公司介绍"演示文稿中选择第 10 张幻灯片，❶ 然后选择该幻灯片中的 SmartArt 图形，单

击【设计】选项卡【布局】组中的【更改布局】按钮，❷ 在弹出的下拉列表中显示了原 SmartArt 图形类型的样式，如选择【循环矩阵】选项，如图 11-64 所示。

图 11-64

Step02 即可将原来的 SmartArt 图形更改为选择的 SmartArt 图形，效果如

图 11-65 所示。

图 11-65

技术看板

在【更改布局】下拉列表中选择【其他布局】命令，可打开【选择 SmartArt 图形】对话框，在其中可重新选择需要的 SmartArt 图形。

11.4 美化 SmartArt 图形

对于幻灯片中插入的 SmartArt 图形，还可通过应用 SmartArt 图形样式和更改 SmartArt 图形颜色来进行美化，使幻灯片中的 SmartArt 图形更加美观。

★ 重点 11.4.1 实战：在"公司介绍"中为 SmartArt 图形应用样式

实例门类	软件功能
教学视频	光盘\视频\第 11 章\11.4.1.mp4

PowerPoint 2013 中提供了很多 SmartArt 图形样式，通过应用样式可快速对 SmartArt 图形进行美化。例如，继续上例操作，在"公司介绍"演示文稿中为 SmartArt 图形应用样式，具体操作步骤如下。

Step01 ❶ 在打开的"公司介绍"演示文稿中选择第 5 张幻灯片，❷ 选择幻灯片中的 SmartArt 图形，单击【设计】选项卡【SmartArt 样式】组中的【快速样式】按钮，❸ 在弹出的下拉列表中选择需要的 SmartArt 样式，如选择【卡通】选项，如图 11-66 所示。

图 11-66

Step02 即可查看应用 SmartArt 样式后的效果，如图 11-67 所示。

图 11-67

Step03 ❶ 选择第 6 张幻灯片中的 SmartArt 图形，单击【SmartArt 样式】组中的【快速样式】按钮，❷ 在弹出的下拉列表中选择【优雅】选项，效果如图 11-68 所示。

图 11-68

Step04 ❶ 选择第 10 张幻灯片中的 SmartArt 图形，单击【SmartArt 样式】组中的【快速样式】按钮，❷ 在弹出的下拉列表中选择【金属场景】选项，效果如图 11-69 所示。

图 11-69

11.4.2 实战：在"公司介绍"中更改 SmartArt 图形的颜色

实例门类	软件功能
教学视频	光盘\视频\第11章\11.4.2.mp4

通过 PowerPoint 提供的更改颜色功能，可快速对整个 SmartArt 图形的颜色进行更改。例如，继续上例操作，在"公司介绍"演示文稿中对 SmartArt 图形的颜色进行更改，具体操作步骤如下。

Step01 ❶ 在打开的"公司介绍"演示文稿中选择第 5 张幻灯片，❷ 再选择幻灯片中的 SmartArt 图形，单击【设计】选项卡【SmartArt 样式】组中的

【更改颜色】按钮，❸ 在弹出的下拉列表中选择需要的 SmartArt 样式，如选择【彩色轮廓 - 着色 1】选项，如图 11-70 所示。

图 11-70

Step02 即可查看更改 SmartArt 图形颜色后的效果，如图 11-71 所示。

图 11-71

Step03 使用前面更改颜色的方法继续对其他 SmartArt 图形的颜色进行更改，效果如图 11-72 示。

图 11-72

技能拓展——单独设置 SmartArt 图形中形状的效果

在 SmartArt 图形中选择需要设置的形状，在【格式】选项卡【形状样式】组中可对 SmartArt 图形中形状的样式、填充效果、形状效果等进行设置。

妙招技法

通过前面知识的学习，相信读者已经掌握了在幻灯片中使用形状和 SmartArt 图形图示内容的操作了。下面结合本章内容，给大家介绍一些实用技巧，如更改形状外观、文本和 SmartArt 图形之间的转换等。

技巧 01：通过编辑形状顶点快速更改形状外观

教学视频	光盘\视频\第11章\技巧01.mp4

在制作幻灯片的过程中，如果【形状】下拉菜单中没有需要的形状，用户可以选择相似的形状，然后通过编辑形状的顶点来改变形状的外观，使形状能满足需要。例如，在"楼盘推广策划"演示文稿中对第 2 张幻灯片中的形状进行更改，具体操

作步骤如下。

Step01 ❶ 打开"光盘\素材文件\第 11 章\楼盘推广策划 .pptx"文件，选择第 2 张幻灯片，❷ 然后选择【目标客户分析】形状，❸ 单击【格式】选项卡【插入形状】组中的【编辑形状】按钮，❹ 在弹出的下拉菜单中选择【编辑顶点】命令，如图 11-73 所示。

Step02 此时，形状的顶点将显示出来，将鼠标指针移动到右侧的第 2 个顶点上，此时鼠标指针将变成✛形状，在顶点上右击，在弹出的快捷菜

单中选择【删除顶点】命令，如图 11-74 所示。

图 11-73

图 11-74

在快捷菜单中选择【添加顶点】命令，表示为形状添加顶点；选择【开放路径】命令，表示将原本闭合的路径断开；选择【关闭路径】命令，表示将断开的路径闭合。

Step03 即可将该顶点删除，然后将鼠标指针移动到另一个顶点上并右击，在弹出的快捷菜单中选择【删除顶点】命令，如图 11-75 所示。

图 11-75

Step04 删除该顶点，将鼠标指针移动到形状右侧中间位置，当鼠标指针变成╋形状时右击，在弹出的快捷菜单中选择【添加顶点】命令，如图 11-76 所示。

图 11-76

Step05 添加一个顶点，将鼠标指针移动到该顶点上，按住鼠标左键不放向左进行拖动，如图 11-77 所示。

图 11-77

Step06 调整到合适位置后，释放鼠标，然后在该顶点上右击，在弹出的快捷菜单中选择【平滑顶点】命令，如图 11-78 所示。

图 11-78

Step07 使该顶点的角度变得平滑，效果如图 11-79 所示。

图 11-79

Step08 然后使用相同的方法继续对【项目目标消费者分析】和【项目推广策划】两个形状的顶点进行编辑，效果如图 11-80 所示。

图 11-80

当不再需要编辑形状顶点时，可直接在幻灯片空白处单击，退出形状顶点的编辑状态。

技巧 02：将文本转换为 SmartArt 图形

教学视频	光盘＼视频＼第 11 章＼技巧 02.mp4

如果需要将幻灯片中结构清晰的文本制作成 SmartArt 图形，那么可通过 PowerPoint 2013 提供的转换为 SmartArt 功能，快速将幻灯片中结构清晰的文本转化为 SmartArt 图形。例如，在"公司介绍 1"演示文稿的第 9 张幻灯片中将文本转化为 SmartArt 图形，具体操作步骤如下。

Step01 打开"光盘＼素材文件＼第 11 章＼公司介绍 1.pptx"文件，❶ 选择第 9 张幻灯片，❷ 然后选择幻灯片中的内容占位符，单击【开始】选项卡【段落】组中的【转换为 SmartArt】按钮，❸ 在弹出的下拉列表中选择【其他 SmartArt 图形】命令，如图 11-81 所示。

Step02 打开【选择 SmartArt 图形】对话框，❶ 在左侧选择【流程】选项，❷ 在对话框中间选择【向上箭头】选项，❸ 单击【确定】按钮，如图 11-82 所示。

图 11-81

图 11-82

Step03 即可将占位符中的文本转化为选择的 SmartArt 图形，效果如图 11-83 所示。

图 11-83

技巧 03：将 SmartArt 图形转化文本

教学视频	光盘\视频\第 11 章\技巧 03.mp4

　　除了可将文本转化为 SmartArt 图形外，还可以将幻灯片中的 SmartArt 图形转化为文本或形状。例如，在"公司介绍 2"演示文稿中将 SmartArt 图形转化为文本，具体操作如下。

Step01 ❶ 打开"光盘\素材文件\第

11 章\公司介绍 2.pptx"文件，选择第 9 张幻灯片中的 SmartArt 图形，❷ 单击【设计】选项卡【重置】组中的【转换】按钮，❸ 在弹出的下拉菜单中选择【转换为文本】命令，如图 11-84 所示。

图 11-84

Step02 即可将选择的 SmartArt 图形转化为文本内容，效果如图 11-85 所示。

图 11-85

> **技能拓展——将 SmartArt 图形转化为形状**
>
> 　　在【转换】下拉菜单中，选择【转换为形状】命令，即可将选择的 Smart Art 图形转换为形状，但转换为形状后，形状外观与 SmartArt 图形外观一致，只是不能对其进行与 SmartArt 图形的相关操作。

技巧 04：调整 SmartArt 图形中形状的大小和位置

教学视频	光盘\视频\第 11 章\技巧 04.mp4

　　SmartArt 图形中形状的大小和位置并不是固定的，用户可根据实际情况对形状的大小和位置进行调整。例如，在"公司介绍 3"演示文稿中对组织结构图中形状的大小和位置进行调整，具体操作步骤如下。

Step01 打开"光盘\素材文件\第 11 章\公司介绍 3.pptx"文件，选择第 6 张幻灯片，然后选择 SmartArt 图形中需要调整大小的形状，将鼠标指针移动到所选形状中任意一个形状的控制点上，这里将鼠标指针移动到【董事长】形状右侧中间的控制点上，当鼠标变成双向箭头形状时，如图 11-86 所示。

图 11-86

Step02 按住鼠标左键不放向右进行拖动，如图 11-87 所示。

图 11-87

Step03 拖动到合适位置后，释放鼠标，可查看调整形状大小后的效果，如图 11-88 所示。

> **技术看板**
>
> 　　默认情况下，调整 SmartArt 图形中形状的大小后，形状中文本的大小会随着形状的变化而变化。

图 11-88

图 11-89

技能拓展——增大或减小 SmartArt 图形中的形状

除了可通过鼠标来调整 SmartArt 图形中形状的大小外，还可通过增大或减小功能来调整形状大小。其方法是：选择 SmartArt 图形中的形状，单击【格式】选项卡【形状】组中的【增大】或【减小】按钮来增大或减小选择的形状。

Step04 选择 SmartArt 图形中需要移动位置的形状，将鼠标指针移动到选择的形状上，然后按住鼠标左键不放向左进行拖动，如图 11-89 所示。

Step05 拖动到合适位置后释放鼠标，即可查看形状移动位置后的效果，如图 11-90 所示。

图 11-90

技巧 05：**重置 SmartArt 图形**

教学视频	光盘\视频\第 11 章\技巧 05.mp4

如果对编辑和美化后的 SmartArt 图形效果不满意，那么可通过 PowerPoint 提供的重设图形功能，使 SmartArt 图形的效果恢复到初始状态，也就是刚插入幻灯片中的效果，然后重设 SmartArt 图形的效果即可。

例如，对"公司介绍 4"演示文稿中 SmartArt 图形执行重设图形操作，具体操作步骤如下。

Step01 打开"光盘\素材文件\第 11 章\公司介绍 4.pptx"文件，❶ 选择第 5 张幻灯片中的 SmartArt 图形，❷ 单击【设计】选项卡【重置】组中的【重设图形】按钮，如图 11-91 所示。

图 11-91

Step02 使选择的 SmartArt 图形恢复到初始状态，效果如图 11-92 所示。

图 11-92

本章小结

本章主要讲解了使用形状和 SmartArt 图形制作图示型幻灯片的方法，在实际应用过程中，灵活应用形状和 SmartArt 图形，可以制作出各种精美的图示。本章在最后还讲解了形状和 SmartArt 图形的一些编辑技巧，希望读者在制作图示型幻灯片时能更好地使用形状和 SmartArt 图形。

第12章 制作数据展示型幻灯片

➡ 在幻灯片中可以通过哪些方式插入表格？

➡ 对于插入的表格能不能像 Excel 一样进行编辑？

➡ 你知道不同类型的图表常用于表现哪些数据吗？

➡ 在幻灯片中如何创建需要的图表？

➡ 怎样添加需要的图表元素？

在制作带数据内容的 PPT 时，为了让所要表达的数据更具说服力，通常需要使用表格或图表来直观展示数据。本章将对表格和图表在幻灯片中的使用方法进行讲解，以帮助用户快速制作出需要的数据型幻灯片。

12.1 在幻灯片中创建表格

当需要在幻灯片中展示大量数据时，最好使用表格，这样可以使数据显示更加规范。在 PowerPoint 中插入表格的方法很多，用户可根据实际情况来选择表格的创建方式。

★ 重点 12.1.1 拖动鼠标选择行列数创建表格

在幻灯片中，如果要创建的表格行数和列数很规则，而且在 10 列 8 行以内，就可以通过在虚拟表格中拖动行列数的方法来选择创建，具体操作步骤如下。

❶ 在需要创建表格的幻灯片中单击【插入】选项卡【表格】组中的【表格】按钮，❷ 在弹出的下拉列表中拖动鼠标选择【7×8 表格】，可在幻灯片中创建一个 7 列 8 行的表格，如图 12-1 所示。

图 12-1

★ 重点 12.1.2 实战：在"销售工作计划"中指定行列数创建表格

实例门类	软件功能
教学视频	光盘\视频\第 12 章\12.1.2.mp4

当需要在幻灯片中插入超过 10 列 8 行的表格时，就不能通过拖动鼠标选择行列数的方法来创建，此时就需要通过【插入表格】对话框来实现。例如，在"销售工作计划"演示文稿的第 4 张幻灯片中插入 9 行 5 列的表格，具体操作步骤如下。

Step01 打开"光盘\素材文件\第 12 章\销售工作计划.pptx"文件，❶ 选择第 4 张幻灯片，单击【插入】选项卡【表格】组中的【表格】按钮，❷ 在弹出的下拉列表中选择【插入表格】命令，如图 12-2 所示。

Step02 ❶ 打开【插入表格】对话框，在【列数】数值框中输入插入的列数，如输入【5】，❷ 在【行数】数值框中输入插入的行数，如输入

【9】，❸ 单击【确定】按钮，如图 12-3 所示。

图 12-2

图 12-3

Step03 返回幻灯片编辑区，即可查看插入的表格效果，如图 12-4 所示。

图 12-4

★ 重点 12.1.3 实战：在"销售工作计划"中手动绘制表格

实例门类	软件功能
教学视频	光盘\视频\第 12 章\12.1.3.mp4

手动绘制表格是指用画笔工具绘制表格的边线，可以很方便地在幻灯片中绘制出任意行数或列数的表格。例如，继续上例操作，在"销售工作计划"演示文稿的第 6 张幻灯片中手动绘制出需要的表格，具体操作如下。

Step01 ❶ 在打开的"销售工作计划"演示文稿中选择第 6 张幻灯片，单击【插入】选项卡【表格】组中的【表格】按钮，❷ 在弹出的下拉列表中选择【绘制表格】命令，如图 12-5 所示。

图 12-5

Step02 此时，鼠标指针变成 ∅ 形状，按住鼠标左键不放并拖动，在鼠标指

针经过的位置可以看到一个虚线框，该虚线框是表格的外边框，如图 12-6 所示。

图 12-6

Step03 拖动到合适位置后释放鼠标，绘制出表格外框，这时鼠标指针恢复到默认状态，然后单击【设计】选项卡【绘图边框】组中的【绘制表格】按钮，如图 12-7 所示。

图 12-7

Step04 此时，鼠标指针变成 ∅ 形状，将鼠标指针移动到表格边框内部，横向拖动鼠标绘制表格的行线，如图 12-8 所示。

图 12-8

Step05 继续拖动鼠标绘制行线，行线绘制完成后，在表格边框内部向下拖动鼠标指针，开始绘制表格的列线，效果如图 12-9 所示。

图 12-9

技能拓展——擦除边框

在绘制过程中，如果绘制错误，可单击【布局】选项卡【绘图边框】组中的【橡皮擦】按钮，此时鼠标指针变成 ∅ 形状，将鼠标指针移动到需擦除的表格边框线上单击，即可擦除该边框线。

Step06 继续在表格内部向下拖动鼠标绘制其他列线，表格绘制完成后，单击【绘图边框】组中的【绘制表格】按钮，退出表格的绘制状态，使鼠标指针恢复到正常状态，如图 12-10 所示。

图 12-10

12.2 编辑插入的表格

在幻灯片中创建表格后，即可在表格中输入相应的数据，并对表格中的单元格进行相应的编辑，使制作的表格更便于数据的查看。

12.2.1 实战：在"销售工作计划"表格中输入相应的文本

实例门类	软件功能
教学视频	光盘\视频\第 12 章\12.2.1.mp4

在幻灯片表格中输入文本的方法与在占位符中输入文本的方法类似，只需将文本插入点定位在表格的单元格内，再输入需要的文本。例如，继续上例操作，在"销售工作计划"演示文稿的表格中输入需要的文本数据，具体操作步骤如下。

Step 01 ❶ 在打开的"销售工作计划"演示文稿中选择第 4 张幻灯片，❷ 在表格的第一个单元格中单击，将鼠标光标定位到该单元格中，输入文本【产品名称】，如图 12-11 所示。

图 12-11

Step 02 使用相同的方法继续在表格中的其他单元格中输入相应的文本内容，效果如图 12-12 所示。

图 12-12

Step 03 选择第 6 张幻灯片，使用前面在表格中输入文本的方法，在该幻灯片的表格中输入相应的文本，效果如图 12-13 所示。

图 12-13

★ 重点 12.2.2 实战：在"销售工作计划"表格中添加和删除表格行/列

实例门类	软件功能
教学视频	光盘\视频\第 12 章\12.2.2.mp4

在幻灯片中制作表格的过程中，如果文档中插入表格的行或列不能满足需要，用户可插入相应的行或列；相反，对于多余的行或列，也可将其删除。例如，继续上例操作，在"销售工作计划"演示文稿中对表格的行列进行添加或删除，具体操作步骤如下。

Step 01 ❶ 在打开的"销售工作计划"演示文稿中选择第 4 张幻灯片，❷ 在表格中选择第 2 行，❸ 单击【布局】选项卡【行和列】组中的【删除】按钮，❹ 在弹出的下拉列表中选择【删除行】命令，如图 12-14 所示。

Step 02 即可将表格中选择的行删除，效果如图 12-15 所示。

Step 03 ❶ 在表格中选择最后几行空白行，❷ 单击【布局】选项卡【行和列】组中的【删除】按钮，❸ 在弹出的下拉列表中选择【删除行】命令，如图 12-16 所示。

图 12-14

图 12-15

图 12-16

技术看板

在【删除】下拉菜单中若选择【删除列】命令，可删除表格中选择的列；若选择【删除表格】命令，则会删除整个表格。

Step04 即可将表格中选中的空白行删除，效果如图 12-17 所示。

Step05 ❶ 选择第 6 张幻灯片，❷ 将鼠标光标定位到表格最后一行的第一个单元格中，❸ 单击【布局】选项卡【行和列】组中的【在下方插入】按

钮，如图 12-18 所示。

图 12-17

图 12-18

Step06 在鼠标光标所在行的下方插入一行空白行，并在插入的空白行中输入相应的文本，效果如图 12-19 所示。

图 12-19

技术看板

在【行和列】组中单击【在上方插入】按钮，可在所选单元格或所选行上方插入一行空白行；单击【在下方插入】按钮，可在所选单元格或所选行下方插入一行空白行；单击【在

左侧插入】按钮，可在所选单元格或所选列左侧插入一列；单击【在右侧插入】按钮，可在所选单元格或所选列右侧插入一列。

★ 重点 12.2.3 实战：调整"销售工作计划"中表格的行高和列宽

实例门类	软件功能
教学视频	光盘\视频\第 12 章\12.2.3.mp4

在幻灯片中，当创建的表格行高和列宽不能满足需要时，用户可对表格的行高和列宽进行设置，使表格整体更规整。例如，继续上例操作，在"销售工作计划"演示文稿中对表格的行高和列宽进行相应的设置，具体操作步骤如下。

Step01 ❶ 在打开的"销售工作计划"演示文稿中选择第 4 张幻灯片，❷ 选择表格中所有的行，❸ 在【布局】选项卡【单元格大小】组中的【高度】数值框中输入表格需要的行高值，如输入【3】，如图 12-20 所示。

图 12-20

Step02 按【Enter】键确认，所选行将应用设置的行高值，保持所有行的选中状态，在【单元格大小】组中的【宽度】数值框中输入表格需要的列宽值，如输入【5.5】，如图 12-21 所示。

图 12-21

Step03 按【Enter】键确认，所选行将应用设置的列宽值，效果如图 12-22 所示。

图 12-22

Step04 ❶ 选择第 6 张幻灯片，❷ 将鼠标指针移动到第 1 行和第 2 行的分割线上，当鼠标指针变成 ÷ 形状时，按住鼠标左键不放，向上拖动，如图 12-23 所示。

图 12-23

Step05 拖动到合适位置后释放鼠标，调整行高，然后使用相同的方法继续对表格其他行的行高进行调整，效果如图 12-24 所示。

图 12-24

Step06 将鼠标指针移动到表格第 1 列和第 2 列的分割线上，当鼠标指针变成 ÷ 形状时，按住鼠标左键不放，向右拖动，如图 12-25 所示。

图 12-25

Step07 拖动到合适位置后释放鼠标，调整列宽，然后使用相同的方法对表格其他列的列宽进行相应的调整，效果如图 12-26 所示。

图 12-26

技术看板

通过拖动鼠标调整行高和列宽时，按【Alt】键可实现微调。

★ 重点 12.2.4 在"销售培训课件"中合并与拆分单元格

实例门类	软件功能
教学视频	光盘\视频\第 12 章\12.2.4.mp4

合并单元格是指将两个或两个以上连续的单元格合并成一个大的单元格，而拆分单元格是指将一个单元格分解成多个单元格。在编辑表格的过程中，为了更合理地表现表格中的数据，经常需要对表格中的单元格进行合并和拆分操作。例如，在"销售培训课件"演示文稿中对表格中的单元格进行合并与拆分操作，具体操作步骤如下。

Step01 打开"光盘\素材文件\第 12 章\销售培训课件 .pptx"文件，❶ 选择第 11 张幻灯片，❷ 选择表格中需要合并的单元格，❸ 单击【布局】选项卡【合并】组中的【合并单元格】按钮，如图 12-27 所示。

图 12-27

Step02 即可将选择的两个单元格合并为一个单元格，效果如图 12-28 所示。

图 12-28

Step③ 使用相同的方法对表格中其他需要合并的单元格进行合并操作，① 选择需要拆分的单元格【颜色包装】，② 单击【布局】选项卡【合并】组中的【拆分单元格】按钮，如图 12-29 所示。

图 12-29

Step④ 打开【拆分单元格】对话框，① 在【列数】数值框中输入要拆分的列数，如输入【2】，② 在【行数】数值框中输入要拆分的行数，如输入【1】，③ 单击【确定】按钮，如图 12-30 所示。

图 12-30

Step⑤ 即可将选择的单元格拆分为两列，然后将【颜色】和【包装】文本分别放置在拆分的单元格中，效果如图 12-31 所示。

图 12-31

技能拓展——通过快捷菜单合并与拆分单元格

选择需合并或拆分的单元格并右击，在弹出的快捷菜单中选择【合并单元格】或【拆分单元格】命令，即可执行单元格的合并或拆分操作。

12.3 美化表格

对于幻灯片中的表格，为了使表格的整体效果更加美观，还需要对表格内容的字体格式、对齐方式、表格样式、表格边框和底纹等进行设置，使表格能满足各种需要。

12.3.1 实战：设置"销售工作计划 1"表格中文本的字体格式

实例门类	软件功能
教学视频	光盘\视频\第 12 章\12.3.1.mp4

设置表格中文本字体格式的方法与设置幻灯片中文本字体格式的方法相同，只需要选择相应的文本，再对其字体格式进行设置。例如，在"销售工作计划 1"演示文稿中设置表格中文本的字体格式，具体操作步骤如下。

Step① 打开"光盘\素材文件\第 12 章\销售工作计划 1.pptx"文件，① 选择第 4 张幻灯片表格中的所有文本，② 在【开始】选项卡【字体】组中将字体设置为【微软雅黑】，③ 将字号设置为【20】，如图 12-32 所示。

图 12-32

Step② ① 选择表格第 1 行中的文本，② 单击【字体】组中的【加粗】按钮B加粗文本，效果如图 12-33 所示。

图 12-33

Step③ 使用相同的方法对第 6 张幻灯片表格中文本的字体格式进行相应的设置，如图 12-34 所示。

图 12-34

★ 重点 12.3.2 实战：设置"销售工作计划 1"表格中文本的对齐方式

实例门类	软件功能
教学视频	光盘\视频\第 12 章\12.3.2.mp4

默认情况下，表格中的文本是靠单元格左上角对齐的，而在 PowerPoint 2013 中，提供了表格文本的多种对齐方式，如左对齐、居中对齐、右对齐、顶端对齐、垂直居中、底端对齐等，用户可以根据需要进行设置。例如，继续上例操作，在"销售工作计划 1"演示文稿中对表格中文本的对齐方式进行设置，具体操作步骤如下。

Step01 ❶ 在打开的"销售工作计划 1"演示文稿中选择第 4 张幻灯片表格中的所有文本，❷ 单击【布局】选项卡【对齐方式】组中的【居中】按钮，如图 12-35 所示。

图 12-35

Step02 使表格中的文本居于单元格中间对齐，保持表格中文本的选择状态，单击【对齐方式】组中的【垂直居中】按钮，如图 12-36 所示。

图 12-36

Step03 使表格中的文本垂直居中对齐于单元格中，效果如图 12-37 所示。

图 12-37

Step04 使用相同的方法对第 6 张幻灯片表格中文本的对齐方式进行相应的设置，效果如图 12-38 所示。

图 12-38

技能拓展——设置表格中文字方向

默认情况下，表格单元格中的文字方向以横排显示，如果需以其他方向显示单元格中的文本，可先选择需要设置方向的文本，单击【布局】选项卡【对齐方式】组中的【文字方向】按钮，在弹出的下拉菜单中选择所需的文字方向即可。

★ 重点 12.3.3 实战：为"销售工作计划 1"中的表格套用表格样式

实例门类	软件功能
教学视频	光盘\视频\第 12 章\12.3.3.mp4

PowerPoint 2013 提供了丰富的表格样式，用户在美化表格的过程中，可以直接应用内置的表格样式快速完成表格的美化操作。例如，继续上例操作，为"销售工作计划 1"演示文稿中的表格套用表格样式，具体操作步骤如下。

Step01 ❶ 在打开的"销售工作计划 1"演示文稿中选择第 4 张幻灯片，❷ 选择幻灯片中的表格，单击【设计】选项卡【表格样式】组中的【其他】按钮，在弹出的下拉列表中选择需要的表格样式，如选择【中度样式 4】选项，如图 12-39 所示。

图 12-39

Step02 即可将选择的样式应用到表格中，效果如图 12-40 所示。

图 12-40

技术看板

为表格应用样式后，表格中文本的字体效果等可能会随着样式而发生变化。

Step03 然后使用前面应用表格样式的方法为第 6 张幻灯片中的表格应用【中度样式 4- 强调 5】表格样式，效果如图 12-41 所示。

图 12-41

技能拓展——清除表格样式

当不需要表格中的样式时，可以将其清除。其方法是：选择带样式的表格，单击【设计】选项卡【表格样式】组中的【其他】按钮，在弹出的下拉列表中选择【清除表格】选项，则会清除表格中的所有样式。

★ 重点 12.3.4 实战：为"销售工作计划 2"中的表格添加边框和底纹

实例门类	软件功能
教学视频	光盘\视频\第 12 章\12.3.4.mp4

当表格的边框和底纹颜色不能满足需要时，用户可根据 PowerPoint 提供的表格边框和底纹功能，为表格添加需要的边框和底纹。例如，在"销售工作计划 2"演示文稿中为表格添加需要的边框和底纹，具体操作步骤如下。

Step01 打开"光盘\素材文件\第 12 章\销售工作计划 2.pptx"文件，在第 4 张幻灯片中选择整个表格，❶单击【设计】选项卡【绘图边框】组中的【笔画粗细】下拉按钮，❷在弹出的下拉菜单中选择边框的粗细，如选择【2.25 磅】选项，如图 12-42 所示。

图 12-42

Step02 ❶单击【绘图边框】组中的【笔颜色】下拉按钮，❷在弹出的下拉列表中选择边框的颜色，如选择【主题颜色】栏中的【蓝色，着色 1】选项，如图 12-43 所示。

图 12-43

Step03 保持表格的选择状态，❶单击【表格样式】组中的【边框】下拉按钮，❷在弹出的下拉菜单中选择【外侧框线】选项，如图 12-44 所示。

图 12-44

Step04 经过上步操作后，即可为表格添加设置的外框线，效果如图 12-45 所示。

技术看板

若在【绘图边框】组中单击【笔样式】下拉按钮，在弹出的下拉菜单中还可对边框的样式进行设置。

图 12-45

技能拓展——为表格绘制需要的边框

在【绘图边框】组中对笔样式、笔画粗细和笔颜色进行设置后，此时鼠标指针将变成∂形状，在表格边框处拖动鼠标指针进行绘制，即可绘制表格的边框。

Step05 选择表格，❶单击【绘图边框】组中的【笔画粗细】下拉按钮，❷在弹出的下拉菜单中选择【1.5 磅】选项，如图 12-46 所示。

图 12-46

Step06 ❶单击【表格样式】组中的【边框】下拉按钮，❷在弹出的下拉菜单中选择【内部框线】选项，如图 12-47 所示。

图 12-47

Step⑦ 即可为选择的表格添加内部框线，效果如图 12-48 所示。

图 12-48

Step⑧ ❶ 选择第 6 张幻灯片中的表格，单击【表格样式】组中的【边框】下拉按钮，❷ 在弹出的下拉菜单中选择【所有框线】选项，如图 12-49 所示。

图 12-49

Step⑨ 即可为表格添加蓝色的框线，选择表格中第 1 行单元格，❶ 单击【设计】选项卡【表格样式】组中的【底纹】下拉按钮，❷ 在弹出的下拉列表中选择需要的底纹颜色，如选择【蓝色，着色 1，淡色 40%】选项，

如图 12-50 所示。

图 12-50

Step⑩ 即可为选择的单元格添加设置的底纹，效果如图 12-51 所示。

图 12-51

12.3.5 实战：在"销售工作计划"中为表格设置效果

实例门类	软件功能
教学视频	光盘\视频\第 12 章\12.3.5.mp4

　　PowerPoint 2013 中还提供了一些表格效果，如单元格凹凸效果、阴影和映像等，用户可根据需要为表格应用相应的效果，使表格看起来更有质感。例如，继续上例操作，在"销售工作计划 2"演示文稿中对表格的效果进行设置，具体操作步骤如下。

Step① ❶ 在打开的"销售工作计划2"演示文稿中选择第 4 张幻灯片，❷ 再选择幻灯片中的表格，单击【设计】选项卡【表格样式】组中的【效果】按钮，❸ 在弹出的下拉列表中选择【单元格凹凸效果】命令，❹ 在弹出的级联列表中选择需要的效果，

如选择【凸起】选项，如图 12-52所示。

图 12-52

Step② 即可为表格中的单元格应用凸起效果，如图 12-53 所示。

图 12-53

Step③ ❶ 选择第 6 张幻灯片，❷ 再选择幻灯片中的表格，单击【表格样式】组中的【效果】按钮，❸ 在弹出的下拉列表中选择【阴影】命令，❹ 在弹出的级联列表中选择需要的阴影效果，如选择【内部居中】选项，如图 12-54 所示。

图 12-54

Step④ 即可为表格应用选择的阴影效果，如图 12-55 所示。

图 12-55

12.4　使用图表直观体现数据

图表是将表格中的数据以图形化的形式进行显示，通过图表可以更直观地体现表格中的数据，让烦琐的数据更形象，同时也可快速分析出这些数据之间的关系和趋势。

★ 新功能 12.4.1　了解图表类型

PowerPoint 2013 中提供了 10 种类型的图表，不同类型的图表用于体现不同的数据，所以，用户在创建图表之前，首先要了解各图表类型适合于体现哪类数据，这样才能选择合适的图表来体现数据。下面将对 PowerPoint 2013 中提供的图表类型进行介绍。

➥ 柱形图：用于显示一段时间内数据的变化或说明各项数据之间的比较情况，如图 12-56 所示。

图 12-56

🔧 技术看板

每种图表类型下还包括很多子类型。

➥ 折线图：用于显示一段时间的连续数据，非常适合显示相等时间间隔（如月、季度或会计年度）下数据的趋势，如图 12-57 所示。

图 12-57

➥ 饼图：用于显示一个数据系列中各项的大小与各项总和的比例，饼图中的数据显示为整个饼图的百分比，如图 12-58 所示。

图 12-58

➥ 条形图：用于显示各项目之间数据的差异，它显示的数值是持续性的，如图 12-59 所示。

图 12-59

➥ 面积图：可用于绘制随时间发生的变化量，引起人们对总值趋势的关注。通过显示所绘制的值的总和，面积图还可以显示部分与整体的关系，如图 12-60 所示。

图 12-60

➥ XY 散点图：可以显示单个或多个

数据系列中各数值之间的关系，或者将两组数字绘制为 XY 坐标的一个系列散点图，两个坐标轴都显示数值，如图 12-61 所示。

图 12-61

➡ 股价图：将序列显示为一组带有最高价、最低价、收盘价和开盘价等值的标记的线条。这些值通过由 Y 轴度量的标记的高度来表示。类别标签显示在 X 轴上，如图 12-62 所示。

图 12-62

➡ 曲面图：当类别和数据系列都是数值，且希望得到两组数据间的最佳组合时，就可使用曲面图，如图 12-63 所示。

图 12-63

➡ 雷达图：用来比较每个数据相对于中心点的数值变化，将多个数据的特点以蜘蛛网形式呈现出来的

图表，多使用于倾向分析和把握重点，如图 12-64 所示。

图 12-64

➡ 组合图：是 PowerPoint 2013 提供的新图表，是指将两种或更多图表类型组合在一起，以便让数据更容易理解，特别是数据变化范围较大时。由于采用了次坐标轴，以至于这种图表更容易看懂，如图 12-65 所示。

图 12-65

★ **重点 12.4.2 实战：在"汽车销售业绩报告 1"中创建图表**

实例门类	软件功能
教学视频	光盘\视频\第 12 章\12.4.2.mp4

了解图表类型后，就可根据表格数据选择合适的图表进行创建。例如，在"汽车销售业绩报告 1"演示文稿中创建柱形图，具体操作步骤如下。

Step01 打开"光盘\素材文件\第 12 章\汽车销售业绩报告 1.pptx"文件，❶ 选择第 4 张幻灯片，❷ 单击【插入】选项卡【插图】组中的【图表】按钮，如图 12-66 所示。

图 12-66

Step02 打开【插入图表】对话框，❶ 在左侧显示了提供的图表类型，选择需要的图表类型，如选择【柱形图】选项，❷ 在右侧选择【三维簇状柱形图】选项，❸ 单击【确定】按钮，如图 12-67 所示。

图 12-67

Step03 返回幻灯片编辑区并打开【Microsoft PowerPoint 中的图表】对话框，在单元格中输入相应的图表数据，输入完成后单击右上角的【关闭】按钮 x 关闭对话框，如图 12-68 所示。

图 12-68

Step04 在幻灯片编辑区可查看插入的图表，然后选择图表标题，将其更改为【实际完成销售额】，效果如图

12-69 所示。

图 12-69

12.4.3 实战：在"工作总结"中编辑图表数据

实例门类	软件功能
教学视频	光盘\视频\第 12 章\12.4.3.mp4

创建图表后，如果发现图表中数据不正确，可以通过 PowerPoint 2013 提供的编辑数据功能对图表中的数据进行更改，使图表中的数据显示正确。例如，在"工作总结"演示文稿中对图表中的数据进行编辑，具体操作步骤如下。

Step01 打开"光盘\素材文件\第 12 章\工作总结.pptx"文件，❶选择第 5 张幻灯片中的图表，❷单击【设计】选项卡【数据】组中的【编辑数据】按钮，如图 12-70 所示。

图 12-70

Step02 打开【Microsoft PowerPoint 中的图表】对话框，在单元格中对错误的数据进行修改，效果如图 12-71 所示。

图 12-71

Step03 修改完成后，关闭对话框，返回幻灯片编辑区，查看修改数据后的图表效果，如图 12-72 所示。

图 12-72

技能拓展——选择数据源

如果图表中提供的数据系列和水平轴标签不正确，那么可选择图表，单击【设计】选项卡【数据】组中的【选择数据】按钮，将同时打开【Microsoft PowerPoint 中的图表】对话框和【选择数据源】对话框，在该对话框中可对图表数据区域、图例项和水平分类轴等进行编辑。

12.4.4 实战：更改"工作总结"中图表的类型

实例门类	软件功能
教学视频	光盘\视频\第 12 章\12.4.4.mp4

如果创建的图表不能直观地展现出数据，那么可更改为其他类型的图表对数据进行展示。例如，继续上例操作，在"工作总结"演示文稿中将

条形图更改为柱形图，具体操作步骤如下。

Step01 ❶在打开的"工作总结"演示文稿中选择第 5 张幻灯片中的图表，❷单击【设计】选项卡【类型】组中的【更改图表类型】按钮，如图 12-73 示。

图 12-73

Step02 打开【更改图表类型】对话框，❶在左侧选择【柱形图】选项，❷在右侧选择【簇状柱形图】选项，❸单击【确定】按钮，如图 12-74 所示。

图 12-74

Step03 返回幻灯片编辑区，即可查看更改图表类型后的效果，如图 12-75 所示。

图 12-75

技能拓展——更改图表布局

当需要对图表的布局进行修改时，可单击【设计】选项卡【图表布局】组中的【快速布局】按钮，在弹出的下拉菜单中提供了多种图表布局样式，用户可根据需要进行选择。

★ 重点 12.4.5 实战：在"工作总结"中为图表添加需要的元素

实例门类	软件功能
教学视频	光盘\视频\第12章\12.4.5.mp4

默认创建的图表中包含的图表元素并不全面，当需要的图表元素没有在图表中显示时，那么可通过PowerPoint 2013 提供的添加图表元素功能添加需要的图表元素，将其显示在图表中。例如，继续上例操作，在"工作总结"演示文稿中为图表添加需要的图表元素，具体操作步骤如下。

Step 01 在打开的"工作总结"演示文稿中选择第 5 张幻灯片中的图表，❶ 单击【设计】选项卡【图表布局】组中的【添加图表元素】按钮，❷ 在弹出的下拉菜单中选择添加的元素，如选择【图表标题】选项，❸ 在弹出的级联菜单中选择元素添加的位置，如选择【图表上方】选项，如图12-76 所示。

图 12-76

Step 02 即可在图表的上方添加一个【图表标题】文本框，在该文本框中输入需要的标题，如输入【图书销量分析】，并在【字体】组中对图表标题的字体格式进行相应的设置，效果如图 12-77 所示。

图 12-77

Step 03 ❶ 保持图表的选择状态，单击【图表布局】组中的【添加图表元素】按钮，❷ 在弹出的下拉菜单中选择【图例】选项，❸ 在弹出的级联菜单中选择【右侧】选项，如图 12-78 所示。

图 12-78

技术看板

如果要为图表应用图表样式或更改图表布局，那么最好在更改图表布局和应用图表样式后，再执行添加图表元素的操作，因为不同的图表布局和图表样式，自带的图表元素不一样。

Step 04 将图例移动到图表右侧，❶ 单击【图表布局】组中的【添加图表元素】按钮，❷ 在弹出的下拉菜单中选择【数据标签】选项，❸ 在弹出

的级联菜单中选择【数据标签外】选项，即可为图表添加数据标签，如图12-79 所示。

图 12-79

12.4.6 实战：为"工作总结"中的图表应用图表样式

实例门类	软件功能
教学视频	光盘\视频\第12章\12.4.6.mp4

PowerPoint 2013 中提供了多种图表样式，应用提供的样式可以快速对图表进行美化，使图表更加美观。例如，继续上例操作，在"工作总结"演示文稿中为图表应用需要的样式，具体操作步骤如下。

Step 01 在打开的"工作总结"演示文稿中选择第 5 张幻灯片中的图表，单击【设计】选项卡【图表样式】组中的【其他】按钮，在弹出的下拉列表中选择需要的图表样式，如选择【样式 14】选项，如图 12-80 所示。

图 12-80

Step 02 即可为图表应用选择的图表样式，效果如图 12-81 所示。

图 12-81

12.4.7 实战：更改"工作总结"中图表的颜色

实例门类	软件功能
教学视频	光盘\视频\第12章\12.4.7.mp4

除了可为图表应用样式外，还可对图表样式中应用的颜色进行更改。例如，继续上例操作，在"工作总结"演示文稿中对图表的颜色进行更改，具体操作步骤如下。

Step01 在打开的"工作总结"演示文稿中选择第5张幻灯片中的图表，❶ 单击【图表样式】组中的【更改颜色】按钮，❷ 在弹出的下拉列表中选择需要的颜色，如选择【彩色】栏中的【颜色4】选项，如图 12-82 所示。

图 12-82

Step02 即可将图表中数据条的颜色进行更改，效果如图 12-83 所示。

图 12-83

技术看板

使用更改颜色功能更改图表颜色时，只能对图表中数据条的颜色进行修改，不能对图表的背景颜色进行修改。

妙招技法

通过前面知识的学习，相信读者已经掌握了在幻灯片中使用表格和图表的操作方法了。下面结合本章内容，介绍一些实用技巧。

技巧 01：平均分布表格行或列

教学视频	光盘\视频\第12章\技巧01.mp4

当需要将表格中多行或多列的行高和列宽调整到相同的高度和宽度时，可通过 PowerPoint 2013 提供的表格的分布行和分布列功能来快速实现。例如，在"销售工作计划3"演示文稿中平均分布表格的行高和列宽，具体操作步骤如下。

Step01 打开"光盘\素材文件\第12章\销售工作计划 3.pptx"文件，❶ 选择第6张幻灯片中的表格，❷ 单击【布局】选项卡【单元格大小】组中的【分布行】按钮，如图 12-84 所示。

图 12-84

Step02 此时，表格中所有行的行高将根据表格的高度平均分布每行的高度。保持表格的选择状态，然后单击【布局】选项卡【单元格大小】组中的【分布列】按钮，如图 12-85 所示。

图 12-85

技术看板

如果只需要平均分布表格中的多行或多列，那么执行【分布行】或【分布列】命令后，则只会在所选行或列中平均分布高度或宽度，不会根据表格的高度和宽度来平均分布。

Step03 此时，表格中所有列的列宽将根据表格的宽度平均分布每列的宽度，效果如图 12-86 所示。

图 12-86

技巧 02：设置幻灯片中表格的尺寸

教学视频	光盘\视频\第 12 章\技巧 02.mp4

当幻灯片中表格的大小不能满足需要时，除了可采用调整图片、形状等对象时，拖动对象控制点调整表格大小外，还可通过【表格尺寸】组有规律地调整表格大小。例如，继续上例操作，在"销售工作计划 3"演示文稿中对表格的大小进行调整，具体操作步骤如下。

Step01 ❶ 在打开的"销售工作计划 3.pptx"演示文稿中选择 4 张幻灯片，❷ 选择幻灯片中的表格，在【布局】选项卡【表格尺寸】组中的【高度】数值框中输入表格整体的高度，如输入【13.5】，如图 12-87 所示。

图 12-87

Step02 按【Enter】键，调整表格的高度，保持表格的选择状态，在【布局】选项卡【表格尺寸】组中的【宽度】数值框中输入表格整体的宽度，如输入【24】，如图 12-88 所示。

图 12-88

Step03 按【Enter】键，调整表格的宽度，效果如图 12-89 所示。

图 12-89

技术看板

若在【表格尺寸】组中选中【锁定纵横比】复选框，那么设置表格的宽度或高度后，表格的高度值或宽度值也将随之发生变化。

技巧 03：快速为单元格添加斜线

教学视频	光盘\视频\第 12 章\技巧 03.mp4

在制作表格的过程中，当需要在同一个单元格中传递多个信息时，经常需要在单元格中添加斜线来进行区分。在 PowerPoint 2013 中既可以通过添加边框功能来实现，也可通过绘制表格功能来实现。例如，在"汽车销售业绩报告 1"演示文稿中为单元格添加一条斜线，具体操作步骤如下。

Step01 打开"光盘\素材文件\第 12 章\汽车销售业绩报告 1.pptx"文件，❶ 选择第 2 张幻灯片表格中的第一个单元格，❷ 单击【设计】选项卡【表格样式】组中的【边框】下拉按钮，❸ 在弹出的下拉菜单中选择【斜下框线】命令，如图 12-90 所示。

图 12-90

Step02 即可为选择的单元格添加一条向右下的斜线，在该单元格中输入其他文本，并对文本的位置进行调整，效果如图 12-91 所示。

图 12-91

Step03 选择第 3 张幻灯片中的表格，❶ 单击【设计】选项卡【绘图边框】组中的【笔画粗细】下拉按钮，❷ 在弹出的下拉菜单中选择【2.25 磅】选项，如图 12-92 所示。

图 12-92

Step04 ❶ 再单击【绘图边框】组中的【笔颜色】下拉按钮，❷ 在弹出的下拉列表中选择【青绿，个性色 1，淡色 80%】选项，如图 12-93 所示。

图 12-93

Step05 此时鼠标指针将变成 ⌀ 形状，在表格中的第一个单元格中拖动鼠标指针绘制一条斜线，如图 12-94 所示。

图 12-94

Step06 绘制完成后，在该单元格中输入其他文本，并对文本的位置进行调整，效果如图 12-95 所示。

图 12-95

技巧 04：快速对图表各部分进行美化设置

教学视频	光盘 \ 视频 \ 第 12 章 \ 技巧 04.mp4

　　除了可应用图表样式对幻灯片中的图表进行美化外，还可根据需要单独对图表各部分进行美化设置。例如，在"工作总结 1"演示文稿中对图表的图表区、绘图区、图例和坐标轴等部分进行设置，具体操作步骤如下。

Step01 打开"光盘 \ 素材文件 \ 第 12 章 \ 工作总结 1.pptx"文件，选择第 5 张幻灯片中的图表，在图表区上右击，在弹出的快捷菜单中选择【设置图表区域格式】命令，如图 12-96 所示。

图 12-96

Step02 打开【设置图表区格式】任务窗格，单击【填充】展开按钮，将其展开，❶ 在该选项区域选中【纯色填充】单选按钮，❷ 然后单击【颜色】

下拉按钮 ▼，❸ 在弹出的下拉列表中选择【最近使用的颜色】栏中的【青色】选项，如图 12-97 所示。

图 12-97

Step03 即可将图表区填充为选择的颜色，然后在【透明度】数值框中输入填充的透明度，这里输入【60%】，如图 12-98 所示。

图 12-98

Step04 ❶ 在【设置图表区格式】任务窗格中单击【图表选项】下拉按钮，❷ 在弹出的下拉菜单中显示了所选图表的全部组成部分，选择需要设置的部分，如选择【绘图区】选项，如图 12-99 所示。

图 12-99

Step05 ❶ 在【填充】选项区域选中【渐变填充】单选按钮，❷ 在【渐变光圈】栏中选择第 2 个渐变光圈，❸ 单击【删除渐变光圈】按钮，如图 12-100 所示。

图 12-100

Step06 ❶ 选择第 2 个渐变光圈，❷ 将其颜色设置为【青色】，❸ 将透明度设置为【40%】，如图 12-101 所示。

图 12-101

Step07 ❶ 选择第 3 个渐变光圈，❷ 将其颜色设置为【黑色，文字 1】，❸ 将透明度设置为【25%】，如图 12-102 所示。

图 12-102

Step08 ❶ 选择图表中的图例选项，将

其填充色设置为【白色，背景 1】，❷ 单击【图例选项】按钮，如图 12-103 所示。

图 12-103

Step09 展开【图例选项】选项，在该选项区域下可设置图例位置，如选中【靠右】单选按钮，图例将移动到图表中的右侧，如图 12-104 所示。

图 12-104

Step10 ❶ 关闭任务窗格，选择图表中的纵坐标轴，❷ 在【字体】组中对纵坐标轴中的文本的字号和加粗效果进行设置，如图 12-105 所示。

图 12-105

Step11 然后使用相同的方法对横坐标轴和图例中文本的字号和加粗效果进

行设置，效果如图 12-106 所示。

图 12-106

技巧 05：将图表保存为模板

教学视频	光盘\视频\第 12 章\技巧 05.mp4

　　对于制作好的图表，还可将其保存为模板，以后在制作同类型或相同效果的图表时，可直接对图表中的数据进行加工后使用。例如，继续上例操作，将"工作总结 1"演示文稿中的图表保存为模板，具体操作步骤如下。

Step01 在打开的"工作总结 1"演示文稿中选择第 5 张幻灯片中的图表，并在其上右击，在弹出的快捷菜单中选择【另存为模板】命令，如图 12-107 所示。

图 12-107

Step02 打开【保存图表模板】对话框，❶ 在【文件名】文本框中输入保存的名称，❷ 保存位置保持默认不变，单击【保存】按钮，如图 12-108 所示。

图 12-108

图 12-109

Step 03 即可将选择的图表保存为模板，并显示在【插入图表】对话框的【模板】选项中，如图 12-109 所示。

本章小结

在使用图表展现数据时，只要了解了各图表类型的作用，就能快速选择合适的图表来直观体现幻灯片中的数据。本章在最后还讲解了表格和图表的一些编辑技巧，以帮助读者合理使用表格和图表。

第3篇

PPT 技能 进阶篇

在 PowerPoint 中除了可使用不同的对象来展示内容外，还可通过添加多媒体、链接、动画等效果，使静态的效果变得有声有色，更加生动。本篇将对 PowerPoint 2013 的高级功能进行讲解，本篇内容的学习目的是让读者能制作出有声有色、美观大气的幻灯片。

第**13**章　幻灯片主题应用与母版设计

- ➥ 如何为同一演示文稿应用多个主题？
- ➥ 怎么对当前演示文稿中的主题进行保存？
- ➥ 怎么为每张幻灯片添加相同的页眉页脚？
- ➥ 幻灯片母版中多余的版式能不能删除？
- ➥ 在幻灯片母版中如何对幻灯片版式进行设计？

对于制作较多幻灯片的演示文稿来说，通过应用幻灯片主题可以大大提高制作效率。本章将主要讲解如何通过主题和幻灯片母版为演示文稿中的幻灯片设置出统一的风格和效果，来帮助用户制作数量较多的幻灯片，认真学习本章内容，不仅能得到以上问题的答案，还会有其他收获。

13.1　为幻灯片应用主题

主题是为演示文稿提供的一套完整的格式集合，包括主题颜色、主题文字和相关主题效果等，通过应用主题，可以快速为演示文稿中的幻灯片设置风格统一的效果。

★ 重点 13.1.1　实战：为"会议简报"幻灯片应用内置主题

实例门类	软件功能
教学视频	光盘\视频\第 13 章\13.1.1.mp4

PowerPoint 2013 提供了主题，通过应用主题，可快速改变幻灯片的整体效果。例如，为"会议简报"演示文稿应用内置的主题，具体操作步骤如下。

Step01 打开"光盘\素材文件\第 13 章\会议简报.pptx"文件，选择【设计】选项卡，在【主题】组中单击【其他】按钮▽，在弹出的下拉列表框中显示了提供的主题样式，选择需要的主题样式，如选择【平面】选项，如图 13-1 所示。

图 13-1

图 13-3

图 13-5

Step⓿ 为演示文稿中的所有幻灯片应用选择的主题，效果如图13-2所示。

图 13-2

★ 新功能 13.1.2 实战：更改"会议简报"主题的变体

实例门类	软件功能
教学视频	光盘\视频\第13章\13.1.2.mp4

有些主题还提供了变体功能，使用该功能可以在应用主题效果后，对其中设计的变体进行更改，如背景颜色、形状样式上的变化等。例如，继续上例操作，对"会议简报"演示文稿中主题的变体进行更改，具体操作步骤如下。

Step⓿ 在打开的"会议简报"演示文稿中的【设计】选项卡【变体】组【主题】列表框中选择需要的主题变体，如选择第2种，如图13-3所示。

Step⓿ 将主题的变体更改为选择的变体，效果如图13-4所示。

13.1.3 实战：更改"会议简报"主题的颜色

实例门类	软件功能
教学视频	光盘\视频\第13章\13.1.3.mp4

应用主题后，默认的主题颜色有时不能满足需要，此时可以根据需要对主题颜色进行更改。例如，继续上例操作，对"会议简报"演示文稿中的主题颜色进行更改，具体操作步骤如下。

Step⓿ 在打开的"会议简报"演示文稿中单击【设计】选项卡【变体】组中的【其他】按钮，❶在弹出的下拉列表中选择【颜色】选项，❷在弹出的级联列表中选择需要的颜色，如选择【纸张】选项，如图13-5所示。

Step⓿ 主题的颜色将更改为设置的颜色，效果如图13-6所示。

图 13-4

图 13-6

技能拓展——自定义主题颜色

如果对提供的主题颜色不满意，可以在【颜色】级联列表中选择【自定义颜色】命令，在打开的【新建主题颜色】对话框中对主题颜色、主题颜色名称等进行设置，完成后单击【确定】按钮进行保存。

13.1.4 实战：更改"会议简报"主题的字体

实例门类	软件功能
教学视频	光盘\视频\第13章\13.1.4.mp4

除了可对主题颜色进行更改外，还可对主题应用的字体进行更改。例如，继续上例操作，对"会议简报"演示文稿中的主题字体进行更改，具体操作步骤如下。

Step**01** 在打开的"会议简报"演示文稿中单击【设计】选项卡【变体】组中的【其他】按钮，❶ 在弹出的下拉列表中选择【字体】选项，❷ 在弹出的级联列表中选择需要的字体，如选择【黑体 宋体】选项，如图 13-7 所示。

图 13-7

技能拓展——自定义主题字体

如果对提供的主题字体不满意，可以在【字体】级联列表中选择【自定义字体】命令，在打开的【新建主题字体】对话框中可对主题西文字体、中文字体和字体名称等进行设置，完成后单击【确定】按钮进行保存。

Step**02** 主题的字体将更改为选择的字体，效果如图 13-8 所示。

图 13-8

13.1.5 实战：保存"会议简报"主题

实例门类	软件功能
教学视频	光盘\视频\第 13 章\13.1.5.mp4

对于自定义的主题，用户可以将其保存下来，以方便下次制作相同效果的幻灯片时使用。例如，继续上例操作，将"会议简报"演示文稿中的主题保存到计算机中，具体操作步骤如下。

Step**01** 在打开的"会议简报"演示文稿中单击【设计】选项卡【主题】组中的【其他】按钮，在弹出的下拉列表中选择【保存当前主题】命令，如图 13-9 所示。

Step**02** 打开【保存当前主题】对话框，❶ 在【文件名】文本框中输入主题的名称，如输入【会议主题】，其他保持默认设置，❷ 单击【保存】按钮，如图 13-10 所示。

图 13-9

图 13-10

Step**03** 将当前主题保存到默认位置，然后会在【主题】下拉列表中显示保存的主题，如图 13-11 所示。

图 13-11

13.2 认识母版视图

PowerPoint 2013 提供了幻灯片母版、讲义母版和备注母版 3 种母版视图，不同的母版其作用不一样，所以，要想通过母版视图来完成某些操作，那么需要先认识各母版视图。

★ 重点 13.2.1 幻灯片母版

幻灯片母版是制作幻灯片过程中应用最多的母版，它相当于是一种模板，能够存储幻灯片的所有信息，包括文本和对象在幻灯片上放置的位置、文本和对象的大小、文本样式、背景、颜色、主题、效果和动画等，如图 13-12 所示。当幻灯片母版发生变化时，其对应的幻灯片中的效果也将随之发生变化。

图 13-12

信息，如图 13-13 所示。

图 13-13

13-14 所示。

图 13-14

13.2.2 讲义母版

为了方便演示者在演示过程中能通过纸稿快速了解每张幻灯片中的内容，那么就需要通过讲义母版对演示文稿中幻灯片在纸稿中的显示方式进行设置，包括每页纸上显示的幻灯片数量、排列方式，以及页眉和页脚等

13.2.3 备注母版

当需要在演示文稿中输入备注内容，且需要将备注内容打印出来显示在纸上时，则需要通过备注母版对备注内容、备注页方向、幻灯片大小及页眉页脚信息等进行设置，如图

技术看板

对讲义母版和备注母版进行设置后，只有打印出来后才能看到效果，在放映演示文稿的过程中不会显示出来。

13.3 设置幻灯片母版中的对象

要想演示文稿中的所有幻灯片拥有相同的字体格式、段落格式、背景效果、页眉页脚、日期和时间等，那么通过幻灯片母版就能快速实现。

★ 重点 13.3.1 实战：在"可行性研究报告"中设置幻灯片母版的背景格式

实例门类	软件功能
教学视频	光盘\视频\第13章\13.3.1.mp4

在幻灯片母版中设置背景格式的方法与在幻灯片中设置背景格式的方法基本相似，但在幻灯片母版中设置幻灯片背景格式时，首先需要进入幻灯片母版视图，然后才能对幻灯片母版进行操作。例如，在"可行性研究报告"演示文稿中对幻灯片母版的背景格式进行设置，具体操作步骤如下。

Step01 打开"光盘\素材文件\第13章\可行性研究报告.pptx"文件，单击【视图】选项卡【母版视图】组中

的【幻灯片母版】按钮，如图 13-15 所示。

图 13-15

Step02 进入幻灯片母版视图，❶ 选择幻灯片母版，❷ 单击【幻灯片母版】选项卡【背景】组中的【背景样式】按钮，❸ 在弹出的下拉列表中选择需要的背景样式，如选择【样式8】选项，如图 13-16 所示。

图 13-16

技术看板

幻灯片母版视图中的第1张幻灯片为幻灯片母版，而其余幻灯片为幻灯片母版版式，默认情况下，每个幻灯片母版中包含11张幻灯片母版版式，对幻灯片母版背景进行设置后，幻灯片母版和幻灯片母版版式的背景都将发生变化，但对幻灯

PPT 2013 完全自学教程

片母版版式的背景进行设置后，只有所选幻灯片母版版式的背景发生变化，其余幻灯片母版版式和幻灯片母版背景都不会发生变化。

Step03 为幻灯片母版中的所有版式添加相同的背景样式，效果如图 13-17 所示。

图 13-17

技术看板

如果【背景样式】下拉列表中没有需要的样式，那么可选择【设置背景格式】命令，打开【设置背景格式】任务窗格，在其中可设置幻灯片母版的背景格式为纯色填充、渐变填充、图片或纹理填充及图案填充等效果。

★ **重点 13.3.2 实战：设置"可行性研究报告"中幻灯片母版占位符格式**

实例门类	软件功能
教学视频	光盘\视频\第13章\13.3.2.mp4

若希望演示文稿中的所有幻灯片拥有相同的字体格式、段落格式等，可以通过幻灯片母版进行统一设置，这样可以提高演示文稿的制作效率。例如，继续上例操作，在"可行性研究报告"演示文稿中通过幻灯片母版对占位符格式进行相应的设置，具体操作步骤如下。

Step01 ❶ 在打开的"可行性研究报告"演示文稿幻灯片母版视图中选择幻灯片母版，❷ 再选择幻灯片母版中的标题占位符，在【开始】选项卡【字体】组中将字体设置为【微软雅黑】，❸ 单击【文字阴影】按钮 S，❹ 单击【字体颜色】下拉按钮 ，❺ 在弹出的下拉列表中选择【蓝色，着色5，淡色60%】选项，如图 13-18 所示。

图 13-18

Step02 选择内容占位符，❶ 单击【字体】组中的【加粗】按钮 B 加粗文本，❷ 单击【段落】组中的【项目符号】下拉按钮 ，❸ 在弹出的下拉列表中选择需要的项目符号，如选择【选中标记项目符号】选项，如图 13-19 所示。

图 13-19

Step03 将段落项目符号更改为选择的项目符号，保持内容占位符的选择状态，单击【段落】组中右下角的【段落设置】按钮 ，如图 13-20 所示。

Step04 打开【段落】对话框，❶ 在【缩进和间距】选项卡【间距】选

项区域中的【段前】数值框中输入【6】，❷ 在【行距】下拉列表框中选择【1.5倍行距】选项，❸ 单击【确定】按钮，如图 13-21 所示。

图 13-20

图 13-21

Step05 返回幻灯片母版编辑区，可查看设置段前间距和行间距后的效果，如图 13-22 所示。

图 13-22

Step06 在幻灯片母版视图中选择第2个版式，在【字体】组中对副标题占位符的字体格式进行相应的设置，然后单击【幻灯片母版】选项卡【关闭】组中的【关闭母版视图】按钮，如图 13-23 所示。

图 13-23

Step07 关闭幻灯片母版视图，返回到普通视图中，可看到演示文稿中所有幻灯片中的占位符中的格式都发生了变化，效果如图 13-24 所示。

图 13-24

13.3.3　实战：在"可行性研究报告"中设置页眉和页脚

实例门类	软件功能
教学视频	光盘\视频\第 13 章\13.3.3.mp4

当需要在演示文稿的所有幻灯片中添加统一的日期、时间、编号、公司名称等页眉页脚信息时，可以通过幻灯片母版来快速实现。例如，继续上例操作，在"可行性研究报告"演示文稿中通过幻灯片母版对页眉页脚进行设置，具体操作步骤如下。

Step01 ❶ 在打开的"可行性研究报告"演示文稿幻灯片母版视图中选择幻灯片母版，❷ 单击【插入】选项卡【文本】组中的【页眉和页脚】按钮，如图 13-25 所示。

图 13-25

技术看板

在【文本】组中单击【幻灯片编号】按钮，也可打开【页眉和页脚】对话框。

Step02 打开【页眉和页脚】对话框，❶ 选中【日期和时间】复选框，❷ 选中【固定】单选按钮，在其下的文本框中将显示系统当前的日期和时间，❸ 然后选中【幻灯片编号】复选框和【页脚】复选框，❹ 在【页脚】复选框下方的文本框中输入页脚信息，如输入公司名称，❺ 再选中【标题幻灯片中不显示】复选框，❻ 然后单击【全部应用】按钮，如图 13-26 所示。

图 13-26

技术看板

在【页眉和页脚】对话框中选中【幻灯片编号】复选框，为幻灯片依次添加编号；选中【标题幻灯片中不显示】复选框，添加的日期、页脚和幻灯片编号等信息不在标题页幻灯片中显示。

Step03 为所有幻灯片添加设置的日期和编号，❶ 选择幻灯片母版中最下方的 3 个文本框，❷ 在【开始】选项卡【字体】组中将字号设置为【14】，❸ 单击【加粗】按钮 B 加粗文本，如图 13-27 所示。

图 13-27

Step04 返回到幻灯片普通视图中，可查看设置的页眉页脚效果，如图 13-28 所示。

图 13-28

技能拓展——添加自动更新的日期和时间

如果希望幻灯片中添加的日期和时间随着当前计算机系统的日期和时间而发生变化。可以在【页眉和页脚】对话框中选中【日期和时间】复选框，然后选中【自动更新】单选按钮，再在该单选按钮下方的下拉列表框中对日期格式等进行设置，完成后单击【应用】或【全部应用】按钮。

13.4 编辑幻灯片母版

对于幻灯片视图中的幻灯片母版和版式，还可以对其进行编辑，如插入幻灯片母版、插入版式、重命名版式、删除版式等，使幻灯片母版能满足演示文稿的编辑需要。

★ 重点 13.4.1 实战：在"产品销售计划书"中插入幻灯片母版

实例门类	软件功能
教学视频	光盘\视频\第13章\13.4.1.mp4

在同一个演示文稿中可以应用多个幻灯片主题和模板，当需要通过幻灯片母版来为演示文稿添加多个主题时，那么则需要插入幻灯片母版，然后对幻灯片母版进行编辑。例如，在"产品销售计划书"演示文稿的幻灯片母版视图中插入一个幻灯片母版，为演示文稿应用两种不同的主题，具体操作步骤如下。

Step01 打开"光盘\素材文件\第13章\产品销售计划书.pptx"文件，进入幻灯片母版视图，❶选择幻灯片母版，❷单击【幻灯片母版】选项卡【编辑母版】组中的【插入幻灯片母版】按钮，如图13-29所示。

图 13-29

Step02 在版式最后插入一个新幻灯片母版，❶选择插入的幻灯片母版，❷单击【背景】组中的【背景样式】按钮，❸在弹出的下拉列表中选择需要的背景样式，如图13-30所示。

Step03 将选择的背景样式应用于新建的幻灯片母版，然后单击【关闭】组中的【关闭母版视图】按钮，如图

13-31所示。

图 13-30

图 13-31

Step04 返回幻灯片普通视图，❶选择第2张幻灯片，❷单击【开始】选项卡【新建幻灯片】组中的【版式】按钮，❸在弹出的下拉列表中显示了演示文稿中的所有幻灯片母版视图中的版式，选择【自定义设计方案】选项区域中的【空白】版式，如图13-32所示。

图 13-32

Step05 为幻灯片应用选择的版式，效果如图13-33所示。

图 13-33

13.4.2 实战：在"产品销售计划书"幻灯片母版视图中插入版式

实例门类	软件功能
教学视频	光盘\视频\第13章\13.4.2.mp4

在幻灯片母版视图中除了可插入幻灯片母版外，还可在母版视图中插入版式，以便自定义新的版式。例如，继续上例操作，在"产品销售计划书"演示文稿的第一个幻灯片母版视图中插入自定义版式，具体操作步骤如下。

Step01 ❶在打开的"产品销售计划书"演示文稿的幻灯片母版视图中的第一个幻灯片母版中选择第3个版式，❷单击【幻灯片母版】选项卡【编辑母版】组中的【插入版式】按钮，如图13-34所示。

图 13-34

Step② 在选择的版式下插入一个版式，然后对该版式进行设计，效果如图13-35所示。

图 13-35

Step③ 返回幻灯片普通视图，❶选择第12张幻灯片，❷单击【开始】选项卡【新建幻灯片】组中的【版式】按钮，❸在弹出的下拉列表中显示了插入的版式，选择【自定义版式】选项，如图13-36所示。

图 13-36

Step④ 为幻灯片应用选择的版式，效果如图13-37所示。

图 13-37

13.4.3 实战：在"产品销售计划书"中重命名幻灯片母版和版式

实例门类	软件功能
教学视频	光盘\视频\第13章\13.4.3.mp4

对于插入的幻灯片母版和版式，为了方便记忆或查找，可以为幻灯片母版和版式进行重命名。例如，继续上例操作，为"产品销售计划书"演示文稿中插入的幻灯片母版和版式进行重命名操作，具体操作步骤如下。

Step① ❶在打开的"产品销售计划书"演示文稿的幻灯片母版视图中选择第2个幻灯片母版，❷单击【幻灯片母版】选项卡【编辑母版】组中的【重命名】按钮，如图13-38所示。

图 13-38

Step② 打开【重命名版式】对话框，❶在【版式名称】文本框中输入幻灯片母版名称，如输入【蓝色背景】，❷单击【重命名】按钮，如图13-39所示。

图 13-39

Step③ 将幻灯片母版的名称命名为更改的名称，将鼠标指针移动到幻灯片母版上，可显示幻灯片母版的名称，以及可应用的幻灯片，如图13-40所示。

Step④ ❶选择第1个幻灯片母版下的第4个版式，❷单击【幻灯片母版】

选项卡【编辑母版】组中的【重命名】按钮，如图13-41所示。

图 13-40

图 13-41

Step⑤ 打开【重命名版式】对话框，❶在【版式名称】文本框中输入版式名称，如输入【结束页】，❷单击【重命名】按钮，如图13-42所示。

图 13-42

Step⑥ 完成版式的命名，返回幻灯片普通视图，在【版式】下拉列表中可看到命名幻灯片母版和版式后的效果，如图13-43所示。

图 13-43

13.4.4 实战：在"产品销售计划书"中删除多余的版式

实例门类	软件功能
教学视频	光盘\视频\第13章\13.4.4.mp4

当幻灯片母版视图中幻灯片母版和幻灯片版式过多，且某些幻灯片母版或幻灯片版式无用时，可以将其删除，以方便对版式进行管理。例如，继续上例操作，在"产品销售计划书"演示文稿的幻灯片母版视图中删除多余的版式，具体操作步骤如下。

Step01 ❶ 在打开的"产品销售计划书"演示文稿的幻灯片母版视图中选择幻灯片版式下的第3个版式，❷ 单击【幻灯片母版】选项卡【编辑母版】组中的【删除】按钮，如图13-44所示。

图 13-44

Step02 可把选择的幻灯片版式删除，效果如图13-45所示。

图 13-45

Step03 使用相同的方法删除幻灯片母版视图中不需要的幻灯片版式，效果如图13-46所示。

图 13-46

13.5 设计幻灯片母版版式

在幻灯片母版中提供了11个幻灯片母版版式，如果想为演示文稿中的幻灯片应用不同的幻灯片版式，那么可分别对幻灯片母版版式进行设计，然后应用到相应的幻灯片中，这样可以丰富幻灯片样式，提高幻灯片的整体效果。

13.5.1 实战：设计"企业汇报模板"封面页

实例门类	软件功能
教学视频	光盘\视频\第13章\13.5.1.mp4

封面是整个演示文稿主题的体现，也是最先展现出来的幻灯片，所以，封面的设计非常重要。在幻灯片母版中可根据实际需要添加形状、图标、文本等对象对封面进行自定义设计，使设计的封面效果更具吸引力。例如，在"企业汇报模板"演示文稿的幻灯片母版视图中通过添加图片、形状和艺术字来设计幻灯片封面版式，具体操作步骤如下。

Step01 打开"光盘\素材文件\第13章\企业汇报模板.pptx"文件，❶ 进入幻灯片母版视图，选择标题幻灯片版式，❷ 单击【插入】选项卡【插图】组中的【形状】按钮，❸ 在弹出的下拉列表中选择【矩形】选项，如图13-47所示。

图 13-47

Step02 拖动鼠标绘制一个矩形，并将形状置于底层，❶ 然后单击【格式】选项卡【形状样式】组中的【形状填充】下拉按钮，❷ 在弹出的下拉列表中选择【其他填充颜色】命令，如图13-48所示。

图 13-48

Step03 ❶ 打开【颜色】对话框，选择【自定义】选项卡，❷ 在【红色】【绿色】和【蓝色】数值框中分别输入颜色值，如输入【211】【57】和【45】，❸ 然后单击【确定】按钮，如图 13-49 所示。

图 13-49

Step04 将形状填充为设置的颜色，保持形状的选择状态，❶ 单击【形状样式】组中的【形状轮廓】下拉按钮 ，❷ 在弹出的下拉列表中选择【无轮廓】选项，取消形状轮廓，如图 13-50 所示。

图 13-50

Step05 保持形状的选择状态，❶ 单击【形状样式】组中的【形状效果】按钮，❷ 在弹出的下拉列表中选择【阴影】命令，❸ 在弹出的级联列表中选择【右下斜偏移】选项，如图 13-51 所示。

Step06 删除幻灯片版式中的占位符，单击【插入】选项卡【图像】组中的【图片】按钮，❶ 打开【插入图片】

对话框，在地址栏中设置插入图片保存的位置，❷ 然后选择需要插入的图片【箭头】，❸ 单击【插入】按钮，如图 13-52 所示。

图 13-51

图 13-52

Step07 在幻灯片中插入选择的图片，将图片调整到合适的大小，❶ 然后单击【插入】选项卡【文本】组中的【艺术字】按钮，❷ 在弹出的下拉列表中选择第 1 种艺术字样式，如图 13-53 所示。

图 13-53

Step08 在插入的艺术字文本框中输入文本【2017】，并在【开始】选项卡【字体】组中对艺术字的格式进行相应的设置，效果如图 13-54 所示。

图 13-54

Step09 在幻灯片下方中间位置绘制一条直线，❶ 单击【形状样式】组中的【形状轮廓】下拉按钮 ，❷ 在弹出的下拉列表中选择【黑色，文字 1，淡色 25%】选项，如图 13-55 所示。

图 13-55

Step10 将直线设置为黑色，然后退出幻灯片母版视图，返回普通视图，在封面页中添加一些文本，以进行说明，效果如图 13-56 所示。

图 13-56

技术看板

在幻灯片母版视图中添加图片、形状、文本等对象的方法相同，但通过幻灯片母版添加的对象只能在幻灯片母版视图中进行各种编辑操作，不能在普通视图中进行操作。

13.5.2 实战：设计"企业汇报模板"目录页

实例门类	软件功能
教学视频	光盘\视频\第13章\13.5.2.mp4

目录主要用于展示演示文稿内容的大纲，要想使制作的目录能快速吸引观众，也可通过添加形状、图片等对象来丰富目录页。例如，继续上例操作，在"企业汇报模板"演示文稿母版视图中设计目录页版式，具体操作步骤如下。

Step01 ❶ 在打开的"企业汇报模板"演示文稿的幻灯片母版视图中选择第2个版式，删除幻灯片中的标题和内容占位符，在幻灯片中绘制一个【流程图：终止】形状并选择形状，❷ 单击【形状填充】下拉按钮，❸ 在弹出的下拉列表中选择【渐变】选项，❹ 在弹出的级联列表中选择【其他渐变】选项，如图 13-57 所示。

图 13-57

Step02 打开【设置形状格式】任务窗格，在【填充】选项下选中【渐变填充】单选按钮，❶ 单击【预设渐变】按钮，❷ 在弹出的下拉列表中选择【顶部聚光灯 - 着色 3】选项，如图 13-58 所示。

Step03 ❶ 单击【方向】按钮，❷ 在弹出的下拉列表中选择【从左上角】选项，如图 13-59 所示。

Step04 在【渐变光圈】中删除第 2 个光圈，只保留两个光圈，❶ 选择第 2 个光圈，❷ 在【位置】数值框

中输入【54】，将选择的光圈向左移动，❸ 在【透明度】数值框中输入【75】，调整颜色透明度，如图 13-60 所示。

图 13-58

图 13-59

图 13-60

Step05 关闭【设置形状格式】任务窗格，❶ 然后选择形状，单击【形状效果】按钮，❷ 在弹出的下拉列表中选择【柔化边缘】选项，❸ 在弹出的级联列表中选择【10 磅】选项，如图 13-61 所示。

Step06 单击【插入】选项卡【文本】组中的【文本框】按钮，如图 13-62 所示。

图 13-61

图 13-62

Step07 在绘制的形状上拖动鼠标绘制一个文本框，在文本框中输入文本【CONTENTS 目录】，并在【字体】组中对文本的字体格式进行相应的设置，效果如图 13-63 所示。

图 13-63

Step08 然后在幻灯片中绘制一个正圆，并为其应用【强烈效果 - 蓝色，强调颜色 1】形状样式，如图 13-64 所示。

Step09 ❶ 将形状的颜色填充为红色，单击【形状效果】按钮，❷ 在弹出的下拉列表中选择【棱台】选项，❸ 在弹出的级联列表中选择【十字形】选

项，如图13-65所示。

图13-64

图13-65

Step⑩ 在正圆中输入文本【01】，并对其字体格式进行设置，❶ 在正圆后绘制一条直线，将其形状轮廓设置为【浅灰色，背景2，淡色90%】，❷ 在【形状轮廓】下拉列表中选择【粗细】命令，❸ 在弹出的级联列表中选择【1.5磅】命令，如图13-66所示。

图13-66

Step⑪ 选择正圆和直线，对其进行复制，然后对复制的正圆中的文本和填充颜色进行相应的修改，效果如图13-67所示。

图13-67

Step⑫ 退出幻灯片母版视图，返回普通视图，在目录页中添加一些文本，以进行补充说明，效果如图13-68所示。

图13-68

13.5.3 实战：设计"企业汇报模板"过渡页

实例门类	软件功能
教学视频	光盘\视频\第13章\13.5.3.mp4

当演示文稿中的幻灯片内容分节较多时，可以通过过渡页进行过渡。例如，在"企业汇报模板"演示文稿的幻灯片母版视图中设计过渡页，具体操作步骤如下。

Step① ❶ 在打开的"企业汇报模板"演示文稿的幻灯片母版视图中选择第3个版式，❷ 删除幻灯片中的标题和内容占位符，然后绘制两条直线，将直线轮廓填充为【红色】，如图13-69所示。

Step② ❶ 在两条线条左侧中间绘制一个六边形，选择绘制的六边形，❷ 在【形状轮廓】下拉列表中选择【图片】命令，如图13-70所示。

Step③ ❶ 打开【插入图片】对话框，

在地址栏中设置插入图片保存的位置，❷ 然后选择需要插入的图片【分析数据】，❸ 单击【插入】按钮，如图13-71所示。

图13-69

图13-70

图13-71

Step④ 使用插入的图片填充形状，❶ 选择形状，❷ 在【图片工具-格式】选项卡【大小】组中单击【裁剪】下拉按钮，❸ 在弹出的下拉列表中选择【调整】命令，如图13-72所示。

Step⑤ 此时形状中的图片四周将出现裁剪框，调整图片的大小，然后调整图片在形状中的位置，效果如图13-73所示。

图 13-72

图 13-73

技术看板

使用图片填充形状后，图片容易变形，如果不希望图片变形，则需要对图片进行裁剪，使图片按正常比例填充形状。

Step⑥ 在六边形形状右侧绘制两个三角形和一个正圆，效果如图 13-74 所示。

图 13-74

Step⑦ 对三角形和正圆形状的样式、填充效果和轮廓进行相应的设置，效果如图 13-75 所示。

图 13-75

Step⑧ 退出幻灯片母版视图，返回普通视图，新建一张幻灯片，为其应用过渡页版式，并在该幻灯片中添加一些文本，以进行补充说明，效果如图 13-76 所示。

图 13-76

技术看板

在幻灯片母版中设计版式时，对于需要修改的文本，最好在幻灯片普通视图中进行添加，这样在普通视图中时便于修改。

13.5.4 实战：设计"企业汇报模板"内容页

实例门类	软件功能
教学视频	光盘\视频\第13章\13.5.4.mp4

内容页在整个演示文稿中占主体，为了方便查看，所有内容页幻灯片的布局、色调等最好统一，所以，通过幻灯片母版进行设置是最快捷的方法。例如，继续上例操作，在"企业汇报模板"演示文稿的幻灯片母版视图中设计内容页，具体操作步骤如下。

Step① ❶ 在打开的"企业汇报模板"演示文稿的幻灯片母版视图中选择第4个版式，❷ 删除标题和右侧的内容占位符，并将保留的内容占位符调整到合适大小，在内容占位符上方绘制一个矩形，并对其效果进行相应的设置，如图 13-77 所示。

图 13-77

Step② 在矩形形状左侧上方绘制一个三角形，并将形状效果设置得与矩形效果一样，效果如图 13-78 所示。

图 13-78

Step③ 退出幻灯片母版视图，返回普通视图，新建一张幻灯片，为其应用内容页版式，并在该幻灯片中添加一些文本，以进行补充说明，效果如图 13-79 所示。

图 13-79

13.5.5　实战：设计"企业汇报模板"结束页

实例门类	软件功能
教学视频	光盘\视频\第13章\13.5.5.mp4

结束页一般与封面页相呼应，所以，在设计结束页时，可以在封面页的基础上进行更改即可。例如，继续上例操作，在"企业汇报模板"演示文稿的幻灯片母版视图中设计结束页，具体操作步骤如下。

Step01 在打开的"企业汇报模板"演示文稿的幻灯片母版视图中选择第5个版式，删除幻灯片中的标题和内容占位符，效果如图13-80所示。

Step02 复制封面页版式中的矩形、直线形状和箭头图片到结束页，并将箭头图片调整到合适大小，效果如图13-81所示。

图 13-80

图 13-81

Step03 退出幻灯片母版视图，返回普通视图，新建一张幻灯片，为其应用结束页版式，并在该幻灯片中添加一些文本，以进行补充说明，效果如图13-82所示。

图 13-82

技术看板

在普通视图中也可根据需要自行设计幻灯片版式，但不会将设计的版式显示在【版式】下拉列表中，但通过幻灯片母版视图设计的版式会显示在【版式】下拉列表中。

妙招技法

通过前面知识的学习，相信读者已经掌握了主题的应用和幻灯片母版的操作方法了。下面结合本章内容介绍一些实用技巧。

技巧 01：为同一演示文稿应用多种主题

教学视频	光盘\视频\第13章\技巧01.mp4

为演示文稿应用主题时，默认会为演示文稿中的所有幻灯片应用相同的主题，但在制作一些大型的演示文稿时，为了对演示文稿中幻灯片进行区分，有时需要为同一个演示文稿应用多个主题。例如，为"公司简介"演示文稿应用多个主题，具体操作步骤如下。

Step01 打开"光盘\素材文件\第13章\公司简介.pptx"文件，选择第1张和第2张幻灯片，在【设计】选项卡【主题】组的列表框中选择【切片】选项，如图13-83所示。

图 13-83

Step02 将主题应用于选择的第1张和第2张幻灯片，效果如图13-84所示。

图 13-84

Step03 选择第3~6张幻灯片，在【主题】组的列表框中需要的主题上右击，在弹出的快捷菜单中选择【应用于选定幻灯片】命令，如图13-85所示。

图 13-85

技术看板

在快捷菜单中选择【应用于相应幻灯片】命令，表示将该主题应用于与所选幻灯片主题相同的幻灯片；选择【应用于所有幻灯片】命令，表示将该主题应用到演示文稿的所有幻灯片中。

Step04 将主题应用于选择的多张幻灯片，保持幻灯片的选择状态，在【变体】组的列表框中选择第2种变体，效果如图 13-86 所示。

图 13-86

Step05 在选择的变体上右击，在弹出的快捷菜单中选择【应用于选定的幻灯片】命令，将主题应用于选择的幻灯片，效果如图 13-87 所示。

Step06 选择第 7~12 张幻灯片，为其应用【丝状】变体，并对变体进行更改，如图 13-88 所示。

图 13-87

图 13-88

技能拓展——删除主题

对于【主题】列表框中不用的主题，可以将其删除，这样方便主题的选择。删除主题的方法为：在【主题】列表框需要删除的主题上右击，在弹出的快捷菜单中选择【删除】命令，即可将所选主题删除。

技巧02：将其他演示文稿中的主题应用到当前演示文稿中

教学视频	光盘\视频\第13章\技巧02.mp4

在设计幻灯片效果时，如果希望将其他演示文稿中的主题应用到当前演示文稿中，可通过PowerPoint 2013 提供的浏览主题功能，快速将其他演示文稿中的主题应用到当前演示文稿中。例如，将

"沟通技巧培训"演示文稿中的主题应用到"员工礼仪培训"演示文稿中，具体操作步骤如下。

Step01 打开"光盘\素材文件\第13章\沟通技巧培训 .pptx"文件，查看该演示文稿应用的主题，查看完后，单击【关闭】按钮×关闭演示文稿，如图 13-89 所示。

图 13-89

Step02 打开"光盘\素材文件\第13章\员工礼仪培训 .pptx"文件，在【设计】选项卡【主题】组中的下拉列表框中选择【浏览主题】选项，如图 13-90 所示。

图 13-90

Step03 ❶ 打开【选择主题或主题文档】对话框，在地址栏中设置演示文稿所保存的位置，❷ 然后在列表框中选择需要的演示文稿，如选择【沟通技巧培训】选项，❸ 单击【应用】按钮，如图 13-91 所示。

Step04 将选择的演示文稿的主题应用到当前打开的演示文稿的所有幻灯片中，效果如图 13-92 所示。

图 13-91

图 13-92

图 13-93

图 13-94

图 13-96

图 13-97

技巧 03：在幻灯片母版版式中插入需要的占位符

教学视频	光盘 \ 视频 \ 第 13 章 \ 技巧 03.mp4

在幻灯片母版视图中设计幻灯片版式时，如果当前版式中提供的占位符不能满足需要，那么可根据实际情况自行添加所需占位符。例如，在"企业汇报模板 1"演示文稿的幻灯片母版视图中为版式添加需要的占位符，具体操作步骤如下。

Step01 打开"光盘 \ 素材文件 \ 第 13 章 \ 企业汇报模板 1.pptx"文件，进入幻灯片母版视图，选择需要添加内容占位符的版式，❶ 单击【幻灯片母版】选项卡【母版版式】组中的【插入占位符】按钮，❷ 在弹出的下拉菜单中列出了各种类型的占位符，如选择【内容】命令，如图 13-93 所示。

Step02 此时，鼠标指针将变成 ✛ 形状，然后拖动鼠标在版式中进行绘制，如图 13-94 所示。

Step03 拖动到合适位置和大小后，释放鼠标，查看添加的内容占位符，效果如图 13-95 所示。

图 13-95

Step04 ❶ 选择需要添加图表占位符的版式，❷ 单击【母版版式】组中的【插入占位符】按钮，❸ 在弹出的下拉菜单中选择【图表】选项，如图 13-96 所示。

Step05 然后在幻灯片版式中拖动鼠标进行绘制，拖动到合适位置后，释放鼠标，查看添加的图表占位符，效果如图 13-97 所示。

技术看板

添加占位符时，只能在幻灯片母版视图中添加占位符，不能在普通视图中添加。

技巧 04：如何添加带主题的幻灯片母版

教学视频	光盘 \ 视频 \ 第 13 章 \ 技巧 04.mp4

当需要在母版视图中添加带主题的母版时，可以在幻灯片母版视图中应用主题，就能快速进行添加。例如，在"员工礼仪培训"演示文稿的母版视图中添加带主题的幻灯片母版，具体操作步骤如下。

Step01 打开"光盘 \ 素材文件 \ 第 13 章 \ 员工礼仪培训 .pptx"文件，❶ 在幻灯片母版视图中版式的最后面的空白区域单击，出现一条红线，表示定位到此处，❷ 单击【幻灯片母版】选项卡【编辑主题】组中的【主题】按钮，❸ 在弹出的下拉列表中选择【切片】选项，如图 13-98 所示。

图 13-98

Step 02 添加一个带主题的幻灯片母版，效果如图 13-99 所示。

图 13-99

技巧 05：复制和移动幻灯片母版中的版式

教学视频	光盘＼视频＼第 13 章＼技巧 05.mp4

在幻灯片母版中设计版式时，还可对母版中的版式进行复制和移动操作。例如，在"企业汇报模板 2"演示文稿的幻灯片母版视图中对版式进行复制和移动操作，具体操作步骤如下。

Step 01 打开"光盘＼素材文件＼第 13 章＼企业汇报模板 2.pptx"文件，❶ 在幻灯片母版视图中选择封面页幻灯片版式，❷ 在版式上右击，在弹出的快捷菜单中选择【复制版式】命令，如图 13-100 所示。

图 13-100

Step 02 在所选版式下复制一个相同的版式，选择该版式，按住鼠标左键不放向下进行拖动，拖动到合适位置后释放鼠标，如图 13-101 示。

图 13-101

Step 03 将版式移动到红线下方，然后对版式效果进行更改，效果如图 13-102 所示。

图 13-102

本章小结

通过本章知识的学习，相信读者已经掌握了幻灯片主题的应用和幻灯片母版视图中进行的各种操作了，在设计幻灯片版式时，只要能灵活应用 PowerPoint 中的各种对象，就能设计出别具一格的版式效果。本章在最后还讲解了幻灯片母版的一些编辑技巧，以帮助读者更好地编辑和设计幻灯片母版。

第 14 章　多媒体和交互对象的使用

- ➥ 插入的音频文件太长怎么办？
- ➥ 放映时能不能将音频图标隐藏？
- ➥ 对于插入的视频文件，可不可以在播放时进行分段？
- ➥ 在幻灯片中能不能实现单击某一对象就跳转到另一对象或另一幻灯片中呢？
- ➥ 如何为链接添加说明文字？

在幻灯片中插入音频和视频多媒体文件，可以增强幻灯片的播放效果；而要想实现幻灯片对象与幻灯片或其他对象之间的交互，就需要为幻灯片对象添加超链接、动作按钮和动作等，以便快速跳转到指定目标。

14.1　插入音频文件增加幻灯片视听效果

PowerPoint 2013 提供了音频功能，通过该功能可快速在幻灯片中插入保存或录制的音频文件，以增加幻灯片放映时的听觉效果。

★ 重点 14.1.1　实战：在"公司介绍"中插入计算机中保存的音频文件

实例门类	软件功能
教学视频	光盘\视频\第 14 章\14.1.1.mp4

当需要插入计算机中保存的音频文件时，可以通过 PowerPoint 2013 提供的 PC 上的音频功能快速插入。例如，在"公司介绍"演示文稿中插入音频文件，具体操作步骤如下。

Step01 打开"光盘\素材文件\第 14 章\公司介绍 .pptx"文件，❶选择第 1 张幻灯片，❷单击【插入】选项卡【媒体】组中的【音频】按钮，❸在弹出的下拉菜单中选择【PC 上的音频】命令，如图 14-1 所示。

Step02 ❶打开【插入音频】对话框，在地址栏中设置插入音频保存的位置，❷选择需要插入的音频文件【轻

音乐】，❸单击【插入】按钮，如图 14-2 所示。

图 14-1

> **技术看板**
>
> 在【音频】下拉菜单中虽然提供了【联机音频】命令，但由于目前没有受支持的音频网站可用，所以该功能暂时没有什么意义。

Step03 将选择的音频文件插入幻灯片中，并在幻灯片中显示音频文件的图

标，效果如图 14-3 所示。

图 14-2

图 14-3

★ 重点 14.1.2 实战: 在幻灯片中插入录制的音频

实例门类	软件功能
教学视频	光盘\视频\第14章\14.1.2.mp4

使用 PowerPoint 2013 提供的录制音频功能可以为演示文稿添加解说词,以帮助观众理解传递的信息。例如,在"益新家居"演示文稿中插入录制的音频,具体操作步骤如下。

Step01 打开"光盘\素材文件\第14章\益新家居.pptx"文件,❶ 选择第1张幻灯片,❷ 单击【插入】选项卡【媒体】组中的【音频】按钮,❸ 在弹出的下拉列表中选择【录制音频】命令,如图14-4所示。

图 14-4

技术看板

如果要录制音频,首先要保证计算机安装有声卡和录制声音的设备,否则将不能进行录制。

Step02 打开【录制声音】对话框,❶ 在【名称】文本框中输入录制的音频名称,如输入"公司介绍",❷ 然后单击按钮,如图14-5所示。

图 14-5

Step03 开始录制声音,录制完成后,

❶ 单击■按钮暂停声音录制,❷ 然后单击【确定】按钮,如图14-6所示。

图 14-6

技术看板

在【录制声音】对话框中单击▶按钮,可对录制的音频进行试听。

Step04 将录制的声音插入幻灯片中,选择音频图标,在出现的播放控制条上单击▶按钮,如图14-7所示。

图 14-7

Step05 开始播放录制的音频,如图14-8所示。

图 14-8

技术看板

在音频图标下方出现的播放控制条中单击▶按钮,可向后移动0.25秒;单击◀按钮,可向前移动0.25秒;单击🔊按钮可调整播放的声音大小。

14.1.3 实战: 对幻灯片中的音频进行剪裁

实例门类	软件功能
教学视频	光盘\视频\第14章\14.1.3.mp4

如果插入幻灯片中的音频文件长短不能满足需要,那么可通过 PowerPoint 2013 提供的剪裁音频功能对音频文件进行剪辑。例如,对"公司介绍1"演示文稿中的音频文件进行剪辑,具体操作步骤如下。

Step01 打开"光盘\素材文件\第14章\公司介绍1.pptx"文件,❶ 选择第1张幻灯片中的音频图标,❷ 单击【播放】选项卡【编辑】组中的【剪裁音频】按钮,如图14-9所示。

图 14-9

Step02 打开【剪裁音频】对话框,将鼠标指针移动到滑块上,当鼠标指针变成╫形状时,按住鼠标左键不放向右拖动调整声音播放的开始时间,效果如图14-10所示。

图 14-10

Step03 ❶ 将鼠标指针移动到滑块上,当鼠标指针变成╫形状时,按住鼠标左键不放向左拖动调整声音播放的结束时间,❷ 单击▶按钮,如图14-11所示。

图 14-11

Step 04 开始对剪裁的音频进行试听，试听完成后，确认不再剪裁后，单击【确定】按钮，如图14-12所示。

图 14-12

技术看板

剪裁音频时，在【剪裁音频】对话框中的【开始时间】和【结束时间】数值框中可直接输入音频的开始时间和结束时间进行剪裁。

★ 重点 14.1.4 实战：设置幻灯片中音频的属性

实例门类	软件功能
教学视频	光盘\视频\第14章\14.1.4.mp4

在幻灯片中插入音频文件后，用户还可通过【播放】选项卡对音频文件的音量、播放时间、播放方式等属性进行设置。例如，继续上例操作，在"公司介绍1"演示文稿中对音频属性进行设置，具体操作步骤如下。

Step 01 ❶ 在打开的"公司介绍1"演示文稿中选择第1张幻灯片中的音频图标，❷ 单击【播放】选项卡【音频选项】组中的【音量】按钮，❸ 在弹出的下拉列表中选择播放的音量，如选择【中】选项，如图14-13所示。

Step 02 ❶ 单击【播放】选项卡【音频选项】组中的【开始】下拉按钮，

❷ 在弹出的下拉菜单中选择开始播放的时间，如选择【自动】选项，如图14-14所示。

图 14-13

图 14-14

技术看板

在【开始】下拉菜单中选择【自动】选项，表示放映幻灯片时自动播放音频；选择【单击时】选项，表示在放映幻灯片时，只有执行音频播放操作后，才会播放音频。

Step 03 ❶ 在【音频选项】组中选中【跨幻灯片播放】和【循环播放，直到停止】复选框，❷ 再选中【放映时隐藏】复选框，完成声音属性的设置，如图14-15所示。

图 14-15

技术看板

在【音频选项】组中选中【跨幻灯片播放】复选框，可在播放其他幻灯片时播放音频；选中【循环播放，直到停止】复选框，会循环播放音频；选中【放映时隐藏】复选框，表示放映时隐藏声音图标；选中【播完返回开头】复选框，表示音频播放完后，将返回幻灯片中。

14.1.5 实战：设置幻灯片中音频图标效果

实例门类	软件功能
教学视频	光盘\视频\第14章\14.1.5.mp4

幻灯片中音频文件的图标拥有图片属性，所以，对于音频图标，也可以像图片一样，对其效果进行相应的设置。例如，继续上例操作，在"公司介绍1"演示文稿中对音频图标的效果进行设置，具体操作步骤如下。

Step 01 在打开的"公司介绍1"演示文稿中选择第1张幻灯片中的音频图标，将其移动到合适位置，❶ 单击【格式】选项卡【调整】组中的【颜色】按钮，❷ 在弹出的下拉列表中选择【饱和度：400%】选项，如图14-16所示。

图 14-16

Step 02 查看设置音频图标颜色饱和度后的效果，如图14-17所示。

Step 03 ❶ 单击【格式】选项卡【图片样式】组中的【快速样式】按钮，

❷ 在弹出的下拉列表中选择【矩形投影】选项，如图 14-18 所示。

图 14-17

图 14-18

Step❹ 为音频图标应用图片样式，效

果如图 14-19 所示。

图 14-19

14.2 在幻灯片中插入视频文件

PowerPoint 2013 提供了视频功能，通过该功能，不仅可以在幻灯片中插入视频，还可以对插入的视频进行裁剪，设置播放属性等，以增强幻灯片的播放效果。

★ 重点 14.2.1 实战：在幻灯片中插入视频文件

实例门类	软件功能
教学视频	光盘\视频\第 14 章\14.2.1.mp4

通过 PowerPoint 2013 提供的视频功能，可以在幻灯片中插入需要的视频文件，更生动形象地向观众传递信息。在 PowerPoint 2013 中，既可插入计算机中保存的视频，也可以插入联机视频。例如，在"汽车宣传"演示文稿中插入计算机中保存的视频文件，具体操作步骤如下。

Step❶ 打开"光盘\素材文件\第 14 章\汽车宣传.pptx"文件，❶ 选择第 2 张幻灯片，❷ 单击【插入】选项卡【媒体】组中的【视频】按钮，❸ 在弹出的下拉菜单中选择【PC 上的视频】命令，如图 14-20 所示。

Step❷ ❶ 打开【插入视频文件】对话框，在地址栏中设置计算机中视频保存的位置，❷ 然后选择需要插入的视频文件【汽车宣传片】，❸ 单击【插入】按钮，如图 14-21 所示。

图 14-20

图 14-21

Step❸ 将选择的视频文件插入幻灯片中，选择视频图标，单击出现的播放控制条中的▶按钮，如图 14-22 所示。

Step❹ 播放插入的视频文件，效果如图 14-23 所示。

图 14-22

图 14-23

⚙ 技能拓展——插入联机视频

如果计算机连接了网络，那么可插入联机视频。其方法为：选择需要插入视频的幻灯片，单击【插入】选项卡【媒体】组中的【视频】按钮，在弹出的下拉菜单中选择【联机视频】命令，打开【插入视频】对话框，在【YouTube】文本框中输入要搜索视频的关键字，单击其后的【搜索】按钮，即可从YouTube网站中搜索与关键字相关的视频，并在打开的搜索结果对话框中显示搜索到的视频，选择需要插入的视频，单击【插入】按钮，即可将选择的视频插入幻灯片中。

14.2.2　实战：对幻灯片中的视频进行剪辑

实例门类	软件功能
教学视频	光盘\视频\第14章\14.2.2.mp4

　　如果在幻灯片中插入的是保存在计算机中的视频，那么还可像声音一样进行剪裁。例如，继续上例操作，在"汽车宣传"演示文稿中对视频进行剪裁，具体操作步骤如下。

Step01 ❶ 在打开的"汽车宣传"演示文稿中选择第2张幻灯片中的视频图标，❷ 单击【播放】选项卡【编辑】组中的【剪裁视频】按钮，如图14-24所示。

图 14-24

技术看板

　　对于插入的联机视频，不能对其进行剪裁操作。

Step02 打开【剪裁视频】对话框，❶ 在【开始时间】数值框中输入视频开始播放的时间，如输入【00：01.618】，❷ 在【结束时间】数值框中输入视频结束播放的时间，如输入【00：36.762】，❸ 单击【确定】按钮，如图14-25所示。

图 14-25

Step03 返回幻灯片编辑区，单击播放控制条中的▶按钮，对视频进行播放，查看效果，如图14-26所示。

图 14-26

技能拓展——设置视频淡入淡出效果

　　在PowerPoint中还可对视频开始播放时的进入效果和结束后的退出效果进行设置。其方法为：在【播放】选项卡【编辑】组中的【淡入】和【淡出】数值框中输入相应的淡入和淡出时间。

★ 重点 14.2.3　实战：对幻灯片中视频的播放属性进行设置

实例门类	软件功能
教学视频	光盘\视频\第14章\14.2.3.mp4

　　与音频一样，要使视频的播放与幻灯片放映相结合，还需要对视频的播放属性进行设置。例如，继续上例操作，在"汽车宣传"演示文稿中对视频的播放属性进行设置，具体操作步骤如下。

Step01 在打开的"汽车宣传"演示文稿的幻灯片中选择视频图标，❶ 单击【播放】选项卡【视频选项】组中的【音量】按钮，❷ 在弹出的下拉菜单中选择【中】命令，如图14-27所示。

图 14-27

Step02 保持视频图标的选择状态，在【视频选项】组中选中【全屏播放】复选框，这样在放映幻灯片时，将全屏放映视频文件，如图14-28所示。

图 14-28

14.2.4 实战：在幻灯片中为视频添加书签

实例门类	软件功能
教学视频	光盘\视频\第14章\14.2.4.mp4

当幻灯片中的视频过长，且需要分段进行播放时，可以为视频添加书签。例如，继续上例操作，在"汽车宣传"演示文稿中为视频添加书签，具体操作步骤如下。

Step01 在打开的"汽车宣传"演示文稿中选择第2张幻灯片中的视频图标，❶单击播放控制条中的▶按钮，对视频进行播放，播放到需要分段的位置，单击‖按钮暂停，❷单击【播放】选项卡【书签】组中的【添加书签】按钮，如图14-29示。

图 14-29

Step02 将在视频暂停处添加一个黄色圆圈，它表示添加的书签，如图14-30所示。

图 14-30

Step03 使用前面添加书签的方法继续为视频添加其他书签，效果如图14-31所示。

图 14-31

技能拓展——删除书签

如果添加的书签位置不正确，那么可删除重新添加。删除书签的方法为：在视频播放控制条上选择需要删除的书签，再单击【播放】选项卡【书签】组中的【删除书签】按钮，删除选择的书签。

14.2.5 实战：设置幻灯片中的视频图标

实例门类	软件功能
教学视频	光盘\视频\第14章\14.2.5.mp4

对于幻灯片中的视频图标，还可通过更改视频图标形状、应用视频样式、设置视频效果等操作对视频图标进行美化。例如，继续上例操作，在"汽车宣传"演示文稿中对视频图标进行美化，具体操作步骤如下。

Step01 在打开的"汽车宣传"演示文稿的幻灯片中选择视频图标，❶单击【格式】选项卡【视频样式】组中的【视频样式】按钮，❷在弹出的下拉列表中选择需要的视频样式，如选择【简单框架,白色】选项，为视频图标应用选择的样式，如图14-32所示。

Step02 ❶单击【视频样式】组中的【视频形状】按钮，❷在弹出的下拉列表中选择需要的视频形状，如选择【圆角矩形】选项，如图14-33所示。

图 14-32

图 14-33

Step03 将视频图标更改为圆角矩形，❶单击【视频样式】组中的【视频效果】按钮，❷在弹出的下拉列表中选择【阴影】选项，❸在弹出的级联列表中选择【左下斜偏移】选项，如图14-34所示。

图 14-34

Step04 为视频图标添加阴影效果，如图14-35所示。

图 14-35

14.3 为幻灯片对象添加超链接

在放映演示文稿的过程中，当需要从一张幻灯片跳转到另一张幻灯片中查看相应内容，或者为了更好地说明幻灯片内容，需要借助一些其他文件时，可以通过为幻灯片中的对象添加超链接来实现。而在幻灯片中用作超链接的对象，既可以是一段文本，也可以是一张图片。

★ 重点 14.3.1 实战：将幻灯片对象链接至另一张幻灯片

实例门类	软件功能
教学视频	光盘\视频\第14章\14.3.1.mp4

链接到另一张幻灯片是超链接中最常用的功能，通过幻灯片彼此的链接，实现放映时随意跳转，使演讲者更好地控制演讲节奏。例如，在"旅游信息化"演示文稿中将第2张幻灯片中的文本内容分别链接到对应的幻灯片，具体操作步骤如下。

Step01 打开"光盘\素材文件\第14章\旅游信息化.pptx"文件，❶选择第2张幻灯片，❷选择【旅游信息化的概念】文本框，❸单击【插入】选项卡【链接】组中的【超链接】按钮，如图14-36所示。

图 14-36

Step02 打开【插入超链接】对话框，❶在【链接到】列表框中选择链接的位置，如选择【本文档中的位置】选项，❷在【请选择文档中的位置】列表框中显示了当前演示文稿的所有幻灯片，选择需要链接的幻灯片，如选择【3.幻灯片3】选项，❸在【幻灯片预览】区域显示了链接的幻灯片效果，确认无误后单击【确定】按钮，

如图14-37所示。

图 14-37

技术看板

选择需要添加超链接的对象后，按【Ctrl+K】组合键也能打开【插入超链接】对话框。

Step03 返回幻灯片编辑区，可看到添加超链接的文本颜色发生了变化，而且还为文本添加了下画线，效果如图14-38所示。

图 14-38

Step04 使用相同的方法，继续为幻灯片中其他需要添加超链接的文本添加超链接，效果如图14-39所示。

Step05 在放映幻灯片的过程中，若单击添加超链接的文本，如单击【旅游信息化发展现状】文本，如图14-40所示。

Step06 可快速跳转到链接的幻灯片，并对其进行放映，效果如图14-41所示。

图 14-39

图 14-40

图 14-41

技术看板

添加超链接后，只有在放映过程中才能通过添加的超链接跳转到指定位置。

14.3.2 实战：将幻灯片对象链接到其他文件

实例门类	软件功能
教学视频	光盘\视频\第14章\14.3.2.mp4

用户可以在选择的对象上添加超链接到文件或其他演示文稿中的幻灯片，在演讲过程中，可以直接查看与演示文稿内容相关的其他资料。例如，继续上例操作，在"旅游信息化"演示文稿中链接至 Word 文件，具体操作步骤如下。

Step01 ❶ 在打开的"旅游信息化"演示文稿中选择第 3 张幻灯片中的"《旅游信息化的范畴及概念》"文本，❷ 单击【插入】选项卡【链接】组中的【超链接】按钮，如图 14-42 所示。

图 14-42

Step02 打开【插入超链接】对话框，❶ 在左侧的【链接到】列表框中选择【现有文件或网页】选项，❷ 在右侧的【查找范围】下拉列表框中找到链接文件所在的文件夹，❸ 在文件夹中选择需要链接到的目标文件，如选择【旅游信息化的范畴及概念】Word文件，❹ 单击【确定】按钮，如图 14-43 所示。

图 14-43

Step03 为文本添加超链接后，放映该幻灯片时，单击添加链接的文本，如图 14-44 所示。

Step04 系统会自动启动 Word 程序，并显示文件内容，如图 14-45 所示。

图 14-44

图 14-45

技术看板

查看超链接的链接效果后，添加超链接文本的颜色和下画线颜色将发生变化。

14.3.3 实战：将幻灯片中的文本对象链接到网站

实例门类	软件功能
教学视频	光盘\视频\第 14 章\14.3.3.mp4

在放映幻灯片的过程中，需要通过网站查询某些信息时，可以为幻灯片相应的对象添加指向网站的链接，这样在放映幻灯片时可以直接打开网页，省去很多不必要的操作。例如，继续上例操作，在"旅游信息化"演示文稿中为幻灯片文本添加指向网站的链接，具体操作步骤如下。

Step01 ❶ 在打开的"旅游信息化"演示文稿中选择第 7 张幻灯片中的【百度搜索】文本，❷ 单击【插入】选项卡【链接】组中的【超链接】按钮，如图 14-46 所示。

图 14-46

Step02 打开【插入超链接】对话框，❶ 在左侧的【链接到】列表框中选择【现有文件或网页】选项，❷ 在【地址】下拉列表框中输入链接到的网址，如输入【http://wenku.baidu.com/view/fd904806b52acfc789ebc95b.html?re=view】，❸ 单击【确定】按钮，如图 14-47 所示。

图 14-47

技术看板

如果要链接到浏览过的网址，那么可在【插入超链接】对话框中选择【浏览过的网页】选项，在右侧的列表框中将显示最近浏览过的网址，选择需要链接的网址，单击【确定】按钮进行链接即可。

Step03 返回幻灯片编辑区，放映该幻灯片，将鼠标指针移动到添加超链接的文本上，可看到链接的网址，如图 14-48 所示。

Step04 在超链接文本上单击，在联网的情况下，可直接打开该网址的网页，效果如图 14-49 所示。

图 14-48

图 14-49

14.3.4 实战：将幻灯片中的对象链接到电子邮件

实例门类	软件功能
教学视频	光盘\视频\第 14 章\14.3.4.mp4

把演示文稿发布到网站，或者复制给他人时，如果需要与观看者保持互动，可以在演示文稿中添加一个链接到作者邮箱的超链接。例如，继续上例操作，在"旅游信息化"演示文稿中将幻灯片中的文本链接到电子邮件，具体操作步骤如下。

Step01 ❶ 在打开的"旅游信息化"演示文稿中选择第 8 张幻灯片中的【欢迎大家发来邮件进行交流】文本，❷ 单击【插入】选项卡【链接】组中的【超链接】按钮，如图 14-50 所示。

Step02 打开【插入超链接】对话框，❶ 在左侧的【链接到】列表框中选择【电子邮件地址】选项，❷ 在【最近用过的电子邮件地址】列表框中选择需要的电子邮件地址，如输入【mailto:WXRPKYM@outlook.com】

选项，❸ 单击【确定】按钮，如图 14-51 所示。

图 14-50

图 14-51

技术看板

如果在【最近用过的电子邮件地址】列表框中没有需要的电子邮件地址，那么可直接在【电子邮件地址】文本框中输入需要的电子邮件地址。

Step03 将选择的文本链接到电子邮件地址，放映演示文稿时单击添加链接的文本，如图 14-52 所示。

图 14-52

Step04 系统会自动启动 Outlook 程序，并且自动填入"收件人"信息，用户只需再输入邮件主题和内容即可发送，如图 14-53 所示。

图 14-53

技术看板

在【插入超链接】对话框的【链接到】列表框中选择【新建文档】选项，可新建一个文档，并链接到新建的文档中。

★ 重点 14.3.5 实战：对幻灯片中的超链接对象进行修改

实例门类	软件功能
教学视频	光盘\视频\第 14 章\14.3.5.mp4

对于插入的超链接，如果链接的对象或位置不正确，那么还可对其进行修改。例如，继续上例操作，在"旅游信息化"演示文稿中对第 8 张幻灯片链接的电子邮件地址进行修改，具体操作步骤如下。

Step01 ❶ 在打开的"旅游信息化"演示文稿中选择第 8 张幻灯片中已经添加超链接的文本，❷ 单击【插入】选项卡【链接】组中的【超链接】按钮，如图 14-54 所示。

图 14-54

Step02 打开【编辑超链接】对话框，❶ 在左侧的【链接到】列表框中选择【电子邮件地址】选项，❷ 在【最近用过的电子邮件地址】列表框中选择【mailto:WTXRP@outlook.com】选项，❸ 单击【确定】按钮，如图 14-55 所示。

图 14-55

Step03 返回幻灯片编辑区，进入该幻灯片的放映状态，将鼠标指针移动到添加超链接的文本上，可看到更改电子邮件地址后的效果，如图 14-56 所示。

图 14-56

14.3.6 实战：对幻灯片中超链接的颜色进行设置

实例门类	软件功能
教学视频	光盘\视频\第 14 章\14.3.6.mp4

幻灯片中的文本设置超链接和查看超链接后，超链接的颜色是不一样的，如果默认的超链接颜色与幻灯片主题色不搭配，或不便于文字的查看时，可以对超链接颜色进行修改。例如，继续上例操作，在"旅游信息化"演示文稿中对超链接的颜色进行相应的修改，具体操作步骤如下。

Step01 在打开的"旅游信息化"演示文稿中选择任意一张幻灯片，如选择第 2 张幻灯片，❶ 在【设计】选项卡【变体】组中的下拉列表框中选择【颜色】选项，❷ 在弹出的级联列表中选择【自定义颜色】选项，如图 14-57 所示。

图 14-57

Step02 ❶ 打开【新建主题颜色】对话框，在【超链接】颜色下拉列表框中选择超链接颜色，如选择【橙色】选项，❷ 在【已访问的超链接】颜色下拉列表框中选择已访问的超链接颜色，如选择【红色，着色 2】选项，❸ 单击【保存】按钮，如图 14-58 所示。

Step03 返回幻灯片编辑区，可查看更改超链接和已访问的超链接颜色后的

效果，如图 14-59 所示。

图 14-58

图 14-59

技能拓展——删除超链接

当不需要幻灯片中添加的超链接时，可以将其删除。其方法为：在幻灯片中选择已添加超链接的对象，打开【编辑超链接】对话框，单击【删除链接】按钮，即可删除超链接。

14.4 在幻灯片中添加动作按钮和动作

在幻灯片中除了可通过超链接实现交互外，还可通过动作按钮和动作实现幻灯片与幻灯片之间的跳转。

★ 重点 14.4.1 实战：在"销售工作计划"中绘制动作按钮

实例门类	软件功能
教学视频	光盘\视频\第14章\14.4.1.mp4

动作按钮是一些被理解为用于转到下一张、上一张、最后一张等的按钮，通过这些按钮，在放映幻灯片时，也可实现幻灯片之间的跳转。例如，在"销售工作计划"演示文稿的第2张幻灯片中添加4个动作按钮，具体操作步骤如下。

Step01 打开"光盘\素材文件\第14章\销售工作计划.pptx"文件，❶选择第2张幻灯片，❷单击【插入】选项卡【插图】组中的【形状】按钮，❸在弹出的下拉列表中的【动作按钮】选项区域中选择需要的动作按钮，如选择【动作按钮：后退或前一项】选项，如图14-60所示。

图 14-60

Step02 此时鼠标指针变成＋形状，在需要绘制的位置拖动鼠标绘制动作按钮，如图14-61所示。

图 14-61

Step03 绘制完成后，释放鼠标，即可自动打开【操作设置】对话框，在其中对链接位置进行设置，这里保持默认设置，单击【确定】按钮，如图14-62所示。

图 14-62

Step04 返回幻灯片编辑区，使用前面绘制动作按钮的方法再绘制【动作按钮：前进或下一项】【动作按钮：转到开头】和【动作按钮：转到结尾】动作按钮，效果如图14-63所示。

图 14-63

Step05 进入幻灯片放映状态，单击动作按钮，如单击【动作按钮：转到开头】，如图14-64所示。

图 14-64

Step06 快速跳转到首页幻灯片进行放映，效果如图14-65所示。

图 14-65

14.4.2 实战：对"销售工作计划"中绘制的动作按钮进行设置

实例门类	软件功能
教学视频	光盘\视频\第14章\14.4.2.mp4

对幻灯片中绘制的动作按钮还可进行大小、对齐及效果等设置，使绘制的动作按钮更加美观。例如，继续上例操作，在"销售工作计划"演示文稿中对绘制的动作按钮进行设置，具体操作步骤如下。

Step01 ❶在打开的"销售工作计划"演示文稿的第2张幻灯片中选择绘制的4个动作按钮，❷在【格式】选项卡【大小】组中的【高度】数值框中输入动作按钮的高度，如输入【1.4】，按【Enter】键，所选动作按钮的高度将随之变化，如图14-66所示。

图 14-66

Step02 保持动作按钮的选择状态，在【格式】选项卡【大小】组中的【宽度】数值框中输入动作按钮的宽度，如输入【1.6】，按【Enter】键，所选动作按钮的宽度将随之发生变化，如图 14-67 所示。

图 14-67

Step03 选择绘制的 4 个动作按钮，❶ 单击【格式】选项卡【排列】组中的【对齐】按钮，❷ 在弹出的下拉菜单中选择【横向分布】命令，如图 14-68 所示。

图 14-68

Step04 所选动作按钮将按一定的间隔横向排列，❶ 单击【格式】选项卡【排列】组中的【对齐】按钮，❷ 在弹出的下拉菜单中选择【底端对齐】命令，如图 14-69 所示。

图 14-69

Step05 所选动作按钮底端将对齐，在【格式】选项卡【形状样式】组中的下拉列表框中选择【强烈效果 - 灰色 -50%，强调颜色 3】选项，如图 14-70 所示。

图 14-70

Step06 为动作按钮应用形状样式，然后选择动作按钮，❶ 单击【格式】选项卡【形状样式】组中的【形状效果】按钮，❷ 在弹出的下拉列表中选择【阴影】选项，❸ 在弹出的级联列表中选择【内部居中】选项，如图 14-71 所示。

图 14-71

Step07 为动作按钮添加选择的阴影效果，如图 14-72 所示。

图 14-72

如果需要为演示文稿中的每张幻灯片添加相同的动作按钮，可通过幻灯片母版进行设置。其方法为：进入幻灯片母版视图，选择幻灯片母版，然后绘制相应的动作按钮，并对其动作进行设置，完成后退出幻灯片母版即可。若要想删除通过幻灯片母版添加的动作按钮，就必须进入幻灯片母版视图进行删除。

14.4.3 实战：为"销售工作计划"中的文本添加动作

实例门类	软件功能
教学视频	光盘\视频\第 14 章\14.4.3.mp4

PowerPoint 2013 还提供了动作功能，通过该功能可为所选对象提供当单击或鼠标悬停时要执行的操作，实现对象与幻灯片或对象与对象之间的交互，以方便放映者对幻灯片进行切换。例如，继续上例操作，在"销售工作计划"演示文稿的第 2 张幻灯片中为部分文本添加动作，具体操作步骤如下。

Step01 在打开的"销售工作计划"演示文稿的第 2 张幻灯片中选择【2017年总体工作目标】文本，单击【插入】选项卡【链接】组中的【动作】按钮，如图 14-73 所示。

图 14-73

Step02 打开【操作设置】对话框，❶ 在【单击鼠标】选项卡中选中【超链接到】单选按钮，❷ 单击【确定】按钮，如图 14-74 所示。

图 14-74

Step03 返回幻灯片编辑区，可发现添加动作的文本颜色已发生了变化，❶ 选择【2017 年具体销售指标】文本，❷ 单击【插入】选项卡【链接】组中的【动作】按钮，如图 14-75 所示。

图 14-75

Step04 ❶ 打开【操作设置】对话框，在【单击鼠标】选项卡中选中【超链接到】单选按钮，❷ 在下方的下拉列表框中选择动作链接的对象，如选择【幻灯片】选项，如图 14-76 所示。

图 14-76

Step05 ❶ 打开【超链接到幻灯片】对话框，在【幻灯片标题】列表框中选择【4. 幻灯片 4】选项，❷ 单击【确定】按钮，如图 14-77 所示。

图 14-77

Step06 返回【操作设置】对话框，单击【确定】按钮，返回幻灯片编辑区，可看到为选择的文本添加的动作，使用前面添加动作的方法，继续为第 2 张幻灯片中其他需要添加动作的文本添加动作，效果如图 14-78 所示。

图 14-78

技能拓展——添加鼠标悬停动作

除了可为对象添加鼠标单击动作，还可添加鼠标悬停动作，表示将鼠标移动到对象上的动作，为对象添加鼠标悬停动作的方法与添加鼠标单击动作的方法基本相同，在【操作设置】对话框中选择【鼠标悬停】选项卡，然后对超链接到的位置进行设置即可。

妙招技法

通过前面知识的学习，相信读者已经掌握了在幻灯片中插入多媒体文件和插入交互对象的方法了。下面结合本章内容介绍一些实用技巧。

技巧 01：如何将喜欢的图片设置为视频图标封面

教学视频	光盘\视频\第 14 章\技巧 01.mp4

在幻灯片中插入视频后，其视频图标上的画面将显示视频中的第一个场景，为了使幻灯片整体效果更加美观，可以将视频图标的显示画面更改为其他图片。例如，将"汽车宣传 1"演示文稿中的视频图标画面更改为计算机中保存的图片，具体操作步骤如下。

Step01 打开"光盘\素材文件\第 14 章\汽车宣传 1.pptx"文件，❶ 选择第 2 张幻灯片中的视频图标，❷ 单击【格式】选项卡【调整】组中的【标牌框架】按钮，❸ 在弹出的下拉菜单中选择【文件中的图像】选项，如图 14-79 所示。

Step02 在打开的对话框中单击【来自文件】选项后的【浏览】按钮，如图14-80所示。

图 14-79

图 14-80

Step03 打开【插入图片】对话框，❶ 在地址栏中选择图片保存的位置，❷ 选择需要插入的图片【车】，❸ 单击【插入】按钮，如图14-81所示。

图 14-81

Step04 将插入的图片设置为视频图标的显示画面，效果如图14-82所示。

图 14-82

技巧02：将视频图标的显示画面更改为视频中的某一画面

教学视频	光盘\视频\第14章\技巧02.mp4

除了可将计算机中保存的图片设置为视频图标的显示画面外，还可将视频当前播放的画面设置为视频图标的显示画面。例如，将"汽车宣传2"演示文稿中视频的显示画面设置为视频中某一帧的画面，具体操作步骤如下。

Step01 打开"光盘\素材文件\第14章\汽车宣传2.pptx"文件，选择第2张幻灯片中的视频图标，❶ 单击▶按钮播放视频，播放到需要的画面时，单击Ⅱ按钮暂停播放，❷ 然后单击【格式】选项卡【调整】组中的【标牌框架】按钮，❸ 在弹出的下拉菜单中选择【当前框架】命令，如图14-83所示。

图 14-83

Step02 将当前画面标记为视频图标的显示画面，如图14-84所示。

图 14-84

技能拓展——重置视频显示画面

如果对设置的视频显示画面不满意，那么可单击【格式】选项卡【调整】组中的【海报帧】按钮，在弹出的下拉菜单中选择【重置】命令，使视频图标显示画面恢复到未设置前的状态。

技巧03：为超链接添加说明文字

实例门类	软件功能
教学视频	光盘\视频\第14章\03.mp4

如果演示文稿中设置的超链接较多，为了能够分辨出每一个链接所链接到的目标位置，可以为超链接添加说明文字，即设置屏幕提示。例如，在"旅游信息化1"演示文稿中为部分超链接添加说明文字，具体操作步骤如下。

Step01 打开"光盘\素材文件\第14章\旅游信息化1.pptx"文件，❶ 选择第3张幻灯片中的【《旅游信息化的范畴及概念》】文本，❷ 单击【插入】选项卡【链接】组中的【超链接】按钮，如图14-85所示。

图 14-85

Step02 打开【编辑超链接】对话框，❶ 单击【屏幕提示】按钮，❷ 打开【设置超链接屏幕提示】对话框，在【屏幕提示文字】文本框中输入需要的提示文本，如输入【了解更多旅游信息化的知识】文本，❸单击【确定】按钮，如图14-86所示。

图 14-86

Step❸ 返回【编辑超链接】对话框，单击【确定】按钮，返回幻灯片编辑区，对该张幻灯片进行放映，将鼠标指针移动到超链接文本上，就可显示添加的提示文字，效果如图14-87所示。

图 14-87

Step❹ 选择第7张幻灯片中的【百度搜索】文本，打开【编辑超链接】对话框，❶单击【屏幕提示】按钮，❷打开【设置超链接屏幕提示】对话框，在【屏幕提示文字】文本框中输入【我国旅游信息化发展现状、问题与对策】文本，❸单击【确定】按钮，如图14-88所示。

图 14-88

Step❺ 返回【编辑超链接】对话框，单击【确定】按钮，返回幻灯片编辑区，放映该张幻灯片，将鼠标指针移动到超链接文本上，就可显示

添加的提示文字，效果如图14-89所示。

图 14-89

技巧04：快速打开超链接内容进行查看

教学视频	光盘\视频\第14章\技巧04.mp4

通过PowerPoint 2013提供的打开超链接功能，不放映幻灯片，就能查看超链接内容。例如，对"销售工作计划1"演示文稿第2张幻灯片中添加的超链接进行查看，具体操作步骤如下。

Step❶ 打开"光盘\素材文件\第14章\销售工作计划1.pptx"文件，选择第2张幻灯片，❶选择添加超链接的文本并右击，❷在弹出的快捷菜单中选择【打开超链接】命令，如图14-90所示。

图 14-90

Step❷ 将自动跳转到文本链接的幻灯片，如图14-91所示。

Step❸ 返回第2张幻灯片中，可看到打开链接的文本颜色和下画线颜色已变成了紫色，效果如图14-92所示。

图 14-91

图 14-92

技术看板

虽然访问后超链接的颜色将发生变化，关闭演示文稿并重新启动后，已访问的超链接颜色将恢复到未访问时的颜色。

技巧05：为动作添加需要的声音

教学视频	光盘\视频\第14章\技巧05.mp4

为了放映幻灯片时突出添加的动作，那么可为动作添加声音。例如，在"销售工作计划1"演示文稿中为添加的动作添加需要的声音，具体操作步骤如下。

Step❶ ❶在打开的"销售工作计划1"演示文稿中选择第2张幻灯片中添加动作的文本，❷在【插入】选项卡【链接】组中单击【动作】按钮，如图14-93所示。

图 14-93

Step **02** 打开【操作设置】对话框，
❶ 选中【播放声音】复选框，❷ 在
其下方的下拉列表框中显示了提供的
动作声音，选择需要的声音，如选择
【单击】选项，❸ 单击【确定】按
钮，如图 14-94 所示。然后使用相同

的方法为幻灯片中的其他动作添加相
应的声音。

图 14-94

技能拓展——删除动作

如果要删除幻灯片中添加的动作，那么可在【操作设置】对话框中选中【无动作】单选按钮，可删除添加的动作。

本章小结

通过本章的学习，读者应该已经掌握了多媒体和交互对象的使用，但在幻灯片中使用音频和视频时，选择的音频和视频必须符合当前演示文稿的主题，否则，不但不能增强幻灯片的播放效果，反而适得其反。本章在最后还讲解了关于超链接和动作等的一使用些技巧，以帮助读者更好地实现幻灯片与幻灯片、幻灯片与幻灯片对象之间的交互和快速定位。

第15章 动画让幻灯片效果更"炫"

➜ 能不能为同一个对象添加多个动画效果呢？

➜ 对于添加的路径动画，能不能对路径的长短进行调整？

➜ 为什么幻灯片中动画的播放顺序不正确？

➜ 怎样让动画之间的播放更流畅？

➜ 当需要为不同幻灯片中的对象应用相同的动画效果时，怎么设置更快捷呢？

看到别人做的动感 PPT 很羡慕吧！其实，不用羡慕，通过本章内容的学习，你也可以将静态的幻灯片变得活泼生动起来。

15.1 为幻灯片添加切换动画

切换动画是指幻灯片与幻灯片之间进行切换的一种动画效果，使上一张幻灯片与下一张幻灯片的切换更自然。本节将对幻灯片添加切换动画的相关知识进行讲解。

★ 重点 15.1.1 实战：在"员工礼仪培训"中为幻灯片添加切换动画

实例门类	软件功能
教学视频	光盘\视频\第15章\15.1.1.mp4

PowerPoint 2013 提供了很多幻灯片切换样式，用户可以选择需要的切换样式添加到幻灯片中，使幻灯片之间的切换更自然。例如，在"员工礼仪培训"演示文稿中为幻灯片添加切换动画，具体操作步骤如下。

Step01 打开"光盘\素材文件\第15章\员工礼仪培训.pptx"文件，❶选择第1张幻灯片，单击【切换】选项卡【切换到此张幻灯片】组中的【切换样式】按钮，❷在弹出的下拉列表中选择需要的切换动画效果，如选择【华丽型】栏中的【棋盘】选项，如图15-1所示。

图 15-1

📽 技术看板

幻灯片切换动画分为细微型、华丽型和动态内容3类，其中，华丽型切换动画的效果更加绚丽。

Step02 为幻灯片添加选择的切换效果，并在幻灯片窗格中的幻灯片编号下添加 ✳ 图标，单击【切换】选项卡【预览】组中的【预览】按钮，如图15-2所示。

图 15-2

Step03 即可对添加的切换动画效果进行播放预览，效果如图15-3所示。

图 15-3

Step04 然后使用相同的方法为其他幻灯片添加需要的切换动画，如图 15-4 所示。

图 15-4

技能拓展——快速为每张幻灯片添加相同切换动画效果

如果需要为演示文稿中的所有幻灯片添加相同的页面切换效果，那么可先为演示文稿的第 1 张幻灯片添加切换效果，然后单击【切换】选项卡【计时】组中的【全部应用】按钮，就能将第 1 张幻灯片的切换效果应用到演示文稿的其他幻灯片中。

15.1.2 实战：在"员工礼仪培训"中对幻灯片切换效果进行设置

实例门类	软件功能
教学视频	光盘\视频\第 15 章\15.1.2.mp4

为幻灯片添加切换动画后，用户还可根据实际需要对幻灯片切换动画的切换效果进行相应的设置。例如，继续上例操作，在"员工礼仪培训"演示文稿中对幻灯片切换动画的切换效果进行设置，具体操作步骤如下。

Step01 ❶ 在打开的"员工礼仪培训"演示文稿中选择第 2 张幻灯片，❷ 单击【切换】选项卡【切换到此张幻灯片】组中的【效果选项】按钮，❸ 在弹出的下拉菜单中选择需要的切换效果，如选择【自左侧】命令，如图 15-5 所示。

图 15-5

Step02 此时，该幻灯片的切换动画方向将发生变化，效果如图 15-6 所示。

图 15-6

Step03 ❶ 选择第 3 张幻灯片，❷ 单击【切换】选项卡【切换到此张幻灯片】组中的【效果选项】按钮，❸ 在弹出的下拉菜单中选择【逆时针】命令，如图 15-7 所示。

图 15-7

Step04 此时，该幻灯片的切换动画方向将由"顺时针"更改为"逆时针"，效果如图 15-8 所示。

Step05 ❶ 选择第 5、6、7、9、10、11、12、13 张幻灯片，❷ 单击【切换】选项卡【切换到此张幻灯片】组

中的【效果选项】按钮，❸ 在弹出的下拉菜单中选择【自左侧】选项，如图 15-9 所示。

图 15-8

图 15-9

技术看板

不同的幻灯片切换动画，其提供的切换效果是不相同的。

★ 重点 15.1.3 实战：在"员工礼仪培训"中设置幻灯片切换时间

实例门类	软件功能
教学视频	光盘\视频\第 15 章\15.1.3.mp4

对于为幻灯片添加的切换动画效果，用户可以根据实际情况对幻灯片的切换时间进行设置，以使幻灯片之间的切换更流畅。例如，继续上例操作，在"员工礼仪培训"演示文稿中对幻灯片的切换时间和切换方式进行设置，具体操作步骤如下。

Step01 ❶ 在打开的"员工礼仪培训"演示文稿中选择第1张幻灯片，❷ 在【切换】选项卡【计时】组中的【持续时间】数值框中输入幻灯片切换的时间，如输入【01.50】，如图15-10所示。

图 15-10

Step02 ❶ 选择第2张幻灯片，❷ 在【切换】选项卡【计时】组中的【持续时间】数值框中输入【02.00】，如图15-11所示。

图 15-11

Step03 使用相同的方法对其他幻灯片的切换时间进行相应的设置，效果如图15-12所示。

图 15-12

技能拓展——设置切片方式

PowerPoint 2013 提供了单击鼠标和根据设置的时间自动切换两种切换方式，在【切换】选项卡【计时】组中选中【单击鼠标】复选框，表示单击鼠标才能切换幻灯片；如果选中【设置自动幻灯片时间】复选框，在其后的数值框中输入自动换片的时间，那么在进行幻灯片切换时，可根据设置的换片时间进行自动切换。

15.1.4 实战：在"员工礼仪培训"中设置幻灯片切换声音

实例门类	软件功能
教学视频	光盘\视频\第15章\15.1.4.mp4

为了使幻灯片放映时更生动，可以在幻灯片切换动画播放的同时添加音效。PowerPoint 2013 中预设了爆炸、抽气、风声等多种声音，用户可根据幻灯片的内容和页面切换动画效果选择适当的声音。例如，继续上例操作，在"员工礼仪培训"演示文稿中对幻灯片的切换声音进行设置，具体操作步骤如下。

Step01 ❶ 在打开的"员工礼仪培训"演示文稿中选择第1张幻灯片，❷ 在【切换】选项卡【计时】组中单击【声音】下拉按钮回，❸ 在弹出的下拉列表中选择需要的声音，如选择【鼓声】选项，如图15-13所示。

图 15-13

Step02 为幻灯片添加选择的切换声音，❶ 选择第14张幻灯片，❷ 在【切换】选项卡【计时】组中单击【声音】下拉按钮回，❸ 在弹出的下拉列表中选择【鼓掌】选项，如图15-14所示。

图 15-14

技能拓展——将计算机保存的声音添加为切换声音

选择幻灯片，单击【计时】组中的【声音】下拉按钮，在弹出的下拉列表中选择【其他声音】命令，打开【添加音频】对话框，在其中选择音频文件，单击【插入】按钮，可将计算机中保存的音频文件设置为幻灯片的切换声音。

15.2 为幻灯片对象添加内置动画

PowerPoint 2013 内置了多种动画效果，用户可根据实际情况为幻灯片中的对象添加单个或多个对象，使幻灯片显得更具吸引力。

★ 重点 15.2.1 了解动画的分类

PowerPoint 2013 提供了进入动画、强调动画、退出动画及动作路径动画等 4 种类型的动画效果，每种动画效果下又包含了多种相关的动画，不同的动画效果能带来不一样的效果。

1. 进入动画

进入动画是指对象进入幻灯片的动作效果，可以实现多种对象从无到有、陆续展现的动画效果，主要包括出现、淡出、飞入、浮入、形状、回旋、中心旋转等动画，如图 15-15 所示。

图 15-15

2. 强调动画

强调动画是指对象从初始状态变化到另一个状态，再回到初始状态的效果。主要用于对象已出现在屏幕上，需要以动态的方式作为提醒的视觉效果情况，常用在需要特别说明或强调突出的内容上。主要包括脉冲、跷跷板、补色、陀螺旋、波浪形等动画，如图 15-16 所示。

图 15-16

3. 退出动画

退出动画是指让对象从有到无、逐渐消失的一种动画效果。退出动画实现了画面的连贯过渡，是不可或缺的动画效果，主要包括消失、飞出、浮出、向外溶解、层叠等动画，如图 15-17 所示。

图 15-17

4. 动作路径动画

动作路径动画是指让对象按照绘制的路径运动的一种高级动画效果，可以实现动画的灵活变化，主要包括直线、弧形、六边形、漏斗、衰减波等动画，如图 15-18 所示。

图 15-18

15.2.2 实战：为"工作总结"中的对象添加单个动画效果

实例门类	软件功能
教学视频	光盘\视频\第 15 章\15.2.2.mp4

添加单个动画效果是指为幻灯片中的每个对象只添加一种动画效果。例如，在"工作总结"演示文稿中为幻灯片中的对象添加单个合适的动画效果，具体操作步骤如下。

Step 01 打开"光盘\素材文件\第 15 章\工作总结 .pptx"文件，❶ 选择第 1 张幻灯片中的【2017】文本，单击【动画】选项卡【动画】组中的【动画样式】按钮，❷ 在弹出的下拉列表中选择需要的动画效果，如选择【进入】栏中的【翻转式由远及近】命令，如图 15-19 所示。

Step 02 为文本添加选择的进入动画，然后选择标题占位符，为其添加【缩放】进入动画，❶ 选择副标题占位符，单击【动画】组中的【动画样式】按钮，❷ 在弹出的下拉列表中选择【强调】栏中的【放大 / 缩小】选项，如图 15-20 所示。

图 15-19

图 15-20

Step 03 为文本添加选择的强调动画，然后选择人物图标，❶ 单击【动画】组中的【动画样式】按钮，❷ 在弹出的下拉列表中选择【退出】栏中的【消失】命令，如图 15-21 所示。

Step 04 为图标添加选择的退出动画，然后选择【汇报人：李甜】占位符，❶ 单击【动画】组中的【动画样式】按钮，❷ 在弹出的下拉列表中选择【动作路径】栏中的【直线】选项，如图 15-22 所示。

图 15-21

图 15-22

Step 05 为选择的对象添加路径动画，单击【动画】选项卡【预览】组中的【预览】按钮，如图 15-23 所示。

图 15-23

Step 06 即可对幻灯片中的所有动画效果进行播放，效果如图 15-24 和图 15-25 所示。

图 15-24

图 15-25

★ 重点 15.2.3 实战：在"工作总结"中为同一对象添加多个动画效果

实例门类	软件功能
教学视频	光盘\视频\第 15 章\15.2.3.mp4

PowerPoint 2013 提供了高级动画功能，通过该功能可为幻灯片中的同一个对象添加多个动画效果。例如，继续上例操作，在"工作总结"演示文稿的幻灯片中为同一对象添加多个动画，具体操作步骤如下。

Step 01 在打开的"工作总结"演示文稿的第 1 张幻灯片中选择标题占位符，❶ 单击【动画】选项卡【高级动画】组中的【添加动画】按钮，❷ 在弹出的下拉列表中选择需要的动画，如选择【强调】栏中的【画笔颜色】选项，如图 15-26 所示。

图 15-26

图 15-27

Step 02 为标题文本添加第 2 个动画，然后选择副标题文本，❶ 单击【动画】选项卡【高级动画】组中的【添加动画】按钮，❷ 在弹出的下拉列表中选择【进入】栏中的【擦除】选项，如图 15-27 所示。

Step 03 选择人物图标，❶ 单击【动画】选项卡【高级动画】组中的【添加动画】按钮，❷ 在弹出的下拉列表中选择【进入】栏中的【缩放】选项，如图 15-28 所示。

图 15-28

Step 04 继续为【汇报人：李甜】占位

符添加【淡出】进入动画，然后使用前面添加单个和多个动画的方法，为其他幻灯片中需要添加动画的对象添加需要的动画，如图 15-29 所示。

图 15-29

技术看板

如果要为幻灯片中的同一个对象添加多个动画效果，那么从添加第 2 个动画效果时起，都需要通过【添加动画】按钮才能实现，否则将会替换前一动画效果。

15.3 添加自定义路径动画

当 PowerPoint 2013 内置的动画不能满足需要时，用户也可为幻灯片中的对象添加自定义的路径动画，并且还可对动作路径的长短、方向等进行调整，使路径动画能满足需要。

★ 重点 15.3.1 实战：在"工作总结"中为对象绘制动作路径

实例门类	软件功能
教学视频	光盘\视频\第 15 章\15.3.1.mp4

要为幻灯片中的对象添加自定义的路径动画，那么首先需要根据动画的运动来绘制动画的运动轨迹。例如，继续上例操作，在"工作总结"演示文稿中为第 5 张和第 6 张幻灯片中的部分对象绘制动作路径，具体操作步骤如下。

Step 01 在打开的"工作总结"演示文稿中选择第 5 张幻灯片中的图表，

❶ 单击【动画】选项卡【动画】组中的【动画样式】按钮，❷ 在弹出的下拉列表中选择【动作路径】栏中的【自定义路径】选项，如图 15-30 所示。

图 15-30

Step 02 此时鼠标指针将变成 + 形状，在需要绘制动作路径的开始处拖动鼠标绘制动作路径，如图 15-31 所示。

图 15-31

Step 03 绘制到合适位置后双击，完成路径的绘制，如图 15-32 所示。

图 15-32

技术看板

动作路径中绿色的三角形表示路径动画的开始位置；红色的三角形表示路径动画的结束位置。

Step04 选择第 6 张幻灯片中的【01】形状，为其绘制一条自定义的动作路径，效果如图 15-33 所示。

图 15-33

Step05 使用前面绘制动作路径的方法再为幻灯片中的其他形状绘制动作路径，效果如图 15-34 所示。

图 15-34

15.3.2 实战：在"工作总结"中调整动画路径长短

实例门类	软件功能
教学视频	光盘\视频\第 15 章\15.3.2.mp4

绘制的动作路径就是动画运动的轨迹，但动画的路径长短并不是固定的，用户可以根据实际情况对绘制的路径长短进行调整。例如，继续上例操作，在"工作总结"演示文稿中对绘制的路径长短进行调整，具体操作步骤如下。

Step01 在打开的"工作总结"演示文稿中选择第 5 张幻灯片中绘制的动作路径，此时动作路径四周将显示控制点，将鼠标指针移动到任意控制点上，这里将鼠标指针移动到右上角的控制点上，鼠标指针将变成形状，如图 15-35 所示。

图 15-35

Step02 按住鼠标左键不放，向右上角拖动鼠标，拖动到合适位置后释放鼠标，即可查看到调整动作路径后的效果，如图 15-36 所示。

图 15-36

Step03 选择第 6 张幻灯片上方左边的动作路径，将鼠标指针移动到右上角的控制点上，按住鼠标左键不放，进行拖动，如图 15-37 所示。

图 15-37

Step04 拖动到合适位置后释放鼠标，将动作路径调整到合适的长短，效果如图 15-38 所示。

图 15-38

Step05 使用相同的方法调整第 6 张幻灯片中其他 3 条动作路径，效果如图 15-39 所示。

图 15-39

15.3.3 实战：对"工作总结"中动作路径的顶点进行编辑

实例门类	软件功能
教学视频	光盘\视频\第15章\15.3.3.mp4

对于路径动画，不仅可对其长短进行调整，还可对路径动画的顶点进行编辑，使动画的运动轨迹随意改变。例如，继续上例操作，对"工作总结"演示文稿中动作路径的顶点进行编辑，具体操作步骤如下。

Step01 在打开的"工作总结"演示文稿中选择第6张幻灯片上方左侧的动作路径，在其上右击，在弹出的快捷菜单中选择【编辑顶点】命令，如图15-40所示。

图 15-40

Step02 此时在动作路径中将显示路径的所有顶点，在需要删除的顶点上单击，选择该顶点并右击，在弹出的快捷菜单中选择【删除顶点】命令，如图15-41所示。

图 15-41

Step03 删除选择的顶点，效果如图15-42所示。

图 15-42

Step04 使用相同的方法继续删除动作路径中不需要的顶点，效果如图15-43所示。

图 15-43

技术看板

编辑动作路径顶点的方法与编辑形状顶点的方法基本相同。

Step05 在动作路径上需要添加顶点的位置右击，在弹出的快捷菜单中选择【添加顶点】命令，如图15-44所示。

图 15-44

Step06 在动作路径上添加一个顶点，将鼠标指针移动到添加的顶点上，按住鼠标左键不放向右拖动，如图15-45所示。

图 15-45

Step07 将顶点拖动到合适位置后释放鼠标，效果如图15-46所示。

图 15-46

Step08 在幻灯片其他位置单击，退出动作路径的顶点编辑状态，选择下方右侧的动作路径，删除该动作路径中不需要的顶点，效果如图15-47所示。然后退出顶点编辑状态。

图 15-47

技能拓展——退出顶点编辑

在顶点编辑状态下动作路径的任意位置右击，在弹出的快捷菜单中选择【退出编辑顶点】命令，可退出顶点的编辑。

15.4 编辑幻灯片对象动画

为幻灯片中的对象添加动画效果后，还需要对动画的动画效果选项、动画的播放顺序及动画的计时等进行设置，使幻灯片对象中各动画的衔接更自然，播放更流畅。

15.4.1 实战：在"工作总结"中设置幻灯片对象的动画效果选项

实例门类	软件功能
教学视频	光盘\视频\第15章\15.4.1.mp4

与设置幻灯片切换效果一样，为幻灯片对象添加动画后，用户还可以根据需要对动画的效果进行设置。例如，继续上例操作，在"工作总结"演示文稿中对幻灯片对象的动画效果进行设置，具体操作步骤如下。

Step01 ❶ 在打开的"工作总结"演示文稿中选择第1张幻灯片，❷ 单击【动画】选项卡【高级动画】组中的【动画窗格】按钮，如图15-48所示。

图 15-48

Step02 打开【动画窗格】任务窗格，❶ 在其中选择需要设置的动画效果

选项，如选择第5个动画效果选项，❷ 单击【动画】选项卡【动画】组中的【效果选项】按钮，❸ 在弹出的下拉列表中选择动画需要的效果选项，如选择【右】选项，如图15-49所示。

图 15-49

Step03 选择动作路径，按住鼠标左键不放，向左进行拖动，移动动作路径位置，如图15-50所示。

图 15-50

技术看板

【动画】组中的【效果选项】按钮并不是固定的，它是根据动画效果的变化而变化的。

Step04 移动到合适位置后释放鼠标，效果如图15-51所示。

图 15-51

技术看板

在移动动作路径时，如果需要水平移动动作路径，那么可按住【Shift】键，再按住鼠标左键不放进行移动。

Step05 ❶ 在【动画窗格】任务窗格中选择第7个动画效果选项，❷ 单击【动画】选项卡【动画】组中的【效果选项】按钮，❸ 在弹出的下拉列表中选择【自左侧】命令，如图15-52所示。

图 15-52

Step 06 ❶ 在动画窗格中选择第 2 张幻灯片所有添加动画的对象，❷ 单击【动画】选项卡【动画】组中的【效果选项】按钮，❸ 在弹出的下拉菜单中选择【自左侧】命令，如图 15-53 所示。

图 15-53

Step 07 动画效果将自左侧进入，然后使用相同的方法对其他动画的动画效果选项进行相应的设置，如图 15-54 所示。

图 15-54

★ 重点 15.4.2 实战：调整"工作总结"中动画的播放顺序

实例门类	软件功能
教学视频	光盘\视频\ 第 15 章\15.4.2.mp4

默认情况下，幻灯片中对象的播放顺序是根据动画添加的先后顺序来决定的，但为了使各动画能衔接起来，还需要对动画的播放顺序进行调整。例如，继续上例操作，在"工作总结"演示文稿中对幻灯片对象的动画播放顺序进行相应的调整，具体操作步骤如下。

Step 01 ❶ 选择第 1 张幻灯片，❷ 在【动画窗格】任务窗格中选择第 6 个动画效果选项，❸ 按住鼠标左键不放，向上进行拖动，将其拖动到第 2 个动画效果选项后，出现红色直线连接符，如图 15-55 所示。

图 15-55

Step 02 拖动到合适位置后释放鼠标，将所选动画效果选项移动到红色直线连接符处，选择第 7 个动画效果选项，按住鼠标左键不放向上拖动至第 3 个动画效果选项后，如图 15-56 所示。

图 15-56

Step 03 拖动到合适位置后释放鼠标，将所选动画效果选项移动到目标位置，使用相同的方法，继续对该张幻灯片中其他动画的播放顺序进行调整，效果如图 15-57 所示。

图 15-57

Step 04 选择第 2 张幻灯片，❶ 在【动画窗格】任务窗格中选择【矩形 8：01】动画效果选项，❷ 单击▲按钮，如图 15-58 所示。

图 15-58

Step 05 将选择的动画效果选项向前移动一步，❶ 然后选择【矩形 9：工作心得与体会】效果选项，❷ 单击▼按钮，如图 15-59 所示。

图 15-59

Step06 将所选的动画效果选项向后移动一步，使用前面移动效果选项的方法继续对该张幻灯片和其他幻灯片中的动画效果选项位置进行调整，如图15-60所示。

图 15-60

★ **重点 15.4.3 实战：在"工作总结"中设置动画计时**

实例门类	软件功能
教学视频	光盘\视频\第15章\15.4.3.mp4

为幻灯片对象添加动画后，还需要对动画计时进行设置，如动画播放方式、持续时间、延迟时间等，使幻灯片中的动画衔接更自然，播放更流畅。例如，继续上例操作，对"工作总结"演示文稿中幻灯片的动画计时进行设置，具体操作步骤如下。

Step01 ❶ 在打开的"工作总结"演示文稿中选择第1张幻灯片，❷ 在【动画窗格】任务窗格中选择第2个至第9个动画效果选项，❸ 单击【动画】选项卡【计时】组中的【开始】下拉

按钮▾，❹ 在弹出的下拉列表框中选择开始播放选项，如选择【上一动画之后】选项，如图15-61所示。

图 15-61

Step02 ❶ 在【动画窗格】任务窗格中选择第2个至第4个动画效果选项，❷ 在【动画】选项卡【计时】组中的【持续时间】数值框中输入动画的播放时间，如输入【01.00】，如图15-62所示。

图 15-62

Step03 将动画的播放时间延长，❶ 选择第3个和第5个动画效果选项，❷ 在【动画】选项卡【计时】组中的【延迟】数值框中输入动画的延迟

播放时间，如输入【00.50】，如图15-63所示。

图 15-63

Step04 选择第2张幻灯片，在【动画窗格】任务窗格中选择需要设置开始时间的动画效果选项并右击，在弹出的快捷菜单中选择【从上一项之后开始】命令，如图15-64所示。

图 15-64

Step05 再在【动画窗格】任务窗格中选择带文本内容的动画效果选项并右击，在弹出的快捷菜单中选择【计时】命令，如图15-65所示。

Step06 ❶ 打开【擦除】对话框，默认选择【计时】选项卡，在【开始】下拉列表框中选择动画开始播放时间，如选择【上一动画之后】选项，

❷在【延迟】数值框中输入延迟播放时间，如输入【0.5】，❸在【期间】下拉列表框中选择动画持续播放的时间，如选择【快速(1秒)】选项，❹单击【确定】按钮，如图15-66所示。

图 15-65

图 15-66

Step 07 然后使用相同的方法对其他幻灯片中的动画效果的计时进行相应的设置，如图15-67所示。

图 15-67

15.5 使用触发器触发动画

触发器就是通过单击一个对象触发另一个对象或动画的发生。在幻灯片中，触发器可以是图片、图形、按钮，甚至可以是一个段落或文本框。下面将对触发器的使用进行讲解。

★ 重点 15.5.1 实战：在"工作总结"中添加触发器

实例门类	软件功能
教学视频	光盘\视频\第15章\15.5.1.mp4

只要在幻灯片中包含动画、视频或声音，就可通过 PowerPoint 2013 中提供的触发器功能，触发其他对象的发生。例如，在"工作总结1"演示文稿第7张幻灯片中使用触发器来触发对象的发生，具体操作步骤如下。

Step 01 打开"光盘\素材文件\第15章\工作总结1.pptx"文件，❶选择第7张幻灯片中需要添加触发器的文本框，❷单击【高级动画】组中的【触发】按钮，❸在弹出的下拉列表中选择【单击】选项，❹在弹出的级联列表中选择需要单击的对象，如选择【Text Box 9】选项，如图15-68所示。

Step 02 即在所选文本框前面添加一个触发器，效果如图15-69所示。

图 15-68

图 15-69

Step 03 ❶选择第2个需要添加触发器的文本框，单击【高级动画】组中的【触发】按钮，❷在弹出的下拉列表中选择【单击】选项，❸在弹出的级联列表中选择【Text Box 10】选项，如图15-70所示。

图 15-70

Step 04 使用相同的方法为该幻灯片中

其他需要添加触发器的文本框添加触发器，效果如图 15-71 所示。

图 15-71

15.5.2 实战：在"工作总结"中预览触发器效果

实例门类	软件功能
教学视频	光盘\视频\第15章\15.5.2.mp4

对于幻灯片中添加的触发器，在放映幻灯片的过程中，可对其触发效果进行预览。例如，继续上例操作，在"工作总结1"演示文稿中预览触发器效果，具体操作步骤如下。

Step01 在"工作总结1"演示文稿中放映到第7张幻灯片，将鼠标指针移动到【工作质量】文本上，然后单击，如图 15-72 所示。

图 15-72

Step02 将弹出直线下方的文本，如图 15-73 所示。

Step03 将鼠标指针移动到【创新】文

本上，然后单击，将弹出直线下方的文本，效果如图 15-74 所示。

图 15-73

图 15-74

妙招技法

通过前面知识的学习，相信读者已经掌握了为幻灯片添加切换效果和为幻灯片对象添加动画效果的方法了。下面结合本章内容介绍一些实用技巧。

技巧 01：使用动画刷快速复制动画

教学视频	光盘\视频\第15章\技巧01.mp4

如果要幻灯片中的其他对象或其他幻灯片中的对象应用相同的动画效果，可通过动画刷复制动画，使对象

快速拥有相同的动画效果。例如，在"工作总结2"演示文稿中使用动画刷复制动画，具体操作步骤如下。

Step01 打开"光盘\素材文件\第15章\工作总结2.pptx"文件，❶选择第1张幻灯片已设置好动画效果的标题占位符，❷单击【动画】选项卡【高级动画】组中的【动画刷】按钮，如图 15-75 所示。

图 15-75

Step02 此时鼠标指针将变成 ♣️ 形状，将鼠标指针移动到需要应用复制的动画效果的对象上，如图 15-76 所示。

图 15-76

Step03 为文本应用复制的动画效果，如图 15-77 所示。

图 15-77

技术看板

选择已设置好动画效果的对象后，按【Alt+Shift+C】组合键，也可以对幻灯片对象的动画效果进行复制。

技巧 02：通过拖动时间轴调整动画计时

教学视频	光盘\视频\第15章\技巧02.mp4

【动画窗格】任务窗格中每个动画效果选项后都有一个颜色块，也就是时间轴，颜色块的长短决定动画播放的时间长短，因此，通过拖动时间轴也可调整动画的开始时

间和结束时间。例如，在"公司片头动画"演示文稿中通过时间轴调整动画计时，具体操作步骤如下。

Step01 打开"光盘\素材文件\第15章\公司片头动画.pptx"文件，打开【动画窗格】，在动画效果选项后面显示的颜色块就是时间轴，将鼠标指针移动到需要第一个动画效果选项的时间轴上，将显示该动画的开始时间和结束时间，如图 15-78 所示。

图 15-78

Step02 将鼠标指针移动到需要调整结束时间的时间轴上，当鼠标指针变成 ↔ 形状时，按住鼠标左键不放向右拖动，如图 15-79 所示。

图 15-79

Step03 拖动时会显示结束时间，拖动到合适时间后释放鼠标，然后将鼠标指针移动到第 2 个时间轴上，当鼠标指针变成 ↔ 形状时，按住鼠标左键不放向右进行拖动，拖动到开始时间为【4.0s】时释放鼠标，如图 15-80 所示。

Step04 将鼠标指针移动到第 3 个动画

效果的时间轴上，拖动鼠标调整动画的开始时间和结束时间，如图 15-81 所示。

图 15-80

图 15-81

Step05 使用前面调整时间轴的方法调整其他动画效果选项的时间轴，如图 15-82 所示。

图 15-82

Step06 选择除第 1 个动画效果选项外的所有动画效果选项，将其开始时间设置为【上一动画之后】，如图 15-83 所示。

图 15-83

技术看板

不同类型的动画效果，其时间轴会以不同的颜色进行显示。

Step07 此时，【动画窗格】任务窗格中动画效果选项中的时间轴将根据设置的开始时间而随之变化，效果如图15-84 所示。

图 15-84

技能拓展——隐藏动画效果选项后的时间轴

默认情况下，在【动画窗格】任务窗格中会显示动画效果选项的时间轴，如果不想在动画效果选项后显示时间轴，那么可在【动画窗格】任务窗格的任意一个动画效果选项上右击，在弹出的快捷菜单中选择【隐藏高级日程表】命令，即可将所有动画效果选项的时间轴隐藏。

技巧 03：快速删除幻灯片中的动画

教学视频	光盘\视频\第 15 章\技巧 03.mp4

当需要删除幻灯片中对象的动画效果时，可以通过【动画窗格】快速删除。其方法是：在【动画窗格】任务窗格中选择需要删除的多个或一个动画效果选项并右击，在弹出的快捷菜单中选择【删除】命令，如图15-85 所示，或者按【Delete】键，删除选择的动画效果。

图 15-85

技巧 04：为动画添加播放声音

教学视频	光盘\视频\第 15 章\技巧 04.mp4

在 PowerPoint 中，除了可为幻灯片切换动画效果添加声音外，还可为幻灯片对象的动画效果添加播放声音。例如，在"工作总结 3"演示文稿中为第 9 张幻灯片中的动画效果添加播放声音，具体操作步骤如下。

Step01 打开"光盘\素材文件\第 15 章\工作总结 3.pptx"文件，❶选择第 9 张幻灯片，❷在【动画窗格】任务窗格中选择所有的动画效果选项，在其上右击，❸在弹出的快捷菜单中选择【效果选项】命令，如图15-86 所示。

Step02 打开【效果选项】对话框，默认选择【效果】选项卡，❶单击【声

音】下拉按钮，❷在弹出的下拉列表框中选择需要的声音选项，如选择【鼓掌】选项，❸然后单击【确定】按钮，为动画效果添加播放声音，如图 15-87 所示。

图 15-86

图 15-87

技巧 05：设置动画播放后的效果

教学视频	光盘\视频\第 15 章\技巧 05.mp4

除了可对动画的播放声音进行设置外，还可对动画播放后的效果进行设置。例如，继续上例操作，对"工作总结 3"演示文稿中部分文本动画播放后的效果进行设置，具体操作步骤如下。

Step01 ❶在打开的"工作总结 3"演示文稿中选择第 3 张幻灯片，❷在【动画窗格】任务窗格中选择相应的动画效果选项并右击，在弹出的快捷

菜单中选择【效果选项】命令，如图 15-88 所示。

图 15-88

Step② 打开【效果选项】对话框，默认选择【效果】选项卡，❶ 单击【动画播放后】下拉按钮，❷ 在弹出的下拉列表框中选择动画播放后的效果，如选择【紫色】选项，❸ 然后单击【确定】按钮，如图 15-89 所示。

图 15-89

技术看板

在【动画播放后】下拉列表框中选择【动画播放后隐藏】选项，那么对象的动画播放完成后，将隐藏对象。

Step③ 返回幻灯片编辑区，对动画效果进行预览，待文字动画播放完成后，文字的颜色将变成设置的紫色，

效果如图 15-90 所示。

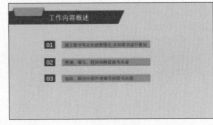

图 15-90

Step④ 使用相同的方法将第 4 张幻灯片文本动画播放后的文字颜色设置为橙色，效果如图 15-91 所示。

图 15-91

本章小结

　　本章详细讲解了添加幻灯片切换动画和幻灯片对象动画的方法，在最后还讲解了动画的一些设置技巧。在实际应用过程中，合理运用动画可以提升幻灯片的整体效果，使幻灯片更具视觉冲击力，但不合理的动画反而会分散观众的注意力，降低 PPT 的整体质量，所以，在使用动画时，一定要根据实际情况合理添加。

第16章 幻灯片的正确放映与设置

- ➡ 放映演示文稿前应该做哪些准备？
- ➡ 能不能指定放映演示文稿中的部分幻灯片？
- ➡ 怎样让演示文稿按一定时间进行播放？
- ➡ 能不能为重要的内容添加标注？
- ➡ 如何快速跳转到指定的幻灯片？

为了让幻灯片中添加的多媒体文件、链接、动画等在放映幻灯片时能显示出更好的效果，做好放映准备工作是必不可少的。本章将对放映前应做的准备、如何放映幻灯片及控制幻灯片放映过程等内容进行讲解。

16.1 放映幻灯片的前期准备

为了查看演示文稿的整体效果，制作完演示文稿后还需要进行放映，但为了满足不同的放映场合，在放映之前，还需要做一些准备工作。

16.1.1 实战：在"产品销售计划书"中设置幻灯片放映类型

实例门类	软件功能
教学视频	光盘\视频\第16章\16.1.1.mp4

演示文稿的放映类型主要有演讲者放映、观众自行浏览和在展台浏览3种，用户可以根据放映场所来选择放映类型。例如，在"产品销售计划书"演示文稿中设置放映类型，具体操作步骤如下。

Step01 打开"光盘\素材文件\第16章\产品销售计划书.pptx"文件，单击【幻灯片放映】选项卡【设置】组中的【设置幻灯片放映】按钮，如图16-1所示。

Step02 ❶ 打开【设置放映方式】对话框，在【放映类型】栏中选择放映类型，如选中【观众自行浏览（窗口）】单选按钮，❷ 再单击【确定】按钮，如图16-2所示。

Step03 此时，放映幻灯片时，将以窗口的形式进行放映，效果如图16-3所示。

图 16-1

图 16-2

图 16-3

技术看板

在【设置放映方式】对话框中除了可对放映类型进行设置外，在【放映选项】栏中还可指定放映时的声音文件、解说或动画在演示文稿中的运行方式等；在【放映幻灯片】栏中可对放映幻灯片的数量进行设置，如放映全部幻灯片、放映连续几张幻灯片，或者自定义放映指定的任意几张幻灯片；在【换片方式】栏中可对幻灯片动画的切换方式进行设置。

235

16.1.2 实战：在"产品销售计划书"中隐藏不需要放映的幻灯片

实例门类	软件功能
教学视频	光盘\视频\第16章\16.1.2.mp4

对于演示文稿中不需要放映的幻灯片，在放映之前可先将其隐藏，待需要放映时再将其显示出来。例如，继续上例操作，在"产品销售计划书"演示文稿中隐藏不需要放映的幻灯片，具体操作步骤如下。

Step01 ❶ 在打开的"产品销售计划书"演示文稿中选择第9幻灯片，❷ 单击【幻灯片放映】选项卡【设置】组中的【隐藏幻灯片】按钮，如图16-4所示。

图 16-4

技术看板

在幻灯片窗格中选择需要隐藏的幻灯片并右击，在弹出的快捷菜单中选择【隐藏幻灯片】命令，也可隐藏。

Step02 在幻灯片窗格所选幻灯片的序号上添加斜线【\】，表示隐藏该幻灯片，并且在放映幻灯片时不会放映，如图16-5所示。

图 16-5

技能拓展——显示隐藏的幻灯片

如果需要将隐藏的幻灯片显示出来，那么首先选择隐藏的幻灯片，再次单击【幻灯片放映】选项卡【设置】组中的【隐藏幻灯片】按钮，取消幻灯片的隐藏。

★ 重点 16.1.3 实战：通过排练计时记录幻灯片播放时间

实例门类	软件功能
教学视频	光盘\视频\第16章\16.1.3.mp4

如果希望幻灯片按照规定的时间进行自动播放，那么可通过PowerPoint 2013提供的排练计时功能来记录每张幻灯片放映的时间。例如，继续上例操作，在"产品销售计划书"演示文稿中使用排练计时，具体操作步骤如下。

Step01 在"产品销售计划书"演示文稿中单击【幻灯片放映】选项卡【设置】组中的【排练计时】按钮，如图16-6示。

Step02 进入幻灯片放映状态，并打开【录制】窗格记录第1张幻灯片的播放时间，如图16-7示。

Step03 第1张幻灯片录制完成后单击，进入第2张幻灯片进行录制，效果如图16-8示。

图 16-6

图 16-7

图 16-8

技术看板

对于隐藏的幻灯片，将不能对其进行排练计时。

技术看板

若在排练计时过程中出现错误，可以单击【录制】窗格中的【重复】按钮↻，可重新开始当前幻灯片的录制；单击【暂停】按钮Ⅱ，可以暂停当前排练计时的录制。

Step04 继续单击，进行下一张幻灯片的录制，如图16-9所示。

图 16-9

Step05 直到完成最后一张幻灯片的录制，按【Esc】键，打开提示对话框，在其中显示了录制的总时间，单击【是】按钮进行保存，如图 16-10 所示。

图 16-10

Step06 返回幻灯片编辑区，单击【视图】选项卡【演示文稿视图】组中的【幻灯片浏览】按钮，如图 16-11 所示。

图 16-11

Step07 进入幻灯片浏览视图，在每张幻灯片下方将显示录制的时间，如图 16-12 所示。

图 16-12

技术看板

设置了排练计时后，打开【设置放映方式】对话框，选中【如果存在排练时间，则使用它】单选按钮，此时放映演示文稿时，才能自动放映演示文稿。

16.1.4 实战：录制"产品销售计划书"幻灯片演示

实例门类	软件功能
教学视频	光盘\视频\第 16 章\16.1.4.mp4

如果需要为演示文稿添加旁白或墨迹标注，可以通过 PowerPoint 2013 提供的录制幻灯片演示功能对演示文稿的放映过程进行录制，以便更好地播放幻灯片。例如，在"产品销售计划书 1"演示文稿中录制幻灯片演示，具体操作步骤如下。

Step01 打开"光盘\素材文件\第 16 章\产品销售计划书 1.pptx"文件，❶选择第 1 张幻灯片，❷单击【幻灯片放映】选项卡【设置】组中的【录制幻灯片演示】下拉按钮，❸在弹出的下拉列表中选择需要的录制选项，如选择【从当前幻灯片开始录制】选项，如图 16-13 所示。

Step02 ❶打开【录制幻灯片演示】对话框，选择需要录制的内容，这里保持选中【幻灯片和动画计时】复选框，❷单击【开始录制】按钮，如图

16-14 所示。

图 16-13

技术看板

若在【录制幻灯片演示】下拉列表中选择【从头开始录制】命令，不管当前选择的是哪张幻灯片，都会从第 1 张幻灯片开始进行录制。

图 16-14

技术看板

如果计算机中安装有麦克风，那么可在【录制幻灯片演示】对话框中选中【旁白和激光笔】复选框，单击【开始录制】按钮，可录制旁白和使用激光笔标注内容的过程。

Step03 开始放映第 1 张幻灯片，并可像录制排练计时一样对幻灯片播放时间进行录制，效果如图 16-15 所示。

图 16-15

Step④ 第 1 张幻灯片录制完成后，继续对下一张幻灯片进行录制，直到完成最后一张幻灯片的播放时间后，按【Esc】键，打开提示对话框，在其中显示了录制的总时间，单击【是】按钮进行保存，如图 16-16 所示。

图 16-16

16.2 开始放映幻灯片

做好演示文稿的放映准备后，可开始对演示文稿进行放映。PowerPoint 2013 提供的放映演示文稿的方法包括从头开始放映、从当前幻灯片开始放映和自定义放映等，用户可根据实际情况来选择放映方式。

★ 重点 16.2.1 实战：在"产品销售计划书"中从头开始放映幻灯片

实例门类	软件功能
教学视频	光盘\视频\第 16 章\16.2.1.mp4

从头开始放映就是从演示文稿的第 1 张幻灯片开始进行放映。例如，在"产品销售计划书"演示文稿中从头开始放映幻灯片，具体操作步骤如下。

Step① 打开"光盘\素材文件\第 16 章\产品销售计划书 .pptx"文件，单击【幻灯片放映】选项卡【开始放映幻灯片】组中的【从头开始】按钮，如图 16-17 所示。

图 16-17

Step② 进入幻灯片放映状态，并从演示文稿第 1 张幻灯片开始进行全屏放映，效果如图 16-18 所示。

图 16-18

技术看板

在幻灯片放映过程中，如果动画的开始方式设置为【单击时】，那么单击后，才会开始播放下一个动画。

Step③ 第 1 张幻灯片放映完成后，单击进入第 2 张幻灯片的放映状态，效果如图 16-19 所示。

图 16-19

Step④ 继续对其他幻灯片进行放映，放映完成后，进入黑屏状态，并提示【放映结束，单击鼠标退出】信息，

如图 16-20 所示。然后单击退出幻灯片放映状态，返回普通视图。

图 16-20

技术看板

退出幻灯片放映时，按【Esc】键也能退出。

16.2.2 实战：从当前幻灯片开始进行放映

实例门类	软件功能
教学视频	光盘\视频\第 16 章\16.2.2.mp4

从当前幻灯片开始放映是指从演示文稿当前选择的幻灯片开始进行放映。例如，在"产品销售计划书"演示文稿中从选择的幻灯片开始进行放映，具体操作步骤如下。

Step① 打开"光盘\素材文件\第 16 章\产品销售计划书 .pptx"文件，

❶选择需要放映的幻灯片，如选择第4张幻灯片，❷单击【幻灯片放映】选项卡【开始放映幻灯片】组中的【从当前幻灯片开始】按钮，如图16-21所示。

图 16-21

Step02 进入幻灯片放映状态，并从选择的第4张幻灯片开始进行放映，如图16-22所示。

图 16-22

★ 重点 16.2.3 实战：在"项目介绍"中指定要放映的幻灯片

实例门类	软件功能
教学视频	光盘\视频\第16章\16.2.3.mp4

放映幻灯片时，用户也可根据需要指定演示文稿中要放映的幻灯片。例如，继续上例操作，在"项目介绍"演示文稿中指定要放映的幻灯片，具体操作步骤如下。

Step01 打开"光盘\素材文件\第16章\项目介绍.pptx"文件，❶单击【幻灯片放映】选项卡【开始放映幻灯片】组中的【自定义幻灯片放映】按钮，❷在弹出的下拉列表中选择【自定义放映】命令，如图16-23所示。

图 16-23

Step02 打开【自定义放映】对话框，单击【新建】按钮，如图16-24所示。

图 16-24

Step03 打开【定义自定义放映】对话框，❶在【幻灯片放映名称】文本框中输入放映名称，如输入【主要内容】，❷在【在演示文稿中的幻灯片】列表框中选中需要放映幻灯片前面的复选框，❸单击【添加】按钮，如图16-25所示。

图 16-25

Step04 将选择的幻灯片添加到【在自定义放映中的幻灯片】列表框中，单击【确定】按钮，如图16-26所示。

Step05 返回【自定义放映】对话框，在其中显示了自定义放映幻灯片的名称，单击【放映】按钮，如图16-27所示。

图 16-26

图 16-27

📖 技术看板

在【自定义放映】对话框中单击【编辑】按钮，可对幻灯片放映名称、需要放映的幻灯片等进行设置；单击【删除】按钮，可删除自定义要放映的幻灯片。

Step06 开始对指定的幻灯片进行放映，效果如图16-28所示。

图 16-28

📖 技术看板

指定要放映的幻灯片后，在【自定义幻灯片放映】下拉列表中显示了自定义放映的幻灯片名称，选择该名称，即可进行放映。

16.3 幻灯片放映进行时

在放映演示文稿的过程中，要想有效传递幻灯片中的信息，那么演示者对幻灯片放映过程的控制非常重要。下面对幻灯片放映过程中的一些控制手段进行讲解。

★ 重点 16.3.1 实战：在放映过程中快速跳转到指定的幻灯片

实例门类	软件功能
教学视频	光盘\视频\第 16 章\16.3.1.mp4

在放映幻灯片的过程中，如果不按顺序进行放映，那么可通过右击菜单快速跳转到指定的幻灯片进行放映。例如，继续上例操作，在"项目介绍"演示文稿中快速跳转到指定的幻灯片进行放映，具体操作步骤如下。

Step01 打开"光盘\素材文件\第 16 章\项目介绍.pptx"文件，进入幻灯片放映状态，在放映的幻灯片上右击，在弹出的快捷菜单中选择【下一张】命令，如图 16-29 所示。

图 16-29

Step02 放映下一张幻灯片，在该幻灯片上右击，在弹出的快捷菜单中选择【查看所有幻灯片】命令，如图 16-30 所示。

图 16-30

Step03 在打开的界面中显示了演示文稿中的所有幻灯片，单击需要查看的幻灯片，如单击第 6 张幻灯片，如图 16-31 所示。

图 16-31

Step04 将对第 6 张幻灯片进行放映，在幻灯片上右击，❶ 在弹出的快捷菜单中选择【自定义放映】命令，❷ 在弹出的级联菜单中选择【主要内容】命令，如图 16-32 所示。

图 16-32

Step05 将会自动从自定义放映的第 1 张幻灯片开始进行放映，效果如图 16-33 所示。

图 16-33

★ 重点 16.3.2 实战：在"项目介绍"中为幻灯片重要的内容添加标注

实例门类	软件功能
教学视频	光盘\视频\第 16 章\16.3.2.mp4

对于幻灯片中重要的内容或需要突出显示的内容，可以在放映过程中为其添加标注。例如，在"项目介绍"演示文稿的放映状态下为幻灯片中的重要内容添加标注，具体操作步骤如下。

Step01 打开"光盘\素材文件\第 16 章\项目介绍.pptx"文件，开始放映幻灯片，❶ 放映到需要标注重点的幻灯片上右击，在弹出的快捷菜单中选择【指针选项】命令，❷ 在弹出的级联菜单中选择需要的笔，如选择【荧光笔】命令，如图 16-34 所示。

图 16-34

Step02 ❶ 再在界面中右击，在弹出的快捷菜单中选择【指针选项】命令，❷ 在弹出的级联菜单中选择【墨迹颜色】命令，❸ 在弹出的颜色面板中选择荧光笔需要的颜色，如选择【紫色】命令，如图 16-35 所示。

Step03 此时鼠标指针将变成▌形状，然后拖动鼠标，在需要标注的文本上拖动鼠标圈出来，如图 16-36 所示。

图 16-35

图 16-37

图 16-41

图 16-36

图 16-38

技能拓展——擦除标注墨迹

如果对绘制的标注不满意，那么可使用橡皮擦擦除标注的墨迹，然后重新绘制。其方法是：在放映的幻灯片上右击，在弹出的快捷菜单中选择【鼠标选项】命令，在弹出的级联菜单中选择【橡皮擦】命令，此时鼠标指针将变成 🖐 形状，将鼠标指针移动到标注墨迹上单击，即可擦除标注墨迹。

Step04 按键盘上的方向键【→】，切换到下一张幻灯片进行放映，放映完成后继续按方向键【→】放映，当放映到第12张幻灯片上时，❶ 在界面中右击，在弹出的快捷菜单中选择【指针选项】命令，❷ 在弹出的级联菜单中选择需要的笔，如选择【笔】命令，如图16-37所示。

Step05 此时鼠标指针将变成 ● 形状，然后拖动鼠标，在需要标注的文本上拖动鼠标绘制标注，如图16-38所示。

Step06 使用相同的方法在第13张幻灯片上添加标注，效果如图16-39所示。

图 16-39

Step07 继续进行放映，放映完成后单击，可打开【Microsoft PowerPoint】对话框，提示"是否保留墨迹注释？"，这里单击【保留】按钮，如图16-40所示。

图 16-40

Step08 对幻灯片中的标注的墨迹进行保存，返回到普通视图中，也可查看到保存的标注墨迹，效果如图16-41所示。

技能拓展——删除幻灯片中的标注墨迹

当不要幻灯片中的标注墨迹时，可将其删除。其方法是：在普通视图中选择幻灯片中的标注墨迹，按【Delete】键即可删除。

★ 新功能 16.3.3 实战：在"销售工作计划"中使用演示者视图进行放映

实例门类	软件功能
教学视频	光盘\视频\第16章\16.3.3.mp4

PowerPoint 2013 还提供了演示者视图功能，通过该功能可以在一个监视器上全屏放映幻灯片，而在另一个监视器左侧显示正在放映的幻灯片、计时器和一些简单操作按钮，而在显示器右侧显示下一张幻灯片和研究者备注。例如，在"销售工作计划"演示文稿中使用演示者视图进行放映，具体操作步骤如下。

Step01 打开"光盘\素材文件\第16章\销售工作计划.pptx"文件，从头开始放映幻灯片，在第1张幻灯片上右击，在弹出的快捷菜单中选择【显示演示者视图】命令，如图16-42所示。

Step02 打开演示者视图窗口，如图16-43所示。

图 16-42

图 16-45

图 16-47

图 16-43

Step05 单击将放大显示半透明框中的内容，效果如图 16-46 所示。

图 16-44

Step03 在幻灯片放映区域上单击，可切换到下一张幻灯片进行放映，在放映到需要放大显示的幻灯片上时，单击【放大】按钮🔍，如图 16-44 所示。

图 16-46

技术看板

在幻灯片放映状态下右击，在弹出的快捷菜单中选择【放大】命令，也可在放映时放大显示幻灯片中的内容。

Step06 将鼠标指针移动到放映的幻灯片上，鼠标指针将变成🖐形状，按住鼠标左键不放，拖动放映的幻灯片，可调整放大显示的区域，效果如图 16-47 所示。

Step07 查看完成后，再次单击【放大】按钮🔍，使幻灯片恢复到正常大小，继续对其他幻灯片进行放映，放映完成后，将黑屏显示，再次单击退出演示者视图，如图 16-48 所示。

图 16-48

技术看板

在演示者视图中单击【笔和荧光笔工具】按钮✏，可在该视图中标记重点内容；单击【请查看所有幻灯片】按钮▦，可查看演示文稿中的所有幻灯片；单击【变黑或还原幻灯片】按钮▨，放映幻灯片的区域将变黑，再次单击可还原；单击【更多放映选项】按钮☺，可执行隐藏演示者视图、结束放映等操作。

Step04 此时鼠标指针将变成🔍形状，并自带一个半透明框，将鼠标指针移动到放映的幻灯片上，将半透明框移动到需要放大查看的内容上，如图 16-45 所示。

妙招技法

通过前面知识的学习，相信读者已经了解了放映前需要做的准备工作及放映幻灯片过程中的一些控制操作。下面结合本章内容介绍一些放映的实用技巧。

技巧 01：快速清除幻灯片中的排练计时和旁白

教学视频	光盘\视频\第 16 章\技巧 01.mp4

当不需要使用幻灯片中录制的排练计时和旁白时，可将其删除，以免放映幻灯片时放映旁白或使用排练计时进行放映。例如，清除"产品销售计划书 2"演示文稿中的排练计时和旁白，具体操作步骤如下。

Step01 打开"光盘\素材文件\第 16 章\产品销售计划书 2.pptx"文件，❶ 进入幻灯片浏览视图，单击【幻灯片放映】选项卡【设置】组中的【录制幻灯片演示】下拉按钮，❷ 在弹出的下拉列表中选择【清除】选项，❸ 在弹出的级联列表中选择所需的清除选项，如选择【清除所有幻灯片中的计时】选项，如图 16-49 所示。

图 16-49

Step02 将清除演示文稿所有幻灯片中的排练计时，效果如图 16-50 所示。

图 16-50

技巧 02：快速切换到白屏或黑屏

教学视频	光盘\视频\第 16 章\技巧 02.mp4

在放映演示文稿的过程中，如果想暂停休息一段时间，那么可将放映的幻灯片切换到白屏或黑屏状态，这样有利于观众休息。例如，在"销售工作计划"演示文稿中切换到白屏或黑屏，具体操作步骤如下。

Step01 打开"光盘\素材文件\第 16 章\销售工作计划.pptx"文件，全屏放映幻灯片，在需要暂停播放的幻灯片上右击，❶ 在弹出的快捷菜单中选择【屏幕】命令，❷ 在弹出的级联菜单中选择【黑屏】命令，如图 16-51 所示。

图 16-51

Step02 此时，放映的整个屏幕将变成黑屏并右击，❶ 在弹出的快捷菜单中选择【屏幕】命令，❷ 在弹出的级联菜单中选择【白屏】命令，如图 16-52 所示。

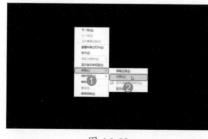

图 16-52

Step03 此时，放映的整个屏幕将变成白屏，如图 16-53 所示。

图 16-53

技术看板

在【屏幕】级联菜单中选择【屏幕还原】命令，将退出黑屏或白屏状态，返回到正常放映幻灯片的状态下。

技巧 03：不打开演示文稿就能放映幻灯片

教学视频	光盘\视频\第 16 章\技巧 03.mp4

要想快速对演示文稿进行放映，通过【显示】命令，不打开演示文稿就能直接对演示文稿进行放映。例如，对"项目介绍"演示文稿进行放映，具体操作步骤如下。

Step01 ❶ 在文件窗口中选择需要放映的演示文稿，❷ 在文稿上右击，在弹出的快捷菜单中选择【显示】命令，如图 16-54 所示。

图 16-54

Step02 不用打开演示文稿，就能直接进入演示文稿的放映状态，效果如图 16-55 所示。

图 16-55

技巧 04: 使用快捷键, 让放映更加方便

教学视频	光盘\视频\第 16 章\技巧 04.mp4

在放映演示文稿的过程中, 为了使放映变得更加简单和高效, 可以通过 PowerPoint 2013 提供的幻灯片放映快捷键来实现。如果不知道放映的快捷键, 那么可在幻灯片全屏放映状态下按【F1】键, 打开【幻灯片放映

帮助】对话框, 在其中显示了放映过程中需要用到的快捷键, 如图 16-56 所示。

图 16-56

技巧 05: 放映幻灯片时如何隐藏鼠标指针

教学视频	光盘\视频\第 16 章\技巧 05.mp4

在放映幻灯片的过程中, 如果不需要使用鼠标进行操作, 则可以通过

设置将鼠标指针隐藏起来, 具体操作步骤如下。

在放映过程中, 在幻灯片上右击, ❶ 在弹出的快捷菜单中选择【指针选项】命令, ❷ 在弹出的级联菜单中选择【箭头选项】命令, ❸ 在弹出的级联菜单中选项【永远隐藏】命令, 使【永远隐藏】命令呈选中状态, 如图 16-57 所示。

图 16-57

本章小结

通过本章知识的学习, 相信读者已经能正确对演示文稿进行放映及设置了, 要想有效控制幻灯片的放映过程, 在放映演示文稿的过程中, 演示者需合理地进行各种放映操作, 才能使幻灯片的放映更加得心应手。

第17章 共享、导出和打印幻灯片

➥ 如何将制作好的演示文稿与他人共享？

➥ 可以通过电子邮件发送制作的演示文稿吗？

➥ 如何打包演示文稿？

➥ 可以将演示文稿中的幻灯片导出为一张张的图片吗？

➥ 能不能只打印特定的幻灯片？

　　预览演示文稿效果并确认无误后，可以根据不同的需要将演示文稿共享、导出或打印出来，这样可以满足不同场合的演示需要。本章将对共享演示文稿、打包和导出演示文稿，以及打印演示文稿的相关操作进行讲解。

17.1 共享演示文稿

　　如果需要将制作好的演示文稿共享给他人，那么可通过 PowerPoint 提供的共享功能来实现，但共享演示文稿的方式有多种，用户可根据实际情况来选择共享的方式，与他人共享自己的幻灯片。

★ 新功能 17.1.1 实战：邀请他人共享"销售工作计划"演示文稿

实例门类	软件功能
教学视频	光盘\视频\第17章\17.1.1.mp4

　　邀请他人共享是 PowerPoint 2013 的一个新功能，是指将演示文稿先保存到 OneDrive 中，然后再邀请要共享该演示文稿的其他人。例如，将"销售工作计划"演示文稿共享给他人，具体操作步骤如下。

Step01 打开"光盘\素材文件\第17章\销售工作计划.pptx"文件，❶选择【文件】选项卡，在打开的界面左侧选择【共享】选项，❷在中间的【共享】栏中选择【邀请他人】选项，❸在右侧单击【保存到云】按钮，如图17-1所示。

Step02 选择【另存为】选项，❶在【另存为】栏中选择【OneDrive】选项，❷单击【登录】按钮，如图

17-2 所示。

图 17-1

图 17-2

Step03 ❶打开【登录】对话框，在文

本框中输入 PowerPoint 账户的电子邮箱地址，❷单击【下一步】按钮，如图 17-3 所示。

图 17-3

Step04 打开【输入密码】对话框，❶在文本框中输入电子邮箱地址对应的密码，❷单击【登录】按钮，如图 17-4 所示。

图 17-4

Step 05 登录电子邮箱，在【另存为】栏中默认选择【OneDrive-个人】选项，在右侧单击【浏览】按钮，如图17-5所示。

图 17-5

Step 06 打开【另存为】对话框，保持默认的保存位置，在中间选择保存到的文件夹，单击【打开】按钮打开该文件夹，保持默认的文件名称和文件类型，单击【保存】按钮，如图17-6所示。

图 17-6

Step 07 保存演示文稿后，❶在【共享】栏右侧的【键入姓名或电子邮件地址】文本框中输入他人的电子邮件地址，❷其他保持默认设置，单击【共享】按钮，如图17-7所示。

图 17-7

技术看板

在【共享】栏右侧单击【可编辑】列表框，在该下拉列表框中显示了【可编辑】和【可查看】两个选项，【可编辑】选项表示被邀请的人员既可以对共享的演示文稿进行查看，也可以进行编辑；【可查看】选项表示被邀请的人员只能对共享的演示文稿进行查看，不能进行编辑。

Step 08 开始向被邀请的人员发送电子邮件，如图17-8所示。

正在发送电子邮件并与您邀请的人员共享...

图 17-8

Step 09 完成后，将在【共享】栏右侧下方显示共享的人员，并显示对该演示文稿的编辑权限，效果如图17-9所示。

图 17-9

17.1.2 实战：通过电子邮件共享"销售工作计划"演示文稿

实例门类	软件功能
教学视频	光盘\视频\第17章\17.1.2.mp4

当需要将制作好的演示文稿以邮件的形式发送给客户或他人时，那么可通过电子邮件共享方式共享给他人。例如，通过电子邮件共享"销售工作计划"演示文稿，具体操作步骤如下。

Step 01 打开"光盘\素材文件\第17章\销售工作计划.pptx"文件，❶选择【文件】选项卡，在打开的页面左侧选择【共享】选项，❷在中间的【共享】栏中选择【电子邮件】选项，❸在右侧选择电子邮件发送的方式，如单击【作为附件发送】按钮，如图17-10所示。

图 17-10

Step 02 打开【选择配置文件】对话框，保持默认设置，单击【确定】按钮，如图17-11所示。

图 17-11

Step 03 启动 Outlook 程序，❶并在邮件页面中显示发送的主题和附件，在【收件人】文本框中输入收件人邮件地址，❷单击【发送】按钮，发送邮件，如图 17-12 所示。

图 17-12

★ 重点 17.1.3　实战：联机放映"销售工作计划"演示文稿

实例门类	软件功能
教学视频	光盘\视频\第17章\17.1.3.mp4

PowerPoint 2013 中提供了联机放映幻灯片的功能，通过该功能，演示者可以在任意位置通过 Web 与任何人共享幻灯片放映。例如，对"销售工作计划"演示文稿进行联机放映，具体操作步骤如下。

Step01 打开"光盘\素材文件\第17章\销售工作计划.pptx"文件，登录 PowerPoint 账户，❶ 选择【文件】选项卡，在打开的界面左侧选择【共享】选项，❷ 在中间的【共享】栏中选择【联机演示】选项，❸ 在右侧单击【联机演示】按钮，如图 17-13 所示。

图 17-13

Step02 开始准备联机演示文稿，准备完成后，在【联机演示】对话框中显示连接地址，❶ 单击【复制链接】

超链接，复制连接地址，将地址发给访问群体，当访问群体打开链接地址后，❷ 单击【启动演示文稿】按钮，如图 17-14 所示。

图 17-14

Step03 进入幻灯片全屏放映状态，开始对演示文稿进行放映，如图 17-15 所示。

图 17-15

Step04 访问群体打开链接地址后，就可查看到放映的过程，如图 17-16 所示。

图 17-16

技术看板

在联机演示过程中，只有发起联机演示的用户才能控制演示文稿的放映过程。

Step05 放映结束后，退出演示文稿放映状态，单击【联机演示】选项卡【联机演示】组中的【结束联机演示】按钮，如图 17-17 所示。

图 17-17

Step06 打开提示对话框，单击【结束联机演示文稿】按钮，如图 17-18 所示。

图 17-18

Step07 结束联机演示后，访问者访问的地址页面中将提示【演示文稿已结束】，如图 17-19 所示。

图 17-19

技能拓展——通过【开始放映幻灯片】组中的联机演示实现

单击【幻灯片放映】选项卡【开始放映幻灯片】组中的【联机演示】按钮，打开【联机演示】对话框，选中【启用远程查看器下载演示文稿】复选框，单击【连接】按钮，账户通过验证后，会在【联机演示】对话框中显示连接进度，连接成功后，在【联机演示】对话框中显示连接地址，然后按照提示进行相应的操作即可。

17.1.4 实战：发布"销售工作计划"中的幻灯片到库或 SharePoint 网站

实例门类	软件功能
教学视频	光盘\视频\第 17 章\17.1.4.mp4

将演示文稿中的幻灯片发布到库或 SharePoint 网站等共享地址，也可实现与他人共享。例如，将"销售工作计划"演示文稿中的幻灯片发布到库，具体操作步骤如下。

Step01 打开"光盘\素材文件\第 17 章\销售工作计划.pptx"文件，❶ 选择【文件】选项，在打开的页面左侧选择【共享】选项，❷ 在中间的【共享】栏中选择【发布幻灯片】选项，❸ 在右侧单击【发布幻灯片】按钮，如图 17-20 所示。

图 17-20

Step02 打开【发布幻灯片】对话框，

❶ 在【选择要发布的幻灯片】列表框中选择需要发布的幻灯片，❷ 单击【浏览】按钮，如图 17-21 所示。

图 17-21

技术看板

在【发布幻灯片】对话框中单击【全选】按钮可全选幻灯片；选中【只显示选定的幻灯片】复选框，表示将只选择演示文稿中已选择的幻灯片。

Step03 打开【选择幻灯片库】对话框，❶ 在地址栏中选择发布的位置，❷ 单击【选择】按钮，如图 17-22 所示。

图 17-22

Step04 返回【发布幻灯片】对话框，在【发布到】下拉列表框中显示发布的位置，单击【发布】按钮，如图 17-23 所示。

图 17-23

Step05 开始发布幻灯片，发布完成后，程序会自动将原来演示文稿中的幻灯片单独分配到一个独立的演示文稿中，如图 17-24 所示。

图 17-24

17.2 打包和导出演示文稿

制作好的演示文稿往往需要在不同的情况下进行放映或查看，所需要的文件格式也不一定相同，因此，需要根据不同的使用情况合理地导出幻灯片文件。在 PowerPoint 2013 中，用户可以将制作好的演示文稿输出为多种形式，如将幻灯片进行打包、导出为视频文件、导出为 PDF 文件、导出为图片等。

★ 重点 17.2.1 实战：打包"员工礼仪培训"演示文稿

实例门类	软件功能
教学视频	光盘\视频\第17章\17.2.1.mp4

打包演示文稿是指将演示文稿打包到一个文件夹中，包括演示文稿和一些必要的数据文件（如链接文件），以供在没有安装 PowerPoint 的计算机中观看。例如，对"员工礼仪培训"演示文稿进行打包，具体操作步骤如下。

Step01 打开"光盘\素材文件\第17章\员工礼仪培训.pptx"文件，选择【文件】选项卡，❶ 在打开的界面左侧选择【导出】选项，❷ 在中间的【导出】栏中选择导出的类型，如选择【将演示文稿打包成 CD】选项，❸ 在界面右侧单击【打包成 CD】按钮，如图 17-25 所示。

图 17-25

Step02 打开【打包成 CD】对话框，单击【复制到文件夹】按钮，如图 17-26 所示。

图 17-26

Step03 打开【复制到文件夹】对话框，❶ 在【文件夹名称】文本框中输入文件夹的名称，如输入【员工礼仪培训】，❷ 单击【浏览】按钮，如图 17-27 所示。

图 17-27

Step04 打开【选择位置】对话框，❶ 在地址栏中设置演示文稿打包后保存的位置，❷ 单击【选择】按钮，如图 17-28 所示。

图 17-28

Step05 返回【复制到文件夹】对话框，在【位置】文本框中显示打包后的保存位置，单击【确定】按钮，如图 17-29 所示。

图 17-29

技术看板

在【复制到文件夹】对话框中选中【完成后打开文件夹】复选框，表示打包完成后，将自动打开文件夹。

Step06 打开提示对话框，提示用户是否选择打包演示文稿中的所有链接文件，这里单击【是】按钮，如图 17-30 所示。

图 17-30

Step07 开始打包演示文稿，打包完成后将自动打开保存的文件夹，在其中可查看到打包的文件，如图 17-31 示。

图 17-31

技术看板

如果计算机安装有刻录机，还可将演示文稿打包到 CD 中，其方法是：准备一张空白光盘，打开【打包成 CD】对话框，单击【复制到 CD】按钮进行操作。

★ 重点 17.2.2 实战：将"项目介绍"演示文稿导出为视频文件

实例门类	软件功能
教学视频	光盘\视频\第17章\17.2.2.mp4

如果需要在视频播放器上播放演示文稿，或在没有安装 PowerPoint 2013 软件的计算机上播放，可以将演示文稿导出为视频文件，这样既可以播放幻灯片中的动画效果，还可以保护幻灯片中的内容不被他人利用。例如，将"项目介绍"演示文稿导出为视频文件，具体操作步骤如下。

Step01 打开"光盘\素材文件\第17章\项目介绍.pptx"文件，选择【文件】选项卡，❶ 在打开的界面左侧选择【导出】选项，❷ 在中间的【导出】栏中选择导出的类型，如选择【创建视频】选项，❸ 单击界面右侧的【创建视频】按钮，如图 17-32 所示。

图 17-32

Step02 打开【另存为】对话框，❶ 在地址栏中设置视频保存的位置，❷ 其他保持默认设置，单击【保存】按钮，如图 17-33 所示。

图 17-33

技术看板

如果需要将演示文稿导出为其他视频格式，可在【另存为】对话框的【保存类型】下拉列表框中选择需要的视频格式选项。

Step03 开始制作视频，并在 PowerPoint 2013 工作界面的状态栏中显示视频导出进度，如图 17-34 所示。

图 17-34

Step04 导出后，使用视频播放器打开预览演示文稿播放效果，如图 17-35 所示。

图 17-35

技能拓展——设置幻灯片导出为视频的秒数

默认情况下，将幻灯片导出为视频后，每张幻灯片播放的时间为 5 秒，用户可根据幻灯片中动画的多少来设置幻灯片播放的时间。其方法是：在演示文稿中导出界面中间的【导出】栏中选择【创建视频】选项后，在界面右侧的【放映每张幻灯片的秒数】数值框中输入幻灯片播放的时间，单击【创建视频】按钮进行创建。

17.2.3 实战：将"员工礼仪培训"演示文稿导出为 PDF 文件

实例门类	软件功能
教学视频	光盘\视频\第 17 章\17.2.3.mp4

在 PowerPoint 2013 中，也可将演示文稿导出为 PDF 文件，这样演示文稿中的内容就不能被修改。例如，将"员工礼仪培训"演示文稿导出为 PDF 文件，具体操作步骤如下。

Step01 打开"光盘\素材文件\第 17 章\员工礼仪培训.pptx"文件，选择【文件】选项卡，❶ 在打开的界面左侧选择【导出】选项，❷ 在中间的【导出】栏中选择导出的类型，如选择【创建 PDF/XPS 文档】选项，❸ 单击界面右侧的【创建 PDF/XPS】按

钮，如图 17-36 所示。

图 17-36

Step02 打开【发布为 PDF 或 XPS】对话框，❶ 在地址栏中设置发布后文件的保存位置，❷ 单击【发布】按钮，如图 17-37 所示。

图 17-37

Step03 打开【正在发布】对话框，在其中显示发布的进度，如图 17-38 所示。

图 17-38

Step04 发布完成后，打开发布的 PDF 文件，效果如图 17-39 所示。

技能拓展——设置发布选项

在【发布为 PDF 或 XPS】对话框中，单击【选项】按钮，打开【选项】对话框，在其中可对发布的范围、发布选项、发布内容等进行相应的设置。

图 17-39

17.2.4 实战：将"项目介绍"中的幻灯片导出为图片

实例门类	软件功能
教学视频	光盘\视频\第17章\17.2.4.mp4

有时为了宣传和展示，需要将演示文稿中的多张幻灯片（包含背景）导出，此时，可以通过提供的导出为图片功能，将演示文稿中的幻灯片导出为图片。例如，将"项目介绍"演示文稿中的幻灯片导出为图片，具体操作步骤如下。

Step01 打开"光盘\素材文件\第17章\项目介绍.pptx"文件，选择【文件】选项卡，❶在打开的界面左侧选择【导出】选项，❷在中间的【导出】栏中选择【更改文件类型】选项，❸在界面右侧的【图片文件类型】栏中选择导出的图片格式，如选择【PNG 可移植风格图形格式】选项，❹单击【另存为】按钮，如图17-40 所示。

图 17-40

技术看板

在【更改文件类型】界面右侧的【演示文稿类型】栏中还提供了模板、PowerPoint 放映等多种类型，用户也可选择需要的演示文稿类型进行导出。

Step02 打开【另存为】对话框，❶在地址栏中设置导出的位置，❷将【文件名】设置为【项目介绍】，❸单击【保存】按钮，如图17-41 所示。

图 17-41

Step03 打开【Microsoft PowerPoint】对话框，提示用户"您希望导出哪些幻灯片？"，这里单击【所有幻灯片】按钮，如图 17-42 所示。

图 17-42

技术看板

若在【Microsoft PowerPoint】对话框中单击【仅当前幻灯片】按钮，将只将演示文稿当前选择的幻灯片导出为图片文件。

Step04 在打开的提示对话框中单击【确定】按钮，将演示文稿中的所有幻灯片导出为图片文件，如图17-43 所示。

图 17-43

17.3 打印演示文稿

当需要以纸质的形式传递或查看演示文稿中幻灯片的内容时，用户可以对其进行打印。打印时，用户既可以打印整个演示文稿的内容，也可打印演示文稿中的部分幻灯片，用户可根据实际情况对打印进行设置。

★ 重点 17.3.1 实战：设置每页打印多张幻灯片

实例门类	软件功能
教学视频	光盘\视频\第17章\17.3.1.mp4

默认情况下，演示文稿在进行打印时，每张纸上只打印一张幻灯片，很浪费纸张。为了避免浪费，用户可以对打印版式进行设置，以便在一张纸上打印多张幻灯片。例如，在"项目介绍"演示文稿中对打印版式进行设置，具体操作步骤如下。

Step01 打开"光盘\素材文件\第17章\项目介绍.pptx"文件，选择【文件】选项卡，❶在打开的界面左侧选择【打印】选项，❷在中间单击【整页幻灯片】下拉列表框，❸在弹出的下拉列表中选择幻灯片版式，如选择【2张幻灯片】选项，如图17-44所示。

图 17-44

Step02 在界面右侧可预览在一张纸上打印两张幻灯片的效果，确认无误后，单击【打印】按钮进行打印，如图17-45所示。

图 17-45

17.3.2 实战：打印当前幻灯片

实例门类	软件功能
教学视频	光盘\视频\第17章\17.3.2.mp4

默认情况下，打印演示文稿时将打印演示文稿中的所有幻灯片，如果只想打印演示文稿当前显示的某张幻灯片，那么用户可对幻灯片打印范围进行设置。例如，打印"项目介绍"演示文稿当前幻灯片编辑区显示的幻灯片中第5张幻灯片，具体操作步骤如下。

Step01 打开"光盘\素材文件\第17章\项目介绍.pptx"文件，选择【文件】选项卡，在幻灯片窗格中选择第5张幻灯片，如图17-46所示。

图 17-46

Step02 选择【文件】选项卡，❶在打开的界面左侧选择【打印】选项，❷在中间的【打印】栏中选择【打印全部幻灯片】选项，❸在弹出的下拉列表中选择【打印当前幻灯片】选项，如图17-47所示。

图 17-47

Step03 在界面右侧将显示当前需要打印的幻灯片，确认无误后，单击【打印】按钮进行打印，如图17-48所示。

图 17-48

17.3.3 实战：只打印选择的多张幻灯片

实例门类	软件功能
教学视频	光盘\视频\第17章\17.3.3.mp4

除了可打印当前显示的幻灯片外，还可只打印当前选择的连续或不连续的多张幻灯片。例如，在"项目介绍"演示文稿中只打印选择的多张不连续的幻灯片，具体操作步骤如下。

Step01 打开"光盘\素材文件\第17章\项目介绍.pptx"文件，在幻灯片窗格中选择需要打印的多张不连续的幻灯片，如图17-49所示。

图 17-49

Step02 选择【文件】选项卡，❶在打开的界面左侧选择【打印】选项，❷在中间的【打印】栏中选择【打印全部幻灯片】选项，❸在弹出的下拉列表中选择【打印所选幻灯片】选项，如图17-50所示。

Step03 在界面右侧将显示选择的第1张幻灯片，将打印版式设置为【2张幻灯片】，在界面右侧将显示需要打印的第1张和第2张幻灯片，确认无误后，单击【打印】按钮进行打印，如图 17-51 所示。

图 17-50

图 17-51

★ 重点 17.3.4 实战：自定义打印范围

实例门类	软件功能
教学视频	光盘\视频\第 17 章\17.3.4.mp4

除了可打印当前幻灯片和选择的幻灯片外，用户也可以自定义打印的范围，打印特定的幻灯片。例如，在"项目介绍"演示文稿中通过自定义

打印范围打印第 2、5、7 张和第 12 张幻灯片，具体操作步骤如下。

Step01 打开"光盘\素材文件\第 17 章\项目介绍 .pptx"文件，选择【文件】选项卡，❶ 在打开的界面左侧选择【打印】选项，❷ 在中间的【打印】栏中选择【打印全部幻灯片】选项，❸ 在弹出的下拉列表中选择【自定义范围】选项，如图 17-52 所示。

图 17-52

Step02 ❶ 在【幻灯片】文本框中输入要打印的幻灯片编号，如输入【2,5,7,12】，❷ 在界面右侧将显示打印的效果，单击【下一页】按钮▶，如图 17-53 所示。

图 17-53

Step03 在界面右侧将显示第 2 页的打印效果，确认无误后，单击【打印】按钮进行打印，如图 17-54 所示。

图 17-54

妙招技法

通过前面知识的学习，相信读者已经掌握了共享、输出和打印幻灯片的基本操作了。下面结合本章内容介绍一些实用技巧。

技巧01：通过共享链接实现共享

教学视频	光盘\视频\第 17 章\技巧 01.mp4

当需要与多人共享时，或者不知道与之共享用户的电子邮件地址时，可以通过共享链接来实现共享，但通过共享链接实现共享时，首先需要创建链接，然后将链接发给与之共享的用户，打开共享链接即可。例如，在"销售工作计划"演示文稿中通过共享链接实现共享，具体操作步骤如下。

Step 01 打开"光盘\素材文件\第 17 章\销售工作计划 .pptx"文件，将演示文稿保存到 OneDrive 中，❶ 在界面中间的【共享】栏中选择【获取共享链接】选项，❷ 在界面右侧需要创建的共享链接后面单击【创建链接】按钮，如图 17-55 所示。

图 17-55

Step 02 创建并显示出共享链接，如图 17-56 所示。将共享链接复制后发给与之共享的其他用户。

图 17-56

技巧 02：将演示文稿导出为 PowerPoint 放映文件

教学视频	光盘\视频\第 17 章\技巧 02.mp4

　　对于制作好的演示文稿，当不需要再进行任何操作时，可以将其导出为 PowerPoint 放映文件，这样可直接以幻灯片放映形式打开，以减少放映时的操作步骤。例如，将"项目介绍"演示文稿导出为 PowerPoint 放映文件，具体操作步骤如下。

Step 01 打开"光盘\素材文件\第 17 章\项目介绍 .pptx"文件，选择【文件】选项卡，❶ 在打开的界面左侧选择【导出】选项，❷ 在中间的【导出】栏中选择【更改文件类型】选项，❸ 在界面右侧的【演示文稿文件类型】栏中选择导出的演示文稿格式，如选择【PowerPoint 放映】选项，❹ 单击【另存为】按钮，如图 17-57 所示。

图 17-57

Step 02 ❶ 打开【另存为】对话框，在地址栏中设置导出文件的保存位置，❷ 其他保持默认设置，单击【保存】按钮，如图 17-58 所示。

图 17-58

Step 03 将演示文稿保存为 PowerPoint 放映文件（.ppsx），选择保存的文件并右击，在弹出的快捷菜单中选择

【打开】命令，如图 17-59 所示。

图 17-59

Step 04 将自动以幻灯片放映形式打开，并对幻灯片进行放映，效果如图 17-60 所示。

图 17-60

技巧 03：为幻灯片添加打印边框

教学视频	光盘\视频\第 17 章\技巧 03.mp4

　　当幻灯片背景与打印纸张有一样或相近的颜色时，可以在打印时为幻灯片添加边框，这样便于区分幻灯片。例如，在"销售工作计划"演示文稿中为打印的幻灯片添加边框，具体操作步骤如下。

Step 01 打开"光盘\素材文件\第 17 章\销售工作计划 .pptx"文件，选择【文件】选项卡，❶ 在打开的界面左侧选择【打印】选项，❷ 在中间选择【整页幻灯片】选项，❸ 在弹出的下拉列表中选择【幻灯片边框】选项，如图 17-61 所示。

图 17-61

Step 02 为打印的幻灯片添加边框，在界面右侧可预览添加边框后的打印效果，如图 17-62 所示。

图 17-62

技能拓展——打印批注和墨迹标记

如果需要打印的幻灯片中含有批注或墨迹标记，那么在打印时，需要在【打印】界面中间的【整页幻灯片】下拉列表中选择【打印批注和墨迹标记】选项，使该选项保持选中状态，单击【打印】按钮，可打印幻灯片中的批注或墨迹标记。

技巧 04：以灰度打印幻灯片

教学视频	光盘 \ 视频 \ 第 17 章 \ 技巧 04.mp4

默认打印幻灯片时，都是以彩色进行打印的，如果需要以灰度或纯黑白打印幻灯片时，可对打印的颜色进行设置。例如，在"员工礼仪培训"演示文稿中将打印颜色设置为灰度，具体操作如下：

Step 01 打开"光盘 \ 素材文件 \ 第 17 章 \ 员工礼仪培训 .pptx"文件，选择【文件】选项卡，❶ 在打开的界面左侧选择【打印】选项，❷ 在中间选择【颜色】选项，❸ 在弹出的下拉列表中选择打印的颜色，如选择【灰度】选项，如图 17-63 所示。

图 17-63

Step 02 在界面右侧可查看将打印颜色设置为灰度的打印效果，如图 17-64 所示。

图 17-64

本章小结

本章详细讲解了共享、导出和打印演示文稿的操作方法，相信通过本章的学习，读者已能根据自己的需要，共享、导出和打印演示文稿了。本章在最后还添加了共享、导出和打印的一些技巧，以满足不同用户的需要。

第 18 章　PPT 与其他组件的协同高效办公

➙ 能不能在幻灯片中插入 Word 文档？

➙ 怎样将 Word 中复制的文本快速分配到每张幻灯片中？

➙ 在幻灯片中如何插入 Excel 电子表格？

➙ 能不能将 Excel 中的图表导入幻灯片中？

➙ PowerPoint 还能与哪些软件进行协同办公？

　　演示文稿一般用于讲解和展示各种工作内容和成果。在制作和导出幻灯片时，我们常常还会需要其他的一些办公软件的协作。本章将对 PowerPoint 与 Word、Excel，以及 PPTminimizer 和 PowerPoint to Flash 等软件的协同使用进行讲解，以提高办公效率。

18.1　PowerPoint 与 Word 组件的协作

　　Word 是用于制作各类办公文档的工具，当 PowerPoint 中需要输入 Word 中的文本时，就需要 PowerPoint 与 Word 进行协同办公，以避免重复输入的错误，从而提高工作效率。

★ 重点 18.1.1　实战：在"旅游信息化幻灯片"中插入 Word 文档

实例门类	软件功能
教学视频	光盘\视频\第 18 章\18.1.1.mp4

　　在制作某些特殊幻灯片，如果需要输入的内容是某个 Word 文件中的内容，并且内容很多时，为了节省时间，可以直接将 Word 文档插入幻灯片中，这样能避免输入时出现错误。例如，在"旅游信息化"演示文稿的第 3 张幻灯片中插入 Word 文档，具体操作步骤如下。

Step01 打开"光盘\素材文件\第 18 章\旅游信息化 .pptx"文件，❶ 选择第 3 张幻灯片，❷ 单击【插入】选项卡【文本】组中的【对象】按钮，如图 18-1 所示。

Step02 ❶ 打开【插入对象】对话框，选中【由文件创建】单选按钮，❷ 再单击【浏览】按钮，如图 18-2 所示。

图 18-1

图 18-2

Step03 ❶ 打开【浏览】对话框，在地址栏中选择 Word 文档保存的位置，❷ 然后选择需要插入的文档，如选择【旅游信息化的范畴及概念】选项，❸ 单击【确定】按钮，如图 18-3 所示。

图 18-3

Step04 返回【插入对象】对话框，在【文件】文本框中显示了 Word 文档的保存路径，单击【确定】按钮，如图 18-4 所示。

图 18-4

技术看板

在【插入对象】对话框中选中【显示为图标】复选框，那么在幻灯片中插入 Word 文档后，不会直接显示 Word 中的内容，而是显示 Word 文件图标，双击该图标后，才能在 Word 程序中打开 Word 文件，对其内容进行查看。

Step 05 返回幻灯片编辑区，查看插入的 Word 文档效果，如图 18-5 所示。

图 18-5

18.1.2 实战：在"旅游信息化"幻灯片中插入 Word 工作区

实例门类	软件功能
教学视频	光盘\视频\第 18 章\18.1.2.mp4

当需要在幻灯片中插入与 Word 版式相同的文本时，可以直接在幻灯片中插入 Word 工作区，进行文本内容的输入与设置。例如，在"旅游信息化 1"演示文稿的第 3 张幻灯片中插入 Word 工作区，然后在其中输入相应的文本，并对文本的格式进行设置，具体操作步骤如下。

Step 01 打开"光盘\素材文件\第 18 章\旅游信息化 1.pptx"文件，❶选择第 3 张幻灯片，❷单击【插入】选项卡【文本】组中的【对象】按钮，如图 18-6 所示。

Step 02 ❶打开【插入对象】对话框，选中【新建】单选按钮，❷在【对象类型】列表框中选择需要的对象类型，如选择【Microsoft Word 文档】选项，❸单击【确定】按钮，如图 18-7 示。

图 18-6

图 18-7

Step 03 此时，PowerPoint 窗口中会出现一个 Word 的编辑窗口，并且在幻灯片编辑区出现 Word 工作区，在其中输入需要输入的文本，如图 18-8 所示。

图 18-8

Step 04 ❶选择输入的文本，在 Word 编辑窗口中单击【开始】选项卡【字体】组中的【文本效果和版式】按钮，❷在弹出的下拉列表中选择需要的文本效果，如选择第 1 种，如图 18-9 所示。

图 18-9

Step 05 为文本应用选择的样式，❶单击【字体】组中的【字号】下拉按钮，❷在弹出的下拉列表中选择需要的字号，如选择【三号】选项，如图 18-10 所示。

图 18-10

Step 06 查看在 Word 编辑窗口中设置文本字体格式后的效果，如图 18-11 所示。

图 18-11

Step 07 在幻灯片空白区域单击，退出 Word 编辑窗口，返回 PowerPoint 窗口，在幻灯片编辑区可查看到设置的文本效果，如图 18-12 所示。

图 18-12

★ 重点 18.1.3 实战：将 Word
文档导入幻灯片中进行演示

实例门类	软件功能
教学视频	光盘\视频\第 18 章\18.1.3.mp4

　　当需要将 Word 文档内容以幻灯片的方式进行演示时，可以将 Word 文件导入幻灯片，这样，用户既能在 Word 中设置文字效果，又能在 PowerPoint 中设置播放效果。例如，将"员工礼仪培训" Word 文档导入新建的演示文稿中，具体操作步骤如下。

Step 01 打开"光盘\素材文件\第 18 章\员工礼仪培训.docx"文件，进入大纲视图，对 Word 文档内容的级别进行查看和设置，如图 18-13 所示。

图 18-13

技术看板

　　要想将 Word 文档中的内容成功导入幻灯片中，必须对 Word 文档段落的级别进行设置，这样才能将内容合理地分配到每张幻灯片中。

Step 02 查看完成后关闭 Word 文档，启动 PowerPoint 2013，新建一个空白演示文稿，❶ 单击【开始】选项卡【幻灯片】组中的【新建幻灯片】下拉按钮▼，❷ 在弹出的下拉列表中选择【幻灯片(从大纲)】选项，如图 18-14 所示。

图 18-14

Step 03 ❶ 打开【插入大纲】对话框，在地址栏中选择 Word 文档保存的位置，❷ 然后选择需要插入的文档，如选择【员工礼仪培训】文件，❸ 单击【插入】按钮，如图 18-15 所示。

图 18-15

Step 04 将 Word 文档中的内容导入幻灯片中，效果如图 18-16 所示。

图 18-16

Step 05 为演示文稿应用【环保】主题，并对第 1 张幻灯片和第 2 张幻灯片进行相应的编辑，最后将演示文稿以【员工礼仪培训】为名进行保存，效果如图 18-17 示。

图 18-17

18.1.4 实战：将幻灯片转换为 Word 文档

实例门类	软件功能
教学视频	光盘\视频\第 18 章\18.1.4.mp4

　　如果需要将演示文稿所有幻灯片中的文本提取出来，那么可直接将演示文稿转换为 Word 文档，这种方法相对于复制来说更快捷。例如，继续上例操作，将"员工礼仪培训"演示文稿转换为 Word 文档，具体操作步骤如下。

Step 01 在打开的"员工礼仪培训"演示文稿中选择【文件】选项卡，❶ 在打开的界面左侧选择【导出】选项，❷ 在中间的【导出】栏中选择【创建讲义】选项，❸ 在界面右侧单击【创建讲义】按钮，如图 18-18 所示。

图 18-18

Step02 打开【发送到 Microsoft Word】对话框，❶ 在【Microsoft Word 使用的版式】栏中选择发送选项，如选中【空行在幻灯片旁】单选按钮，❷ 单击【确定】按钮，如图 18-19 所示。

图 18-19

Step03 开始转换演示文稿，转换完成后，将在 Word 空白文档中演示演示文稿中的幻灯片，并在幻灯片旁添加空白，以添加备注信息，然后将文档保存为【员工礼仪培训】，效果如图 18-20 所示。

图 18-20

18.2 PowerPoint 与 Excel 组件的协作

在幻灯片中需要插入表格或图表时，也可通过与 Excel 组件的协作，将使用 Excel 中已制作好的表格和图表插入幻灯片中，以提高工作效率。而且 Excel 是专业的电子表格处理软件，数据和图表处理这方面的功能相对于 PowerPoint 更强大，所以，PowerPoint 与 Excel 之间的协作是必不可少的。

★ 重点 18.2.1 实战：在"销售业绩报告"幻灯片中插入 Excel 文件

实例门类	软件功能
教学视频	光盘\视频\第18章\18.2.1.mp4

当需要在幻灯片中添加的表格已经使用 Excel 软件制作好，那么可以直接在幻灯片中插入制作好的 Excel 文件，以避免在幻灯片中重新插入表格，输入数据。例如，在"汽车销售业绩报告"演示文稿的第 2 张幻灯片中插入 Excel 文件，具体操作步骤如下。

Step01 打开"光盘\素材文件\第 18 章\汽车销售业绩报告.pptx"文件，❶ 选择第 2 张幻灯片，❷ 单击【插入】选项卡【文本】组中的【对象】按钮，如图 18-21 所示。

Step02 ❶ 打开【插入对象】对话框，选中【由文件创建】单选按钮，❷ 再单击【浏览】按钮，如图 18-22 所示。

图 18-21

图 18-22

Step03 ❶ 打开【浏览】对话框，在地址栏中选择 Excel 文件保存的位置，❷ 然后选择需要插入的文档，如选择【汽车销售额统计】文件，❸ 单击【确定】按钮，如图 18-23 所示。

图 18-23

Step04 返回【插入对象】对话框，在【文件】文本框中显示了 Word 文档的保存路径，单击【确定】按钮，如图 18-24 所示。

图 18-24

Step 05 返回幻灯片编辑区，可查看插入的 Excel 文件中的数据，效果如图 18-25 所示。

图 18-25

18.2.2 实战：在"销售业绩报告"幻灯片中直接调用 Excel 中的图表

实例门类	软件功能
教学视频	光盘＼视频＼第 18 章＼18.2.2.mp4

在幻灯片中制作图表时，如果需要的图表已使用 Excel 软件制作好，那么可通过复制功能直接调用 Excel 中的图表。例如，在"汽车销售业绩报告"演示文稿的第 3 张幻灯片中调用 Excel 中的图表，具体操作步骤如下。

Step 01 打开"光盘＼素材文件＼第 18 章＼图表 .xlsx"文件，❶ 选择工作表中的图表，❷ 单击【开始】选项卡【剪贴板】组中的【复制】按钮，如图 18-26 所示。

Step 02 切换到 PowerPoint 窗口，❶ 在打开的"汽车销售业绩报告"演示文稿中选择第 3 张幻灯片，❷ 单击【开始】选项卡【剪贴板】组中的【粘贴】下拉按钮，❸ 在弹出的下拉列

表中选择需要的粘贴选项，如选择【保留源格式和嵌入工作簿】选项，如图 18-27 所示。

图 18-26

图 18-27

Step 03 将从 Excel 中复制的图表粘贴到幻灯片中，并且还能对图表进行各种编辑操作，如图 18-28 所示。

图 18-28

★ 重点 18.2.3 实战：在"年终工作总结"幻灯片中插入 Excel 电子表格

实例门类	软件功能
教学视频	光盘＼视频＼第 18 章＼18.2.3.mp4

当幻灯片中插入的表格行列数较多，且需要对表格进行复杂的计算、统计和分析时，则可在幻灯片中插入 Excel 电子表格，这样就可像 Excel 一样，对表格中的数据进行计算、管理、统计和分析等。例如，在"年终工作总结"演示文稿的第 11 张幻灯片中插入 Excel 电子表格，并对输入的数据进行计算，具体操作步骤如下。

Step 01 打开"光盘＼素材文件＼第 18 章＼年终工作总结 .pptx"文件，❶ 选择第 11 张幻灯片，单击【插入】选项卡【表格】组中的【表格】按钮，❷ 在弹出的下拉列表中选择【Excel 电子表格】选项，如图 18-29 所示。

图 18-29

Step 02 在幻灯片中插入 Excel 电子表格，并打开 Excel 编辑窗口，如图 18-30 所示。

图 18-30

Step 03 在插入的 Excel 电子表格中输入需要的数据，效果如图 18-31 所示。

图 18-31

Step04 选择输入的数据，对数据的字体格式和对齐方式进行相应的设置，❶ 然后选择 B8 单元格，❷ 单击【公式】选项卡【函数库】组中的【自动求和】按钮，❸ 在弹出的下拉列表中选择【求和】选项，如图 18-32 所示。

图 18-32

Step05 此时，在单元格中将自动显示求和公式，查看公式是否正确，如图 18-33 所示。

图 18-33

技术看板

如果公式中求和的区域不正确，那么可先对其进行修改，然后再按【Enter】键计算。

Step06 确认公式正确，按【Enter】键即可计算出结果，然后使用相同的方法计算出 D8 单元格，效果如图 18-34 所示。

图 18-34

Step07 将鼠标指针移动到图表右下角，当鼠标指针变成黑色双向箭头时，按住鼠标左键不放向左上方拖动，如图 18-35 所示。

图 18-35

Step08 拖动到合适位置后释放鼠标，使 Excel 表格中只显示需要显示的数据，然后在幻灯片编辑区空白处双击，退出 Excel 编辑状态，返回幻灯片编辑区，在其中可看到插入的 Excel 电子表格，效果如图 18-36 所示。

图 18-36

18.3 PowerPoint 与其他软件的协同办公

PowerPoint 除了可与 Office 的 Word 和 Excel 组件进行协同办公外，还可与其他的一些软件进行协同办公，如 PPTminimizer、PowerPoint to Flash 等，以满足用户不同工作的需要。

18.3.1 实战：使用 PPTminimizer 为演示文稿瘦身

实例门类	软件功能
教学视频	光盘\视频\第18章\18.3.1.mp4

如果演示文稿中插入有图片、音频和视频文件，那么演示文稿就比较大，不利于文件的传送，这时就可使用 PPTminimizer 对演示文稿进行压缩，减小演示文稿的占用空间。例如，使用 PPTminimizer 软件对"项目介绍"演示文稿进行压缩，具体操作步骤如下。

Step01 在计算机中安装 PPTminimizer 软件，然后启动该软件，在软件界面中单击【打开文件】按钮，如图 18-37 所示。

图 18-37

图 18-39

图 18-42

技术看板

　　要在计算机中安装 PPTminimizer 软件，首先需要进行下载，用户可在系统之家网站 (http://www.xitong zhijia.net/) 中进行下载。

Step02 打开【打开】对话框，❶ 在地址栏中选择文件所在的位置，❷ 然后选择需要压缩的演示文稿，如选择【项目介绍】文件，❸ 单击【打开】按钮，如图 18-38 所示。

图 18-38

技术看板

　　如果在【打开】对话框中选择多个演示文稿，那么可同时对打开的多个演示文稿执行优化操作。

Step03 返回 PPTminimizer 软件工作界面，在【需要优化的文件】列表框中显示了添加的文件，单击【保存优化后的文件到下列目录】文本框后的【浏览】按钮，如图 18-39 所示。

Step04 ❶ 打开【指定目标目录】对话框，在其中设置优化后文件的保存位置，这里选择【第 18 章】文件夹，❷ 单击【确定】按钮，如图 18-40 所示。

图 18-40

Step05 返回 PPTminimizer 软件工作界面中，单击【优化文件】按钮，如图 18-41 所示。

图 18-41

Step06 开始对演示文稿进行优化，并显示优化的进度，如图 18-42 所示。

Step07 优化完成后，在工作界面右侧将显示文件的相关信息，如原始大小、目标大小、压缩比例及节省的空间等，如图 18-43 所示。

图 18-43

18.3.2 实战：使用 PowerPoint to Flash 将"项目介绍"演示文稿转换为 Flash 文件

实例门类	软件功能
教学视频	光盘\视频\第 18 章\18.3.2.mp4

　　PowerPoint to Flash 是一个能够将 PowerPoint 制作的演示文稿转换为 Flash 的 *.swf 文件的软件，它支持大量转档，可一次将多个演示文稿转换成 Flash 格式，方便发布于网页。例如，将"项目介绍"演示文稿转换为 Flash 文件，具体操作步骤如下。

Step01 ❶ 在计算机中找到并选择下载的 PowerPoint to Flash 安装程序，❷ 单击窗口中的【打开】按钮，如图

18-44 所示。

图 18-44

技术看板

　　由于本例下载的是 PowerPoint to Flash 汉化绿色版，下载后双击应用程序就能打开，不需要安装，但如果是下载的其他版本，那么则需要先安装该软件。

Step02 打开 PowerPoint to Flash 程序，在程序窗口中单击【添加】按钮，如图 18-45 所示。

图 18-45

Step03 打开【Select PowerPoint Presentations】对话框，❶ 在【查找范围】下拉列表框中选择演示文稿保存的位置，❷ 选择需要转换的演示文稿，如选择【项目介绍】选项，❸ 单击【打开】按钮，如图 18-46 所示。

Step04 返回程序窗口，在其中可查看到添加的演示文稿的详细信息，❶ 选择【输出】选项卡，❷ 单击【输出文件夹】栏中的 🖼 按钮，如图 18-47 所示。

图 18-46

图 18-47

Step05 ❶ 打开【浏览文件夹】对话框，在其中设置转换后文件的保存位置，这里选择【第 18 章】文件夹，❷ 单击【确定】按钮，如图 18-48 所示。

图 18-48

Step06 ❶ 选择【选项】选项卡，❷ 在【宽度】数值框中输入 Flash 文件宽度，如输入【1024】，❸ 在【高度】数值框中输入 Flash 文件高度，如输入【768】，❹ 在【JPEG】数值框中输入质量，如输入【100】，❺ 单击【转换】按钮，如图 18-49 所示。

图 18-49

技术看板

　　若在【选项】选项卡中单击【背景颜色】的下拉按钮，在弹出的下拉列表中可选择 Flash 文件的背景色需要的颜色。

Step07 开始对演示文稿进行转换，如图 18-50 所示。

图 18-50

Step08 转换完成后，将打开转换后文件所保存的文件夹，在其中可查看到转换后的两个文件，如图 18-51 所示。

图 18-51

Step09 然后使用播放器对 Flash 文件进行播放，查看转换后的效果，如图 18-52 所示。

图 18-52

妙招技法

通过前面知识的学习，相信读者已经掌握了 PowerPoint 与 Office 组件或其他软件协同办公的基本操作了。下面结合本章内容介绍一些实用技巧。

技巧 01：复制 Word 文档中的文本分布到幻灯片

教学视频	光盘\视频\第 18 章\技巧 01.mp4

在 PowerPoint 中制作演示文稿时，如果需要根据 Word 中的文本来制作，那么可直接将 Word 中的文本复制到 PowerPoint 大纲视图中，然后再通过大纲视图将文本分布到演示文稿的幻灯片中。例如，将"空调销售计划书" Word 文档中的内容分布到演示文稿的幻灯片中，具体操作步骤如下。

Step01 打开"光盘\素材文件\第 18 章\空调销售计划书.docx"文件，❶按【Ctrl+A】组合键选择文档中的所有内容，❷单击【开始】选项卡【剪贴板】组中的【复制】按钮，如图 18-53 所示。

Step02 切换到 PowerPoint 窗口，新建一个名为【产品销售计划书】的演示文稿，❶进入大纲视图，将鼠标光标定位到第 1 张幻灯片后，❷单击【开始】选项卡【剪贴板】组中的【粘贴】按钮，如图 18-54 所示。

图 18-53

图 18-54

Step03 将复制的内容粘贴到大纲窗格中，效果如图 18-55 所示。

Step04 将鼠标光标定位到【空调销售计划书】文本后，按【Enter】键，新建一张幻灯片，且鼠标光标后的文本全部放置在新建的幻灯片中，效果如图 18-56 所示。

图 18-55

图 18-56

Step05 对第 2 张幻灯片中的文本进行调整，再新建一张幻灯片，并对多余的文本进行删除，效果如图 18-57 所示。

图18-57

Step06 使用相同的方法将大纲窗格中的文本内容分配到相应的幻灯片中，并将多余的文本删除，效果如图18-58所示。

图18-58

Step07 粘贴在大纲窗格中的文本会全部放在幻灯片的标题占位符中，❶选择第2张幻灯片，❷选择标题占位符中除标题外的所有文本，❸单击【开始】选项卡【剪贴板】组中的【剪切】按钮，如图18-59所示。

图18-59

Step08 剪切选择的文本，❶选择内容占位符，❷单击【开始】选项卡【剪

贴板】组中的【粘贴】按钮，如图18-60所示。

图18-60

Step09 将剪切的文本粘贴到内容占位符中，然后使用相同的方法继续对其他幻灯片中文本的位置进行调整，效果如图18-61所示。

图18-61

Step10 在大纲窗格中选择第10张幻灯片内容占位符中第2段和第4段文本，按【Tab】键降低文本一个级别，然后返回普通视图，并为演示文稿应用【切片】主题，效果如图18-62所示。

图18-62

技巧02：直接在Word文档中编辑幻灯片

教学视频	光盘\视频\第18章\技巧02.mp4

对于发送和插入Word文档中的演示文稿，如果要对演示文稿进行编辑，可以直接在Word文档中完成。例如，在"员工礼仪培训1"Word文档中对演示文稿中的第1张幻灯片进行编辑，具体操作步骤如下。

Step01 打开"光盘\素材文件\第18章\员工礼仪培训1.docx"文件，选择需要编辑的第1张幻灯片，在幻灯片上双击，如图18-63所示。

图18-63

Step02 进入编辑状态，打开PowerPoint编辑窗口，在幻灯片中的【员工礼仪培训】文本前输入【恒图】，效果如图18-64所示。

图18-64

Step03 选择幻灯片中的【恒图员工礼仪培训】文本，❶单击【开始】选项

卡【字体】组中的【加粗】按钮**B**加粗文本，❷再单击【文字阴影】按钮 **S**，如图 18-65 所示。

图 18-65

Step**04** 编辑完成后，在 Word 文档空白区域单击，退出演示文稿编辑状态，效果如图 18-66 所示。

图 18-66

技巧 03：调用 PowerPoint 编辑 Word 文档中的幻灯片

教学视频	光盘\视频\第 18 章\技巧 03.mp4

如果不习惯在 Word 中直接编辑幻灯片，可以调用 PowerPoint 来编辑，编辑的结果会实时显示在 Word 文档中。例如，继续上例操作，对"员工礼仪培训 1"文档中的幻灯片调用 PowerPoint 进行编辑，具体操作步骤如下。

Step**01** ❶ 在打开的"员工礼仪培训"文档中需要编辑的幻灯片上右击，在弹出的快捷菜单中选择【"幻灯片"

对象】命令，❷ 在弹出的级联菜单中选择【打开】命令，如图 18-67 所示。

图 18-67

Step**02** 打开 PowerPoint 编辑所选幻灯片的窗口，❶ 选择内容占位符，单击【段落】组中的【添加或删除列】按钮，❷ 在弹出的下拉列表中选择【更多栏】选项，如图 18-68 所示。

图 18-68

技术看板

在【"幻灯片"对象】级联菜单中选择【编辑】命令，可直接在 Word 文档中对幻灯片进行编辑。

Step**03** 打开【分栏】对话框，❶ 在【数量】数值框中输入分栏的栏数，如输入【2】，在【间距】数值框中输入栏与栏之间的间距，如输入【2厘米】，❷ 单击【确定】按钮，如图 18-69 所示。

Step**04** 将内容占位符中的文本分为两栏显示，单击窗口右上角的【关闭】按钮区，如图 18-70 所示。

图 18-69

图 18-70

Step**05** 返回 Word 文档编辑区，可查看分栏显示的效果，如图 18-71 所示。

图 18-71

技巧 04：将 Excel 中的图表以图片形式粘贴到幻灯片

教学视频	光盘\视频\第 18 章\技巧 04.mp4

当需要将 Excel 中的图表粘贴到幻灯片，且不需要再对图表进行任何修改时，可以以图片的形式把 Excel 中的图表粘贴到幻灯片中。例如，将 Excel 中的图表以图片的形式粘贴到"汽车销售额分析"演示文稿的第 3 张幻灯片中，具体操作步骤如下。

Step**01** 打开"光盘\素材文件\第 18

章\图表.xlsx"文件，❶选择工作表中的图表，单击【剪贴板】组中的【复制】下拉按钮，❷在弹出的下拉列表中选择【复制为图片】选项，如图 18-72 所示。

图 18-72

Step 02 打开【复制图片】对话框，在其中对图片外观和格式进行设置，这里保持默认设置，单击【确定】按钮，如图 18-73 所示。

图 18-73

Step 03 打开"光盘\素材文件\第 18 章\汽车销售额分析.pptx"文件，❶选择第 3 张幻灯片，❷单击【剪贴板】组中的【粘贴】按钮，如图 18-74 所示。

Step 04 将图表以图片的形式粘贴到幻灯片中，效果如图 18-75 所示。

图 18-74

图 18-75

技巧 05：将演示文稿导出为大纲文件

教学视频	光盘\视频\第 18 章\技巧 05.mp4

如果需要将演示文稿导出为大纲文件，那么可通过另存为操作来快速实现，但导出时，只能将幻灯片占位符中的文本导出来，不能导出其他对象或其他对象中的文本。例如，将"员工礼仪培训"演示文稿导出为大纲文件，具体操作步骤如下。

Step 01 打开"光盘\素材文件\第 18 章\员工礼仪培训.pptx"文件，❶选择【文件】选项卡，在打开的界面左侧选择【另存为】选项，❷在中间的【另存为】栏中选择【计算机】选项，❸在界面右侧单击【浏览】按钮，如图 18-76 所示。

图 18-76

Step 02 ❶打开【另存为】对话框，在地址栏中设置导出后文件的保存位置，❷在【保存类型】下拉列表框中选择【大纲/RTF 文件】选项，❸单击【保存】按钮，如图 18-77 所示。

图 18-77

Step 03 将演示文稿导出为大纲文件，使用 Word 打开导出的大纲文件，查看效果，如图 18-78 所示。

图 18-78

本章小结

通过本章知识的学习，相信读者已经掌握了 PowerPoint 与 Office 组件和其他软件协同的相关知识，在协同办公过程中，灵活应用 Office 组件与其他软件，能帮助 PowerPoint 完成很多工作，提高工作效率。本章在最后还讲解了 PowerPoint 与 Office 组件协同办公的技巧，以帮助用户快速完成很多操作。

第 4 篇

PPT 设计 实战篇

为了更好地理解和掌握学习到的知识和技巧，应多练习本篇中的这些具体案例。

第 **19** 章 实战应用：制作宣传展示类 PPT

- ➡ 应该选择哪些内容添加到宣传展示类 PPT 中？
- ➡ 要想增强企业的宣传效果，如何在演示文稿中添加有意义的图片？
- ➡ 如何提炼出宣传展示类 PPT 的精华宣传语？
- ➡ 观众最想在宣传展示类 PPT 中看到什么？
- ➡ 如何调整宣传演示文稿的内容逻辑，让观众保持注意力？

学习本章内容后，你将不用再为宣传展示类 PPT 发愁。本章不是单纯地讲解一个案例，而是从案例出发，引申出宣传展示类 PPT 的逻辑整理、设计方法，以及图表、图片、图标、图形的设计技巧。

19.1 宣传展示类 PPT 的制作标准

实例门类	宣传文案 + 页面设计类
教学视频	光盘 \ 视频 \ 第 19 章 \19.1 mp4

宣传展示类 PPT 是当下常用的 PPT 类型，主要作用在于向观众展示宣传某事项，如制作企业宣传 PPT，可以让受众了解企业，增强对企业的信任感，为企业带来商机。又如，公司或政府举办了某个活动，为了增加活动知名度，制作活动宣传 PPT 进行活动介绍。

从宣传展示类 PPT 的作用可以看出，制作这类演示文稿，最主要的目的是在于说清楚某个事项，因此，PPT 的内在逻辑是最重要的，逻辑直接影响到了受众接收信息的先后顺序、主次轻重，进而又影响到了受众对信息的接收效率。逻辑线厘清后，还需要确定一个展示主题，切忌什么都想展示，结果往往会什么都展现不好。除了内在逻辑与主题，宣传展示类 PPT 还需要确定一个合适的基调、风格，要与内容相符。

以企业宣传 PPT 为例，文稿最少要向受众展现，这是一家什么样的企业？有什么成就？产品是什么？发展历程是什么？企业文化和理念又是什么？完成后的案例效果如图 19-1 至图 19-12 所示。

其中图 19-1 所示为封面页，首先就告诉了受众这是什么公司，并加上了公司的 LOGO。

图 19-1

图 19-2 所示为目录页，展示了整个演示文稿的逻辑线，后面的演示文稿内容将根据目录进行宣传展示。

图 19-2

图 19-3 所示为企业的发展历程，让受众对企业有一个宏观上的了解。紧接着便抛出了企业的现有发展规模和成就，让受众明白企业经过了长时间的发展，有了一个什么样的现状。如图 19-4 和图 19-6 所示，展示了企业这一年的现状，包括企业的主要服务、师资力量和学员成就。

图 19-3

图 19-4

图 19-5

图 19-6

图 19-7 至图 19-10 都是在介绍企业的产品——主要课程内容，将课程的核心内容进行展示，目的在于宣传企业产品，让受众信服。同样的道理，在其他类型的企业宣传中，产品介绍也应当是宣传重点，要将企业的核心产品展现出最有优势的一面，吸引受众，加深受众印象。

图 19-7

图 19-8

图 19-9

图 19-10

根据企业的类型不同，可以决定是否在文稿中添加企业理念介绍，越是与文化相关的企业，越需要介绍文化理念，通过认可企业本身和企业文化，以增加受众对企业的好感。如图 19-11 所示，便是这家教育类企业的教学理念。

图 19-11

如图 19-12 所示，是企业宣传 PPT 的结束页，结束页最好写上与企业相关的结束语，并且与首页，即封面页相呼应，如这里便利用了 LOGO 与首页相呼应，且用了契合企业文化的结束语句。

图 19-12

19.1.1 宣传展示类 PPT 的逻辑性

制作演示文稿，外在的表现形式均取决于 PPT 内容的逻辑。如何厘清 PPT 的外在大逻辑和内在小逻辑，制作者需要经历如图 19-13 所示的过程，即制作者需要先想好 PPT 的内容、将内容的关系整理清楚，再根据内容来设计 PPT，而不是有了 PPT 模板后，根据模板来挑选内容。

图 19-13

1. 列点

制作 PPT 前，制作者需要将宣传展示内容以点的形式列出来，初步列点不用计较点是否合适，列出来即可。例如，图 19-14 所示为制作企业宣传 PPT 列出来的点，这些点看起来杂乱无章，毫无逻辑，所以需要进一步整理。

图 19-14

2. 归类

内容逻辑的初步整理即归类，就是将类型相同的点归到一起。如图 19-15 所示，其中将"分支机构""师资力量""学员成就"统一归为"企业现状"这一类。使用归类的方法，PPT 的内容顿时有条理多了。

图 19-15

3. 删减、合并

内容归类过后，根据 PPT 演示的时长、内容的重要性，可以适当删除一些必要性不强的点，并将类型相同的点融合到一起。如图 19-15 所示，其中"未来发展"这一项内容可以删除，站在受众的角度，观看企业宣传 PPT，最关心的问题是这是一家什么企业、现状如何、产品质量如何，对于企业的未来发展则不是很关心，所以这里考虑删除。同样的道理，企业的发展历程可以减短呈现，不用长篇大论，因此这里考虑将"发展经历"和"所获荣誉"合并在一起。

4. 整理逻辑

经过以上整理，宣传展示类 PPT 的内容便显现出雏形，这时还需要整理出内容的逻辑，即不同部分内容展示的先后顺序。将图 19-15 中的不同内容按照介绍顺序排列，即机构发展历程—企业现状—主要课程—教学理念。这样做之所以逻辑合理，是因为受众只有在了解企业、对企业产生信服之后，才有兴趣了解企业的课程和教学理念。再者，发展历程和企业现状其内在逻辑是紧密相连的，介绍企业的发展历程，接着立刻介绍企业现在发展成了什么样，可以让受众接收的信息连贯有序。

企业宣传 PPT 的外在大逻辑框架整理好后，还不能盲目着手制作演示文稿，因为演示文稿每一部分的内容都充斥着逻辑关系，PPT 的页面设计包括颜色、图形、图片设计都与逻辑相关。因此，制作者应该列出每一部分内容的细分内容，并整理好内在逻辑结构，如图 19-16 所示。

图 19-16

PPT 的页面设计与内容的逻辑有什么关系？这里举个例子便明白了。内容之间的逻辑关系有并列（内容之间没有层级、顺序关系，彼此地位并列相等）、包含（A 内容被 B 内容包含）、相反（内容之间有相反关系，如父母希望孩子学理科，孩子希望学文科）、流程（内容之间有明显的先后顺序）、关联（内容之间是互相影响的，如污染越大，空气越差）、层次（内容之间有等级关系，如人只有吃饱了饭才有精神思考人生）、循环（内容之间有循环关系，如表现垃圾循环利用的内容）等。

内容的逻辑不同，表现形式也不同。如图 19-17 所示，内容之间有流程关系，有着明显的时间先后顺序。此外，隐藏着"越来越好"的逻辑关系，因此使用了表现流程顺序的阶梯图形来展现内容，阶梯越来越高、颜色越来越深也意味着"越来越好"。但是，如果制作者没有厘清逻辑，就将文字放在图形上，如图 19-18 所示，便是混乱的逻辑表现形式。

图 19-17

图 19-18

同样的道理，属于并列关系的内容，表现形式也是有讲究的。例如，苹果、梨子、香蕉就是并列关系，他们都是一种水果分类，彼此之间没有包含、层级关系。那么图 19-19 所示的表现形式是正确的，注意"苹果""梨子""香蕉"的背景色是一致的，用颜色来告诉读者三者地位相等。如果制作者随心所欲设计图形颜色，如图 19-20 所示，便会出现逻辑混乱，"梨子"和"香蕉"用一个颜色，"苹果"单独用一个颜色，会带给观众这样的疑问"苹果有什么独特的吗？"也就是说，3 种并列关系的内容，要么用相同的颜色，要么用完全不同的颜色，否则会出现逻辑错误。

除了颜色，并列关系的内容用如图 19-21 所示的表达关系也是错误的，"梨子"和"香蕉"是并列关系，却用了表现层级的形状来表现。

图 19-19

图 19-20

图 19-21

以上便是 PPT 页面设计和内容逻辑之间的关系。制作者将整个演示文稿的内容列成思维导图或者是提纲，有助于检查内容逻辑的正确性，将内容调整好后再设计 PPT 将事半功倍。在图 19-16 中，整个 PPT 无论是大的内容还是小的内容都有逻辑关系。例如，"师资力量"中既有"名企高管"又有"职场精英"。表面上看两个内容是并列关系，都是师资力量的一个分类。但是内在逻辑却有地位高低，要强调"名企高管"，再介绍"职场精英"，让受众感受到企业师资的强大。所以如图 19-22 所示，将"名企高管"放在页面左边是有道理的，符合受众的先左后右的视线顺序。再者，左边"名企高管"的图形比右边"职场精英"的图形更大，也是这个道理。

相同的道理，在介绍课程时，不是胡乱罗列出课程的课题大纲就可以了，而应根据内在逻辑来展现。如图 19-23 所示，在介绍"涉外沟通"课

程时，学员肯定是要先学习最基本的语言技巧，然后才能过渡到不同语言国度的文化理解上，接着才是交谈时的表情解读和在沟通中的应用心理学。如果制作者在列内容思维导图或者是大纲时，发现"心理应用"位于"口语技巧"之前，这便是一个逻辑错误，需要调整好逻辑再着手制作 PPT。

在理解了宣传展示类 PPT 的逻辑整理方法后，会发现整个演示文稿的制作，其实就是将思维导图或者是大纲中的内容用一页又一页的 PPT 表现出来而已。

图 19-22

图 19-23

19.1.2　确定展示主题

制作宣传展示类演示文稿必须有一个确定的主题，不能抓住一堆内容就往 PPT 上放，这样会让受众抓不到重点，不知道究竟展示的内容是什么。

为了抓住展示主题，PPT 制作者可以问自己一个问题："这份演示文稿最想表现什么？"如果想表现的是一个活动的流程，那么与活动流程无关的事项都可以去掉。如图 19-24 所示，"参赛方式""报名方法"这类与流程密切相关的内容，是必须存在的内容，而"活动人数"和"活动意

义"可有可无，在篇幅允许的条件下，可以进行简单介绍。但是像"举办方介绍""活动周边旅游景点"这类与流程关系不大的内容，则可以果断去掉。

图 19-24

同样的道理，如果核心表现内容是一个企业的文化，那么如图 19-25 所示，"企业成员""企业理念"这类内容肯定是必须存在的，而"企业发展历程"可以简短介绍，"企业盈利大小"这类与企业文化关系不大的内容则不必放在演示文稿中。

图 19-25

演示文稿的主题对整个演示文稿意义非凡，这主要体现在以下 3 点。

1. 主题决定了内容的先后顺序

越是与主题密切相关的内容越应该放在 PPT 的前面进行介绍，因为这是演示文稿最想宣传和展示的内容，肯定要让受众先进行认识了解。与主题关系不大的内容，则可以放在

文稿的后面作为补充介绍。

2. 主题决定了 PPT 的配图

PPT 中任何一个元素的设计都不是凭心情和制作者的个人喜好设计的，而是与主题密切相关的。例如，本章案例中的 PPT，其主题在于表现这家成人教育企业的教学产品，引起受众的兴趣。那么从这个主题中可以提炼出的核心是"这是一家帮助成人的企业"，因此配图都要与主题契合，选择有"帮助"意识的图片，如图 19-26 所示。这就是为什么首页图片没有选择"书本""笔墨"这类与教育直接相关的图片。

图 19-26

3. 主题决定了 PPT 的宣传语

一般来说，宣传展示类 PPT 最好有一句宣传语，放在演示文稿每一页的固定位置，利用反复强调来加强受众的印象。这句宣传语的提炼依靠的正是主题思想。如图 19-27 所示，在这份企业宣传的演示文稿下方，有一句宣传句，该宣传语正是强调了这家教育企业的产品特色——专注于成人的教育。如果这句宣传语换成"深涧——优秀教育品牌"，则是在强调企业的品牌，而非教学产品，与主题则不能契合。

图 19-27

19.1.3 确定展示基调

宣传展示类 PPT 的基调可以简单理解为配色基调、配图基调。不同的基调带给受众不同的感受，明朗轻快的配色会让受众感到轻松愉快，深沉的配色会让受众感到严肃。其中 PPT 的配色是对基调影响最大的设计，因为配色能在第一时间传达给受众不同的感受。

一份展示企业严肃文化的 PPT 不能选用五彩斑斓的"轻浮"配色，一份展示全民快乐运动的宣传 PPT 不能选用黑白的配色及深沉的图片。

如何确定宣传展示类 PPT 的基调，这里有两个方法，首先，要从 LOGO 出发；其次，再考虑其他基调选择。

1. 从 LOGO 出发

宣传展示类 PPT，尤其是宣传企业的 PPT，制作者首先应该考虑企业的 LOGO，从 LOGO 的配色出发，选定 PPT 的颜色基调。这样做的好处在于让整个 PPT 与企业融为一体，从颜色上宣传企业。例如，图 19-28 所示为本章案例企业的 LOGO，从 LOGO 中可以用吸管工具提取到两种颜色。这两种颜色可以作为 PPT 的两种主要色调，然后再选择一种背景色即可，如图 19-29 和图 19-30 所示，是不同的颜色搭配方案。由于这是一家教育企业，带给受众的是"希望"，因此，可以考虑图 19-29 所示的配色。

图 19-28

图 19-29

图 19-30

　　配色设定好后，整个演示文稿中的配图也要符合此基调，例如，表现"积极""希望"的演示文稿，配图也应该包含"微笑""握手"等相关的元素。

2. 从内容主题出发

　　如果宣传展示的内容没有确定的 LOGO 可以提取颜色，那么制作者还可以从内容的主题出发，选择 PPT 的配色基调。制作者可以根据 24 色环中冷暖色的区分，快速配出表现严肃或者是快乐等主题的颜色。如图 19-31 所示，冷色带给受众严肃、冰冷的感受，而暖色带给受众快乐、轻松、温暖的感受。从色环中不同色调选择颜色进行配色，效果如图 19-32 和图 19-33 所示。

图 19-31

图 19-32

图 19-33

19.2　使用母版设计主题

　　为了保持 PPT 的统一性，同一个 PPT 的不同页面或主体页面应该在颜色、页面元素、水印、LOGO 等内容上保持一致。这就需要用到母版，制作者可以提前设计好 PPT 的母版，在母版中添加不同页面都会出现的内容元素，让制作者快速将相同元素应用到不同幻灯片中，实现演示文稿的页面统一。

19.2.1　设置幻灯片母版背景

　　设置母版的背景色，通常情况下要选择那些不刺激眼睛的颜色，类似于金黄色、鲜绿色这类容易引起观众视觉疲劳的颜色最好不要选择。

　　此外，设置母版的背景色，还需要考虑背景色是否会影响文字的阅读，一般来说，深色背景要搭配浅色文字，浅色背景要搭配深色文字。设置幻灯片母版背景的具体操作步骤如下。

Step 01 启动 PowerPoint 2013 程序，新建一个空白演示文稿，将其保存为"企业宣传"演示文稿。单击【视图】选项卡【母版视图】组中的【幻灯片母版】按钮，如图 19-34 所示。

图 19-34

Step 02 进入幻灯片母版视图，在界面左侧选择一张幻灯片母版版式，❶这里选择标题和内容版式，❷选择母版版式中的所有占位符，按【Delete】键删除，然后在幻灯片母版编辑区右击，在弹出的快捷菜单中选择

【设置背景格式】命令，如图 19-35 所示。

图 19-35

Step 03 打开【设置背景格式】任务窗格，保持选中【纯色填充】单选按钮，❶单击【颜色】按钮右侧的下拉按钮，❷在弹出的下拉列表中

选择【其他颜色】命令，如图 19-36 所示。

图 19-36

Step④ 打开【颜色】对话框，❶ 选择【自定义】选项卡，❷ 在【红色】【绿色】和【蓝色】数值框中输入需要颜色的 RGB 参数值，❸ 单击【确定】按钮，如图 19-37 所示。返回幻灯片编辑区，可查看设置的背景颜色。

图 19-37

19.2.2 通过形状装饰幻灯片母版版式

对于经常制作 PPT 的用户来说，会发现形状在装饰美化 PPT 时经常被用到，因为形状比较灵活，同一形状放在幻灯片不同的位置，也能制作出多种不一样的效果，所以，幻灯片母版版式的设计也离不开形状的使用。下面将通过形状装饰幻灯片母版版式，具体操作步骤如下。

Step① 关闭任务窗格，❶ 单击【插入】选项卡【插图】组中的【形状】按钮，❷ 在弹出的下拉列表中选择【矩形】选项，如图 19-38 所示。

图 19-38

Step② 此时，鼠标指针将变成＋形状，在幻灯片母版版式左上方拖动鼠标绘制 3 个大小不一样的矩形，效果如图 19-39 所示。

图 19-39

Step③ 选择绘制的 3 个矩形，❶ 单击【格式】选项卡【形状样式】组中的【形状填充】下拉按钮▾，❷ 在弹出的下拉列表中选择【其他填充颜色】命令，如图 19-40 所示。

图 19-40

Step④ 打开【颜色】对话框，❶ 选择

【自定义】选项卡，❷ 在【红色】【绿色】和【蓝色】数值框中输入需要颜色的 RGB 参数值，❸ 单击【确定】按钮，如图 19-41 所示。

图 19-41

Step⑤ 将矩形设置为橙色，保持形状的选择状态，❶ 单击【格式】选项卡【形状样式】组中的【形状轮廓】按钮▾，❷ 在弹出的下拉列表中选择【无轮廓】选项，取消形状轮廓，如图 19-42 所示。

图 19-42

Step⑥ 在幻灯片母版版式下方绘制两个矩形，选择第 2 个矩形，将鼠标指针移动到矩形上方的⊙控制点上，当鼠标指针变成⟳形状时，按住鼠标左键不放向右进行拖动，如图 19-43 所示。

Step⑦ 拖动到合适旋转角度后释放鼠标，❶ 选择左侧的长条矩形，再按住【Ctrl】键选择右侧的矩形，❷ 单击【格式】选项卡【插入形状】组中的【合并形状】按钮◎，❸ 在弹出的下拉菜单中

选择【剪除】选项，如图19-44所示。

图 19-43

图 19-44

Step08 将两个形状合并为一个形状，再取消形状的轮廓，单击【插入】选项卡【图像】组中的【图片】按钮，如图19-45所示。

图 19-45

Step09 打开【插入图片】对话框，

❶ 在地址栏中选择需要插入图片所保存的位置，❷ 在打开的文件夹中选择要插入的图片【Logo.png】，❸ 单击【插入】按钮，如图19-46所示。

图 19-46

Step10 在幻灯片母版版式中插入图片，❶ 选择下方的斜角形状，❷ 在【形状填充】下拉列表中选择【取色器】选项，如图19-47所示。

图 19-47

Step11 此时鼠标指针将变成形状，将鼠标指针移动到LOGO图片的花瓣上，并显示需要吸取的颜色及颜色值，如图19-48所示。

Step12 在花瓣上单击，就可将吸取的颜色填充到选择的形状中，然后删除LOGO图片，再在斜角矩形右侧绘制一个矩形，对矩形的填充色和轮廓进

行设置，并将形状置于底层，效果如图19-49所示。

图 19-48

图 19-49

Step13 ❶ 在幻灯片母版版式左上角矩形中添加文本框，输入">>"字符，❷ 在幻灯片母版版式下方右侧的矩形上绘制一个文本框，输入文字【深润——专注于成人的教育】，将文本的字体格式设置为【黑体】【18】【加粗】【白色】，如图19-50所示。

图 19-50

Step14 使用相同的方法，再创建目录页的母版版式，目录页母版与内容页母版的区别是：左上角的橙色矩形更

短，且添加了文字，字体格式设置为
【微软雅黑】【26.7】【加粗】【白
色】，然后单击【幻灯片母版】选项
卡【编辑母版】组中的【重命名】按
钮，如图 19-51 所示。

图 19-51

Step 15 ① 在【重命名版式】对话框中
输入版式名称。② 单击【重命名】按
钮，如图 19-52 所示，完成母版版式
的重命名操作，退出幻灯片母版，返
回到普通视图中。

图 19-52

19.3　设计 PPT 的封面页和结束页

宣传展示类 PPT 的封面页和结束页看似无关紧要，实则是点睛之笔。PPT 的封面页应当是一个好的开头，唤起受
众对演示文稿的兴趣，结束页应当是一个好的结尾，既总结了文稿，又含有深意，为整个宣传添上浓墨重彩的一笔。

宣传展示类 PPT 的封面页和结束页需要从图片和页面设计两个方面来考虑。

19.3.1　图片处理

宣传展示类 PPT，图片是重点，
好的图片可以有象征意义，强调演示
文稿的主题，加深文稿的深度。找到
合适的图片还需要进行适当的处理，
使图片的大小、形状适合 PPT 页面。
具体操作步骤如下。

Step 01 在普通视图中删除第 1 张幻灯
片中的标题和副标题占位符，单击
【图像】组中的【图片】按钮，打开
【插入图片】对话框，① 在地址栏
中选择需要插入的图片所保存的位置，
② 在打开的文件夹中选择要插入的
【图片 1.jpg】，③ 单击【插入】按
钮，如图 19-53 所示。

图 19-53

Step 02 将图片调整到合适的位置和大
小，然后选择图片，单击【格式】选
项卡【大小】组中的【裁剪】按钮，

如图 19-54 所示。

图 19-54

Step 03 此时，图片四周将出现裁剪
框，将图片右侧多余的部分剪除，让
图片正好充满整张幻灯片页面，如图
19-55 所示。

图 19-55

Step 04 ① 单击【幻灯片】组中的【新
建幻灯片】下拉按钮，② 在弹出的
下拉列表中选择【空白】选项，如图

19-56 所示。

图 19-56

Step 05 新建一张空白的幻灯片，在其
中插入【图片 2.jpg】（光盘\素材
文件\第 19 章\图片 2.jpg），将图
片调整到合适的大小和位置，然后
对图片左侧进行裁剪，留出写文字
的位置，在图片左侧绘制一个竖矩
形，将矩形的【旋转】角度设置为
【-22°】，如图 19-57 所示。

图 19-57

Step06 选择图片后再选择矩形，在【插入形状】组中的【合并形状】下拉菜单中选择【剪除】命令，利用矩形对图片进行裁剪，如图19-58所示，完成封面页和结束页图片的处理。

图 19-58

19.3.2 页面设计

宣传展示类演示文稿的封面页和结束页有了恰当的图片后，还需要搭配上相应的文字、图形才能制作成既美观又能展示意义的封面页和结束页。具体操作步骤如下。

Step01 ① 在封面页幻灯片左边绘制一个菱形，② 在【格式】选项卡【大小】组中将高度和宽度均设置为【9.66厘米】，如图19-59所示。

图 19-59

Step02 将菱形的填充色设置为深青色，① 在【设置形状格式】任务窗格中将菱形的线条颜色设置为【白色，背景1】，② 将【宽度】设置为【8磅】，如图19-60所示。

Step03 再绘制3个菱形，重叠在第一个菱形下面，然后设置3个菱形的大小，每个菱形的高度和宽度都设置为

相同，3个菱形的大小分别为【12厘米】【14厘米】【16厘米】，如图19-61所示。

图 19-60

图 19-61

技术看板

对于重叠的4个菱形，要想保持这4个菱形是左右、上下对齐的，可以同时选择这4个菱形，依次执行【对齐】命令下的【水平居中】和【垂直居中】，就能保持4个菱形参考同一个点居中对齐。

Step04 为了使下层的3个菱形呈发光透明状，需要设置填充方式。这里以大小为【12厘米】的菱形为例，① 设置填充方式为【渐变填充】，② 设置填充【类型】为【线性】，③ 设置填充【方向】为【线性向下】，如图19-62所示。

Step05 删除第二个和第三个渐变光圈，① 设置第一个渐变光圈的颜色RGB参数值为【231，230，230】，【透明度】设置为【89%】，设置第二个渐变光圈的填充色为【白色，背

景1】，【透明度】设置为【34%】，② 将菱形的线条设置为【无线条】，取消形状轮廓，如图19-63所示。

图 19-62

图 19-63

Step06 使用相同的方法设置另外两个菱形，只不过3个菱形的透明度一个比一个大，制作出透明发光的效果，如图19-64所示。

图 19-64

Step07 为了增加细节表现效果，在最小菱形的左边绘制一个半闭框形状，选择形状，拖动形状上方的黄色控制点调整半闭框形状，调整到合适大小后将形状填充为红色，取消形状轮廓，然后复制形状，将其粘贴到菱形

右侧，并对其进行水平翻转，效果如图 19-65 所示。

图 19-65

Step 08 在最小的菱形中绘制一个文本框，在文本框中输入需要的内容，将文本的字体格式设置为【微软雅黑】【28】【加粗】【白色，背景色1】，再将【2018】文本的字体设置为【Arial】，如图 19-66 所示。

Step 09 在封面页幻灯片插入企业的LOGO 图片（光盘 \ 素材文件 \ 第 19章 \Logo.png），将图片移动到幻灯片右下角，并将其调整到合适的大小，完成封面页幻灯片的制作，如图 19-67 所示。

图 19-66

图 19-67

Step 10 在结束页幻灯片中绘制一个圆角矩形和直角矩形，取消两个形状的轮廓，将直角矩形的填充色设置为【深青色】，圆角矩形填充色设置为【红色】，【透明度】设置为【26%】，

如图 19-68 所示。

图 19-68

Step 11 为结束页幻灯片添加需要的文字，将文字的字体格式均设置为【微软雅黑】【白色，背景 1】【加粗】，字号分别为【48】和【36】，在幻灯片左下角插入企业的 LOGO图片，完成结束页幻灯片的制作，如图 19-69 所示。

图 19-69

19.4 设计 PPT 的目录页

宣传展示类 PPT 的目录页通常放在封面页的后面，告诉受众这份演示文稿的相关内容，对文稿展示起到了统领作用。目录页的设计可以使用左图右文的方式。具体操作步骤如下。

Step 01 ❶ 在幻灯片窗格封面页和结束页幻灯片之间的空白处单击进行定位，❷ 单击【幻灯片】组中的【新建幻灯片】下拉按钮▼，❸ 在弹出的下拉列表中选择【目录】命令，如图 19-70 所示。

Step 02 在鼠标光标定位处插入目录页幻灯片，将【图片 3.jpg】（光盘 \ 素材文件 \ 第 19 章 \ 图片 3.jpg）插入到目录页幻灯片中，将图片调整到合适的大小和位置，在图片右侧绘制一个矩形，将其旋转角度设置为

【333°】，如图 19-71 所示。

图 19-70

图 19-71

Step 03 选择图片，再选择矩形，执行【剪除】命令，利用矩形裁剪图片，

选择图片，❶单击【格式】选项卡【调整】组中的【颜色】按钮，❷在弹出的下拉列表中选择【饱和度：0%】命令，使图片颜色变成黑色，如图 19-72 所示。

图 19-72

Step04 在图片右侧绘制一个等腰三角形，将三角形形状高度设置为【1.65 厘米】，宽度设置为【2.22 厘米】，将形状填充色设置为【深青色】，取消形状轮廓，在【设置形状格式】任务窗格的【效果】页面中对三角形状的阴影效果进行设置，使三角形更有立体感，如图 19-73 所示。

图 19-73

Step05 绘制一个长条状的矩形，并使用【剪除】功能制作出右边的斜角，让长条矩形的位于三角形的下方，并对形状的填充色和轮廓进行设置，效果如图 19-74 所示。

Step06 在三角形和矩形上分别绘制一个文本框，在文本框中输入相应的文本，并对其字体格式进行设置，然后选择文本框、三角形和矩形，对其进行复制和粘贴操作，并对粘贴的文本框中的文本进行更改，完成目录页幻灯片的制作，效果如图 19-75 所示。

图 19-74

图 19-75

19.5　设计 PPT 的内容页

宣传展示类 PPT 的内容页是重点展示部分。内容页通常使用同一个母版，保持内容统一性，并且根据内容的不同，设计不同的元素进行内容展现。

19.5.1　表示发展历程的 PPT 设计

事物的发展历程很明显是一个流程型的逻辑关系，在 PPT 的 SmartArt 图形中，就有专门表示流程的示意图。如图 19-76 所示，制作者可以从中得到一些启发，设计出更漂亮美观的流程型 PPT。例如，通过图中【步骤上移流程】SmartArt 图，可以联想到向上的弯曲线条，用这样一根线条来设计出企业蓬勃向上发展的历程页面。具体操作步骤如下。

图 19-76

Step01 在目录页幻灯片后面新建一张【标题和内容】版式的幻灯片，在幻灯片左上方的橙红色矩形上绘制一个文本框，输入标题文本，设置文本的字体格式为【黑体】【20】【白色，背景 1】，后面的内容幻灯片标题格式与此保持一致，如图 19-77 所示。

图 19-77

Step02 在【形状】下拉菜单中选择【曲线】命令，在幻灯片上拖动鼠标绘制曲线，绘制一段曲线后单击确定曲线点，再继续拖动鼠标绘制下一段曲线，如图 19-78 所示。

图 19-78

技术看板

曲线的绘制方法是在不同点位上单击，两点之间就形成了一条曲线。如果对绘制的曲线不满意，可以右击曲线，选择【编辑顶点】选项，通过调整顶点来调整曲线的形状。

Step03 曲线绘制完成后并双击，退出曲线的绘制状态，将曲线轮廓填充为【深青色】，❶ 在【设置形状格式】任务窗格中单击【效果】按钮，❷ 双击展开【发光】选项，将发光颜色设置为【灰色 50%，着色 3，深色 25%】，❸【大小】设置为【5磅】，❹【透明度】设置为【60%】，如图 19-79 所示。

图 19-79

Step04 在曲线上绘制一个小圆形，表示时间点，❶选择小圆形，将填

充色设置为【白色，背景 1，深色 25%】，❷ 小圆形的轮廓颜色设置为【红色】，如图 19-80 所示。

图 19-80

Step05 为了突出时间点，设计一个坐标图形。首先在时间点上绘制一个泪滴形，将泪滴形状的填充色设置为【深青色】，取消形状轮廓，将旋转角度设置为【133°】，如图 19-81 所示。

图 19-81

Step06 在泪滴形状中绘制一个圆形，将圆形填充色设置为【红色】，轮廓颜色设置为【白色，背景 1】，再在圆形中绘制一个上箭头，将上箭头填充色设置为【白色，背景 1】，❶选择泪滴形、圆形和箭头，❷ 在【排列】组中单击【组合】按钮，❸ 在弹出的下拉列表中选择【组合】命令，如图 19-82 所示。

Step07 将选择的多个形状组合为一个对象，复制组合的对象和时间点，将其粘贴到曲线上不同的点，每一个点都代表一个时间，然后在不同的时间点附近添加文本框，输入时间和该时间的发展状况，效果如图 19-83 所示。

图 19-82

图 19-83

19.5.2 用齿轮来表示机构服务

宣传展示类演示文稿要想取得高效的信息传达效率，就需要将抽象的信息转化为具象的信息。例如，在 PPT 中，想要表现企业的主要服务项目，并且这些服务项目都是相辅相成的，相当于企业运转的一个齿轮。如果只用单纯的文字进行说明，观众很难感觉到这种概念，但是，用形象的齿轮图形来表示，就十分具象了。具体操作步骤如下。

Step01 在第 3 张幻灯片上右击，在弹出的快捷菜单中选择【复制幻灯片】命令，如图 19-84 所示。

图 19-84

Step 02 复制第3张幻灯片，选择复制的幻灯片，删除除标题和组合对象外的所有内容，对幻灯片标题进行修改，然后插入图片【齿轮.png】（光盘\素材文件\第19章\齿轮.png），如图19-85所示。

图 19-85

Step 03 在图片左侧绘制一条肘形连接符，❶ 在【设置形状格式】任务窗格中将肘形连接符【颜色】设置为【深青色】，❷【宽度】设置为【1.5磅】，❸【短画线类型】设置为【短画线】，如图19-86所示。

图 19-86

Step 04 ❶ 单击【箭头前端类型】按钮，❷ 在弹出的下拉列表中选择需要的箭头前端类型，如选择【圆形箭头】选项，如图19-87所示。

图 19-87

Step 05 使用相同的方法在图片的其他位置绘制肘形连接符，并对其格式进行相应的设置，然后将幻灯片中的5个组合对象分别移动到肘形连接符某一端上，效果如图19-88所示。

图 19-88

技术看板

绘制的肘形连接符的线段长短都是可以调整的，而且拖动肘形连接符中的黄色控制点，可以调整垂直线段与两条水平线段之间的间距。

Step 06 在肘形连接符带圆点的那端绘制文本框，在文本框中输入相应的内容，并对内容的字体格式进行设置，效果如图19-89所示。

图 19-89

19.5.3 在内容页中添加图片

宣传展示类PPT离不开图片的辅助，图片能恰到好处地帮助内容表达，无形中增强了演示文稿的感染力。但是，在演示文稿中添加图片是有技巧可言的，制作者往往需要将图片裁剪成不同的形状，且保持图片不

变形。

本案例中，第5张、第7张、第8张、第10张均为图片辅助形PPT页面设计，本节将讲解这几张PPT的设计方法，具体操作步骤如下。

Step 01 选择第4张幻灯片，执行【复制幻灯片】命令，复制一张幻灯片，删除其中除标题外的所有对象，将标题中的【主要服务】更改为【师资力量】，绘制两个矩形和两个圆形，并将填充色设置为【红色】和【深青色】，效果如图19-90所示。

图 19-90

Step 02 在一大一小的两个圆形上，再绘制一大一小两个圆形，取消圆形的轮廓，如图19-91所示。

图 19-91

Step 03 ❶ 选择大的圆形，选中【图片或纹理填充】单选按钮，❷ 单击【文件】按钮，如图19-92所示。

Step 04 ❶ 在打开的【插入图片】对话框中选择合适的图片，❷ 单击【插入】按钮，如图19-93所示。

Step 05 将使用选择的图片填充形状，❶ 在【设置图片格式】任务窗格中选中【将图片平铺为纹理】复选框，

❷并对图片的偏移量和缩放比例进行调整，如图 19-94 所示。

图 19-92

图 19-93

图 19-94

Step 06 使用相同的方法用【图片5.jpg】（光盘\素材文件\第19章\图片5.jpg）来填充小的圆形，然后在矩形形状上绘制文本框，输入需要的文本，完成本张幻灯片的制作，如图 19-95 所示。

图 19-95

Step 07 选择第 5 张幻灯片，执行【复制幻灯片】命令，复制一张幻灯片，删除其中除标题外的所有对象，将标题更改为【3. 主要课程——职业规划】，然后在幻灯片中绘制一个圆形，使用【图片 6.jpg】（光盘\素材文件\第 19 章\图片 6.jpg）进行填充，如图 19-96 所示。

图 19-96

Step 08 ❶单击【插图】组中的【SmartArt】按钮，打开【选择 SmartArt 图形】对话框，选择【垂直曲形列表】选项，❷单击【确定】按钮，如图 19-97 所示。

图 19-97

Step 09 在幻灯片中插入 SmartArt 图形，将其移动到合适的位置，选择 SmartArt 图形，单击【创建图形】组中的【添加形状】按钮，在 SmartArt 图形中添加一个形状，使用相同的方

法再添加两个形状，❶单击【设计】选项卡【重置】组中的【转换】按钮，❷在弹出的下拉菜单中选择【转换为形状】选项，如图 19-98 所示。

图 19-98

Step 10 将 SmartArt 图形转换为一个组合图形，选择组合图形中的弧形，按【Delete】键删除，将组合图形中的圆形和圆角矩形的填充效果和轮廓进行设置，然后对图形中圆角矩形的长短进行调整，并在图形中添加上编号和文字内容，完成本张幻灯片的制作，如图 19-99 所示。

图 19-99

Step 11 选择第 6 张幻灯片，执行【复制幻灯片】命令，复制一张幻灯片，删除其中除标题外的所有对象，将标题更改为【3. 主要课程——表达训

练】，然后在该幻灯片中绘制两个矩形，并使用【剪除】功能制作出上方矩形的斜角，调整其【旋转】角度，效果如图 19-100 所示。

图 19-100

Step⑫ 在幻灯片中继续绘制 4 个矩形，取消矩形的轮廓，并对矩形填充颜色进行设置，如图 19-101 所示。

图 19-101

Step⑬ 在幻灯片中插入需要的图片（光盘\素材文件\第 19 章\图片 7.jpg、图片 8.jpg），将图片调整到合适的大小和位置，然后添加文本框输入文字，效果如图 19-102 所示。

图 19-102

Step⑭ 使用制作第 7 张幻灯片的方法制作【3. 主要课程——涉外沟通】幻灯片，效果如图 19-103 所示。

图 19-103

19.5.4 使用简单图形制作精美内容页

宣传展示类 PPT 不一定要添加图片才能增强表现效果，使用简单的图形和图标也可以制作出精美的 PPT 页面。制作者需要根据页面的内容来选择图形，同时选择恰当的图标进行示意。在本案例中，第 9 张和第 11 张 PPT 便属于这种类型，具体操作步骤如下。

Step① 选择第 7 张幻灯片，执行【复制幻灯片】命令，复制一张幻灯片，删除其中除标题外的所有对象，将标题中的【表达训练】更改为【管理能力】，然后绘制 8 个矩形，取消矩形的轮廓，并对矩形的填充色进行设置，如图 19-104 所示。

图 19-104

Step② 在幻灯片最左侧的两个形状中绘制一个等腰三角形，❶将等腰三角形高度设置为【0.99 厘米】，宽度设置为【2.19 厘米】，❷旋转角度设置为【180°】，如图 19-105 所示。

Step③ 取消等腰三角形的轮廓，将填

充色设置为【深青色】，复制等腰三角形，将其分别粘贴到其他形状中，并使 4 个等腰三角形排列在同一水平线上，效果如图 19-106 所示。

图 19-105

图 19-106

Step④ 在幻灯片深青色形状中插入需要的图标（光盘\素材文件\第 19 章\图标 1.png、图标 2.png、图标 3.png、图标 4.png），并在形状中插入文本框，输入需要的文本，效果如图 19-107 所示。

图 19-107

Step⑤ 选择第 10 张幻灯片，执行【复制幻灯片】命令，复制一张幻灯片，删除其中除标题外的所有对象，将标题更改为【4. 企业教学理念】，并在幻灯片中绘制一个六边形，取消形状轮廓，将填充色设置为【红色】，然

后绘制六边形，并对复制的部分六边形填充色进行更改，效果如图 19-108 所示。

图 19-108

Step 06 为幻灯片中的每个六边形添加一条直线，并使用前面设置线条的方法设置直线的填充色、粗细，以及旋转角度、箭头前端类型、箭头末端类型等，使直线符合当前需要，效果如图 19-109 所示。

图 19-109

Step 07 添加文本框，输入文字，如图 19-110 所示。

图 19-110

19.5.5 用数据说话，图表型幻灯片制作

在大数据时代讲究用数据说话。

因为数据通常更具有说服力，比抽象的表述更容易获得受众信任。但是，数据又是枯燥无聊的数字。为了在幻灯片中将数据表达得更有趣，制作者可以使用图表来展示。本案例中第 6 页 PPT 就是用图表来表现企业的学员成就，具体操作步骤如下。

Step 01 选择第 5 张幻灯片，执行【复制幻灯片】命令，复制一张幻灯片，删除其中除标题外的所有对象，将标题更改为【2.企业现状——学员成就】，单击【插入】选项卡下的【图表】按钮，① 在打开的【插入图表】对话框左侧选择【饼图】选项，② 在右侧选择【圆环图】选项，③ 单击【确定】按钮，如图 19-111 所示。

图 19-111

Step 02 在幻灯片中插入图表，并且打开【Microsoft PowerPoint 中的图表】对话框，在其中的单元格中输入需要在图表中表现的数据，如图 19-112 所示。

图 19-112

Step 03 选择图表中的数据系列并右击，在弹出的快捷菜单中选择【设置数据系列格式】命令，打开【设置数据系列格式】任务窗格，将【圆环

图内径大小】设置为【32%】，如图 19-113 所示。

图 19-113

Step 04 在图表中选择【创业成功】的【辅助】数据系列并右击，在弹出的快捷菜单中选择【设置数据点格式】命令，① 打开【设置数据点格式】任务窗格，在【填充】选项区域中选中【无填充】单选按钮，取消数据系列填充色，② 在【边框】选项区域中选中【无线条】单选按钮，取消数据系列轮廓，如图 19-114 所示。

图 19-114

技术看板

在图表数据编辑中，设置【辅助】数据系列，表示这系列数据不是需要呈现给受众的，而是为了图表美观考虑添加上去的辅助元素。

Step 05 使用同样的方法，将所有的【辅助】数据系列隐藏，对剩下的数据系列进行填充，使用【深青色】和【红色】两色交叉填充，如图 19-115 所示。

图 19-115

技术看板

在隐藏图表中的【辅助】数据系列时，要双击才能单独选中该数据系列，否则同时选中多个数据系列。

Step 06 选择图表中的图例，按【Delete】键删除，将图表调整到合适的位置和大小，然后根据每一数据系列的百分比数值，添加上引导线和文本，完成这张幻灯片的制作，如图

19-116 所示。

图 19-116

19.6 设置播放效果

企业宣传展示类演示文稿制作完成后，还需要为演示文稿设置切换和动画效果，以丰富演示文稿表现力。设置播放效果，总原则是不可太花哨，如为每一张幻灯片设置不同的切换效果和尽可能多的动画，反而会喧宾夺主，分散受众的注意力。

19.6.1 设置幻灯片切换方式

幻灯片的切换方式一般来说设置1~3 种切换方式即可，否则会太过花哨。本案例中选择了【推进】的切换方式，具体操作步骤如下。

Step 01 ❶ 选择第一张幻灯片，单击【切换】选项卡【切换到此幻灯片】组中的【切换样式】按钮，❷ 在弹出的下拉列表中选择一种切换效果，这里选择【推进】切换效果，如图19-117 所示。

图 19-117

Step 02 对添加的切换效果进行预览，然后单击【全部应用】按钮，为所有幻灯片添加该切换效果，如图 19-118

所示。

图 19-118

19.6.2 设置动画效果

幻灯片的动画效果是针对幻灯片页面中的元素设置的，目的在于让幻灯片中的文字、图片等元素以活泼有趣的方式呈现在受众眼前。本案例中，统一设置文字为一种动画效果，图片和图表使用另外两种动画效果，具体操作步骤如下。

Step 01 选择第 1 张幻灯片中的文本，❶ 单击【动画】选项卡【动画】组中的【动画样式】按钮，❷ 在弹出的下拉列表中选择【飞入】进入动画，如图 19-119 所示。

图 19-119

Step 02 选择第 2 张幻灯片右侧的所有形状和文本，为其添加【飞入】进入动画，❶ 单击【效果选项】按钮，❷ 在弹出的下拉菜单中选择【自右侧】命令，更改动画的播放方向，如图 19-120 所示。

图 19-120

Step03 在【高级动画】组中单击【动画窗格】按钮，打开动画窗格，在其中选择第 2 个、第 3 个和第 4 个【矩形 13】动画效果选项，在【计时】组中的【开始】下拉列表中选择【上一动画之后】选项，如图 19-121 所示。

图 19-121

Step04 在【动画窗格】任务窗格中选择所有动画效果选项，在【计时】组中将【持续时间】设置为【01.00】，如图 19-122 所示。

Step05 使用为形状和文本添加动画的方法为其他幻灯片中的对象添加需要的动画效果，如图 19-123 所示。

图 19-122

图 19-123

Step06 单击【幻灯片放映】选项卡【开始放映幻灯片】组中的【从头开始】按钮，进入幻灯片放映状态，并从第 1 张幻灯片开始进行放映，对幻灯片中的效果进行放映，如图 19-124 所示。演示文稿中所有幻灯片放映结束后，按【Esc】键退出放映，完成本例的制作。

图 19-124

本章小结

宣传展示类演示文稿的制作，需要从展示的核心出发，围绕这个核心提取展示内容，再根据展示内容设计出不同页面的幻灯片。

第**20**章 实战应用：制作工作总结报告类 **PPT**

➥ 工作总结报告类的 PPT 有没有一个惯常的逻辑思路？

➥ 在工作报告中，如何展现内容才更具说服力、显得更真实？

➥ 针对工作总结报告，配色上有哪些注意事项？

➥ 如何根据工作报告的内容、报告的场合设计出应景的风格？

➥ 在工作报告中，工作数据如何才能精确体现？

工作总结是在工作中经常要涉及的一项任务，同样，在职场中也少不了用 PPT 来做汇报演讲。这一章将告诉你怎样制作工作总结报告类 PPT，专属于这种类型的演示文稿内容逻辑又是什么。根据这个逻辑框架，挑选适合于自己的内容，再学习一些经典的图表制作、图形绘制技巧，就能快速量身打造出一份属于自己职业的工作总结报告演示文稿了。

20.1 总结报告类 PPT 的制作标准

实例门类	页面设计＋数据图表设计类
教学视频	光盘 \ 视频 \ 第 20 章 \20.1mp4

顾名思义工作总结报告，指的是将一段时期做的工作进行全面的检查、分析，并总结取得的成绩和不足之处，并根据过去的工作，制定下一阶段的目标或者是改进方法。

常见的工作总结报告有周报、月报、季度报告、年终报告，尤其是年终工作总结报告是各大中小型公司都十分重视的报告类型。

制作工作总结报告类 PPT，有一些共同的标准：报告内容需要有条理，要有一个清晰明了的逻辑线，大部分工作总结报告类 PPT 的逻辑线都是相似的。在逻辑方面，还需要注意汇报内容要前后照应，尤其是报告中包含了未来目标及改进措施时，要与报告前面的内容相呼应，如不能前面总结中出现取得了销售额 500 万元的成绩，后面却制定 400 万元的销售目标；要汇报出固定时间段内取得的成绩，并且尽量用数据说话，做到实事求是，正是基于此，工作总结报告类 PPT 对图表的应用较为频繁。报

告的风格要与公司风格、公司经营状况、报告时间相吻合，如年会上的年终总结报告，就要喜庆一点，这预示着来年工作成绩更上一层楼。

按照这样的标准，本章制作的年终总结报告 PPT 案例效果如图 20-1 至图 20-13 所示。案例的整体风格是喜庆的大红色，用在年终总结上正合适，且报告内容显示公司当年的运营状况良好，业绩可喜，这样的喜庆颜色同时也能表示对业绩的庆祝。在报告中，目录就是逻辑线，十分清晰完整，2017 年工作总览—所得成绩—是否完成年度目标—不足之处—展望未来。在报告中能用数字表示的都用数字，即使要选用图形来表示订单量增加，也使用了图形化处理后的图表，力求数字精确，如图 20-1 所示。

图 20-1

图 20-2

图 20-3

图 20-4

图 20-5

图 20-6

图 20-7

图 20-8

图 20-9

图 20-10

图 20-11

图 20-12

图 20-13

20.1.1 工作总结报告的逻辑框架整理

工作总结报告是给自己的上级或者是同事看的，如果逻辑框架不清楚就会让观众看得一头雾水，不知道报告中所讲的内容及各内容之间的联系。从实际情况来看，工作总结报告的作用是对已完成的工作进行系统的梳理，以便制订出更合理的计划、做出更有效的改进。因此，总的逻辑框架一定是：总结→计划。如果顺序颠倒，先计划再总结，就显得逻辑混乱。

通常情况下，工作总结报告类PPT 由 4 个部分组成，如图 20-14 所示。这 4 个部分的逻辑是连贯的，先进行概况介绍，再从概况中选择重点内容讲解所得的成绩，接着再根据前面介绍的情况进行经验和教训总结，最后再根据经验和教训得出未来的目标。

在大逻辑框架无误的前提下，各部分的小框架可以根据工作内容的实际情况灵活安排。例如，图 20-14 中，标红的字体是本章案例所选用的内容。

图 20-14

在工作总结报告的大逻辑框架中，需要说明的内容如下。

概况介绍：主要介绍过去时间段内的工作内容，根据行业、岗位的不同，概况内容也应当不同。例如，公司管理高层的总结报告，其概况介绍就可以介绍公司的整体情况，而部门小职员的总结报告则可以介绍自己的工作项目。

取得成绩：主要介绍过去时间段内取得的成绩。这部分的内容要分清主次，挑选重点成绩进行展示。

在保持大框架不变的前提下，演示文稿的制作者可以合理安排小框架内容，形成 PPT 目录。图 20-15 所示为本案例的目录，以及目录对应的大框架。这里之所以添加了"是否完成年度目标"，是因为在这份报告中，营销部门超额完成了去年的销售计划，这是一个值得强调的地方，因此单独提取出来，但并没有影响整体逻辑。同样的道理，演示文稿的制作者如果觉得有需要强调的地方，如"个人成绩""A 地客户发掘计划"等内容，也可以单独进行强调。

图 20-15

20.1.2 图表丰富

图表是工作总结报告类 PPT 的重要元素，图表可以在展示数据的同时使数据变得有趣、好看、直观。不仅如此，巧妙利用 PowerPoint 的图表功能，还能在保证数据表现的前提下，制作出丰富的展示效果。图表对工作总结演示文稿的重要性体现在以下几方面。

1. 图表让数据更直观

工作总结报告少不了数据总结，数据比文字描述更具说服力，如"销量很大"和"销量 5 千万件"，后者比前者更具说服力。但是使用单纯的数字或者是表格来表现数字，难免会让演示文稿显得枯燥无味，数字表达也不够直观，此时图表的作用就显现出来了。

如图 20-16 所示，用了文字描述总结了公司女装今年的销量，"很多"这个词让人一头雾水，究竟高多少，不知道。而图 20-17 中使用了数据，能让观众有明确的概念了，但是数字依然很抽象。这是因为人接收信息的效率特征是：图的效率大于文字/数字。因此，如果将数据转换成图，将会更直观，如图 20-18 所示，让观众一目了然。

图 20-16

图 20-17

图 20-18

2. 图表增强表现力

PowerPoint 中的图表功能是十分强大的，通常调整图表各元素的参数，可以达到不同的展现效果。如图 20-19 与图 20-20 所示，两个图表虽然使用的源数据是一模一样的，但是两者的表现效果完全不一样。图 20-19 让人感觉 3 个小组的业绩差不多，但是图 20-20 却让人强烈地感受到"C 组"的业绩远远高于其他两个小组。事实上，仅仅是调整了一下图表 Y 轴的数字范围，就能得到这样的效果。这就是图表增强数据表现的典型案例，利用图表，可以有效强调工作总结中的业绩大小、业绩比较等。

图 20-19

图 20-20

3. 图表让数据表现更精确

在工作总结报告演示文稿中，相信不少制作者会随手绘制一些图表，表示数据的大小、增长程度等。如图 20-21 所示，这 3 个箭头图形表示了"公司业绩每年保持 10% 的涨幅"。既然涉及"10%"这样精确的数据，而不是象征地表示数据有所增长，就不应该随意绘制图形。因为图形的长度表示了涨幅，制作者很难控制图形要绘制多少才能精确表示"10%"这样的数字。但是如果制作者利用图表来表现数据，可以在保证图形美观的前提下保证数据精确。如图 20-22 所示，3 个箭头是一个图表中的元素，精确表示了"10% 的涨幅"的概念。

图 20-21

图 20-22

20.1.3 注意配色讲究

工作总结报告类 PPT 常常会涉及财务总结、业绩总结这类与金钱有关系的信息，涉及钱财，就需要注意配色讲究。在经济学中，如"赤字"表示亏本，"黑字"表示赚钱，这两个概念都与颜色相关。因此，工作总结报告类 PPT 要注意文字、图表的颜色，是否暗示了"亏本"。同样的道理，工作总结 PPT 是与职场相关、与公司的经营状态相关，要尽量选用比较吉利的颜色，避免选用看起来丧气的颜色。具体表现如下。

1. 不要用红色来表示"盈利"

红色通常用来表示亏本，如图20-23 所示，负数用红色来表示，是正确的做法。但是如图 20-24 所示，用红色来表示来年的销售目标，有"亏本"的含义，十分不吉利。

图 20-23

图 20-24

2. 不要选用与内容意义相反的颜色

在中国，不同的颜色有不同的象征意义，如红色象征喜庆、绿色象征希望。PPT 页面的整体色调要与内容表达的意义保持一致。如图 20-25 所示，内容表示公司亏本，不是一件值得高兴的事，但是页面却选用了喜庆的红色，极具讽刺意味。如图 20-26 所示，选用绿色表示希望，与文字内容"茁壮成长"正好相对应，是正确的配色选择。

图 20-25

图 20-26

20.2 本案例的策划思路

一份好的工作总结报告 PPT 并不是打开 PowerPoint 边做边想，而是事先有一个完整的策划思路，选定并整理好演示文稿的内容，再根据内容设计演示文稿的色调、风格，最后才能形成出色的工作汇报。本案例的策划思路如图 20-27 所示。

图 20-27

年终总结报告演示文稿的第一步是将需要表现的内容、材料列到一起。这里建议制作者使用 Word 文档进行材料罗列，并为每一部分材料设置好大纲级别。如图 20-28 所示，文档左边的【导航】窗格中显示了大纲题目，让制作者可以一目了然地看清自己的材料有哪些，各部分材料之间有什么关系。刚开始罗列材料时，内容会很多，这是正常的，只有将材料都列出来，才能客观地对材料进行整理、提炼。

演示文稿制作的大忌是文字内容太多，再者播放 PPT 时，需要演讲者在一旁进行演讲，如果将需要演讲的内容全部呈现在 PPT 上，还需要演讲者讲什么呢？因此，制作者需要将材料进行提炼，选择最精华的内容放到演示文稿中。如图 20-28 所示，选中的文字可作为"1. 维护客户关系"的总结性语言放到演示文稿中，因为这是客户关系维护的一个结果。按照同样的方法，制作者可以提炼出每一部分内容的精华语句。

图 20-28

如图 20-29 所示，是根据 Word

文档中的材料提炼出来的演示文稿内容，有了这个框架后，就可以开始进行下一步设计了。由于这份年终总结报告显示了公司业绩可喜，加之是在年会上演讲，因此选择喜庆的大红色风格，接着再开始着手页面设计。

图 20-29

20.3 使用母版设计主题

利用年终总结报告各部分的内容框架，可以开始着手设计幻灯片了。幻灯片设计的第一步同样是母版设计，在这里需要设计一份喜庆风格的母版来统一年终总结报告的版式。

20.3.1 设置标题幻灯片版式

标题幻灯片版式的设计一般要求简洁，因为标题页幻灯片中主要体现整个演示文稿的主题，所以，包含的内容相对要少点。本例中，标题幻灯片版式设计是由一张图片背景和椭圆组成的。具体操作步骤如下。

Step 01 新建一个名为【年终总结报告】的演示文稿，进入幻灯片母版视图，❶ 选择标题幻灯片版式，❷ 打开【设置背景格式】任务窗格，在【填充】选项下选中【图片或纹理填充】单选按钮，❸ 单击【文件】按钮，如图 20-30 所示。

图 20-30

Step 02 打开【插入图片】对话框，❶ 在图片保存位置选择需要插入的图片，如【图片1】（光盘\素材文件\第20章\图片1.png），❷ 单击【插入】按钮，如图 20-31 所示。

图 20-31

Step 03 插入的图片将填充为标题幻灯片版式的背景，删除版式中的所有占位符，在幻灯片中间绘制一个椭圆，在【大小】组中将椭圆高度设置为【8.4厘米】，宽度设置为【17.7厘米】，如图 20-32 所示。

图 20-32

Step 04 打开【设置形状格式】任务窗格，设置椭圆为【渐变填充】，【角度】为【190°】。删除中间的两个渐变光圈，将第一个光圈【颜色】设置为【白色，背景1】，【位置】

设置为【0%】，第二个光圈的【颜色】设置为【白色，背景1，深色15%】，【位置】设置为【100%】，【亮度】设置为【-15%】，如图 20-33 所示。

图 20-33

Step 05 选中【线条】选项下的【无线条】单选按钮，取消椭圆轮廓，❶ 单击【效果】按钮，❷ 设置椭圆阴影效果的【透明度】为【70%】，【模糊】为【20磅】，【角度】为【45°】，【距离】为【8磅】，如图 20-34 所示。

图 20-34

技术看板

设置椭圆的【渐变填充】和【阴影】效果，都是为了增强圆形的立体感，使圆形不再是一个单一的平面图形，而是效果更为丰富的立体图形。

Step06 在椭圆上再绘制一个小一点的椭圆，取消椭圆填充色，将椭圆轮廓设置为【红色】，【宽度】设置为【2磅】，【短画线类型】设置为【长画线】，如图 20-35 所示。

图 20-35

20.3.2 设置内容页和目录页幻灯片版式

内容页幻灯片版式除了需要在幻灯片母版对背景进行设置外，还需要设置好文本框的字体、颜色等格式，这样可以减少后面在制作内容页时重复调整文本格式。本例中目录页幻灯片版式只需要设置和内容页版式一样的背景效果，所以，制作好内容页幻灯片版式后直接复制，就能快速完成设计。具体操作步骤如下。

Step01 选择标题和内容版式，删除母版中的所有元素，绘制一个矩形，大小为刚好填充整个幻灯片页面，取消矩形的轮廓，如图 20-36 所示。

Step02 设置矩形的填充方式为【图片或纹理填充】，然后使用图片1进行填充（光盘\素材文件\第20章\图片1.png），切换到【图片工具-格式】选项卡【调整】组中，在【颜色】下拉列表中将图片的饱和度设置为【饱和度：0%】，如图 20-37 所示。

图 20-36

图 20-37

Step03 打开【设置图片格式】任务窗格，调整图片【透明度】为【89%】，如图 20-38 所示。

图 20-38

Step04 单击【图片】按钮，展开【图片更正】选项，将图片【清晰度】设置为【14%】，【对比度】设置为【51%】，如图 20-39 所示。

图 20-39

技术看板

在幻灯片中插入矩形后再设置为图片填充格式，是为了调整图片的透明度。插入图片或者是设置幻灯片背景为图片填充，都不能直接调整图片的透明度。调整了透明度后，图片可能会看不清楚，所以需要再设置清晰度和对比度，加强图片效果。

Step05 插入装饰性图片，如【图片2】（光盘\素材文件\第20章\图片2.png），将图片调整到合适的大小和位置，在图片中间位置绘制一个圆形，将圆形的【高度】和【宽度】均设置为【2.36厘米】，如图 20-40 所示。

图 20-40

Step06 打开【设置形状格式】任务窗格，【角度】设置为【190°】。删除中间的两个渐变光圈，将第一个渐变光圈【颜色】设置为【白色，背景1】，【位置】为【0%】，第二个渐变光圈的【颜色】设置为【白色，背景1，深色15%】，【位置】设置为【100%】，【亮度】设置为【-15%】，再选择【线条】选项下的【无线条】单选按钮，取消椭圆轮廓，切换到【效果】界面，设置椭圆阴影效果的【透明度】为【70%】，【模糊】为【20磅】，【角度】为【45°】，【距离】为【8磅】，如图 20-41 所示。

Step07 ❶ 在圆形中绘制一个【宽度】和【高度】都为【2.13】的圆形，取消圆形的填充色，将圆的线条颜色设置为【红色】，❷ 短划线类型设置为

【长画线】，如图 20-42 所示。

图 20-41

图 20-42

Step 08 ❶ 单击【幻灯片母版】选项卡【母版版式】组中的【插入占位符】按钮，❷ 在弹出的下拉列表中选择【文本】命令，如图 20-43 所示。

图 20-43

Step 09 在图片右侧拖动鼠标绘制一个文本占位符，保留占位符中第一行的文字，将字体设置为【微软雅黑】，字号设置为【36】，字体颜色设置为【红色（RGB：201，5，19）】，如图 20-44 所示。

图 20-44

Step 10 使用相同的方法在圆上插入一个文本占位符，删除文本占位符中的所有文本，输入【1】，然后对其字

体、字号和字体颜色进行设置，效果如图 20-45 所示。

图 20-45

Step 11 在标题和内容页幻灯片版式上右击，在弹出的快捷菜单中选择【复制版式】命令，然后删除复制版式幻灯片上方的图片、正圆和占位符，只保留背景，然后将该版式重命名为【目录页】，为版式重命名，如图 20-46 所示。

图 20-46

20.4 制作 PPT 的封面页和结束页

为了让演示文稿首尾呼应，封面和尾页的风格应该高度保持一致，最好用同一母版、相同或相似的字体。具体操作步骤如下。

Step 01 关闭幻灯片母版视图，返回普通视图，在标题页幻灯片的占位符中输入相应的文本，并对文本的字体、字号、加粗和字体颜色等进行设置，如图 20-47 所示。

Step 02 在幻灯片窗格中的标题页幻灯片上右击，在弹出的快捷菜单中选择【复制幻灯片】命令，如图 20-48 所示。

图 20-47

图 20-48

Step03 复制一张与标题页幻灯片完全相同的幻灯片，对幻灯片中的文本进行相应的更改，作为结束页幻灯片，效果如图20-49所示。

图 20-49

20.5 设计 PPT 的目录页

PPT 的目录页体现了整个演示文稿的逻辑线，目录页还能让观众快速了解文稿的内容。目录页的制作风格要与演示文稿保持一致。具体操作步骤如下。

Step01 将鼠标光标定位到标题页和结束页幻灯片之间的空白处，在【新建幻灯片】下拉列表中选择【目录页】版式，新建目录页幻灯片，如图20-50所示。

图 20-50

Step02 在目录页幻灯片中插入图片1（光盘\素材文件\第20章\图片1.png），❶选择图片，单击【裁剪】按钮，❷将图片裁剪至原图一半左右的大小，如图20-51所示。

图 20-51

Step03 在幻灯片中绘制两个矩形，上方矩形的旋转角度设置为【20°】，下方矩形的旋转角度设置为【158°】，如图20-52所示。

图 20-52

Step04 先选择图片，再选择两个矩形，在【合并形状】下拉菜单中选择【剪除】命令，就可利用形状来裁剪图片，如图20-53所示。

图 20-53

技术看板

对图片进行裁剪后，再绘制相交的矩形，然后执行【剪除】命令，可以将图片裁剪得更理想。否则未裁剪的图片太大，不方便对齐图形。

Step05 在目录页中绘制一个圆形，以及红色虚线，效果设置与封面页的椭圆和红色虚线设置一样。其中圆形的【宽度】和【高度】均设置为【8.11厘米】，红色虚线的【宽度】和【高度】均设置为【7.35厘米】，插入文本框，输入【目录】文本，将文本字体格式设置为【微软雅黑】【54】【红色】，如图20-54所示。

图 20-54

Step06 在目录页右边绘制一个圆形，设置圆形的高度和宽度均为【2.81厘米】，对圆形的渐变填充、线条和阴影效果进行设置，与封面页的椭圆保持一致。如图 20-55 所示。

图 20-55

Step07 ❶ 在圆上再绘制一个小圆，将其高度和宽度均设置为【2.36 厘米】，❷ 设置圆形为【渐变填充】，渐变角度为【190°】，❸ 删除多

余的渐变光圈，将第一个渐变光圈的颜色设置为【红色（RGB：201，57，69）】，位置设置为【0%】，第二个渐变光圈的颜色设置为【红色（RGB：170，4，43）】，位置设置为【100%】，如图 20-56 所示。

图 20-56

Step08 在目录中，复制绘制好的两个形状，并添加上目录文字，如图 20-57 所示。

图 20-57

20.6 设计 PPT 的内容页

年终总结演示文稿的封面页、尾页和目录页完成后，就可以开始制作内容页了。内容页需要在保持整体风格一致的前提下，根据内容的不同，设计版式，插入图表。

20.6.1 制作工作总览的内容页

"工作总览"页主要用于总结过去一年的主要工作，选用图片＋图标＋文字的方式。具体操作步骤如下。

Step01 在目录页幻灯片后新建一张内容页幻灯片，如图 20-58 所示。

图 20-58

Step02 在文本占位符中输入需要的文本内容，再插入图片 1（光盘＼素材文件＼第 20 章＼图片 1.png），将图片调整到合适的大小，并将不需要的部分裁剪掉，如图 20-59 所示。

图 20-59

Step03 绘制 4 个圆形，【长度】和【宽度】均设置为【2.54 厘米】，格式设置与封面页椭圆设置一致。插入 4 张图标图片（光盘＼素材文件＼第 20 章＼图标 1.png、图标 2.png、图标 3.png、图标 4.png），并将图片调整到合适的大小和位置，如图 20-60 所示。

Step04 插入 4 张图片（光盘＼素材文件＼第 20 章＼图片 3.jpg、图片 4.jpg、图片 5.jpg、图片 6.jpg），调整图片到合适的大小和位置，将图片置于底层，然后将图片的线条设置为【实

线】，颜色设置为【红色】，宽度设置为【3 磅】，如图 20-61 所示。

图 20-60

图 20-61

Step⑤ 在幻灯片页面中输入内容文字，完成此页幻灯片制作，如图20-62所示。

图 20-62

20.6.2 制作使用饼图体现成绩的内容页

年终总结报告演示文稿少不了成绩汇报，成绩汇报又少不了数据，图表则是表现数据的较佳形式。在此案例的第一页"所得成绩"内容页中，是表现市场占比的数据。对于这类数据可以选用饼图，饼图是专门为比例型数据量身打造的图表。具体操作步骤如下。

Step① 选择第3张幻灯片，按【Enter】键新建一张内容页版式幻灯片，更改幻灯片文本占位符中的文本。再绘制4个圆形，格式设置与封面页的椭圆一致，将圆形的高度和宽度均设置为【4.29厘米】，如图20-63所示。

图 20-63

技术看板

图表可调节的参数很多，但是想依靠图表格式设置，制作出有立体感的饼图，比较复杂，所以，这里先绘制有立体感的图形作为图表背景。

Step② ❶ 打开【插入图表】对话框，选择【饼图】，❷ 单击【确定】按钮，如图20-64所示。

图 20-64

Step③ 在幻灯片中插入图表的同时打开【Microsoft PowerPoint 中的图表】对话框，在其中输入图表中需要体现的数据，如图20-65所示。

图 20-65

Step④ 选择图表中的"辅助"数据系列，将数据系列的填充色设置为【无填充颜色】，再取消形状的轮廓填充，设置选中图表中的"辅助"数据系列，设置其格式为【无填充】、"第一季度"数据系列填充颜色为【红色】，颜色参数如图20-66所示。

图 20-66

Step⑤ 按【Delete】键删除图表、图例和标题，❶ 单击【图表元素】按钮➕，在弹出的列表中选中【数据标签】复选框，为图表添加数据标签，再删除"辅助"数据系列的数据标签，并对数据标签的字体格式和位置进行调整，❷ 调整图表的大小、位置，使其刚好在第一个圆形上面，然后选择"第一季度"数据系列，在【设置数据系列格式】任务窗格中将【第一扇区起始角度】设置为【256°】，【饼图分离程度】设置为【5%】，如图20-67所示。

图 20-67

Step⑥ 按照同样的方法，再插入3个饼图，只不过图表的源数据不同。再在图表下方分别添加上相应的文本，完成这一页幻灯片的制作，如图20-68所示。

图 20-68

20.6.3 制作使用柱形图体现订单增量的内容页

在演示文稿中，单纯地添加图表会显得效果不够丰富，那么可以设置图表的填充格式，使图表更符合总结报告的主题。例如，本案例中，报告中的公司是一家服装公司，图表可以使用衣服图形来展现，使图表变得更契合主题。具体操作步骤如下。

Step01 按【Enter】键新建一张内容页幻灯片，更改文本占位符中的文本，插入盒子图片（光盘\素材文件\第20章\图片7.png），并将图片调整到合适的大小和位置，如图20-69所示。

图 20-69

Step02 在幻灯片中插入簇状柱形图，在打开的【Microsoft PowerPoint 中的图表】对话框中输入图表中需要体现的数据，如图20-70所示。

图 20-70

Step03 将图表调整到合适的大小和位置，选择图表，❶ 单击【图表元素】按钮 ➕，❷ 在弹出的列表中只选中【数据标签】复选框，取消选中其他复选框，使图表只显示数据标签，如图20-71所示。

Step04 设置图表中数据标签的字体格式，选择图表中的数据标签，❶ 在【设置数据系列格式】任务窗格中选中【图片或纹理填充】单选按钮，

❷ 单击【文件】按钮，如图20-72所示。

图 20-71

图 20-72

Step05 ❶ 在打开的【插入图片】对话框中选择【图标7.png】（光盘\素材文件\第20章\图标7.png），❷ 单击【插入】按钮，如图20-73所示。

图 20-73

Step06 使用图片填充数据系列，在【设置数据系列格式】任务窗格中选中【层叠】单选按钮，数据系列中填充的图片将以多个层叠排列的方式进行填充，如图20-74所示。

Step07 ❶ 单击【系列选项】按钮 📊，❷ 将【分类间距】设置为【31%】，如图20-75所示。

图 20-74

技术看板

使用图片或图标填充数据系列时，默认是以【伸展】方式进行填充，但这种方式填充时，如果图片或图标与数据系列的宽度和高度不一致，那么图片或图标会被拉伸，使图片或图标变形，这样反而会影响图表效果，所以，使用图片或图标填充数据系列时，最好是以【层叠】方式填充。

图 20-75

Step08 绘制一个长度和宽度均为【1.91厘米】的圆形，设置圆形为【渐变填充】，将渐变效果设置为与目录页中红色的圆一样，如图20-76所示。

图 20-76

Step 09 使用同样的方法绘制 3 个圆形，添加相应的文本，完成这一页幻灯片的制作，如图 20-77 所示。

图 20-77

20.6.4 制作体现客户营销成绩的内容页

演示文稿中的任何一个图形都是单纯为了美观插入的，需要考虑到页面内容的意义。例如，案例中的体现客户营销成绩的页面，设计插入一个人形图标来代表客户，而不是插入其他意义不大的图形。具体操作步骤如下。

Step 01 按【Enter】键新建一张内容页版式幻灯片，更改文本占位符中的文本，插入一张代表客户的图形（光盘\素材文件\第 20 章\图标 5.png），将图片调整到合适的大小和位置，如图 20-78 所示。

图 20-78

Step 02 在幻灯片中绘制一个椭圆形标注形状，将形状调整到合适的位置和大小，拖动形状上的黄色按钮微微调整形状的尖角，使其对着人形图标，如图 20-79 所示。

图 20-79

Step 03 在形状上右击，在弹出的快捷菜单中选择【编辑顶点】命令，在顶点编辑状态下，调整椭圆形标注形状的尖角，使其有一点幅度，如图 20-80 所示。

图 20-80

Step 04 选择椭圆形标注形状，打开【设置形状格式】窗格，设置图形为【渐变填充】，渐变角度为【190°】，删除多余的渐变光圈。将第一个渐变光圈的位置设置为【0%】，【颜色】的 RGB 参数值设置为【201，57，69】。第二个渐变光圈的位置设置为【100%】，【颜色】的 RGB 参数值设置为【170，4，13】，并设置形状的阴影效果，阴影效果参数设置如图 20-81 所示。

图 20-81

Step 05 将绘制好的椭圆形标注形状复制 3 个，调整其位置和旋转角度，然后在每一个椭圆形标注形状上绘制一个圆形，圆形的设置与封面的椭圆设置一致，如图 20-82 所示。

图 20-82

Step 06 在圆形上插入图标（光盘\素材文件\第 20 章\图标 6.png、图标 1.png、图标 8.png、图标 9.png），然后插入文本框，输入对应的文字，如图 20-83 所示。

图 20-83

20.6.5 制作使用"假环形图"体现业务拓展的内容页

饼图效果不够丰富，可以使用图表＋图形来制作"假环形图"体现业务数据。具体操作步骤如下。

Step 01 按【Enter】键新建一张内容页版式幻灯片，更改文本占位符中的文本，绘制 4 个圆形，格式设置与封面的椭圆一致，调整图形的大小，如图 20-84 所示。

图 20-84

Step 02 使用制作第 4 张幻灯片中图表的方法在第 7 张幻灯片的 4 个圆形上插入 4 个饼图，如图 20-85 所示。

图 20-85

Step 03 在每张图表上绘制一个圆形，格式设置与封面的椭圆一致，将圆形调整到合适的大小与位置，如图 20-86 所示。

图 20-86

技术看板

在饼图上绘制一个圆形，可以使饼图看起来像圆环图。这样做的好处是，效果会比直接绘制圆环图丰富，更有立体感。

Step 04 在圆形中插入文本框添加上饼图的数据，再插入文本框输入相应的说明文字，如图 20-87 所示。

图 20-87

20.6.6 制作体现流程的内容页

在年终总结报告中，如果需要表达与"流程"相关的内容，就需要绘制流程图来强化表达。流程图的总原则是：有方向性，能体现步骤，呈线性。具体操作步骤如下。

Step 01 新建一张内容页版式的幻灯片，更改文本占位符中的文本，绘制一个空心弧形状，调整图片的大小和旋转角度，如图 20-88 所示。

图 20-88

Step 02 对空心弧的顶点进行相应的编辑，使弧形的直角变成圆角，如图 20-89 所示。

Step 03 选择弧形，打开【设置形状格式】窗格，设置弧形为【渐变填充】，渐变角度为【190°】。删除多余的渐变光圈，将第一个渐变光圈的位置设置为【0%】，【颜色】的 RGB 参数设置为【255，255，255】，将第二个渐变光圈的

位置设置为【100%】，【颜色】的 RGB 参数设置为【217，217，217】，如图 20-90 所示。

图 20-89

图 20-90

Step 04 在【设置形状格式】任务窗格中双击展开【线条】选项，将线条设置为【渐变线】，设置渐变颜色与形状的渐变填充色一样，❶ 将旋转角度设置为【90°】，❷ 宽度设置为【2磅】，如图 20-91 所示。

图 20-91

Step 05 将弧形的阴影颜色设置为【黑色，文字 1】，再设置阴影的透明度、模糊、角度和距离，如图 20-92 所示。

图 20-92

Step06 使用同样的方法，绘制另一个弧形，设置弧形为【渐变填充】，渐变角度为【190°】。其中第一个渐变光圈的位置设置为【0%】，【颜色】的 RGB 参数设置为【201，57，69】，第二个渐变光圈的位置设置为【100%】，【颜色】的 RGB 参数设置为【170，4，13】，再设置弧形的阴影效果，参数如图 20-93 所示。

图 20-93

技术看板

通常情况下，阴影颜色都会设置成纯黑色，因为在自然界中，阴影就是黑色的，这样显得更真实。

Step07 使用相同的方法，再绘制两个弧形，调整 4 个弧形的位置使其成流线状，如图 20-94 所示。

Step08 插入 4 个圆形，白色圆形的格式设置与封面页的椭圆一致，红色圆形的格式设置与第 5 页幻灯片的红色圆形格式设置一致，这里不再赘述，设置圆形的大小，如图 20-95 所示。

Step09 在圆形中插入图标（光盘\素

材文件\第 20 章\图标 10.png、图标 11.png、图标 12.png、图标 13.png），如图 20-96 所示。

图 20-94

图 20-95

图 20-96

Step10 插入文本框，添加相应的文字，如图 20-97 所示。

图 20-97

20.6.7 制作使用条形图对比任务完成量的内容页

不同的图表适合表现不同的数据，当数据的名称文字较多，且需要进行数据大小对比时，就适合选用条形图。表现数据对比的条形图其颜色对比也应该鲜明，且在图表旁边配上说明文字。具体操作步骤如下。

Step01 新建一张内容页版式的幻灯片，修改文本占位符中的内容，在幻灯片中插入簇状条形图，并在【Microsoft PowerPoint 中的图表】对话框中输入图表需要的数据，如图 20-98 所示。

图 20-98

Step02 在【图表元素】下拉列表中选中【坐标轴】【数据标签】和【图例】复选框，取消选中其他复选框，使图表中保留坐标轴、数据标签和图例的元素，如图 20-99 所示。

图 20-99

Step 03 将图表调整到合适的大小和位置，设置图表中文本和数据的字体格式，将图表中"实际情况"的所有数据系列填充色设置为【红色】，"计划目标"的所有数据系列填充色设置为【浅蓝】，如图 20-100 所示。

图 20-100

Step 04 在图表右侧绘制圆形，将圆形的格式设置为与第 5 张幻灯片中的红色圆形一致，然后添加上相应的文字，如图 20-101 所示。

图 20-101

20.6.8 制作表达不足之处的内容页

在本案例中，年终总结的不足之处的内容之间的关系是并列关系，相互之间没有层级也没有包含关系。因此应该绘制相同的形状来表现内容信息。具体操作步骤如下。

Step 01 新建一张内容页版式的幻灯片，修改文本占位符中的内容，在幻灯片中绘制一个圆角矩形，将圆角矩形调整到合适的大小，如图 20-102 所示。

图 20-102

Step 02 在圆角矩形的后面绘制一个宽度和高度均为【3.11 厘米】的圆形，再绘制一个矩形，将圆角矩形和圆形连接起来，然后执行【合并形状】下拉菜单中的【联合】命令，将 3 个形状合并为一个新的形状，如图 20-103 所示。

图 20-103

Step 03 为形状设置【渐变填充】，参数设置与第 5 页幻灯片中的红色圆形一致，然后对形状的阴影效果进行设置，如图 20-104 所示。

图 20-104

Step 04 复制合并的形状，将其粘贴到相应位置，并对其中两个的旋转角度进行设置，然后在幻灯片中绘制 4 个圆形，圆形的效果设置与封面的椭圆一致，在 4 个圆形中分别插入需要的图标（光盘＼素材文件＼第 20 章＼图标 14.png、图标 15.png、图标 16.png、图标 17.png），如图 20-105 所示。

图 20-105

Step 05 在形状中插入文本框并输入相应的内容，如图 20-106 所示。

图 20-106

20.6.9 制作表达展望未来的内容页

在年终总结报告中，不能缺少未来目标的制定，幻灯片需要根据未来目标的内容进行设计。如本案例中，未来的目标是通过更聪明的工作提高效率增加业绩，最好使用一个灯泡图片来象征"聪明"，既形象又直观。具体操作步骤如下。

Step 01 新建一张内容页版式的幻灯片，修改文本占位符中的内容，插入灯泡图片（光盘\素材文件\第22章\灯泡.png），将图片调整到合适的大小和位置，在图片上输入需要的内容，如图20-107所示。

图 20-107

Step 02 使用前面的方法在幻灯片中绘制圆形，并对圆形的效果进行设置，在圆形上插入需要的图标（光盘\素材文件\第20章\图标18.png、图标19.png、图标20.png、图标21.png），然后在圆形右侧插入文本框，输入相应的文字，如图20-108所示。

Step 03 新建一张内容页版式的幻灯片，并输入标题文字，在幻灯片中插入图片（光盘\素材文件\第20章\图片1.png），并对图片进行裁剪，如图20-109所示。

图 20-108

图 20-109

技术看板

一个完整的演示文稿，需要保持颜色、图形、图片风格等元素的一致。所以这里没有再绘制一个红色的矩形，而是插入封面页和尾页使用过的背景图片，进行简单裁剪后作为装饰背景。目的正是减少元素的多样性，保持幻灯片整体的风格统一。

Step 04 绘制4个圆形，格式设置与封面的椭圆一致，调整圆形的大小，如图20-110所示。

Step 05 在4个圆形中绘制一个更小的圆形，设置圆形的大小，设置4个圆形的填充方式为【图片或纹理填充】，使用图片（光盘\素材文件\第

20章\图片4.jpg、图片8.jpg、图片9.jpg、图片10.jpg）填充圆形，设置图片的填充方式为【将图片平铺为纹理】，并调整每一张图片填充的参数值，如图20-111所示。

图 20-110

图 20-111

Step 06 插入文本框，并输入相应文字，如图20-112所示。

图 20-112

20.7 添加动画和切换效果

年终总结演示文搞的设计完成后，还需要设置播放效果，否则再精美的演示文稿在播放的时候也会显得索然无味。但年终总结演示文稿的播放效果只是起辅助作用，切不可贪图花哨设置一些不实用的动画。总的来说，为整个文稿选择一种大气、正式的切换方式，使用2~3种动画即可。

20.7.1 设置幻灯片切换效果

年终总结是在公司年终工作总结大会上进行播放演示的，因为是一个严肃的工作场合，所以不能选择太幼稚、华而不实的切换效果。具体操作步骤如下。

Step01 选择封面、目录和结束页幻灯片，为其添加【切换】切换效果，如图20-113所示。

图 20-113

Step02 选择所有内容页幻灯片，为其添加【库】切换效果，如图20-114所示。

图 20-114

20.7.2 为幻灯片的对象添加动画

年终总结报告的动画种类不可太多，否则会显得杂乱无章。在本案例中，设置动画有一个原则，让同一部分的内容出现完之后再出现第二部分的内容。具体操作步骤如下。

Step01 选择第1张幻灯片中的标题占位符，为其添加【缩放】进入动画，在【计时】组中将开始时间设置为【上一动画之后】，持续时间设置为

【01.00】，如图20-115所示。

图 20-115

Step02 选择副标题占位符，为其添加【擦除】进入动画，先设置动画效果选项为【自左侧】，再设置动画效果选项为【作为一个对象】，即副标题中的两段文字作为一个对象进行播放，如图20-116所示。

图 20-116

Step03 在【计时】组中将开始时间设置为【上一动画之后】，持续时间保持默认不变，如图20-117所示。

图 20-117

Step04 选择第2张幻灯片，为左侧的圆形和文本框添加【淡出】进入动画，为右侧的圆形和文本框添加【擦除】进入动画，打开动画窗格，选择

第4个动画效果选项，按住鼠标左键不放向下拖动至【矩形24：01】动画效果选项，如图20-118所示。

图 20-118

Step05 释放鼠标，调整到合适的位置，使用相同的方法调整其他动画效果选项的位置，选择【椭圆6】【椭圆22】【椭圆28】【椭圆24】【椭圆40】【椭圆46】动画效果选项，将其开始时间设置为【上一动画之后】，如图20-119所示。

图 20-119

Step06 选择【矩形20】动画效果选项，将其开始时间设置为【与上一动画同时】，然后选择从【椭圆22】至【矩形44】之间的所有动画效果选项，将动画效果选项设置为【自左侧】，如图20-120所示。

Step07 使用同样的方法，为其他幻灯片中的对象添加相应的动画效果，并注意对动画的效果选项、开始时间、持续时间和播放顺序等进行设置，使动画之间的衔接更自然、流畅，如图20-121所示。

图 20-120　　　　　　　　　　图 20-121

本章小结

　　本章学习了制作年终总结演示文稿，在学习完本章后，读者应该知道总结型演示文稿的内容逻辑顺序通常为：概况介绍—所得成绩—经验和教训—未来目标 / 做法。当制作的文稿有大量数据时，还要学会多利用图表来表达数据，使所要表达的内容更形象且更具有说服力。

第 21 章　实战应用：制作教育培训类 PPT

- ➥ 教育培训类演示文稿与其他类型的演示文稿在内容结构上有什么区别？
- ➥ 如何配图才能让教育培训幻灯片的页面意义更充实？
- ➥ 教育培训类幻灯片如何强调教学重点？
- ➥ 面向对象的不同，教育培训类课件的风格有什么不同？

教育培训类演示文稿是 PPT 的一大应用方向，讲师可以通过演示文稿实现声色并茂的教学。但是培训类 PPT 与企业宣传类和年终总结类 PPT 都不一样，它有其专门的页面内容，如讲师介绍页、课后思考页。讲师只有明白培训类 PPT 的内容结构、典型误区，以及页面设计技巧后，才能结合教学内容，制作出完整且精美的课件。

21.1　教育培训类 PPT 的制作标准

实例门类	教育课件＋版面设计类
教学视频	光盘 \ 视频 \ 第 21 章 \21.1mp4

教育培训类 PPT 是根据教学目标，充分利用文字、图像、声音、视频等信息来展现教学信息，创建教学情景，引导学生思路的演示文稿。教育培训类 PPT 在讲师讲课时起到了辅助作用，因此，这类 PPT 的内容一定要跟讲师的授课内容相匹配，且将重点呈现在不同的幻灯片页面中。如图 21-1 至图 21-14 所示，即是本章设计的关于职场称呼礼仪的教育培训类 PPT。

图 21-1

图 21-2

图 21-3

图 21-4

图 21-5

图 21-6

图 21-7

图 21-8

图 21-9

图 21-10

图 21-11

图 21-12

图 21-13

图 21-14

在本章的案例中，图 21-1 所示为封面页，说明了课件的中心内容。图 21-2 所示为讲师介绍页，这是教育培训类 PPT 区别于其他类型演示文稿的一个地方。在制作教育培训课件时，如果学生对培训者不熟悉，就需要制作一页讲师介绍页，介绍页不仅起到了介绍讲师的作用，还能让学员了解讲师的功底与成就，为后面的教学打下基础。图 21-3 所示为课件的目录页，将本次授课的内容分成 4 个部分罗列出来。图 21-4 至图 21-12 所示为课件的主要内容，其逻辑线是根据目录展开的，讲师将在播放内容的同时进行课程内容讲解。图 21-13 所示为提问页，这是教育培训类 PPT 的特色页面之一，通常情况下，讲师授课后都会回顾课程内容，并根据内容留下作业或疑问，考察学员是否将知识记到了脑海中。图 21-14 所示为结束页，结束页中不仅要有感谢语，还要提炼出一句来点题，再次强调和巩固课程的意义或内容。

21.1.1 教育培训类 PPT 的逻辑框架

不同类型的演示文稿其逻辑框架也是不相同的，对于教育培训类演示文稿，通用的逻辑框架如图 21-15 所示，有封面、有目录，还有根据不同部分的内容设计了转场过渡页，不同的过渡页下面就是对应的内容页，最后还有结语页 / 提问页 / 作业页和结束页。在这个逻辑框架中，过渡页需要根据内容的多少来取舍，如果每个部分只有 1~2 张的幻灯片内容，则可

以不用过渡页。如果每个部分有超过 3 张以上的内容，可以专门设计过渡页以示区分，帮助学员厘清逻辑。

图 21-15

在大逻辑框架清晰的前提下，还需要保证不同页面的内容也是符合逻辑的。设计教育培训类课件，建议先将每一页课件内容列成金字塔形状，梳理清楚框架，再着手设计页面。每一页课件内容都需要有一个中心思想，这个中心思想就是金字塔的最顶端。如图 21-16 所示，便是一页教育培训类课件的内容逻辑。

图 21-16

当完成演示文稿设计后，制作者可以将幻灯片切换到"幻灯片浏览"状态下，如图 21-17 所示，快速浏览所有的幻灯片，并将幻灯片与图 21-15 所示的逻辑框架进行对比，如果幻灯片的内容顺序与逻辑框架有出入，就需要认真思考，对幻灯片位置进行调整。

图 21-17

21.1.2 制作教育培训类 PPT 易犯的错误

教育培训类演示文稿的质量会影响到教学的质量，这与课件的内容元素设计相关。许多课件制作者会将文字和图片简单地堆砌在幻灯片中，结果不仅视觉效果不好，还影响教学。本小节将讲解教育培训类 PPT 最容易犯的一些错误。

1. 幻灯片页面中文字太多

课件幻灯片文字太多恐怕是教育培训类 PPT 最常见的一个错误，不少教师会直接将教案中的文字复制到幻灯片中，再配上一张图就完成了一张幻灯片的制作，如图 21-18 所示，是典型的文字太多的幻灯片页面。其实只要思考一下，教育培训类课件的作用，便能明白为什么文字不能太多。课件的作用是辅助教师讲课的，而不是直接告诉学员这节课的所有内容。如果教师将所有内容都以文字的形式放在幻灯片中，学员还需要教师来讲解内容吗？

图 21-18

为了减少文字内容，教师需要对每一部分的内容进行提炼，只保留中心思想和几个要点的文字内容在幻灯

片中即可。其他的内容便是教师上课重点讲解的内容。

2. 幻灯片配图太随意

教育培训类 PPT 质量差，与配图有很大的关系。高质量的配图会将幻灯片的质量提高一个档次。高质量的配图不仅是指要有清晰、美观的图片，还指所添加的图片能够对教学内容有启示意义或具有强调的作用。

对比图 21-19 和图 21-20，文字内容不变，但是配图不一样，幻灯片的页面效果就完全不一样。从文字内容来看，幻灯片的中心思路是"企业员工的团结"，图 21-19 所示的幻灯片很好地诠释了"团结"的意义——像狼群一样合作，为同一个目标拼搏；而图 21-20 所示的幻灯片，随便找了一张职场工作中的图片，不仅画质不好，画面内容也没有更深刻的意义，不能与课件内容相辅相成。

图 21-19

图 21-20

要想找到有启发意义的课件配图，制作者可以从两个方面着手。一是挖掘课件内容的象征意义，如"狼群"是"团结"的象征，"阳光"是"希望"的象征。挖掘到课件的象征意义后，再将关键词输入搜索引擎中进行搜索。二是制作者在搜索图片

时，要选择好图片的尺寸，一般来说，经过尺寸筛选的图片质量会比筛选前的质量高。如图 21-21 所示，在"百度图片"中搜索图片，选择尺寸为"大尺寸"，可以快速将小尺寸的、质量不好的图片筛选出去。

图 21-21

3. 背景喧宾夺主

选择太花哨的图片作为课件背景也是课件制作者易犯的一个错误，这种图片不仅会影响文字的表达，还可能分散学员的注意力，降低课件效果。如图 21-22 所示，幻灯片背景颜色太过艳丽，文字反而不明显。如果将背景换成简洁一点的图片或颜色，如图 21-23 所示，效果会好很多。

在选择幻灯片背景图片时，不要选颜色刺眼的图片，如亮绿色、金黄色，这类颜色容易引起学员视觉疲劳。建议选择白色、米色、淡蓝色、灰色这类简单易看，且容易突出文字的颜色；不要选择颜色太丰富的图片。为了突出文字，文字颜色和背景通常会形成对比，如黑色背景配白色文字、米色背景配黑色文字、蓝色背景配橙色文字。如果图片颜色太丰富，文字无论选择什么颜色都不能起到良好的突出效果。

图 21-22

图 21-23

4. 不会对比突出重点信息

在学生时代，有一个流行的词叫"画重点"，说的就是将教学内容中的重点画出来，引起重点关注。课件演示文稿的制作同样需要标出重点信息，或者是突出信息间的对比。对比突出重点信息的方法可以有加粗文字、增大字号、改变字体、改变颜色等。如图 21-24 和图 21-25 所示，前者是没有突出重点信息的幻灯片，格式一致的文字让学员找不到重点；后者却将文字中的重点信息改变了颜色进行强调，信息传达的效率得到了提高。

图 21-24

图 21-25

5. 不会化繁为简

制作教育培训类 PPT，每一张幻灯片都要围绕一个中心展开内容设计，在制作完成后需要检查页面中有

没有多余的元素。冗杂的元素会影响学员的注意力，甚至让学员看不懂幻灯片中的页面内容。要检查有无多余元素，有两个原则：一是将某个内容去掉，看是否影响表达，如果不影响，就是多余的；二是查看是否有与核心内容无关的元素。

以图表为例，如图 21-26 和图 21-27 所示，图表所表达的数据内容完全一致，但是显示元素不同。前者的元素繁多，反而影响学员阅读信息；后者化繁为简后信息读取明晰多了。将图表的网格线去掉，是因为网格线存在的目的是帮助读者读取柱形条的数据，在图 21-26 中，既然在柱条上标注出了数据，网格线就显得多余了。图表的背景颜色和柱条的三维形状对数据表达没有帮助，是多余的内容，所以将其删除。

制作 PPT 与制作图表道理一样，要保持页面简洁，没有冗杂元素。

图 21-26

图 21-27

6. 不会根据课程内容调整风格

教育培训类 PPT 根据课程内容的不同、面向对象的不同，其风格设计也应该不同，但很多制作者不论是

为什么课程做演示文稿，都是使用相同的颜色、图片和文字设计。如图 21-28 和图 21-29 所示，课程的内容同为礼仪培训，但是面向的人群不同，前者面向的是成年人，后者面向的是小朋友，幻灯片设计风格就完全不同。面向成年人的幻灯片设计在色彩上更为深沉、严肃，字体也选择了较为正式的字体；而面向小朋友的幻灯片则选用了更鲜艳的颜色搭配，配图也是卡通配图，文字也使用了少儿风格的字体。

除了考虑面向对象的不同，课程内容的不同，幻灯片的风格也应该不同。一般来说，课件可以分为严肃型（如职场培训）、有趣型（知识分享会），这两种类型的幻灯片风格应当不同。制作者也可以以课程的内容来区分，如与设计相关的课件，课件风格应当更有艺术感，色彩、配图、文字都应该更丰富有趣。又如，计算机技能培训的课件，属于较为严肃的课件，课件风格应该严肃一点。

图 21-28

图 21-29

21.2　在幻灯片母版中设计版式

教育培训类 PPT 在设计母版时，要注意不要设计太花哨抢眼的背景，而且背景设计要与课件主题相符合。由于本例中制作的培训课件是面向年轻人的，因此本案例采用的主题色是比较具有活力的金色和红色。

21.2.1　设计幻灯片版式

要想演示文稿中不同幻灯片页面使用不同的版式，那么就需要对幻灯片版式进行设计，本例需要设计的幻灯片版式有 4 个。具体操作步骤如下。

Step 01 新建一个名为"职场称呼礼仪"的演示文稿，进入幻灯片母版视图，❶ 选择标题页幻灯片版式，删除该幻灯片中的所有占位符，❷ 单击【图像】组中的【图片】按钮，如图 21-30 所示。

图 21-30

Step 02 ❶ 在打开的【插入图片】对话框中选择需要【图片 1.jpg】（光盘\素材文件\第 21 章\图片 1.jpg），❷ 单击【插入】按钮，如图 21-31 所示。

图 21-31

Step 03 将图片调整到合适的大小，在幻灯片中绘制一个与图片一样大小的

矩形，❶ 选中矩形，打开【颜色】对话框，在【自定义】选项卡中输入所需颜色的颜色值（RGB：241，190，8），❷ 单击【确定】按钮，如图 21-32 所示。

图 21-32

Step 04 ❶ 打开【设置形状格式】任务窗格，将纯色填充的透明度设置为【64%】，❷ 在【线条】选项下选中【无线条】单选按钮，取消形状的轮廓，如图 21-33 所示。

图 21-33

Step 05 在幻灯片右侧绘制一个矩形，在矩形上右击，在弹出的快捷菜单中选择【编辑形状顶点】命令，显示出矩形的顶点，向右拖动矩形左上角的顶点，调整形状，如图 21-34 所示。

Step 06 退出形状的顶点编辑，取消形状轮廓，将形状填充为【红色（RGB：244，81，87）】，完成标题页版式的设计，如图 21-35 所示。

图 21-34

图 21-35

Step 07 选择节标题版式，将其重命名为【目录】，在该幻灯片上左侧绘制一个矩形，将其填充为【红色（RGB：244，81，87）】，并取消矩形的轮廓，如图 21-36 所示。

图 21-36

Step 08 选择标题和内容版式，在幻灯片上方绘制一个矩形，取消矩形填充色，将矩形轮廓设置为【红色（RGB：244，81，87）】，然后在

矩形左右一边的对称角上分别绘制一个 L 形形状，并对形状的效果和旋转角度进行设置，如图 21-37 所示。

图 21-37

Step⑨ 选择标题页版式，执行【复制版式】命令，复制标题页版式，选择复制的版式，按住鼠标左键不放向下拖动，将复制的版式移动到目录版式下方，如图 21-38 所示。

图 21-38

Step⑩ 将版式的名称重命名为【结束页幻灯片】，删除版式中的图片，将金色矩形的透明度更改为【0%】，效果如图 21-39 所示。

图 21-39

21.2.2 设置版式中占位符的格式

要实现幻灯片的统一，不仅要求同类幻灯片的版式、配色统一，还可对占位符的格式进行设置，使同类幻灯片中占位符的格式也保持相同，具体操作步骤如下。

Step01 选择标题页和内容页幻灯片版式，选择标题占位符，将其调整到合适的大小，删除多余的文本，❶ 将字体格式设置为【方正宋黑简体】【32】【加粗】【红色（RGB：244，81，87）】，❷ 单击【居中】按钮，使标题居中对齐于占位符中，如图 21-40 所示。

图 21-40

Step02 选择内容占位符，删除占位符中不需要的内容，将占位符调整到合适的大小和位置，❶ 将字体格式设置为【微软雅黑】【18】，❷ 单击【居中】按钮，使内容居中对齐于占位符中，如图 21-41 所示。

图 21-41

21.2.3 为版式中的对象添加动画

如果要为多张幻灯片相同的部分添加相同的对象，那么通过幻灯片母版进行设置是最简单的操作，因为这样可以减少设置动画的重复操作，提高工作效率。具体操作步骤如下。

Step01 选择标题和内容版式幻灯片中的两个 L 形形状，为其添加【缩放】进入动画，将效果选项设置为【幻灯片中心】，如图 21-42 所示。

图 21-42

Step02 选择矩形，为其添加【擦除】进入动画，将效果选项设置为【自顶部】，完成幻灯片版式的设计，如图 21-43 所示。

图 21-43

技术看板

在幻灯片母版中添加的动画效果只能在幻灯片母版中进行更改、删除等操作。

21.3　制作封面页和讲师介绍页

封面页和讲师介绍页是教育培训类 PPT 的重要页面，讲师介绍页中最好放上讲师照片，写上讲师的资历和个人态度。封面页和讲师介绍页版式设计好后，还需要在幻灯片中添加需要的图片和文本等对象。

21.3.1　制作封面页幻灯片

本例封面页的制作主要体现在对文本的格式设计上，因为目录的大体效果已在设计版式时就已设计好，只需要在幻灯片中对文本进行设计。具体操作步骤如下。

Step01 退出幻灯片母版视图，在普通视图中的标题页幻灯片中绘制一个文本框，输入文本【称呼礼仪】，设置其字体格式，❶ 然后选择文本框，单击【段落】组中的【文字方向】按钮，❷ 在弹出的下拉列表中选择【竖排】选项，使文本垂直显示在文本框中，如图 21-44 所示。

图 21-44

技术看板

要想使文本框中的文本垂直显示，除了可按本例这样对文字方向进行设置外，还可直接绘制竖排文本框，这样输入的文本将直接以垂直方式显示。

Step02 将文本框调整到合适的大小和位置，复制文本框，对复制的文本框内容和内容的格式进行相应的设置，效果如图 21-45 所示。

Step03 在幻灯片中插入【图标 1.png】（光盘\素材文件\第 21 章\图标 1.png），并将插入的图标调整到合适的大小和位置，效果如图 21-46 所示。

图 21-45

图 21-46

21.3.2　制作介绍页幻灯片

教育培训类课件的介绍页主要是对讲师进行介绍，包括讲师的照片、个人成就等。具体操作步骤如下。

Step01 本例中介绍页与目录页版式相同，所以可在【新建幻灯片】下拉列表中选择【目录】选项，新建一张目录页版式的幻灯片，如图 21-47 所示。

图 21-47

Step02 在幻灯片中插入图片 2（光盘\

素材文件\第 21 章\图片 2.jpg），❶ 选择图片，在【裁剪】下拉列表中选择【裁剪为形状】选项，❷ 在弹出的级联列表中选择【椭圆】选项，将图片裁剪为椭圆形状，如图 21-48 所示。

图 21-48

Step03 将椭圆移动到左侧的矩形中，调整椭圆的【高度】为【7.75 厘米】，【宽度】为【9.13 厘米】，此时，椭圆中的图片变形，此时，就需要选择椭圆，在【裁剪】下拉列表中选择【调整】选项，椭圆周围将显示图片裁剪框，对图片大小进行调整，使图片在不变形的情况下填满整个椭圆，如图 21-49 所示。

图 21-49

技术看板

图片变形会影响整张幻灯片的效果，所以，幻灯片中插入的图片最基本的要求就是不能变形。

Step 04 在幻灯片空白处单击，退出图片裁剪，选择椭圆，为其应用【居中偏移】阴影效果，如图 21-50 所示。

图 21-50

Step 05 在幻灯片右边输入文字，并设置字体格式为【方正宋黑简体】【32号】【加粗】【黑色】，在文字下方绘制一条直线，将直线颜色设置为【黑色, 文字 1, 淡色 25%】，宽度设置为【0.5 磅】，如图 21-51 所示。

Step 06 组合直线和文本框，在组合对象下方绘制一个文本框，输入讲师的资历，❶ 选择文本框，单击【段落】组中【项目符号】下拉按钮，❷ 在弹出的下拉列表中选择【带填充效果的钻石形项目符号】选项，为文本框中的段落添加项目符号，如图 21-52

所示。

图 21-51

图 21-52

Step 07 复制【菲尔讲师简介】文本框，粘贴到幻灯片下方，将文本更改为【人无礼则不生, 事无礼则不成】，并在【字体】组中对字体格式进行设置，如图 21-53 所示。

图 21-53

Step 08 在文字上方和下方都绘制一条直线，直线的颜色与文字【菲尔讲师简介】下方的线条颜色一致，再在【形状轮廓】下拉列表中将线条设置为【短划线】，完成本张幻灯片的制作，如图 21-54 所示。

图 21-54

21.4 设计教育培训类 PPT 的目录页

教育培训类 PPT 的目录页显示了课件讲解的内容归类，目录制作应当符合清晰明了的原则。具体操作步骤如下。

Step 01 新建一张目录页版式的幻灯片，在左侧的矩形中绘制一个文本框，输入【目录】文本，将字体格式设置为【微软雅黑】【72 号】【白色, 背景 1】，在幻灯片右侧绘制一个矩形，将矩形填充为【白色, 背景,】，并取消矩形的轮廓线，如图 21-55 所示。

Step 02 在【设置形状格式】任务窗格中对矩形的阴影效果进行设置，参数

如图 21-56 所示。

图 21-55

图 21-56

Step 03 在白色矩形左侧绘制一个小矩形，取消矩形轮廓，将矩形填充为【红色（RGB：244，81，87）】，将阴影设置为与白色矩形一致，然后在矩形中输入【01】文本，并对文本的字体格式进行设置，如图 21-57 所示。

Step 04 在白色矩形上绘制一个文本框，输入需要的文本，然后复制两个矩形和文本框，并对复制的红色矩形和文本框中的内容进行修改，完成目录页的制作，如图 21-58 所示。

图 21-57

图 21-58

21.5　设计教育培训类 PPT 的内容页

内容页是教育培训类 PPT 的重点页面，里面讲解了课程内容的重点，辅助讲师上课。内容页应该根据内容的不同，合理地设计图形、插入图片、添加文字。

21.5.1　制作总结型内容页幻灯片

教育培训类 PPT 最开始的内容页可以全面总结或概述课程的内容、要点。本例前两张幻灯片都属于总结型内容，总结职场称呼礼仪的意义和原则。通常情况下，总结类的幻灯片页面中，会使用规律排列的图形、图片设计。具体操作步骤如下。

Step 01 新建一张标题和内容版式的内容页幻灯片，在占位符中输入需要的文本，如图 21-59 所示。

图 21-59

Step 02 单击【SmartArt】按钮，打开【选择 SmartArt 图形】对话框，❶ 在左侧选择【矩阵】选项，❷ 在右侧选择【基本矩阵】选项，❸ 单击【确定】按钮，如图 21-60 所示。

图 21-60

Step 03 在幻灯片中插入 SmartArt 图形，将 SmartArt 图形调整到合适的大小，选择 SmartArt 图形，❶ 单击【格式】选项卡【形状】组中【更改形状】按钮，❷ 在弹出的下拉列表中选择【椭圆】选项，如图 21-61 所示。

Step 04 将 SmartArt 图形中的圆角矩形更改为圆形，在 SmartArt 图形中输入需要的文本，选择 SmartArt 图形底部的菱形，将其填充颜色设置为【白色，背景 1,深色 15%】，如图 21-62 所示。

图 21-61

图 21-62

🎞 技术看板

因为在幻灯片母版中为标题和内容页版式中的形状添加了动画效果，所以，在普通视图中新建该版式后，将会自动带有动画效果。

🎞 技术看板

在【更改形状】下拉列表中选择【流程图】栏中的【流程图：联系】，也能将 SmartArt 图形中的圆角矩形更改为圆形。

Step 05 将 SmartArt 图形中的 4 个圆形填充为不同的颜色，并取消圆形的轮廓，如图 21-63 所示。

图 21-63

Step 06 在 4 个圆形的旁边分别绘制一个文本框，输入相应的内容，并对文本的字体格式进行相应的设置，完成本张幻灯片的制作，如图 21-64 所示。

图 21-64

Step 07 按【Enter】键新建一张内容页幻灯片，在占位符中输入相应的文本，在幻灯片中绘制一个矩形，将其填充为【红色】，取消矩形轮廓，然后在幻灯片中插入图片 3（光盘\素材文件\第 21 章\图片 3.jpg），将图片调整到合适的大小和位置，如图 21-65 所示。

图 21-65

Step 08 在矩形上绘制一条直线，将线条颜色设置为【白色，背景 1，】，宽度设置为【4.5 磅】，在线条右侧绘制一个文本框，输入需要的内容，并设置其字体格式，如图 21-66 所示。

图 21-66

Step 09 选择图片、矩形、直线和文本框，对其进行复制，并粘贴到幻灯片中相应的位置，对矩形填充色和文本框中的内容进行更改，选择第 2 张图片，单击【调整图片】组中的【更改】按钮，如图 21-67 所示。

图 21-67

Step 10 在打开的【插入图片】对话框中选择图片 4（光盘\素材文件\第 21 章\图片 4.jpg），单击【插入】按钮，替换图片，然后使用相同的方法将幻灯片下方的两张图片替换成图片 5 和图片 6（光盘\素材文件\第 21 章\图片 5.jpg、图片 6.jpg），完成本张幻灯片的制作，如图 21-68 所示。

图 21-68

21.5.2 制作举例类型内容页幻灯片

教育培训类 PPT 中会常常举例说明教学内容，这种情况下就需要使用不同的图形组合来表达含义，让学员从图形就能看出文字内容的关系。具体操作步骤如下。

Step 01 按【Enter】键新建一张内容页幻灯片，在占位符中输入相应的文本，在幻灯片中绘制一个椭圆和矩形，取消两个形状的轮廓，将填充色设置为【红色】，如图 21-69 所示。

图 21-69

Step 02 在椭圆和矩形中输入相应的文字，然后在形状下方绘制一个文本框，输入文本，并对形状和文本框中文本的字体格式进行设置，如图 21-70 所示。

Step 03 在幻灯片中插入一个【公式】 SmartArt 图形，选择 SmartArt 图形中的最后一个形状，按【Delete】键，删除选择的形状，如图 21-71 所示。

图 21-70

图 21-71

技术看板

默认情况下，【公式】SmartArt 图形有 3 个圆形，删除其中任意一个圆形，都将删除 SmartArt 图形中的加号，保留等于符号。

Step04 将 SmartArt 图形中的等号更改为加号，调整 SmartArt 到合适的大小，输入需要的文本，并对 SmartArt 图形中形状的填充色进行设置，如图 21-72 所示。

图 21-72

Step05 使用复制、粘贴和修改的方式完成本张幻灯片的制作，如图 21-73 所示。

图 21-73

Step06 使用相同的方法继续制作第 7 张和第 8 张幻灯片，如图 21-74 所示。

图 21-74

21.5.3 制作条件选择型内容页幻灯片

在演示文稿制作时，讲师常常会讲到同一问题的不同解决方案，或者是同一问题在不同情况下的解决方案。这种类型的内容可以归类为条件选择型，制作者只需要合理运用图形与数字，让学员明白解决方案的选择即可。具体操作步骤如下。

Step01 按【Enter】键新建一张内容页幻灯片，在占位符中输入相应的文本，然后绘制一个圆角矩形，拖动圆角矩形上的黄色控制点，调整形状的圆角大小，如图 21-75 所示。

图 21-75

Step02 取消圆角矩形的轮廓，将填充色设置为【红色】，在圆角矩形上绘制 3 个大小相同的正圆，取消正圆的轮廓，将填充色设置为【白色，背景 1】，如图 21-76 所示。

图 21-76

Step03 在正圆的左边或右边绘制一条直线，❶ 将直线的颜色设置为【红色】，❷ 宽度设置为【2.25 磅】，如图 21-77 所示。

图 21-77

Step04 在第 1 条直线的左侧绘制一个矩形，将矩形填充色设置为【灰色 -80%】，取消矩形轮廓，在矩形下方绘制一个文本框，在矩形和文本框中分别输入需要的文本，并对文本的格式进行设置，如图 21-78 所示。

图 21-78

Step 05 复制矩形和文本框，将其粘贴到直线左侧或右侧，对矩形填充色和文本框中的文本进行更改，完成本张幻灯片的制作，如图 21-79 所示。

图 21-79

21.5.4 制作图片型内容页幻灯片

在课件中加入图片可以提高信息的传达效率且增加幻灯片的美观程度。但是制作者需要对图片进行美化处理，并合理布局。具体操作步骤如下。

Step 01 按【Enter】键新建一张内容页幻灯片，在占位符中输入相应的文本，在幻灯片中插入图片 7 和图片 8（光盘\素材文件\第 21 章\图片 7.jpg、图片 8.jpg），将图片调整到合适的大小和位置，如图 21-80 所示。

图 21-80

Step 02 选择两张图片，为其应用【棱台亚光，白色】图片样式，如图 21-81 所示。

图 21-81

Step 03 在两张图片的右侧分别绘制一个圆形，取消圆形的轮廓，将第一个圆形填充为【红色】，第二个圆形填充为【金色】，在圆形上绘制一个文本框，输入需要的文本，并对文本的字体格式进行相应的设置，如图 21-82 所示。

图 21-82

Step 04 在圆形右侧绘制一个矩形，将矩形高度设置为【0.22 厘米】，宽度设置为【7.49 厘米】，取消矩形轮廓，将矩形填充为【灰色-50%】，然后复制矩形，将其粘贴到另一个圆形的右侧，并在两个矩形的上方绘制文本框，输入文本，完成本张幻灯片的制作，如图 21-83 所示。

图 21-83

21.5.5 制作错误案例内容页幻灯片

在教育培训类演示文稿的末尾，讲师完成主要内容讲解时，有必要补充一些典型的错误案例，巩固学员知识。错误案例内容的制作只需要根据案例的数量，设计好图形的数量即可。具体操作步骤如下。

Step 01 按【Enter】键新建一张内容页幻灯片，在占位符中输入相应的文本，在幻灯片左侧绘制一个矩形，在矩形上方绘制一个圆形，然后取消矩形和圆形的轮廓，将其填充色设置为【灰色-50%】，如图 21-84 所示。

图 21-84

Step 02 绘制两个大小不等的圆形，使其重叠排列在一起，选择两个圆形，执行【合并形状】下拉菜单中的【组合】命令，使两个圆形组合成一个圆环，如图 21-85 所示。

图 21-85

Step 03 取消圆环轮廓，填充为【红色】，在圆环下方绘制一个矩形，依次选择圆环和矩形，执行【合并形状】下拉菜单中的【剪除】命令，剪除形状不需要的部分，如图 21-86 所示。

图 21-86

Step 04 将裁剪过的圆环移动到圆形上方，当四周出现红色虚线时表示左右、上下对齐，如图 21-87 所示。

图 21-87

Step 05 在圆环内绘制一个圆形，取消圆形的轮廓，将填充色设置为【白色，背景 1】，然后设置圆的阴影效果，❶ 将阴影透明度设置为【14%】，❷ 模糊度设置为【21 磅】，如图 21-88 所示。

图 21-88

Step 06 复制幻灯片的矩形、圆形和圆环等进行粘贴，并对圆形、圆形的位置进行调整，将圆环的旋转角度设置为【-180°】，然后在幻灯片中绘制文本框输入需要的文本，完成本张幻灯片的制作，如图 21-89 所示。

Step 07 按【Enter】键新建一张内容页幻灯片，在占位符中输入相应的文

本，然后使用前面绘制形状的方法在幻灯片中绘制需要的形状，并输入相应的文本，完成本张幻灯片的制作，如图 21-90 所示。

图 21-89

图 21-90

21.6　制作教育培训类 PPT 的思考页和结束页

思考页和结束页对于教育培训类 PPT 来说非常重要，思考页可以引起学员对问题的思考，引导学员学习，而结束页则表示整个 PPT 的结束，结束页一般与封面页前后呼应。

21.6.1　制作思考页幻灯片

教育培训类 PPT 的最后，可以有一页思考页，留下与课程相关的问题 / 作业让学员思考，从而加深学员对课程的理解。思考页需要根据问题的数量来设计图形。具体操作步骤如下。

Step 01 新建一张目录页版式的幻灯片，在左侧的红色矩形上绘制一个文本框，输入【课后思考】，并对字体格式进行设置，然后绘制一个矩形，取消矩形轮廓，将其填充色设置为

【白色，背景 1】，将旋转角度设置为【336°】，如图 21-91 所示。

图 21-91

Step 02 绘制一个较小的矩形作为阴影，

将矩形高度设置为【0.06 厘米】，宽度设置为【4.73 厘米】，旋转角度设置为【66°】，如图 21-92 所示。

图 21-92

由于大矩形填充色与背景色一样，所以，当不选择该矩形时，将看不到，只有选择该矩形后，才能看到，但矩形阴影效果设置完成后，就能清晰看到了。

Step 03 设置矩形为【渐变填充】，填充方向为【线性向右】，设置矩形填充的第一个渐变光圈颜色为【白色，背景1】、位置为【2%】、亮度为【-5%】，第二个渐变光圈的颜色设置为【灰色 -50%】，位置设置为【50%】，亮度设置为【35%】，删除第三个渐变光圈，将最后一个渐变光圈的颜色设置为【白色，背景1】，亮度设置为【-5%】，取消矩形轮廓，如图 21-93 所示。

图 21-93

Step 04 将阴影矩形复制移到右边位置，组合矩形和阴影矩形，复制组合图形，将其粘贴到幻灯片其他位置，并对旋转角度进行设置，将中间组合图形的旋转角度设置为【62°】，下方组合图形的旋转角度设置为【349°】，如图 21-94 所示。

图 21-94

Step 05 在第一个组合图形的右侧绘制一个椭圆形标注形状，对形状的顶点进行编辑，使形状变成如图 21-95 所示的形状。

图 21-95

Step 06 设置椭圆形标注为【渐变填充】，渐变类型为【射线】，渐变方向为【中心辐射】，将多余的渐变光圈删除，只保留 3 个渐变光圈，设置第一个渐变光圈【位置】为【11%】，【颜色】RGB 参数为【248，146，151】，第二个渐变光圈【位置】为【56%】，【颜色】RGB 参数为【244，81，87】，第三个渐变光圈【位置】为【95%】，【颜色】RGB 参数为【242，46，55】，如图 21-96 所示。

图 21-96

这里的渐变填充规律为：3 个渐变光圈颜色依次加深，从而制造出丰富的立体感。同样的道理，后面两个图形的渐变色不同，也是由浅到深。

Step 07 选择椭圆形标注形状，为其添加阴影效果，阴影效果设置参数如图 21-97 所示。

图 21-97

Step 08 复制椭圆形标注形状，将其粘贴到形状上，选择复制的形状，将其高度设置为【8.8 厘米】，宽度设置为【5.07 厘米】，取消形状的阴影效果和填充色，将形状线条颜色设置为【白色，背景1】，宽度设置为【3 磅】，如图 21-98 所示。

图 21-98

Step 09 将两个椭圆形标注形状组合为一个图形，将其移动到带阴影的形状上，并将其置于底层，然后复制椭圆形标注图形，粘贴到其他图形位置，并对图形的填充色进行更改，如图 21-99 所示。

图 21-99

Step⑩ 在幻灯片中插入文本框，添加相应的文字，完成本张幻灯片的制作，如图 21-100 所示。

图 21-100

21.6.2 制作结束页幻灯片

制作的 PPT 有结束页，可以让整个 PPT 的结构更加完整。具体操作步骤如下。

Step① 新建一张结束页版式的幻灯片，在幻灯片中绘制两个文本框，输入需要的文本，并对文本的字体格式进行设置，如图 21-101 所示。

Step② 复制目录页幻灯片中的图片，将其粘贴到结束页幻灯片中，并对图片的大小和位置进行调整，如图

21-102 所示。

图 21-101

图 21-102

Step③ 插入一张跳舞的小人图标（光盘\素材文件\第 21 章\图标

2.png），调整到合适的大小和位置，将图片重新着色为【冲蚀】，如图 21-103 所示。

图 21-103

Step④ 此时，图片将变成灰白色，完成本张幻灯片的制作，效果如图 21-104 所示。

图 21-104

21.7 添加动画效果

教育培训类 PPT 制作完成后，还需要添加上播放效果，制造播放氛围。需要注意的是，教育培训类 PPT 的动画效果需要根据内容讲解的先后顺序来设置。例如，同一页面中，讲师需要讲解 3 个部分的内容，就应当设置不同部分的内容依次出现。具体操作步骤如下。

Step① 选择第 1 张幻灯片中的【称呼礼仪】文本框，为其添加【浮入】进入动画，保持文本框的选择状态，❶ 单击【动画】选项卡【高级动画】组中的【添加动画】按钮，❷ 在弹出的下拉列表中选择【强调】栏中的【字体颜色】动画，为同一对象添加两个动画效果，如图 21-105 所示。

Step② 选择标题页幻灯片中的其他文本和图片，为其添加【浮入】进入动画，打开动画窗格，❶ 在其中选择添加【浮入】动画的动画效果选项，

❷ 将动画方向设置为【下浮】，如图 21-106 所示。

图 21-106

图 21-105

Step③ 选择强调动画效果选项，❶ 单击【动画】组中的【效果选项】按

钮，❷在弹出的下拉列表中选择【金色】命令，设置强调动画的字体颜色，如图 21-107 所示。

图 21-107

对于带【颜色】字样的动画效果，设置其效果选项时，主要是对动画的播放颜色进行设置。

Step 04 ❶ 在动画窗格中选择第 2 至第 5 个动画效果选项，❷ 将动画播放的开始时间设置为【上一动画之后】，如图 21-108 所示。

Step 05 选择【图形 12】动画效果选

项，拖动鼠标将其移动到【文本框 7】动画效果选项前面，调整动画的播放顺序，如图 21-109 所示。

图 21-108

图 21-109

Step 06 使用相同的方法对其他幻灯片

中对象的动画效果进行添加和设置，设置动画效果时，要注意动画的播放的方向、开始时间、持续时间、播放顺序等，完成动画的添加，如图 21-110 所示。

图 21-110

在为幻灯片中的对象添加动画时，如果同一位置的多个对象添加相同的动画，并且这些动画需要一起播放时，那么可先将这些对象组合为一个图形，再为组合的图形添加动画，这样可以减少动画添加和设置的很多重复的操作。

21.8 放映和导出幻灯片

制作好 PPT 后，还需要对幻灯片进行放映，以对播放效果进行预览，确认效果不需要修改后，可以导出幻灯片。由于本例制作的教育培训类 PPT 需要在公司培训网页中展示，因此，需要将其导出为视频。具体操作步骤如下。

Step 01 在【幻灯片放映】选项卡【开始放映幻灯片】组中单击【从头开始】按钮，如图 21-111 所示。

图 21-111

Step 02 进入幻灯片放映状态，开始放映第 1 张幻灯片中的动画，如图 21-112 所示。

图 21-112

Step 03 第 1 张幻灯片中的动画放映

完成后，进入第 2 张幻灯片进行放映，直到完成所有幻灯片的放映，按【Esc】键，退出幻灯片放映，选择【文件】选项卡，❶ 在打开的界面左侧选择【导出】选项，❷ 在中间的【导出】栏中选择导出的类型，如选择【创建视频】选项，❸ 单击界面右侧的【创建视频】按钮，如图 21-113 所示。

Step 04 打开【另存为】对话框，❶ 在地址栏中设置视频保存的位置，❷ 其他保持默认设置，单击【保存】按钮，如图 21-114 所示。

图 21-113

图 21-114

Step05 开始制作视频，并在 Power Point 2013 工作界面的状态栏中显示视频导出进度，如图 21-115 所示。

图 21-115

Step06 导出后，使用视频播放器打开预览演示文稿播放效果，如图 21-116 所示。

图 21-116

本章小结

　　本章讲解了教育培训类演示文稿的相应制作，学完这一章，大家应该明白教育培训类 PPT 的内容结构和页面设计是与其他类型的演示文稿不一样的。教育培训类 PPT 在制作时要时刻想到内容在学员面前的呈现方式，学员是否容易接受，还需要注意教育培训类 PPT 的播放效果，尤其是动画效果，不要让后面讲到的内容先出现，打乱了课程节奏。

第一篇

第 2 篇

第 3 篇

第 4 篇

第22章 实战应用：制作产品营销推广类 PPT

- ➡ 产品营销推广类 PPT 要如何提炼文字才能使商品的卖点突出？
- ➡ 商品有了好的卖点，如何在幻灯片中表现才能让观众产生购买欲望？
- ➡ 不同的商品推广，卖点设计有何不同？
- ➡ 如何设计图片，才能让观众更有带入感？
- ➡ 与科技有关的产品，如何设计动画，才能突出现代感？

本章通过制作一个新品上市的营销推广类 PPT，讲解关于商品推广幻灯片的设计思路，通过商品卖点的打造及对图片细节的处理，来制作一个让受众接受并认可的产品推广类演示文稿，制作过程中还要注意尽量展现商品的真实面貌。

22.1 产品营销推广类 PPT 的制作标准

实例门类	页面设计＋营销文案
教学视频	光盘 \ 视频 \ 第 22 章 \22.1mp4

产品营销推广类 PPT 是以产品介绍为主要内容的演示文稿，是企业对外宣传产品最直接、最形象的宣传方式。在产品营销宣传手册中，要以简洁的语言、形象的图形和图片来对产品进行介绍和推广。一份优秀的产品宣传演示文稿在放映后，应当让观众了解这是一款什么样的产品，并产生购买欲望。图 22-1 至图 22-12 所示为本章案例的 PPT 页面。

图 22-1

图 22-2

图 22-3

图 22-4

图 22-5

图 22-6

图 22-7

图 22-8

图 22-9

图 22-10

图 22-11

图 22-12

22.1.1　产品介绍要形象直观

产品营销推广类演示文稿最基本的作用就是让观众了解这是一款什么样的产品，因此页面内容的设计不论是文字用语还是图形、图片都要围绕"形象直观"这一核心。演示文稿的制作者要站在观众的角度，去设想没有产品工艺制作专业知识、不懂行业术语的前提下，能否理解展示的页面内容。要想做到产品介绍形象直观，制作者可以从以下 3 个方面着手。

1. 用通俗语言表达行业术语

俗话说得好"隔行如隔山"，不同的行业有不同的术语，这些术语对外行人来说是难以理解的。如果为了显得高大上、极具专业水准，将产品制作过程中的工艺术语罗列在幻灯片中，只会让观众不知所云。尤其是与科技相关的产品，要让观众快速理解产品的精髓，使用通俗语言表达尤为重要。

对比图 22-13 和图 22-14，前者使用了专业的术语介绍计算机产品的性能优点，如"73.31CFM""外频高于 250"，这类的语言会让外行人士理解困难。经过改进后，去掉这些术语，转而用通俗的描述，并且还加上了对比文字，能最大限度地帮助观众理解计算机产品的性能优点。

能不用专业术语最好不要用。如果一定要用专业性强的参数描述产品，最好加上对比描述，让观众理解参数。例如，案例中"CPU 发热不超过 43℃"，虽然这句话很容易理解，但是外行观众还是不能产生清晰的概念"CPU 发热不超过 43℃，究竟是好还是坏？"给观众一个对比"CPU 温度 45~65℃为正常"，观众顿时恍然大悟。

图 22-13

图 22-14

2. 尽量使用产品真实图片、放大细节图片

产品营销推广类 PPT 与年终总结报告、教育培训类 PPT 不同，产品营销推广要向观众介绍最真实的商品模样，因此，要尽量少用卡通图、扁平图，而是选用真实的产品图片及细节放大图片。

对比图 22-15 和图 22-16，前者使用的是产品的卡通图，后者则使用了真实的实拍图，后者的说服力明显高于前者。所以在产品营销推广类 PPT 中，能用产品实拍图的一定要用产品实拍图。

图 22-15

图 22-16

22.1.2 卖点描述要抓住观众心理

产品营销推广类演示文稿能否取得理想的宣传效果，在很大程度上取决于制作者选择了哪些宣传内容。观众远没有想象的有耐心，他们不想看到演示文稿中介绍一大堆浮夸、抽象且与他们不相关的信息，制作者需要将产品最核心的卖点推到观众的面前，以最短的时间吸引住观众的注意力。这里推荐制作者到淘宝中去找同类商品的大卖家店铺，看这些卖家的商品是如何描述卖点的，十分有用。

不同的商品，卖点选取、卖点描述的顺序都是不一样的。图 22-17 所示为一款淘宝运动手环商品的宝贝详情页面，在最开始的位置就介绍了手环的屏幕优点，说明这是手环类商品的一大卖点，也是消费者重点关注的信息。手环商品属于电子产品，电子产品的目标消费人群确实最关心的是产品功能上的性能特点。而图 22-18 所示为淘宝一款销量靠前的蜂蜜商品的宝贝详情页，则介绍了商品的详情信息及产地品质。这说明购买蜂蜜的消费者最关心的是蜂蜜的品质，在详细了解蜂蜜的信息之前不会下购物决定。蜂蜜产品是食品，食品商品的演示文稿设计确实要从食品的品质介绍、产品、生产工艺等方面开展描述。

制作者了解了商品的卖点后，可以研究淘宝整个商品详情页面的信息分布，分析卖家们对商品卖点描述的先后顺序。例如，淘宝上某款游戏专

用笔记本电脑的卖点介绍顺序为：外观特点—适用人群—功能特点—打游戏的优势—32 色键盘—音响特点—CPU 特点—硬盘特点—散热器特点—视野特点—内存特点—配置参数表。有了这样的分析后，游戏笔记本电脑的产品营销推广类 PPT 的内容结构就可以参考这样的结构来分布。

图 22-17

图 22-18

22.1.3 精简文字描述

很多制作产品营销推广类 PPT 的制作者会将产品的优点用很多文字密密麻麻地写在幻灯片上，但是观众根本没有这个耐心一字一句地阅读。产品营销推广类 PPT 最好将产品最直接的优化、卖点文字进行提炼，用大号字放在页面中，一目了然。

关于文字描述，这里有两点建议：一是将最重要的卖点文字提取成小标题，放在最显眼的位置让观众看到，如图 22-19 所示，页面左上角的标题文字，就十分突出，毕竟是幻灯

片的标题；二是将重要的卖点文字提炼后以大字号、改变颜色放在页面中，如图 22-19 中页面右边的文字，十分显眼。

如图 22-20 所示，页面中的文字太多，没有重点，观众也没有耐心认真将文字读完。

图 22-19

图 22-20

建议产品营销推广类 PPT 的制作者首先进行文字内容提炼，再开始着手页面设计。如图 22-21 所示，面对一段产品描述文字，首先将重点文字标注出来，然后根据重点文字重新进行语言描述组合，得到提炼文字，再根据这些文字设计幻灯片页面就不会出现文字赘述的现象了。

图 22-21

22.2 使用母版设计主题

在本案例中将会制作 12 张幻灯片，从头到尾介绍展示产品潮流、市场份额和功能特点。由于整体主题样式和版式较为统一，因此，通过母版进行统一设计，就显得非常简洁和高效。具体操作步骤如下。

Step01 ❶ 新建一份空白演示文稿并将其保存为"产品营销推广"，进入【幻灯片母版】视图模式中，选择第 2 张母版，❷ 删除母版中的元素并在其上右击，在弹出的快捷菜单中选择【设置背景格式】命令，如图 22-22 所示。

图 22-22

Step02 打开【设置背景格式】任务窗格，❶ 在【填充】选项卡中选中【图片或纹理填充】单选按钮，❷ 单击【文件】按钮，如图 22-23 所示。

图 22-23

Step03 打开【插入图片】对话框，❶ 选择【背景】图片（光盘 \ 素材文件 \ 第 22 章 \ 背景 .png），❷ 单击【插入】按钮，如图 22-24 所示。

图 22-24

Step04 ❶ 选择【内容页母版】幻灯片，删除标题占位符外的占位符，❷ 设置标题文本占位符的字体、字号为【微软雅黑】，【26.7】，并将其加粗，如图 22-25 所示。

图 22-25

Step05 ❶ 重复第 01~03 步操作为幻灯片添加背景图片，❷ 将标题占位符移到合适的位置，如图 22-26 所示。

Step06 在文本占位符的左侧插入 3 个燕尾形状，并将其填充色设置为【白色】，边框线样式设置为【无】，将其高、宽分别设置为【0.9 厘米】和

【0.99 厘米】，如图 22-27 所示。

图 22-26

图 22-27

Step07 ❶ 在标题文本占位符的下面绘制一条白色的虚线，❷ 单击【关闭母版视图】按钮，如图 22-28 所示。

图 22-28

22.3 制作产品营销推广类 PPT 的封面页

产品营销推广类 PPT 的封面应该说明接下来要推广的产品是一款什么样的产品。在本案例中，封面页由两张幻灯片组成，第一张幻灯片说明了产品品牌及新品上市，第二张幻灯片展示了产品的功能组成。具体操作步骤如下。

Step01 将幻灯片中的标题和副标题占位符删除（系统自动应用母版样式），然后在其中插入等腰三角形，如图22-29所示。

图 22-29

Step02 打开【颜色】对话框，❶设置等腰三角形的填充颜色RGB值为【56，78，94】，❷单击【确定】按钮，如图22-30所示。

图 22-30

Step03 旋转等腰三角形并将其左侧与幻灯片左侧的对齐，如图22-31所示。

图 22-31

Step04 复制等腰三角形，将其高、宽分别调整为【17.9厘米】【17.21厘米】，并将图片（光盘\素材文件\第22章\图片1.jpg）作为填充，如图22-32所示。

图 22-32

Step05 在【设置图片格式】任务窗格的【填充线条】选项卡中取消选中【与形状一起旋转】复选框，让形状中图片竖直显示，符合视觉习惯，如图22-33所示。

图 22-33

Step06 在幻灯片右侧区域中绘制六边形，将其填充为白色，在其中分别添加【跃】【然】【上】【市】，并设置字体格式为【微软雅黑】【32】【加粗】，如图22-34所示。

Step07 继续在幻灯片中输入相应的文本并设置其字体格式，效果如图22-35所示。

Step08 新建【标题幻灯片】，在其中输入文本并设置字体格式，如图22-36所示。

Step09 绘制8个圆形形状，分别应用样式并分别输入文字，将它们以圆形方式排列，然后绘制白色虚线将它们

联系在一起，如图22-37所示。

图 22-34

图 22-35

图 22-36

图 22-37

Step10 插入图片（光盘\素材文件\第22章\图标1.png），调整【高度】

和【宽度】分别为【2.85厘米】和
【3.52厘米】，然后将其移到合适位
置，如图22-38所示。

Step⑪ 插入文本框，输入【XPC5】，
设置字体颜色为【红色】，【字体】
设置为【PmingLiU】，【字号】设
置为【24】，格式设置为【加粗】，
如图22-39所示。

图 22-38

图 22-39

22.4　制作产品营销推广类 PPT 的目录页

　　产品营销推广类演示文稿的目录设计需要站在观众的角度考虑，因为观众是被动接受内容，如何让观众愿意观看
这份演示文稿是制作者需要思考的问题。本案例中，目录打破常规，以问句的形式进行设计，引起观众的好奇。在本
案例中，目录页右上角需要添加品牌标志，这里不使用已经添加标志的母版，手动添加即可。具体操作步骤如下。

Step① ❶ 新建"标题幻灯片"，❷ 在
幻灯片中插入文本框，输入文字【目
录 content】，设置其字体为【微软雅
黑】，字体颜色设置为【白色】，然
后设置【目录】文本字号为【44】，
设置【content】字号为【24】，如图
22-40所示。

图 22-40

Step② 以同样的方法在幻灯片中插入
其他文本框，输入和设置其他需要的
目录内容文本，如图22-41所示。

Step③ 在合适位置绘制一个矩形并添
加【潮流趋势】文本，设置字体格式
为【微软雅黑】【24】【加粗】，如
图22-42所示。

Step④ ❶ 选择矩形，❷ 单击【绘图工
具 - 格式】选项卡中的【形状填充】
按钮右侧的下拉按钮▾，❸ 在弹出的
下拉列表中选择【取色器】选项，如

图22-43所示。

图 22-41

图 22-42

Step⑤ 将显示为 ✐ 形状的鼠标指针在
文本【01】上单击吸取颜色，作为矩
形形状的填充颜色，如图22-44所示。

Step⑥ 以同样的方法制作和设置其他
两个目录内容形状，效果如图22-45
所示。

图 22-43

图 22-44

图 22-45

22.5 制作产品营销推广类 PPT 的内容页

产品营销推广类 PPT 的内容应当用数据、真实图片、细节图片等内容全面展示产品的优点，让观众产生购买欲望。

22.5.1 制作市场份额的幻灯片

产品营销推广类 PPT 中，常常会通过产品在市场中的增量来说明产品受市场的欢迎程度。为了保证页面的美观程度，需要对图表进行设计。具体操作步骤如下。

Step01 ❶新建"标题和内容"幻灯片，❷在占位符中输入标题文本【01 潮流趋势——市场份额】，并设置字体格式，如图 22-46 所示。

图 22-46

Step02 单击【插入】选项卡中的【图表】按钮，如图 22-47 所示，打开【插入图表】对话框。

图 22-47

Step03 ❶选择【簇状柱形图】选项，❷单击【确定】按钮，如图 22-48 所示。

Step04 ❶在打开的【Microsoft Power Point 中的图表】对话框中输入对应数据，❷选择 C~D 列，并在其上右击，在弹出的快捷菜单中选择

【删除】命令将其删除，❸单击【关闭】按钮关闭对话框，如图 22-49 所示。

图 22-48

图 22-49

Step05 删除图表中的图表标题和横坐标标题，设置图表横坐标年份数字字体格式为【微软雅黑】【18】【深红】【加粗】，如图 22-50 所示。

图 22-50

Step06 ❶插入图标（光盘\素材文件\第 22 章\图标 2.png），❷单击【图片工具 - 格式】选项卡中的【更正】下拉按钮，❸在弹出的下拉列表中选择【亮度：0%(正常)；对比度：-40%】选项，如图 22-51 所示。

图 22-51

Step07 剪切插入并更正样式后的图片，在图表中选择数据系列，按【Ctrl+V】组合键粘贴，如图 22-52 所示。

图 22-52

Step08 在数据系列上双击鼠标，打开【设置数据系列格式】任务窗格，在【填充线条】选项卡中选中【层叠】单选按钮，然后关闭任务窗格，如图 22-53 所示。

Step09 调整图表宽度并将其移动到幻灯片水平居中的位置，如图 22-54 所示。

图 22-53

图 22-54

Step⑩ 分别在每一个数据系列的正上方，插入文本框并输入百分比数据，然后设置字体格式为【Open Sans】【18.7】【加粗】【白色】，如图 22-55 所示。

图 22-55

Step⑪ ❶ 新建"标题和内容"幻灯片，在占位符中输入标题文本【01潮流趋势——市场份额】，并设置字体格式，❷ 打开素材文件中有小人素材图标的 PPT 文件（光盘\素材文件\第 22 章\图标 3.pptx），将里面的小人复制 6 个到幻灯片中，调整小人的填充色的 RGB 值为【217，217，217】，调整小人的大小，如图 22-56 所示。

Step⑫ ❶ 选中页面中的小人，❷ 单击

【绘图工具 - 格式】选项卡【排列】组中的【对齐】按钮，❸ 在弹出的下拉菜单中选择【横向分布】选项，如图 22-57 所示，让图中的小人在水平方向上距离均等地分布。

图 22-56

图 22-57

Step⑬ ❶ 复制 5 个小人，调整好小人的大小，❷ 按照同样的方法调整好小人位置的水平距离，如图 22-58 所示。

图 22-58

Step⑭ ❶ 用同样的方法复制 4 个小人，设置小人的填充颜色为【深蓝】，并调整好位置和水平距离，❷ 调整小人的大小，如图 22-59 所示。

图 22-59

Step⑮ 复制 3 个小人到第二排，形状【高度】设置为【2.73 厘米】，形状【宽度】设置为【0.9 厘米】，复制两个小人到第三排，形状【高度】设置为【3.57 厘米】，形状【宽度】设置为【1.18 厘米】，复制一个小人到第四排，形状【高度】设置为【4.68 厘米】，形状【宽度】设置为【1.55 厘米】，如图 22-60 所示。

图 22-60

Step⑯ 在幻灯片右侧区域插入文本框，输入文字，将数字的颜色调整为【深红】，调整文字的格式，如图 22-61 所示。

图 22-61

Step⑰ 插入文本框，输入文字，数据颜色同样为【深红】，如图 22-62 所示。

图 22-62

22.5.2 制作展现产品硬件特点的幻灯片

展现产品硬件特点的页面，需要用多图的形式进行产品实拍图展示。在设计时需要注意图片、形状的对齐，否则页面会缺乏整齐性。具体操作步骤如下。

Step①① 新建"标题和内容"幻灯片，在占位符中输入标题文本【02 功能特点——硬件亮点】，并设置字体格式，如图 22-63 所示。

图 22-63

Step②② 插入素材图片（光盘\素材文件\第 22 章\图片 3.jpg、图片 4.jpg、图片 5.png），调整图片的大小，如图 22-64 所示。

Step③③ ❶ 选择任意图片，❷ 单击【图片工具 - 格式】选项卡中【删除背景】按钮，如图 22-65 所示。

Step④④ 调整删除背景图片区域，❶ 单击【背景消除】选项卡中的【标记要保留的区域】按钮，❷ 在图片中标记保留区域，如图 22-66 所示。

图 22-64

图 22-65

图 22-66

Step⑤⑤ 单击【保留更改】按钮删除图片指定区域背景，如图 22-67 所示。

图 22-67

Step⑥⑥ 保持图片选择状态，❶ 单击【快速样式】按钮，❷ 在弹出的下

拉菜单中选择【棱台亚光，白色】选项，如图 22-68 所示。

图 22-68

Step⑦⑦ 调整图片【高度】和【宽度】分别为【5.93 厘米】和【5.02 厘米】，如图 22-69 所示。

图 22-69

Step⑧⑧ 将图片移动到合适位置，并将其进行适当角度的旋转，如图 22-70 所示。

图 22-70

Step⑨⑨ 以同样的方法将其他两张图片进行类似的处理（去除背景、添加图片样式、移动位置和旋转角度），如图 22-71 所示。

Step⑩⑩ ❶ 绘制矩形并在其中输入文字，❷ 设置高度和宽度，如图 22-72 所示。

图 22-71

图 22-72

Step11 ❶ 应用形状样式【彩色轮廓 - 蓝色，强调颜色1】，❷ 单击【形状轮廓】按钮右侧的下拉按钮，❸ 在弹出的下拉列表中选择【无轮廓】选项取消形状边框，如图 22-73 所示。

图 22-73

Step12 设置形状内的文本字体格式为【微软雅黑】【18】【加粗】，旋转形状整体角度让它与图片倾斜角度一致，如图 22-74 所示。

Step13 用同样的方法制作和设置其他两张图片对应的形状文本说明，效果如图 22-75 所示。

Step14 ❶ 在幻灯片下方插入文本框并输入文字，❷ 调整文字的相应格式，如图 22-76 所示。

图 22-74

图 22-75

技术看板

图片上的说明形状高度可保持一致，宽度根据对应图片适当调整。同时，此处的形状也可用文本框代替。

图 22-76

22.5.3 制作文字展现产品特点的幻灯片

展现产品的特点，还可以通过提炼的文字进行布局后展示，前提是不要让文字在页面中显得枯燥，需要搭配上恰当的图形。具体操作步骤如下。

Step01 ❶ 新建"标题和内容"幻灯片，❷ 在占位符中输入标题文本【02功能特点——性能优点】，并设置字体格式，如图 22-77 所示。

图 22-77

Step02 绘制矩形，调整好矩形的大小，设置矩形填充颜色为【橙色，着色 2，深色 25%】，轮廓色为【白色，背景 1】，如图 22-78 所示。

图 22-78

Step03 以同样的方法制作和设计其他3个矩形并将它们放置在合适的位置，如图 22-79 所示。

图 22-79

Step04 绘制一个圆形，调整好大小，设置填充色为【白色，背景 1】，将圆形移到 4 个矩形相交的中心位置，如图 22-80 所示。

图 22-80

Step 05 复制圆形到矩形的 4 个角，如
图 22-81 所示。

图 22-81

技术看板

在幻灯片中移动对象时，系统会
自动显示智能参考线，借助它可快速
实现各种方式的对齐。

Step 06 将复制圆形的填充色设置为【蓝
色，着色 1】，然后插入文本框，输
入序号文字，设置文字颜色为【白
色】，设置文字的格式为【Arial Black】
【23】【加粗】，如图 22-82 所示。

图 22-82

Step 07 ❶ 插入 4 张素材图标（光盘\
素材文件\第 22 章\图标 4.png、图

标 5.png、图标 6.png、图标 7.png），
❷ 调整大小并将它们放置在对应的矩
形中，如图 22-83 所示。

图 22-83

技术看板

除了通过插入的方法外，用户也
可通过复制粘贴的方式将外部的图片
插入幻灯片中。

Step 08 ❶ 拖动选择插入和绘制的图形
图像，❷ 单击【绘图工具 - 格式】选
项卡中的【组合】按钮，❸ 在弹出
的下拉菜单中选择【组合】选项，如
图 22-84 所示。

图 22-84

Step 09 插入文本框，输入对产品功能
描述的文字，如图 22-85 所示。

图 22-85

22.5.4 制作形象展现产品性能的幻灯片

在本章开头讲解过，产品营销推
广类演示文稿中最好不要出现专业的
术语、参数描述。如果需要描述产品
的参数，可以使用形象的方式，让观
众明白这个参数是什么概念。本案例
中讲解计算机噪音参数时，就对比
了人们生活中不同场景的噪音参数，
让噪音参数表达更形象。具体操作
步骤如下。

Step 01 ❶ 新建"标题和内容"幻灯
片，在占位符中输入标题文本【02
功能特点 —— 超低噪音，安静办
公】，并设置字体格式，❷ 单击【形
状】下拉按钮，❸ 在弹出的下拉列
表中选择【曲线】选项，如图 22-86
所示。

图 22-86

Step 02 在页面中绘制一条位置从左
到右越来越高的曲线，如图 22-87
所示。

图 22-87

Step 03 曲线绘制完成后，进入顶点编
辑状态，调整顶点，如图 22-88 所示。

图 22-88

Step 04 设置曲线线条颜色为【青色】，【宽度】设置为【3磅】，如图 22-89 所示。

图 22-89

Step 05 在【效果】选项卡中设置曲线的阴影为【向下偏移】，如图 22-90 所示。

图 22-90

技术看板

若对阴影的偏移量不满意，可再对相应参数进行手动设置。

Step 06 ❶ 单击【形状】下拉按钮，❷ 在弹出的下拉列表中选择【泪滴形】选项，如图 22-91 所示。

Step 07 按住【Shift】键，在页面中绘制一个泪滴形状，如图 22-92 所示。

图 22-91

图 22-92

Step 08 调整泪滴形的大小并将其进行旋转，让泪滴形的尖角指向曲线，设置泪滴形的填充色为【橙色】，如图 22-93 所示。

图 22-93

技术看板

选择图形对象，并在其上右击，在弹出的快捷菜单中包含颜色填充功能，用户可在其中快速对图形的填充颜色和轮廓颜色进行设置。

Step 09 复制泪滴形到曲线不同的位置，设置第二个泪滴形的填充色为【暗红】，如图 22-94 所示。

图 22-94

Step 10 插入文本框，输入文字，完成这一页幻灯片的制作，如图 22-95 所示。

图 22-95

22.5.5 制作产品性能对比的幻灯片

在新品上市的宣传 PPT 中，为了展现新品的特点，需要将新品与旧品进行功能上的对比，突出产品的换代。具体的操作步骤如下。

Step 01 ❶ 新建"标题和内容"幻灯片，在占位符中输入标题文本【02 功能特点——第5代一体机品质】，并设置字体格式，❷ 单击【插入】选项卡中的【SmartArt】按钮，如图 22-96 所示。

图 22-96

333

Step02 打开【选择 SmartArt 图形】对话框，❶ 选择【组织结构图】选项，❷ 单击【确定】按钮，如图 22-97 所示。

图 22-97

Step03 ❶ 在 SmartArt 图形的右下角形状上右击，在弹出的快捷菜单中选择【添加形状】→【在后面添加形状】命令，❷ 选择助理形状，按【Delete】键删除，如图 22-98 所示。

图 22-98

Step04 ❶ 在 SmartArt 图形中输入对应的文本内容，❷ 设置字体格式，如图 22-99 所示。

图 22-99

Step05 调整 SmartArt 图形宽度，让形状中的文本内容单行显示，如图 22-100 所示。

Step06 统一调整 SmartArt 图形中形状【高度】为【2厘米】，如图 22-101 所示。

图 22-100

图 22-101

Step07 分别对各个形状进行颜色填充并添加轮廓边框，然后将整个 SmartArt 图形上移到合适位置，如图 22-102 所示。

图 22-102

Step08 在对应形状正下方插入文本框并输入相应的补充说明文字，完善整个 SmartArt 图形，如图 22-103 所示。

图 22-103

技术看板

SmartArt 图形中形状与形状之间间隔高度，不容易调整，有些甚至无法调整。用户若是想要更自由灵活制作和设计，这里可用形状进行替换。

22.5.6 制作产品细节展示的幻灯片

展示产品的细节，通常的做法是放一张产品大图＋细节图，或者是产品细节图，并对细节图加以文字说明。具体操作步骤如下。

Step01 ❶ 新建"标题和内容"幻灯片，在占位符中输入标题文本【03外观展示——外观一览】，并设置字体格式，❷ 插入图片（光盘＼素材文件＼第 22 章＼图片 6.png），如图 22-104 所示。

图 22-104

Step02 ❶ 调整图片大小，保持图片选择状态，❷ 单击【绘图工具 - 格式】选项卡中的【删除背景】按钮进入背景删除模式，如图 22-105 所示。

图 22-105

Step03 在【背景消除】选项卡中单击

【标记要保留的区域】按钮，如图
22-106 所示。

图 22-106

Step04 在要保留区域中拖动鼠标指针🖊标识，如图 22-107 所示。

图 22-107

Step05 当完成区域保留选择后，单击【保留更改】按钮，如图 22-108 所示。然后将图片移到合适位置。

图 22-108

Step06 单击【形状】下拉按钮，在弹出的下拉菜单中选择【连接符：肘形】，在合适位置绘制一根肘形线，如图 22-109 所示。

Step07 ❶设置肘形线的颜色为【红色】（RGB：233，97，81），❷设置肘形线线条【宽度】为【3磅】，样式如图 22-110 所示。

图 22-109

图 22-110

Step08 设置肘形线的【箭头末端类型】为【圆形箭头】，如图 22-111 所示。

图 22-111

Step09 以同样的方法制作和设置另外两根肘形线形状，效果如图 22-112 所示。

图 22-112

Step10 插入 3 张计算机的细节图片（光盘\素材文件\第 22 章\图片 7.jpg、图片 8.jpg、图片 9.jpg），如图 22-113 所示。

图 22-113

Step11 在对应位置插入文本框，输入细节图片描述文字，并设置统一格式（白色填充底纹；字体：微软雅黑、加粗；字号：18），完成第一页产品细节展示幻灯片，如图 22-114 所示。

图 22-114

Step12 ❶新建"标题和内容"幻灯片，在占位符中输入标题文本【03外观展示——细节展示】，并设置字体格式。❷绘制圆角矩形，调整大小，【宽度】和【高度】分别为【1.31厘米】【27.73厘米】，❸单击【绘图工具-格式】选项卡【形状样式】组中的【设置形状格式】按钮�548，打开【设置形状格式】窗格，如图 22-115 所示。

Step13 ❶在【填充线条】选项卡中选中【渐变填充】单选按钮，❷设置【角度】参数为【45°】，如图 22-116所示。

图 22-115

图 22-118

图 22-121

图 22-116

图 22-119

图 22-122

Step⑭ ❶ 在颜色条上选择左侧颜色滑块，❷ 单击【颜色】按钮右侧的下拉按钮，❸ 在弹出的【主题颜色】中选择【白色，背景1，深色25%】选项，如图 22-117 所示。

图 22-117

Step⑮ ❶ 单击【方向】按钮右侧的下拉按钮，❷ 在弹出的选项中选择【线性对角-左上到右下】选项，如图 22-118 所示。

Step⑯ ❶ 在【线条】下拉选项中单击【颜色】按钮右侧的下拉按钮，❷ 在弹出的【主题颜色】中选择【白色，背景1】选项，将矩形轮廓线更改为白色，如图 22-119 所示。

Step⑰ 在圆角矩形条上插入文本框，并添加相应的文字内容，如图 22-120 所示。

图 22-120

Step⑱ 插入图片（光盘\素材文件\第22章\图片 10.jpg、图片 11.jpg、图片 12.jpg、图片 13.jpg），统一高度和宽度，如图 22-121 所示。

Step⑲ 将图片移动到合适位置，如图 22-122 所示。

Step⑳ 按住【Shift】键将插入的图片全部选中，❶ 单击【快速样式】下拉按钮，❷ 在弹出下拉列表中选择【简单框架，白色】选项，如图 22-123 所示。

图 22-123

Step㉑ 插入并设置带有圆形端点执行形状将图片与对应文本连接，如图 22-124 所示。

图 22-124

22.5.7 制作产品营销推广类 PPT 尾页的幻灯片

产品营销推广类 PPT 的尾页需要点题，再次激发观众对产品的兴趣。因此建议配上产品使用时的场景图，增加观众的带入感。具体操作步骤如下。

Step 01 ❶ 单击【新建幻灯片】下拉按钮，❷ 在弹出的下拉列表中选择【标题幻灯片】选项，如图 22-125 所示。

图 22-125

Step 02 在幻灯片中绘制合适大小的矩形，将底纹颜色设置为【青色（RGB：81，157，146）】，如图 22-126 所示。

图 22-126

Step 03 插入文本框，输入文本【谢谢观赏】，并设置字体格式为【微软雅黑】【36】【加粗】【白色】，如图 22-127 所示。

Step 04 用同样的方法插入和设置【谢谢】文本框，如图 22-128 所示。

图 22-127

图 22-128

22.6 设计产品营销推广类 PPT 的播放效果

产品营销推广类 PPT 需要根据产品类型的不同设计播放效果。在本案例中的计算机产品属于科技产品，因此在设计播放效果时，要考虑有科技感的切换方式和动画。具体操作步骤如下。

Step 01 选择第一张幻灯片，选择【切换】选项卡，在【切换到此幻灯片】列表框中选择【库】动画选项，添加切换动画，如图 22-129 所示。

图 22-129

Step 02 单击【应用全部】按钮，将【库】切换动画应用到整个演示文稿中，如图 22-130 所示。

Step 03 ❶ 选择第一张幻灯片中的三角形状，❷ 在【动画】选项卡的【动画】列表框中选择【淡出】选项，如图 22-131 所示。

图 22-130

Step 04 ❶ 选择图片填充的等腰三角形形状，❷ 在【动画】下拉列表框中选择【更多进入效果】选项，如图 22-132 所示。

图 22-131

图 22-132

Step05 ❶在打开的【更改进入效果】对话框中选择【上浮】动画，❷单击【确定】按钮，如图 22-133 所示。

图 21-133

Step06 同时，❶选择两个文本框中的文字，❷设置【缩放】动画，如图 22-134 所示。

Step07 ❶选择【跃】【然】【上】【市】形状，❷设置【劈裂】动画，如图 22-135 所示。

图 22-134

图 22-135

Step08 按照同样的方法，为其他幻灯片中的对象添加和设置动画。图 22-136 所示为第 5 张幻灯片，同时选择图形，设置了【浮动】动画。

图 22-136

本章小结

本章通过对科技产品——台式一体机新品上市的营销推广类演示文稿制作的讲解，向读者呈现了制作营销宣传型演示文稿的整体制作思路。例如，如何把握产品卖点和设计，增强图片表现效果等方法。相信学完本章你能真正明白产品营销推广类 PPT 的不同之处和制作要点。

附　　录

附录 A　PowerPoint 十大必备快捷操作

熟练掌握 PowerPoint 快捷键可以更快速地制作幻灯片，大大地节约时间成本。下面的 PowerPoint 快捷键适用于 PowerPoint 2003、PowerPoint 2007、PowerPoint 2010、PowerPoint 2013、PowerPoint 2016 等版本。

一、幻灯片操作快捷键

快捷键	作用	快捷键	作用
Enter 或 Ctrl+M	新建幻灯片	Delete	删除选择的幻灯片
Ctrl+D	复制选定的幻灯片	Shift+F10+H	隐藏或取消隐藏幻灯片
Shift+F10+A	新增幻灯片节	Shift+F10+S	发布幻灯片

二、幻灯片编辑快捷键

快捷键	作用	快捷键	作用
Ctrl+T	小写或大写之间更改字符格式	Shift+F3	更改字母大小写
Ctrl+B	应用粗体格式	Ctrl+U	应用下画线
Ctrl+I	应用斜体格式	Ctrl+=	应用上标格式
Ctrl+Shift++	应用下标格式	Ctrl+E	居中对齐段落
Ctrl+J	使段落两端对齐	Ctrl+L	使段落左对齐
Ctrl+R	使段落右对齐		

三、在幻灯片文本或单元格中移动的快捷键

快捷键	作用	快捷键	作用
←	向左移动一个字符	→	向右移动一个字符
↑	向上移动一行	↓	向下移动一行
Ctrl+ ←	向左移动一个字词	Ctrl+ →	向右移动一个字词
End	移至行尾	Home	移至行首
Ctrl+ ↑	向上移动一个段落	Ctrl+ ↓	向下移动一个段落
Ctrl+End	移至文本框的末尾	Ctrl+Home	移至文本框的开头

四、幻灯片对象排列的快捷键

快捷键	作用	快捷键	作用
Ctrl+G	组合选择的多个对象	Shift+F10+R+Enter	将选择的对象置于顶层
Shift+F10+F+Enter	将选择的对象上移一层	Shift+F10+K+Enter	将选择的对象置于底层
Shift+F10+B+Enter	将选择的对象下移一层	Shift+F10+S	将所选对象另存为图片

五、调整 SmartArt 图形中的形状

快捷键	作用	快捷键	作用
Tab	选择 SmartArt 图形中的下一元素	Shift+ Tab	选择 SmartArt 图形中的上一元素

快捷键	作用	快捷键	作用
↑	向上微移所选的形状	↓	向下微移所选的形状
←	向左微移所选的形状	→	向右微移所选的形状
Enter 或 F2	编辑所选形状中的文字	Delete 或 Backpace	删除所选的形状
Ctrl+ →	水平放大所选的形状	Ctrl+ ←	水平缩小所选的形状
Shift+ ↑	垂直放大所选的形状	Shift+ ↓	垂直缩小所选的形状
Alt+ →	向右旋转所选的形状	Alt+ ←	向左旋转所选的形状

六、显示辅助工具和功能区快捷键

快捷键	作用	快捷键	作用
Ctrl+F1	折叠功能区	Shift+F9	显示 / 隐藏网格线
Alt+F9	显示 / 隐藏参考线	Alt+F10	显示选择窗格
Alt+F5	显示演示者视图	F10	显示功能区标签快捷键

七、浏览 Web 演示文稿的快捷键

快捷键	作用	快捷键	作用
Tab	在 Web 演示文稿中的超链接、地址栏和链接栏之间进行正向切换	Shift+Tab	在 Web 演示文稿中的超链接、地址栏和链接栏之间进行反向切换
Enter	对所选的超链接执行"单击"操作	Space	转到下一张幻灯片

八、多媒体操作快捷键

快捷键	作用	快捷键	作用
Alt+Q	停止媒体播放	Alt+P	在播放和暂停之间切换
Alt+End	转到下一个书签	Alt+Home	转到上一个书签
Alt+ ↑	提高声音音量	Alt+ ↓	降低声音音量
Alt+U	静音		

九、幻灯片放映快捷键

快捷键	作用	快捷键	作用
F5	从头开始放映演示文稿	Shift + F5	从当前幻灯片开始放映
Ctrl+F5	联机演示演示文稿	Esc	结束演示文稿放映

十、控制幻灯片放映的快捷键

快捷键	作用	快捷键	作用
N、Enter、Page Down、→、↓ 或 Space	执行下一个动画或前进到下一张幻灯片	P、Page Up、←、↑ 或 Space number+Enter	执行上一个动画或返回到上一张幻灯片 转到幻灯片 number
B 或句号	显示空白的黑色幻灯片，或者从空白的黑色幻灯片返回到演示文稿	W 或逗号	显示空白的白色幻灯片，或者从空白的白色幻灯片返回到演示文稿

续表

快捷键	作用	快捷键	作用
E	擦除屏幕上的注释	H	转到下一张隐藏的幻灯片
T	排练时设置新的排练时间	O	排练时使用原排练时间
M	排练时通过单击前进	R	重新记录幻灯片旁白和计时
A 或 =	显示或隐藏箭头指针	Ctrl+P	将指针更改为笔形状
Ctrl+A	将指针更改为箭头	Ctrl+E	将指针更改为橡皮擦形状
Ctrl+M	显示或隐藏墨迹标记	Ctrl+H	立即隐藏指针和【导航】按钮

附录 B　PPT 2013 实战案例索引表

一、软件功能学习类

实例名称	所在页	实例名称	所在页	实例名称	所在页
实战：在快速访问工具栏中添加或删除快捷操作按钮	89	实战：更改"企业介绍"幻灯片版式	109	实战：为"市场拓展策划方案"设置段落分栏	129
实战：将功能区中的按钮添加到快速访问工具栏中	89	实战：纯色填充"电话礼仪培训"幻灯片	110	实战：在"年终工作总结"中插入艺术字	130
实战：在选项卡中添加工作组	90	实战：渐变填充"电话礼仪培训1"幻灯片	111	实战：设置"年终工作总结"艺术字文本的填充效果	130
实战：显示 / 隐藏功能区	91	实战：图片填充"电话礼仪培训2"幻灯片	111	实战：设置"年终工作总结"艺术字文本轮廓	131
实战：注册并登录 Microsoft 账户	92	实战：纹理填充"电话礼仪培训3"幻灯片	112	实战：设置"年终工作总结"艺术字文本效果	132
实战：退出当前 Microsoft 账户	93	实战：图案填充"电话礼仪培训4"幻灯片	112	实战：在"着装礼仪培训"中插入计算机中保存的图片	137
实战：打开计算机中保存的演示文稿	99	实战：在占位符中输入文本	117	实战：在"着装礼仪培训"中插入联机图片	138
实战：打开 OneDrive 中的演示文稿	99	实战：通过文本框输入宣传口号文本	117	实战：在"着装礼仪培训"中插入屏幕截图	138
实战：另存为"公司简介"演示文稿	100	实战：通过大纲窗格输入宣传要求文本	118	实战：在"着装礼仪培训"中调整图片的大小和位置	139
实战：将"公司简介"演示文稿保存到 OneDrive 中	101	实战：在幻灯片中复制和移动文本	119	实战：对"着装礼仪培训"中的图片进行裁剪	140
实战：密码保护"财务报告"演示文稿	101	实战：查找和替换公司名称文本	120	实战：对"婚庆用品展"中的图片进行旋转	141
实战：将"公司简介"演示文稿标记为最终状态	102	实战：设置"工程招标方案"字体格式	122	实战：对"婚庆用品展"的中图片进行对齐排列	142
实战：新建幻灯片	104	实战：设置"工程招标方案"字符间距	124	实战：对"婚庆用品展"中的图片进行更改	143
实战：移动和复制幻灯片	105	实战：设置"市场拓展策划方案"段落对齐方式	124	实战：更正"产品宣传画册"中图片的亮度 / 对比度	143
实战：使用"节"管理幻灯片	106	实战：设置"市场拓展策划方案"段落缩进和间距	125	实战：调整"产品宣传画册"中图片的颜色	144
实战：重用幻灯片	107	实战：为"市场拓展策划方案"添加项目符号	127	实战：为"产品宣传画册"中的图片应用样式	145
实战：自定义"企业介绍"幻灯片大小	108	实战：为"市场拓展策划方案"添加编号	128	实战：为"婚庆用品展1"中的图片添加边框	145

续表

二、商务办公实战类

附录 C PPT 2013 功能及命令应用索引表

一、【文件】选项卡

命令	所在页	命令	所在页	命令	所在页
信息 > 用密码进行加密	101	另存为 > 计算机	100	导出 > 将演示文稿打包成 CD	249
信息 > 标记为最终状态	102	另存为 > OneDrive- 个人	101	导出 > 创建视频	249
信息 > 转换	115	打印 > 打印版式	251	导出 > 创建 PDF/XPS 文档	250
新建 > 新建空白演示文稿	97	打印 > 打印所选幻灯片	252	导出 > 更改文件类型	251
新建 > 根据联机模板新建	97	打印 > 自定义打印范围	253	导出 > 创建讲义	258
新建 > 根据主题新建	98	打印 > 幻灯片边框	254	账户 > 登录	92
打开 > 计算机	99	打印 > 灰色打印	255	账户 > Office 背景	93
打开 > OneDrive	99	共享 > 邀请他人	245	账户 > 注销	93
打开 > 以只读方式打开	114	共享 > 电子邮件	246	选项 > 自定义功能区	94
打开 > 以副本方式打开	114	共享 > 联机演示	247	选项 > 自动保存	113
打开 > 在受保护的视图中打开	115	共享 > 发布幻灯片	248		
关闭	100	共享 > 获取共享链接	254		

二、【开始】选项卡

命令	所在页	命令	所在页	命令	所在页
◆ "剪贴板" 组		新建幻灯片 > 幻灯片 (从大纲)	258	字体 > 上标 / 下标	134
复制	105	节 > 新增节	106	字体颜色	123
粘贴	105	节 > 重命名	106	更改大小写	123
粘贴 > 使用目标主题和嵌入工作簿		幻灯片版式	109	字符间距	124
剪切	105	◆ "字体" 组		◆ "段落" 组	
格式刷	135	字体	122	居中	124
◆ "幻灯片" 组		字号	122	右对齐	125
新建幻灯片	104	加粗	122	左对齐	125
新建幻灯片 > 新建指定版式	104	文字阴影	122	段落 > 缩进和间距	125
新建幻灯片 > 重用幻灯片	107	倾斜	123	行距	126
项目符号	127	转换为 SmartArt	165	替换 > 替换字体	136
编号	128	◆ "编辑" 组		选择 > 全选	103
分栏	129	查找	120		
文字方向	135	替换	121		

三、【插入】选项卡

命令	所在页	命令	所在页	命令	所在页
◆ "表格" 组		表格 > 绘制表格	169	图片	137
表格	168	表格 > Excel 电子表格	260	联机图片	138
表格 > 插入表格	168	◆ "图像" 组		屏幕截图	138

续表

命令	所在页	命令	所在页	命令	所在页
相册	148	超链接>链接到其他文件	209	对象>由文件新建	256
相册>编辑相册	149	超链接>链接到网站	210	对象>新建	257
◆ "插图"组		超链接>链接到电子邮件	211	◆ "符号"组	
形状	153	动作	214	公式	133
形状>动作按钮	213	◆ "文本"组		符号	134
SmartArt	160	文本框	117	◆ "媒体"组	
图表	178	文本框>竖排文本框	118	音频>PC上的音频	203
◆ "链接"组		艺术字	130	音频>录制音频	204
超链接>本文档中的位置	209	页眉和页脚	191	视频>PC上的视频	206

四、【设计】选项卡

命令	所在页	命令	所在页	命令	所在页
◆ "主题"组		变体>颜色	187	幻灯片大小>自定义幻灯片大小	108
主题样式	186	变体>字体	187	设置背景格式>纯色填充	110
主题>保存当前主题	188	变体>字体>自定义字体	188	设置背景格式>渐变填充	111
主题>浏览主题	200	变体>颜色>自定义颜色	212	设置背景格式>图片填充	111
◆ "变体"组		◆ "自定义"组		设置背景格式>图案填充	112
变体	187	幻灯片大小	108	设置背景格式>纹理填充	112

五、【切换】选项卡

命令	所在页	命令	所在页
◆ "预览"组		◆ "计时"组	
预览	219	持续时间	220
◆ "切换到此幻灯片"组		设置自动换片时间	221
切换效果	219	声音	221
效果选项	220	全部应用	220

六、【动画】选项卡

命令	所在页	命令	所在页	命令	所在页
◆ "预1览"组		◆ "高级动画"组		◆ "计时"组	
预览	223	添加动画	223	开始	229
◆ "动画"组		动画窗格	227	持续时间	229
动画样式	222	触发	230	延迟	229
动画>自定义路径	224	动画刷	231	向前移动	229
效果选项	227			向后移动	229

七、【幻灯片放映】选项卡

命令	所在页	命令	所在页
◆ "开始放映幻灯片" 组		设置幻灯片放映	235
从头开始	238	隐藏幻灯片	236
从当前幻灯片开始	238	排练计时	236
自定义幻灯片放映	239	录制幻灯片演示	237
◆ "设置" 组		录制幻灯片演示 > 清除	243

八、【视图】选项卡

命令	所在页	命令	所在页	命令	所在页
◆ "演示文稿视图" 组		◆ "显示" 组		显示比例	94
大纲视图	118	网格线	91	◆ "窗口" 组	
◆ "母版视图" 组		◆ "显示比例" 组		新建窗口	113
幻灯片母版	189	适应窗口大小	94	切换窗口	115

九、【图片工具 / 格式】选项卡

命令	所在页	命令	所在页	命令	所在页
◆ "调整" 组		◆ "图片样式" 组		对齐	142
更正 > 亮度 / 对比度	143	图片样式	145	组合	152
删除背景	150	图片边框	145	◆ "大小" 组	
颜色	144	图片效果	146	高度	139
颜色 > 设置透明色	150	图片版式	147	裁剪	140
艺术效果	147	◆ "排列" 组		裁剪 > 裁剪为形状	150
更改图片	143	上移一层	141		
重设图片	143	旋转	141		

十、【绘图工具 / 格式】选项卡

命令	所在页	命令	所在页	命令	所在页
◆ "插入形状" 组		形状轮廓	158	文本轮廓	131
合并形状	155	形状效果	159	文本效果	132
编辑形状 > 编辑顶点	164	◆ "艺术字样式" 组		◆ "排列" 组	
◆ "形状样式" 组		文本填充 > 纯色	130	下移一层	154
形状样式	156	文本填充 > 渐变	130		
形状填充	157	文本填充 > 纹理	131		

十一、【SmartArt 工具 / 设计】选项卡

命令	所在页	命令	所在页	命令	所在页
◆ "创建图形"组		◆ "布局"组		◆ "重置"组	
文本窗格	160	更改布局	163	转换	166
添加形状	161	◆ "SmartArt 样式"组		重设图形	167
降级	162	SmartArt 样式	163		
布局	162	更改颜色	164		

十二、【表格工具 / 设计】选项卡

命令	所在页	命令	所在页	命令	所在页
◆ "表格样式"组		底纹	176	笔颜色	183
表格样式	174	1 "绘制边框"组		效果	176
边框	175	笔画粗细	175	橡皮擦	169
边框 > 斜下框线	182	笔样式	175	绘制表格	169

十三、【表格工具 / 布局】选项卡

命令	所在页	命令	所在页	命令	所在页
◆ "行和列"组		◆ "单元格大小"组		垂直居中	174
删除	170	高度	171	◆ "表格尺寸"组	
在下方插入	171	分布行	181	高度	182
◆ "合并"组		分布列	181	宽度	182
合并单元格	172	◆ "对齐方式"组			
拆分单元格	173	居中	174		

十四、【图表工具 / 设计】选项卡

命令	所在页	命令	所在页
◆ "图表布局"组		◆ "数据"组	
添加图表元素	180	编辑数据	179
◆ "图表样式"组		选择数据	179
图表样式	180	◆ "类型"组	
更改颜色	181	更改图表类型	179

十五、【幻灯片母版】选项卡

命令	所在页	命令	所在页	命令	所在页
◆ "编辑母版"组		◆ "母版版式"组		◆ "背景"组	
插入幻灯片母版	192	插入占位符	201	背景样式	189
插入版式	192	◆ "编辑主题"组		◆ "关闭"组	
重命名	193	主题	201	关闭母版视图	190
删除	194				

十六、【音频工具 / 播放】选项卡

命令	所在页	命令	所在页
◆ "编辑"组		开始	205
剪裁音频	204	跨幻灯片播放	205
◆ "音频选项"组		循环播放，直到停止	205
音量	205	放映时隐藏	205

十七、【视频工具 / 播放】选项卡

命令	所在页	命令	所在页	命令	所在页
◆ "书签"组		剪裁视频	207	◆ "视频选项"组	
添加书签	208	淡入	207	音量	207
◆ "编辑"组		淡出	207	全屏播放	207

十八、【视频工具 / 格式】选项卡

命令	所在页	命令	所在页
◆ "调整"组		◆ "视频样式"组	
标牌框架 > 文件中的图像	218	视频样式	208
标牌框架 > 当前帧	219	视频形状	208
		视频效果	208

技巧 1 日常事务记录和处理

面对繁忙的工作、杂乱的事务，很多时候都会忙得不可开交，甚至是一团乱麻。一些工作或事务就会很"自然"地被遗忘，往往带来不必要的麻烦和后果。这时，用户可采用一些实用的日常事务记录和处理技巧。

PC 端日常事务记录和处理

1. 便笺附件

便笺是 Windows 程序中自带的一个附件程序，小巧轻便。用户可直接启用它来记录日常的待办事项或重要事务，其具体操作步骤如下。

Step01 单击"开始"按钮 ，❶ 单击"所有程序"菜单项，❷ 单击"附件"文件夹，❸ 在展开的选项中选择"便笺"程序选项，操作过程如下图所示。

Step02 系统自动在桌面的右上角添加一个新的便笺，❶ 用户在其中输入

第一条事项，❷ 单击 + 按钮，❸ 新建空白便签，在其中输入相应的事项，操作过程如下图所示。

2. 印象笔记

印象笔记（EverNote）是较为常用的一款日常事务记录与处理的程序，供用户添加相应的事项并按指定时间进行提醒（用户可在相应网站进行下载，然后将其安装到电脑中才能使用）。其具体操作如下。

Step01 ❶ 在桌面上双击印象笔记的快捷方式将其打开，❷ 单击 "登录" 按钮展开用户注册区，❸ 输入注册的账户和密码，❹ 单击 "登录" 按钮，操作过程如下图所示。

Step02 ❶ 单击 "新建笔记" 按钮，打开 "印象笔记" 窗口，❷ 在文本框中输入事项，❸ 单击 "添加标签" 超链接，操作过程如下图所示。

Step03 ❶ 在出现的标签文本框中输入第一个便签，单击出现的"添加标签"超链接进入其编辑状态，❷ 输入第二个标签，操作过程如下图所示。

Step04 ❶ 单击 ▼ 按钮，❷ 在弹出下拉列表选项中选择"提醒"选项，❸ 在弹出的面板中选择"添加日期"命令，操作过程如下图所示。

Step05 在弹出的日期设置器中，❶ 设置提醒的日期，如这里设置为"2017年1月5日13:19:00"，❷ 单击"关闭"按钮，返回到主窗口中即可查看到添加笔记，操作过程及效果如下图所示。

3. 滴答清单

滴答清单是一款基于 GTD 理念设计的跨平台云同步的待办事项和任务提醒程序，用户可在其中进行任务的添加，并让其在指定时间进行提醒。如下面新建"工作"清单，并在其中添加一个高优先级的"选题策划"任务为例，其具体操作步骤如下。

Step 01 启动"滴答清单"程序，❶ 单击 ☰ 按钮，❷ 在展开的面板中单击"添加清单"超链接（若用户不需要对事项进行分类，可在直接"所有"窗口中进行任务事项的添加设置），操作过程如下图所示。

Step 02 ❶ 在打开的清单页面中输入清单名称，如这里输入"工作"，❷ 单击相应的颜色按钮，❸ 单击"保存"按钮，❹ 在打开的任务窗口输入具体任务，❺ 单击 ▦ 按钮，操作过程如下图所示。

Step03 ❶ 在日历中设置提醒的日期，如这里设置为 2017 年 1 月 6 日，❷ 单击"设置时间"按钮，❸ 选择小时数据，滚动鼠标滑轮调节时间，❹ 单击"准时"按钮，操作过程如下图所示。

Step04 ❶ 在弹出的时间提醒方式选择相应的选项，❷ 单击"确定"按钮，❸ 返回到主界面中单击"确定"按钮，操作过程如下图所示。

教您一招：设置重复提醒（重复事项的设置）

在设置时间面板中单击"设置重复"按钮，在弹出的面板中选择相应的重复项。

Step 05 ❶ 单击 ⋮⋮⋮ 按钮，❷ 在弹出的下拉选项中选择相应的级别选项，如这里选择"高优先级"选项，按【Enter】键确认并添加任务，❸ 在任务区中即可查看到新添加的任务（要删除任务，可其选择后，在弹出区域的右下角单击"删除"按钮 🗑 ），操作过程和效果如下图所示。

移动端在日历中添加日程事务提醒

日历在大部分手机上都默认安装存在，用户可借助于该程序来轻松地记录一些事项，并让其自动进行提醒，其具体操作步骤如下。

Step 01 打开日历，❶ 点击要添加事务的日期，进入到该日期的编辑页面，❷ 点击 按钮添加新的日程事务，❸ 在事项名称文本框中输入事项名称，如这里输入"拜访客户"，❹ 设置开始时间，操作过程如下图所示。

Step 02 ❶ 选择"提醒"选项，❷ 在弹出的选项中选择提醒发生时间选项，如这里选择"30 分钟前"选项，❸ 点击"添加"按钮，操作过程如下图所示。

技巧 2 时间管理

要让工作生活更加有节奏、做事效率更高，效果更好。不至于总是处于"瞎忙"状态，大家可尝试进行一些常用的时间管理技巧并借用一些时间管理的小程序，如番茄土豆、doit.im、工作安排的"两分法"等，下面分别进行介绍。

PC 端时间管理

1. 番茄土豆

番茄土豆是一个结合了番茄（番茄工作法）与土豆（To-do List）的在线工具，它能帮助大家更好地改进工作效率，减少工作时间，其具体操作步骤如下。

Step 01 启动"番茄土豆"程序，❶ 在"添加新土豆"文本框中输入新任务名称，如这里输入"网上收集时间管理小程序"，❷ 单击"开始番茄"按钮，❸ 系统自动进入 25 分钟的倒计时，操作过程及效果如下图所示。

Step 02 一个番茄土豆的默认工作时长是 25 分钟，中途休息 5~15 分钟，用户可根据自身的喜好进行相应的设置，其方法为：❶ 单击"设置"按

钮 ⚙ ，❷ 在弹出的下拉选项中选择"偏好设置"选项，打开"偏好设置"
对话框，❸ 单击"番茄相关"选项卡，❹ 设置相应的参数，❺ 单击"关
闭"按钮，如下图所示。

2. doit.im

doit.im 采用了优秀的任务管理理念，也就是 GTD 理念，有条
不紊地组织规划各项任务，轻松应对各项庞大繁杂的工作。下面以
添加上午工作时间管理为例，其具体操作步骤如下。

Step 01 启动"doit.im"程序，❶ 在打开的登录页面中输入账户和
密码（用户在 https://i.doitim.com/register 网址中进行注册），
❷ 选中"中国"单选按钮，❸ 单击"登录"按钮，❹ 在打开的页面中
根据实际的工作情况设置各项参数，❺ 单击"好了，开始吧"按钮，操
作过程如下图所示。

Step02 进入到 doit.im 主界面，❶ 单击"新添加任务"按钮，打开新建任务界面，❷ 在"标题"文本框中输入任务名称，❸ 在"描述"文本框中输入任务的相应说明内容，❹ 取消选中"全天"复选框，❺ 单击左侧的 🕐 按钮，在弹出下拉选项中选择"今日待办"选项，在右侧选择日期并设置时间，操作过程如下图所示。

Step03 ❶ 在截至日期上单击，❷ 在弹出的日期选择器中设置工作截至时间，❸ 在情景区域上单击，❹ 在弹出的下拉选项中选择工作任务进行的场所，如这里选择"办公室"选项，❺ 单击"保存"按钮，操作过程如下图所示。

3. 工作安排的"两分法"

要让一天的时间变得更加有效率，除了对任务时间进行有效的安排和规划外，大家还可以对工作进行安排，从而让时间用到"刀刃上"，让时间的"含金量"更多。

工作安排的两分法分为两部分：一是确定工作制作时间，是否

11

必须是当天完成，是否需要他人协作；二是明确该工作是否必须自己来完成，是否可以交给其他人员或团队来完成，从而把时间安排到其他的工作任务中。

在工作安排两分法中，若是工作紧急情况较高，通常要由多人协作来快速完成。对于非常重要的任务一般不设置完成期限。对于一些不重要或是他人可待办的事务，可分配给相应人员，从而有更多时间用于完成其他工作任务。

4. 管理生物钟

对于那些精力容易涣散，时间观念不强的用户而言，管理生物钟将会是非常有帮助的时间管理术。用户大体可以按照以下几个方面来执行。

(1) 以半个小时为单位，并将这些时间段记录下来，如 8:00-8:30、8:31-9:00。

(2) 为每一时间段，安排要完成的任务。

(3) 在不同时间段，询问自己在这个时间段应该做什么，实际在做什么。

(4) 制定起床和睡觉的时间。并在睡觉前的一小段时间将明天的工作进行简要规划和安排。

(5) 在当天上班前，抽出半个小时左右回顾当天的工作日程。

(6) 找出自己工作效率、敏捷度、状态最好和最差的时间。并将重要和紧急的任务安排在自己效率最好、敏捷度和状态最好的时刻。

| 教您一招：早起的 4 个招数 |

早起对于一些人而言是不容易的，甚至是困难的，这里介绍让自己早起的 4 个小招数。

① 每天保持在同一时间起床。

② 让房间能随着太阳升起变得"亮"起来。

③ 起床后喝一杯水，然后尽快吃早饭，唤醒肚子中的"早起时钟"。

④ 按时睡觉，在睡觉前不做自己兴奋的事情，如看电视、玩游戏、听动感很强的音乐等。

移动端时间管理

1. 利用闹钟进行时间提醒

手机闹钟是绝大部分手机都有的小程序，除了使用它作为起床闹铃外，用户还可以将其作为时间管理的一款利器，让它在指定时间提醒自己该做什么事情，以及在该点是否将事项完成等。如使用闹铃提示在 15 点 03 分应该完成调研报告并上交，其具体操作步骤为：打开闹钟程序，❶ 点击➕按钮进入添加闹钟页面，❷ 设置闹铃提醒时间，❸ 选择"标签"选项，进入标签编辑状态，❹ 输入标签，点击"完成"按钮，❺ 返回到"添加闹钟"页面中点击"存储"按钮保存当前闹钟提醒方案，如下图所示。

2. 借用"爱今天"管理时间

"爱今天"是一款以一万小时天才理论为主导的安卓时间管理软件，能够记录用户花费在目标上的时间，保持对自己时间的掌控，知道时间都去哪儿了，从而更加高效地利用时间。下面以添加的投资项"调研报告"为例，其具体操作步骤如下。

Step01 打开"爱今天"程序，❶ 点击"投资"项的▶按钮，❷ 在打开的"添加目标"页面中点击"添加"按钮，❸ 进入项目添加页面中，输入项目名称，操作过程如下图所示。

Step 02 ❶ 点击"目标"选项卡，❷ 点击"级别"项后的"点击选择"按钮，❸ 在打开的页面中选择"自定义"选项，❹ 在打开的"修改需要时间"页面中输入时间数字，如这里设置修改时间为"9"，❺ 点击"确定"按钮，操作过程如下图所示。

Step 03 ❶ 点击"期限"项后的"点击选择"按钮，❷ 在弹出的日期选择器中选择当前项目的结束日期，点击"确定"按钮，程序自动将每天的时间进行平均分配，❸ 点击"保存"按钮，操作过程如下图所示。

| 教您一招: 执行项目 |::::::

　　新建项目后, 要开始按计划进行, 可单击目标项目后的▶按钮, 程序自动进行计时统计。

技巧 3 邮件处理

　　邮件处理在办公事务中或私人事务中都会经常涉及。这里介绍一些能让邮件处理变得简单、轻松、快速和随时随地的方法技巧。

PC 端日常事务记录和处理

1. 邮件处理利器

　　邮件处理程序有很多, 如 Outlook、Foxmail、网页邮箱等, 用户可借助这些邮件处理利器来对邮件进行轻松处理。下面以 Outlook 为例进行邮件多份同时发送为例 (Office 中自带的程序),

其具体操作步骤为：启动 Outlook 程序，❶ 单击"新建电子邮件"按钮，进入发送邮件界面，❷ 在"收件人"文本框中输入相应的邮件地址（也可以是单一的），❸ 在"主题"文本框中输入邮件主题，❹ 在邮件内容文本框中输入邮件内容，然后单击"发送"按钮即可，如下图所示。

| 教您一招：发送附件 |

要发送一些文件，如报表、档案等，用户可❶ 单击"添加文件"下拉按钮，❷ 在弹出的下拉列表中选择"浏览此电脑"命令，❸ 在打开的对话框中选择要添加的附件文件，❹ 单击"插入"按钮，最后发送即可，如下图所示。

2. TODO 标记邮件紧急情况

收到邮件后，用户可根据邮件的紧急情况来对其进行相应的标记，如用 TODO 来标记邮件，表示该邮件在手头工作完成后立即处

理，其具体操作步骤为：❶ 选择"收件箱"选项，在目标邮件上右击，
❷ 在弹出的快捷菜单中选择"后续标志"命令，❸ 在弹出的子菜单
命令中选择"添加提醒"命令，打开"自定义"对话框，❹ 在"标志"
文本框中输入"TODO"，❺ 设置提醒日期和时间，❻ 单击"确定"
按钮，如下图所示。

温馨提示

　　我们收到的邮件，不是全天候都有，有时有，有时没有。除了那
些特别重要或紧急的邮件进行及时回复外，其他邮件，我们可以根据邮
件的多少来进行处理：如果邮件的总量小于当前工作的 10%，可立即处
理。若大于 10% 则可在指定时间点进行处理，也就是定时定点。

3. 4D 邮件处理法

收到邮件后，用户可采取 4 种处理方法：行动（DO）或答复、
搁置（Defer）、转发（Delegate）和删除（Delete）。下面分别进
行介绍。

- 行动：对于邮件中重要的工作或事项，可以立即完成的，用
  户可立即采取行动（小于当前工作量的 10%），如对当前邮
  件进行答复（其方法为：打开并查看邮件后，❶ 单击"答复"
  按钮，❷ 进入答复界面，❸ 输入答复内容，❹ 单击"答复"
  按钮）。

- 搁置：对于那些工作量大于当前工作量 10% 的邮件，用户可以将其暂时放置，同时可使用 TODO 标记进行提醒。
- 转发：对于那些需要处理，同时他人处理会更加合适或效率更高的邮件，用户可将其进行转发（❶ 选择目标邮件，❷ 单击"转发"按钮，❸ 在回复邮件界面中输入收件人邮箱和主题，❹ 单击"发送"按钮），如下图所示。

- 删除：对于那些只是传达信息或垃圾邮件，可直接将其删除，其方法为：选择目标邮件，单击"删除"按钮，如下图所示。

移动端邮件处理

1. 配置移动邮箱

当用户没有使用电脑时，为了避免重要邮件不能及时查阅和处理，用户可在移动端配置移动邮箱。下面以在手机上配置的移动 Outlook 邮箱为例进行介绍，其具体操作步骤如下。

Step 01 在手机上下载并安装启动 Outlook 程序，❶ 点击"请通知我"按钮，❷ 在打开页面中输入 Outlook 邮箱，❸ 点击"添加账户"按钮，❹ 打开"输入密码"页面，输入密码，❺ 点击"登录"按钮，如下图所示。

Step 02 在打开的页面中，❶ 点击"是"按钮，❷ 在打开页面中点击"以后再说"按钮，如下图所示。

2. 随时随地收发邮件

在移动端配置邮件收发程序后，系统会自动接收邮件，用户只需对邮件进行查看即可。然后发送邮件，则需要用户手动进行操作。下面以在手机端用 Outlook 程序发送邮件为例进行介绍，其具体操作步骤为：启动 Outlook 程序，❶ 点击 按钮进入"新建邮件"页面，❷ 分别设置收件人、主题和邮件内容，❸ 点击 按钮，如下图所示。

技巧 4 垃圾清理

用户在使用计算机或移动端的过程中都会产生大量的垃圾，会占用设备内存和移动磁盘空间，导致其他文件放置空间减少，甚至使设备反映变慢，这时需要用户手动进行清理。

PC 端垃圾清理

1. 桌面语言清理系统垃圾

设备运行的快慢，很大程度受到系统盘的空间大小影响。所以，每隔一段时间可以对其进行垃圾清理，以腾出更多的空间，供系统运行。为了更加方便和快捷，用户可复制一小段程序语言来自制简易的系统垃圾清理小程序，其具体操作步骤如下。

Step01 新建空白的记事本，❶ 在其中输入清理系统垃圾的语言（可在网页上复制，这里提供一网址"http://jingyan.baidu.com/article/e9fb46e1ae37207520f76645.html"），❷ 将其保存为".bat"格式文件。

Step02 在目标位置双击保存的清理系统 BAT 文件，系统自动对系统垃圾进行清理，如下图所示。

2. 利用杀毒软件清理

计算机设备中都会安装的杀毒软件，以保证的计算机的安全，用户可借助这些杀毒软件进行垃圾的清理。如下面通过电脑管家软件对计算机垃圾进行清理为例，其具体操作步骤为：打开电脑管家软件，❶单击"清理垃圾"按钮，进入垃圾清理页面，❷单击"扫描垃圾"按钮，系统自动对计算机中的垃圾进行扫描，❸单击"立即清理"按钮清除，如下图所示。

移动端垃圾清理

1. 利用手机管家清理垃圾

移动设备上垃圾清理，可直接借助于手机上防护软件进行清理。如下面在手机上使用腾讯手机管家清理手机垃圾为例，其具体操作步骤为：启动腾讯手机管家程序，❶点击"清理加速"，系统自动对手机垃圾进行扫描，❷带扫描结束后点击"一键清理加速"按钮清理垃圾，❸点击"完成"按钮，如下图所示。

2. 使用净化大师快速清除垃圾

除了手动对移动设备进行垃圾清理外，用户还可以通过使用净化大师智能清理移动端垃圾，其具体操作步骤为：安装并启动净化大师程序，系统自动对手机进行垃圾清理（同时还会对后台的一些自启动程序进行关闭和阻止再启），如下图所示。

| 温馨提示 |

　　如果大概知道文件存储的位置，可以打开文件存储的盘符或者文件夹进行搜索，可以提高搜索的速度。

技巧 5 桌面整理

整洁有序的桌面，不仅可让用户感觉到清爽，同时，还有助于用户找到相应的程序的快捷方式或文件等。下面就介绍几个常用和实用的整理桌面的方法技巧。

PC 端桌面整理

1. 桌面整理原则

整理电脑桌面，并不是将所有程序的快捷方式或文件删除，而是要让其更加简洁和实用，用户可以遵循如下几个原则。

(1) 桌面是系统盘的一部分，因此桌面的文件越多，占有系统盘的空间越大，直接会影响到系统的运行速度，所以用户在整理电脑桌面时，需将各类文件或文件夹剪切放置到其他的盘符中，如 E 盘、F 盘等，让桌面上尽量是快捷图标方式。

(2) 对于桌面上不需要或不常用的程序快捷方式，用户可手动将其删除(其方法为：选择目标快捷方式选项，按【Delete】键删除)，让桌面上放置常用的快捷方式，从而让桌面更加简洁清爽。

(3) 对桌面文件或快捷方式较多时，用户可按照一定的顺序对其进行整理排列，如名称、时间等，让桌面放置对象显得有条理，同时，将桌面上的对象集中放置，而不是处于散乱放置状态，其方法为：在桌面任一空白处右击，❶ 在弹出的快捷菜单中选择"排序方式"命令，❷ 在弹出的子菜单中选择相应的排列选项，如下左图所示。

(4) 桌面图标的大小要适度，若桌面上的对象较少时，可让其以大图标或中等图标显示；若对象较多时，则最好用小图标。其更改方法为：在桌面任一空白处右击，❶ 在弹出的快捷菜单中选择"查看"命令，❷ 在弹出的子菜单中选择相应的排列选项，如下右图所示。

2. 用 QQ 管家整理桌面

用户不仅可以手动对桌面对象进行整理，同时还可以借助于 QQ 管家整理桌面，让对象智能分类，从而让桌面显得整洁有序、结构分明，其操作步骤如下。

打开电脑管家操作界面，❶ 单击"工具箱"按钮，❷ 单击"桌面整理"按钮，即可完成桌面的快捷整理，如下图所示。

┃教您一招：再次桌面整理或退出桌面整理┃

使用 QQ 管家进行桌面整理后，桌面上又产生了新的文件或快捷方式等对象，可在桌面任意空白位置处右击，在弹出的快捷菜单中选择"一键桌面整理"命令，如下左图所示；若要退出桌面整理应用，可在桌面任意空白位置处右击，在弹出的快捷菜单中选择"退出桌面整理"命令，如下右图所示。

移动端手机桌面整理

随着手机中 App 程序的增多，手机桌面将会越来越挤、越来越杂，给用户在使用上造成一定的麻烦，这时用户可按照如下几种方法对手机桌面进行整理。

(1) 卸载 App 程序：对于手机中那些不必要的程序或很少使用的程序以及那些恶意安装的程序，用户可将其直接卸载。其方法为：❶ 按住任一 App 程序图标，直到进入让手机处于屏幕管理状态，单击目标程序图标上出现的卸载符号，❷ 在弹出的面板中点击"删除"按钮，删除该程序桌面图标并卸载该程序，如下图所示。

|温馨提示|::::

　　在一些安卓程
序中，进入屏幕管
理状态后，需要将
卸载的程序图标按
住并将其移动到屏
幕上方出现的卸载
面板中，才能进行
卸载。

　　(2) 移动 App 程序图标位置：手机桌面分成多个屏幕区域，用户可将指定程序图标移到指定的位置（也可是当前屏幕区域的其他位置），其方法为：进入屏幕管理状态后，按住指定程序图标并将其拖动到目标屏幕区域位置，然后释放。

　　(3) 对 App 程序图标归类：若是 App 程序图标过多，用户可将指定 App 程序图标放置在指定的文件夹中。其方法为：进入屏幕管理状态，❶ 按住目标程序图标移向另一个目标程序图标，让两个应用处于重合状态，系统自动新建文件夹，❷ 输入文件夹名称，❸ 点击"完成"按钮，点击桌面任一位置退出的文件夹编辑状态，完成后即可将多个程序放置在同一文件夹中，如下图所示。

(4) 使用桌面整理程序：在手机中（或是平板电脑中），用户也可借助于一些桌面管理程序，自动对桌面进行整理，如 360 手机桌面、点心桌面等。下面是使用 360 手机桌面程序整理的效果样式。

技巧 6 文件整理

无论是计算机、手机还是其他设备，都会存在或产生大量的文件。为了便于管理和使用这些文件，用户可掌握一些常用和实用的文件整理的方法和技巧。

PC 端文件整理

1. 文件整理 5 项原则

在使用计算机进行办公或使用过程中，会随着工作量的增加、时间的延长，增加大量的文件。为了方便文件的处理和调用等，用户可按照如下 5 项原则进行整理。

(1) 非系统文件存放在非系统盘中：系统盘中最好存放与系统有关的文件，或是尽量少放与系统无关的文件。因为系统盘中存放过多会直接导致计算机卡顿，同时容易造成文件丢失，造成不必要的损失。

(2) 文件分类存放：将同类文件或相关文件尽量存放在同一文件夹中，便于文件的查找和调用。

(3) 文件或文件夹命名准确：根据文件内容对文件进行准确命令，同样，将存放文件的文件夹进行准确的命令，从而便于文件的查找和管理。

(4) 删除无价值文件：对于那些不再使用或无实际意义的文件或文件夹，可将它们直接删除，以腾出更多空间放置有价值的文件或文件夹。

(5) 重要文件备份：为了避免文件的意外损坏或丢失，用户可通过复制的方式对重要文件进行手动备份。

2. 搜索指定文件

当文件放置的位置被遗忘或手动寻找比较烦琐时，可通过搜索文件来快速将其找到，从而提高工作效率，节省时间和精力。

在桌面双击"计算机"快捷方式，❶ 在收缩文本框中输入搜索文件名称或部分名称(若能确定文件存放的盘符，可先进入该盘符)，如这里输入"会议内容"，按【Enter】键确认并搜索，❷ 系统自动进行搜索找到该文件，用户可根据需要对其进行相应操作，如复制、打开等，如下图所示。

3. 创建文件快捷方式

对于一些经常使用到或最近常要打开的文件或文件夹，用户可以为其在桌面上创建快捷方式，便于再次快速打开。

在目标文件或文件夹上右击，❶ 在弹出的快捷菜单中选择"发送到"命令，❷ 在弹出的子菜单中选择"桌面快捷方式"命令，操作如下图所示。

效果

移动端文件整理

1. TXT 文档显示混乱

移动设备中 TXT 文档显示混乱，很大可能是该设备中没有安装相应的 TXT 应用程序。这时，可下载安装 TXT 应用来轻松解决。下面以苹果手机中下载 txt 阅读器应用为例进行讲解。

Step01 打开 "App Store"，❶ 在搜索框中输入 "txt 阅读器"，❷ 在搜索到应用中点击需要应用的 "获取" 按钮，如这里点击 "多多阅读器" 应用的 "获取" 按钮进行下载，❸ 点击 "安装" 按钮进行安装，❹ 点击 "打开" 按钮，如下图所示。

Step02 ❶ 在弹出的面板中点击 "允许" / "不允许" 按钮，❷ 在弹出的面板中点击 "Cancel" 按钮，完成安装，如下图所示。

| 温馨提示 |::::::::

手机或 iPad 等移动设备中，一些文档需要 PDF 阅读器进行打开。一旦这类文档出现混乱显示，可下载安装 PDF 阅读器应用。

2. Office 文档无法打开

Office 文档无法打开，也就是 Word、Excel 和 PPT 文件无法正常打开，这对协同和移动办公很有影响，不过用户可直接安装相应的 Office 应用，如 WPS Office，或单独安装 Office 的 Word、Excel 和 PPT 组件。这里以苹果手机中下载 WPS Office 应用为例进行讲解。

Step01 打开 "App Store"，❶ 在搜索框中输入 "Office"，点击 "搜索" 按钮在线搜索，❷ 点击 WPS Office 应用的 "获取" 按钮，如下图所示。

Step02 ❶ 点击 "安装" 按钮安装，❷ 点击 "打开" 按钮，❸ 在弹出的面板中点击 "允许" / "不允许" 按钮，如下图所示。

3. 压缩文件无法解压

在移动端中压缩文件无法解压，很可能是没有解压应用程序，这时用户只需下载并安装该类应用程序。下面在应用宝中下载解压应用程序为例进行介绍。

打开"应用宝"应用程序，❶ 在搜索框中输入"Zip"，❷ 点击"搜索"按钮，❸ 点击"解压者"应用的"下载"按钮，❹ 点击"安装"按钮，❺ 点击"安装"按钮，❻ 点击"下一步"按钮，❼ 点击"完成"按钮，如下图所示。

| 温馨提示 |

要对指定文件进行解压，只需打开解压工具，选择要解压文件选项，然后进行解压。

技巧 7 文件同步

数据同步是指移动设备能够迅速实现与台式计算机、笔记本电脑等实现数据同步与信息共享，保持数据完整性和一致性。下面就分别介绍的 PC 端和移动端的文件同步的常用方法和技巧。

PC 端文件同步

1. 数据同步

数据同步，特点在于"同步"，也就是数据的一致性和安全性及操作简单化，实现多种设备跨区域进行文件同步查看、下载。

- **一致性**：保证在多种设备上能及时查看、调用和下载到最新的文件，如刚上传的图片、刚修改内容的文档，刚收集的音乐等。

- **安全性**：同步计数能将本地的文件，同步上传到指定网盘中，从而自动生成了备份文件，这就增加了文件安全性，即使本地文件损坏、遗失，用户都能从网盘中下载找回。

- **操作简单化**：随着网络科技的发展，同步变得越来越简单和智能，如 OneDrive、百度云、360 云盘等，只需用户指定同步文件，程序自动进行文件上传和存储。

2. OneDrive 上传

在 Office 办公文档中，用户可直接在当前程序中将文件上传到 OneDrive 中进行文件备份和共享，如在 Excel 中将当前工作簿上传到 OneDrive 的"文档"文件夹中，其具体操作步骤如下。

Step01 单击"文件"选项卡进入 Backstage 界面，❶ 单击"另存为"选项卡，❷ 双击登录成功后的 OneDrive 个人账号图标，打开"另存为"对话框，如下图所示。

Step02 ❶ 选择"文档"文件夹，❷ 单击"打开"按钮，❸ 单击"保存"按钮，同步上传文件，如下图所示。

3. 文件同步共享

在 Office 组件中对文件进行同步上传，只能将当前文件同步上传，同时也只能将当前类型的文件同步上传。当用户需要将其他类型文件（如图片、音频、视频等）同步上传，就无法做到。此时，用户可使用 OneDrive 客户端来轻松解决。下面将指定文件夹中所有的文件同步上传。

Step01 按【Windows】键，❶ 选择"Microsoft OneDrive"选项启动 OneDrive 程序，❷ 在打开的窗口中输入 Office 账号，❸ 单击"登录"按钮，如下图所示。

Step 02 ❶ 在打开的"输入密码"窗口中输入 Office 账号对应的密码，❷ 单击"登录"按钮，❸ 在打开的窗口中单击"更改位置"超链接，如下图所示。

Step 03 打开"选择你的 OneDrive 位置"对话框，❶ 选择要同步上传共享的文件夹，❷ 单击"选择文件夹"按钮，❸ 在打开的窗口中选中的相应的复选框，❹ 单击"下一步"按钮，如下图所示。

Step 04 在打开的窗口中即可查看到共享文件夹的时时同步状态，在任务栏中单击 OneDrive 程序图标，也能查看到系统自动将 OneDrive 中的文件进行下载同步的当前进度状态，如下图所示。

文件同步下载状态

文件同步状态

│教您一招：断开 OneDrive 同步│ : : : : : : :

❶ 在任务栏中单击 OneDrive 图标，❷ 在弹出的菜单选项中选择"设置"命令，打开"Microsoft OneDrive"对话框，❸ 单击"账户"选项卡，❹ 单击"取消链接 OneDrive"按钮，❺ 单击"确定"按钮，如下图所示。

---

4. 腾讯微云

在 Office 办公文档中，用户可直接在当前程序中将文件上传到 OneDrive 中进行文件备份和共享，如在 Excel 中将当前工作簿上传到 OneDrive 的"文档"文件夹中，其具体操作步骤如下。

Step 01 下载并安装腾讯微云并将其启动，❶ 单击"QQ 登录"选项卡，❷ 输入登录账户和密码，❸ 单击"登录"按钮，❹ 在主界面中单击"添加"按钮，如下图所示。

Step 02 打开"上传文件到微云"对话框，❶ 选择要同步上传的文件或文件夹，❷ 在打开的对话框中单击"上传"按钮，❸ 单击"开始上传"按钮，如下图所示。

| 教您一招：修改文件上传位置 |

❶ 在"选择上传目的地"对话框中单击"修改"按钮，❷ 单击"新建文件夹"超链接，❸ 为新建文件夹进行指定命令，按【Enter】键确认，❹ 单击"开始上传"按钮，如下图所示。

Step 03 系统自动将整个文件夹上传到腾讯云盘中(用户可单击"任务列表"选项卡, 查看文件上传情况, 如速度、上传不成功文件等), 如下图所示。

指定文件夹上传到腾讯云端状态

|教您一招: 修改文件上传位置|

要将腾讯云中的文件或文件夹等对象下载到本地计算机上, 可在目标对象上右击, 在弹出的快捷菜单中选择"下载"命令。

移动端文件同步

1. 在 OneDrive 中下载文件

通过计算机或其他设备将文件或文件夹上传到 OneDrive 中, 用户不仅可以在其他计算机上进行下载, 同时还可以在其他移动设备上进行下载。如在手机中通过OneDrive程序下载指定Office文件,其具体操作步骤如下。

Step 01 在手机上下载安装 OneDrive 程序并将其启动，❶ 在账号文本框中输入邮箱地址，❷ 点击"前往"按钮，❸ 在"输入密码"页面中输入密码，❹ 点击"登录"按钮，如下图所示。

Step 02 ❶ 选择目标文件，如这里选择"产品利润方案（1）"，❷ 进入预览状态点击 Excel 图表按钮，❸ 系统自动从 OneDrive 中进行工作簿下载，如下图所示。

Step 03 系统自动将工作簿以 Excel 程序打开，❶ 点击 图 按钮，❷ 设置保存工作簿的名称，❸ 在"位置"区域中选择工作簿保存的位置，如这里选择"iPhone"，❹ 点击"保存"按钮，系统自动将工作簿保存

到手机上，实现工作簿文件从 OneDrive 下载到手机上的目的，如下图所示。

| 教您一招：下载图片对象 |::::::

❶ 选择目标图片，进入到图片显示状态，❷ 点击 按钮，❸ 在弹出的下拉选项中选择"下载"选项，如右图所示。

2. 将文件上传到腾讯微云中

在移动端不仅可以下载文件，同时也可将文件上传到指定的网盘中，如腾讯微云、360 网盘及 OneDrive 中。由于它们大体操作基本相同，如这里以在手机端上传文件到腾讯微云中进行备份保存为例。其具体操作步骤如下。

Step 01 在手机上下载安装腾讯微云程序并将其启动，❶ 点击"QQ 登录"

按钮，❷ 在 QQ 登录页面中分别输入 QQ 账号和密码，❸ 点击"登录"按钮，❹ 点击█按钮，如下图所示。

Step02 ❶ 选择需要上传的文件类型，如这里选择图片，❷ 选择要上传图片选项，❸ 点击"上传"按钮，❹ 系统自动将文件上传到腾讯微云中，如下图所示。

技巧 8　人脉与通讯录管理

　　我们每个人都是社会中的一员，与相关人员发生这样或那样的关系。这就产生了人际关系网，也就是人脉。为了更好地管理这些人际关系或人脉的信息数据，用户可以使用一些实用和高效的方法和技巧。

PC 端人脉管理

1. 脉客大师

脉客大师是一款可以拥有方便快捷的通讯录管理功能，可使用户更好、更方便管理人脉资料的软件。其中较为常用的人脉关系管理主要包括通讯录管理、人脉关系管理。下面通过对同事通讯录进行添加并将他们之间的人脉关系进行整理为例，其具体操作步骤如下。

Step 01 在官网上下载并安装脉客大师（http://www.cvcphp.com/index.html），❶ 双击"脉客大师"快捷方式将其启动，❷ 在打开的窗口中输入用户名和密码（默认用户名和密码都是"www.cvcphp.com"），❸ 单击"登录"按钮，打开"快速提醒"对话框，❹ 单击"关闭"按钮，如下图所示。

Step 02 进入脉客大师主界面，❶ 在右侧关系区域选择相应的人脉关系选项，如这里选择"同事"选项，❷ 单击"通讯录添加"选项卡，❸ 输入相应通讯录内容，❹ 单击"保存"按钮，如下图所示。

教您一招：更改人脉关系

随着时间的推移人际关系可能会发生这样或那样的变化，通讯录中的关系也需要作出及时的调整：一是自己人脉关系的调整，二是联系人之间的关系调整。

● 在通讯录中要将关系进行调整，可在目标对象上右击，❶ 在弹出的快捷菜单中选择"修改"命令，❷ 在弹出的子菜单中选择"修改"命令，打开通讯录修改对话框，在关系文本框中单击，❸ 在弹出的下拉选项中选择相应的关系选项，如下图所示。

● 对通讯录中人员之间的人脉关系进行修改，特别是朋友、恋人这些可能发生变化的修改，❶ 选择目标对象，❷ 在人脉关系选卡中双击现有的人脉关系，打开人脉关系对话框，在人脉关系上右击，❸ 在弹出的快捷菜单中选择"删除"命令（若有其他关系，可通过再次添加人际关系的方法添加），如下图所示。

2. 鸿言人脉管理

鸿言人脉管理是一款用来管理人际关系及人际圈子的共享软件，该软件可以方便、快捷、安全地管理自己的人脉信息，并且能直观地展示人脉关系图，如下图所示。

下面就分别介绍添加圈子和添加关系的操作方法。

（1）添加圈子

Step 01 在官网上下载并安装鸿言人脉管理软件（http://www.hystudio.net/1.html），❶ 双击"鸿言人脉管理"快捷方式，❷ 在打开的登录对话框中输入密码（默认密码是"123456"），❸ 单击"登录"按钮，如下图所示。

Step 02 进入主界面，❶ 单击"我的圈子"按钮，❷ 单击"添加圈子"按钮，打开"添加我的圈子"对话框，❸ 设置相应的内容，❹ 选中"保存后关闭窗口"复选框，❺ 单击"保存"按钮，如下图所示。

Step 03 ❶ 在圈子列表中选择圈子选项，❷ 单击"添加"按钮，打开"添加"对话框，❸ 设置相应的内容，❹ 选中"保存后关闭窗口"复选框，❺ 单击"保存"按钮，添加圈子成员，如下图所示。

（2）添加我的关系

❶ 在主界面中单击"我的关系"按钮，❷ 单击"添加关系"按钮，打开"添加我的关系"对话框，❸ 设置相应的内容，❹ 选中"保存后关闭窗口"复选框，❺ 单击"保存"按钮，如下图所示。

教您一招：为关系人员添加关系

要为自己关系的人员添加关系人员，从而帮助自己扩大关系圈，❶ 用户可在"关系列表"中选择目标对象，❷ 单击"对方关系"选项卡，❸ 单击"添加"按钮，❹ 在打开的"添加对方关系"对话框中输入相应内容，❺ 选中"保存后关闭窗口"复选框，❻ 单击"保存"按钮，如下图所示。

3. 佳盟个人信息管理软件

佳盟个人信息管理软件集合了好友与客户管理等应用功能，是一款性能卓越、功能全面的个人信息管理软件。其中人脉管理模块能帮助用户记录和管理人脉网络关系。下面在佳盟个人信息管理软件中添加朋友的信息为例进行介绍。

Step 01 在官网上下载并安装佳盟个人信息管理软件（http://www.baeit.com/），❶ 双击"佳盟个人信息管理软件"快捷方式，❷ 在打开的对话框中输入账号和密码（新用户注册可直接在官网中进行），❸ 单击"登录"按钮，如下图所示。

Step 02 ❶ 在打开的对话框中单击"我的主界面"按钮进入主界面，❷ 选择"人脉管理"选项，展开人脉管理选项和界面，❸ 单击"增加好友"按钮，如下图所示。

Step 03 打开"好友维护"对话框，❶ 在其中输入相应的信息，❷ 单击"保存"按钮，❸ 返回到人脉关系的主界面中即可查看到添加的好友信息，如下图所示。

48

移动端人脉管理

1. 名片管理和备份

名片在商务活动中应用非常广泛，用户要用移动端收集和管理这些信息，可借用一些名片的专业管理软件，如名片全能王。

（1）添加名片并分组

Step 01 启动名片管理王，进入主界面，❶ 点击 📷 按钮，❷ 进入拍照界面，对准名片，点击拍照按钮，程序自动识别并获取名片中的关键信息，❸ 点击"保存"按钮，如下图所示。

Step 02 ❶ 选择"分组和备注"选项，❷ 选择"设置分组"选项，❸ 选择

"新建分组"选项，如下图所示。

|温馨提示|::::::

在新建分组页面中，程序会默认一些分组类型，如客户、供应商、同行、合作伙伴等。若满足用户需要，可直接对其进行选择调用，不用在进行新建分组的操作。

Step 03 打开"新建分组"面板，❶在文本框中输入分组名称，如这里输入"领导"，❷点击"完成"按钮，❸点击"确认"按钮完成操作，如下图所示。

（2）名片备份

Step01 在主界面，❶ 点击"我"按钮，进入"设置"页面，❷ 点击"账户与同步"按钮，进入"账户与同步"页面，❸ 选择相应备份方式，如这里选择"添加备份邮箱"选项，如下图所示。

Step02 进入"添加备用邮箱"页面，❶ 输入备用邮箱，❷ 点击"绑定"按钮，❸ 在打开的"查收绑定邮件"页面中输入验证码，❹ 点击"完成"按钮，如下图所示。

| 温馨提示 |

与邮箱绑定后，程序自动将相应名片自动保存到绑定邮箱中，一旦名片数据丢失，可在邮箱中及时找回。

2. 合并重复联系人

在通讯录中若是有多个重复的联系人，则会让整个通讯录变得臃肿，不利于用户的使用。这时，用户可使用 QQ 助手来合并那些重复的联系人，其具体操作步骤如下。

Step01 启动 QQ 同步助手，进入主界面，❶ 点击左上角的 ≡ 按钮，❷ 在打开的页面中选择"通讯录管理"选项，进入"通讯录管理"页面，❸ 选择"合并重复联系人"选项，如下图所示。

Step02 程序自动查找到重复的联系人，❶ 点击"自动合并"按钮，❷ 点击"完成"按钮，❸ 在弹出的"合并成功"面板中单击相应的按钮，如这里点击"下次再说"按钮，如下图所示。

3. 恢复联系人

若是误将联系人删除或需要找回删除的联系人，可使用 QQ 同步助手将其快速准确的找回，其具体操作步骤如下。

Step01 在 QQ 同步助手主界面中，❶ 点击左上角的 ≡ 按钮，❷ 在打开的页面中选择"号码找回"选项,进入"号码找回"页面,程序自动找到删除的号码,❸ 点击"还原"按钮,如下图所示。

Step 02 ❶ 在打开的"还原提示"面板中点击"确定"按钮,打开"温馨提示"面板,❷ 点击"确定"按钮,如下图所示。

| 温馨提示 |

若是通过合并重复联系人功能删除的联系人,程序可能无法正常将其找回/恢复,这点用户需要注意

教您一招：与 QQ 绑定

无论是使用 QQ 同步助手合并重复联系人，还是恢复联系人，首先需要将其绑定指定 QQ（或是微信），其方法为：❶ 在主界面中点击 ▓ 按钮，进入"账号登录"页面，❷ 点击"QQ 快速登录"按钮（或是"微信授权登录"按钮），❸ 在打开的登录页面，输入账号和密码，❹ 点击登录按钮，如下图所示。

4. 利用微信对通讯录备份

若是误将联系人删除或需要找回删除的联系人，可使用 QQ 同步助手将其快速准确的找回，其具体操作步骤如下。

Step01 启动微信，❶ 在"我"页面中点击"设置"，进入"设置"页面，❷ 选择"通用"选项，❸ 在打开的页面中选择"功能"选项，如下图所示。

Step02 进入到"功能"页面，❶ 选择"通讯录同步助手"选项，进入"详细资料"页面，❷ 点击"启用该功能"按钮，❸ 启用通讯录同步助手，

如下图所示。

技巧 9 空间整理术

　　是否能很好地提高办公效率，空间环境在其中会起到一定的作用。因此，一个高效率办公人士，也要会懂得几项实用的空间整理术。

　　1. 办公桌整理艺术

　　办公桌是办公人员的主要工作场所，也是主要"战斗"的地方，为了让工作效率更高，工作更加得心应手，用户可按照如下几条方法对办公桌进行整理，其具体操作方法如下。

　　(1) 常用办公用品放置办公桌上。

　　日常的办公用品，如便签、签字笔、订书机、固体胶等，可以将它们直接放在办公桌上，方便随时地拿取和使用，也避免放置在抽屉或其他位置不易找到，花去不必要的时间寻找。当然，对于一些签字笔、橡皮檫、修正液等，用户可将它们统一放在笔筒里。

　　(2) 办公用品放置办公桌的固定位置。

若是办公用品多且杂，用户可以将它们分配一个固定的地方，每次使用完毕后，可将其放回在原有的位置，这样既能保证办公桌的规整，同时，方便再次快速找到它。

(3) 办公用品放置伸手可及的位置。

对于那些最常用的办公用品，不要放在较远的地方，最好是放置在伸手可及的位置，这样可以节省很多移动拿办公用品的碎片时间，从而更集中精力和时间在办公上。

(4) 办公桌不要慌忙整理。

当一项事务还没有完成，用户不必要在下班后对其进行所谓的"及时"整理，因为再次接着做该事项，会发现一些用品或资料不在以前的位置，从而会花费一些时间进行设备和资料的寻找，浪费时间，也不利于集中精力开展工作。

(5) 抽屉里的办公用品要整理。

一些不常用的办公用品或设备会放置在抽屉中，但并不意味可以随意乱放，也需要将其规整，以方便办公用品或设备的寻找和使用。

2. 文件资料整理技巧

文件资料的整理并不是将所有资料进行打包或直接放进纸箱，需要一定整理技巧。下面介绍几种常用的整理资料的技巧，帮助用户提高资料整理、保管和查阅调用的效率。

(1) 正在开展事项的文件资料整理。

对于正在开展事项的文件资料，用户可根据项目来进行分类，同时，将同一项目或相关项目的文件资料放在一个大文件夹中。若是文件项目过多，用户可以将它们放在多个文件夹中，并分别为每一文件夹贴上说明的标签，从而方便对文件资料的快速精确查找。

把近期需要处理的文件资料放在比较显眼的地方，并一起将它们放置在"马上办"文件夹中。把那些现在无法处理或不急需处理的文件资料放置在"保留文件"文件夹中。对于一些重复的文件资料，可保留一份，将其重复多余的文件资料处理掉，如粉碎等。

(2) 事项开展结束的文件资料整理。

事项结束后，相应的文件资料应该进行归类处理并在相应的文件夹上贴上说明标签。其遵循的原则是：是否便于拿出、是否便于还原、是否能及时找到。因此，用户可按照项目、内容、日期、客户名称、区域等进行分类。同时，在放置时，最好按照一定顺序进行摆放，如 1 期资料→2 期资料→3 期资料。

3. 书籍、杂志、报刊的整理

书籍、杂志、报刊的整理技巧有如下几点。

(1) 将书籍、杂志和报刊的重要内容或信息进行摘抄或复印，将它们保存在指定的笔记本电脑中或计算机中（中以 Word 和 TXT 存储）。一些特别的内容页，用户可将它们剪下来进行实物保管。这样，那些看过的书籍、报刊和杂志就可以处理掉，从而不占用有空间。

(2) 对于一些重要或常用的书籍，如工具书等，用户可将它们放置在指定位置，如书柜。

(3) 对于杂志和报刊，由于信息更新非常快，在看完后，可以直接将其处理掉或将近期杂志报刊保留，将前期的杂志报刊处理掉。

技巧 10 支付宝和微信快捷支付

支付宝和微信的快捷支付在一定程度上改变了广大用户的支付方式和支付习惯，为人们的消费支付带来了很大的便利和一定实惠。

PC 端支付宝快捷支付

1. 设置高强度登录密码

登录密码是支付宝的第一道保护，密码最好是数字和大小字母的组合，形成一种高强度的保护（当然，用户更不能设置成自己的生日、纪念日、相同的数字等，因为很容易被他人猜中）。若是设置的登录密码过于简单，用户可对其进行更改，其具体操作步骤如下。

Step01 登录支付宝，❶ 在菜单栏中单击"账户设置"菜单导航按钮，❷ 单击登录密码对应的"重置"超链接，如下图所示。

Step02 ❶ 单击相应的验证方式对应的"立即重置"按钮，如这里单击通过登录密码验证方式对应的"立即重置"按钮，❷ 在"登录密码"文本框中输入原有密码，❸ 单击"下一步"按钮，如下图所示。

Step03 ❶ 在输入"新的登录密码"和"确认新的登录密码"文本框中输入新的密码（两者要完全相同），❷ 单击"确认"按钮，在打开的页面中即可查看到重置登录密码成功，如下图所示。

2. 设置信用卡还款

设置信用卡还款的操作步骤如下。

Step 01 ❶ 在菜单栏中单击"信用卡还款"菜单导航按钮，❷ 在打开的页面中设置信用卡的发卡行、卡号及还款金额，❸ 单击"提交还款金额"按钮，如下图所示。

Step 02 ❶ 在打开的页面中选择支付方式，❷ 输入支付宝的支付密码，❸ 单击"确认付款"按钮，如下图所示。

移动端支付宝和微信快捷支付

1. 设置微信支付安全防护

要让微信支付更加安全、更加放心和更加可靠，用户可设置微信支付的安全防护，从而防止自己的微信钱包意外"掉钱"，如这里以开启手势密码为例，其具体操作步骤如下。

Step01 登录微信，❶ 点击"我"按钮进入到"我"页面，❷ 选择"钱包"选项进入"钱包"页面，❸ 点击 ••• 按钮，❹ 在弹出的面板中选择"支付管理"选项，如下图所示。

Step02 进入"支付管理"页面，❶ 滑动"手势密码"上的滑块到右侧，❷ 在打开的"验证身份"页面中输入设置的支付密码以验证身份，❸ 在"开启手势密码"页面中先后两次绘制同样的支付手势，如下图所示。

2. 微信快捷支付和转账

要让微信支付更加安全、更加放心和更加可靠，用户可设置微信支付的安全防护，从而防止自己的微信钱包意外"掉钱"，如这里以开启手势密码为例，其具体操作步骤如下。

Step 01 登录微信，❶ 点击"我"按钮进入"我"页面，❷ 选择"钱包"选项进入"钱包"页面，❸ 选择"信用卡还款"选项，❹ 点击"我要还款"按钮，如下图所示。

Step 02 ❶ 在打开的"添加信用卡"页面中要先添加还款的信用卡信息，

包括信用卡号、持卡人和银行信息（只有第一次在微信绑定信用卡才会有此步操作，若是已绑定，则会跳过添加信用卡的页面操作），❷点击"确认绑卡"按钮，❸进入"信用卡还款"页面中点击"现在去还款"按钮，❹输入还款金额，❺点击"立即还款"按钮，如下图所示。

Step 03 ❶在弹出的面板中输入支付密码，❷点击"完成"按钮，如下图所示。

3. 微信快捷支付

微信不仅能够发信息、红包和对信用卡还款，还能直接通过付款功能来进行快捷支付，特别是一些小额支付，其具体操作步骤为：

点击"我"按钮进入"我"页面，选择"钱包"选项进入"钱包"页面，❶ 点击"付款"按钮（要为微信好友进行转账，可在"钱包"页面选择"转账"选项，在打开页面中选择转账好友对象，然后输入支付密码即可），❷ 在"开启付款"页面中输入支付密码，程序自动弹出二维码，用户让商家进行扫描即可快速实现支付，如下图所示。

4. 用支付宝给客户支付宝转账

若是自己和客户都安装了支付宝，对于一些金额不大的来往，可直接通过支付宝来快速完成，其具体操作步骤如下。

Step 01 打开支付宝，❶ 选择目标客户对象，❷ 进入对话页面点击 ⊕ 按钮，❸ 点击"转账"按钮，❹ 在打开的页面中输入转账金额，❺ 点击"确认转账"按钮，如下图所示。

Step 02 ❶ 打开的"输入密码"页面中输入支付密码，系统自动进行转账，❷ 点击"完成"按钮，系统自动切换到会话页面中并等待对方领取转账金额，如下图所示。